개정판

SI 단위계에 의한

건축설비

남재호 지음

세진사

머리말

건축설비는 일정 목적의 건축환경을 유지하기 위한 온·습도, 공기청정도, 환기, 소음, 진동 제어 등과 같은 제반 환경 조절설비와 급·배수, 방재, 전기·통신정보, 환경오염 방지설비 등을 포함한 건축물 관련 모든 설비이다.

건축설비의 목적은 공간을 형성하고 있는 건축물의 특성에 적합한 환경조절, 공급처리, 안전 확보 등의 기능을 발휘함으로써 건축의 종합 성능을 향상시키는 데 있다.

얼마 전까지만 해도 건축설비가 건축의 부대설비로서 다루어졌으나 요즘 현대건축에서는 복잡한 공간 기능에 대응하여 건축 공사비 중에서 건축설비가 차지하는 비율이 과반수에 이르게 되었으며, 또한 설비의 고급화·능률화·첨단화로 건축물의 수준을 좌우하는 지표가 되고 있는 추세에 부응하기 위해서는 건축 분야의 고급 인력이 충분히 양성되어야 할 것이다.

이에 본서는 광범위한 내용을 보다 체계적으로 정리하여 대학과정의 건축설비 교재는 물론 국가기술자격시험 및 건축관련 시험에 대비한 지침서로서 최대한 효과를 얻을 수 있도록 알차게 꾸미고자 노력하였다.

1. 건축설비의 기본이 되는 위생설비, 공기조화설비, 전기설비 등으로 분류하고 각 분야에 전반에 관한 기본 이론을 각 장마다 체계적으로 정리하였다.
2. 각 장마다 기본이론의 효율적인 학습이 되도록 그림과 도표와 예제를 두어 문제 이해와 응용에 도움이 되도록 정리하였다.
3. 국가기술자격시험에 대비한 학습이 되도록 본문 내용과 익힘문제에 반영하였으며, 부록의 핵심요약정리를 통하여 최근의 출제 경향에 대비한 학습이 되도록 배려하였다.
4. 현재 공공기관이나 각종 기술자격고시 등에서 모든 단위는 국제단위계(SI)를 사용하도록 되어 있으므로 본서는 국제단위계에 맞춰 수식을 전개하고, 각종 데이터를 정리하였습니다.

끝으로, 본서가 대학과정 건축설비교재 및 각종 건축관련 시험의 지침서로서 여러분의 학습에 도움이 되길 기대하며, 출판에 도움을 주신 세진사 문형진 사장님과 편집부 직원 여러분께 감사를 드린다.

2013년 9월

저자 남 재 호

차 례

◈ 제 1 편 위생설비

❖ 제 2 편 공기조화설비

❖ 부 록

제 1 편

위생설비

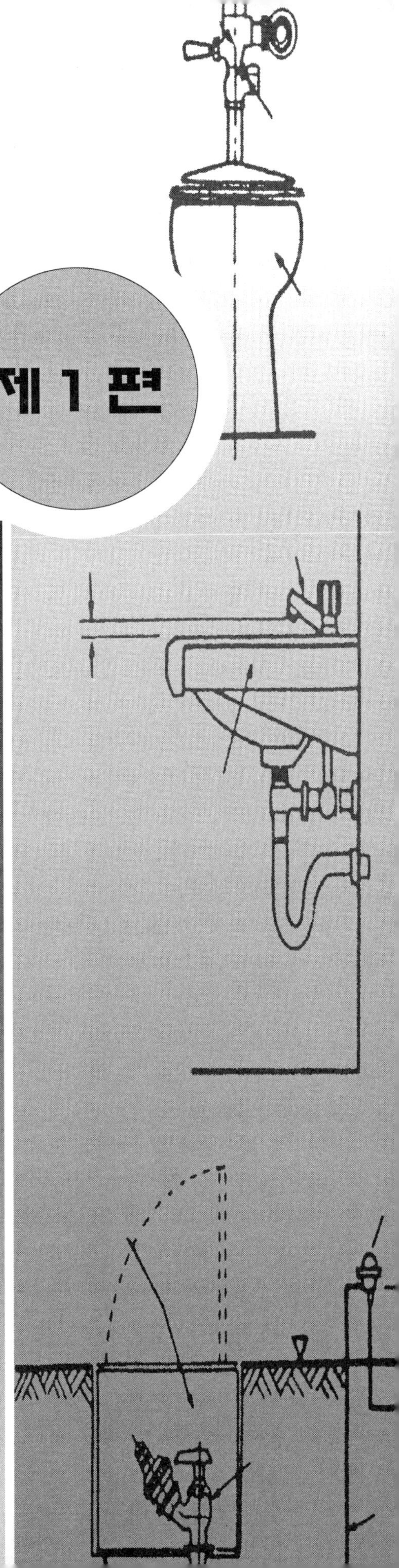

제1장 물에 관한 일반적인 사항

1. 물의 성질

(1) 물의 비중

순수한 물의 무게는 1기압 4℃일 때 물의 무게를 기준값으로 사용하며, 단위부피 속의 무게를 비중량이라고 하고, 비중량을 γ이라 하면 γ=1[g/cm³]=1[kg/ℓ]=1,000[kgf/m³]=1[ton/m³]가 된다. 즉, 물은 4℃일 때 1cm³의 체적이 1g이다. 그러므로 1ℓ일 때 1kg, 1m³일 때의 무게를 1ton, 물의 밀도(ρ)와 단위중량의 부피(v) 및 비중량(γ)의 관계는

$$\rho = \frac{\gamma}{g}[\text{kg·sec}^2/m^4] \quad v = \frac{V}{\gamma}[\text{m}^3/\text{kg}]$$

γ : 비중량 [1g/cm³=1kg/ℓ=1,000kgf/m³=1ton/m³]

g : 중력 가속도 [9.8m/sec²]

V : 물의 부피

(2) 물의 팽창

순수한 물은 1기압하에서 4℃일 때 밀도가 최대가 되며, 4℃의 물의 밀도는 1[kg/ℓ]이지만 100℃까지 상승하면 0.958634[kg/ℓ]가 되므로 그 사이에 팽창한 체적의 비율은(1/0.958634−1/1)×100=4.315%이다. 또한 100℃의 물에서 100℃의 증기로 변하면 약 1,700배의 체적팽창이 일어난다.

$$\Delta v = \left(\frac{1}{\rho_2} - \frac{1}{\rho_1}\right)v$$

Δv : 온수의 팽창량[ℓ]

ρ_1 : 온도 변화 전의 물의 밀도[kg/ℓ]

ρ_2 : 온도 변화 후의 물의 밀도[kg/ℓ]

v : 장치 내의 전수량[ℓ]

예제

4℃의 물 800ℓ를 100℃로 가열하면 체적의 약 몇 ℓ 팽창하는가?(단, 물의 밀도는 4℃일 때 1kg/ℓ, 100℃일 때 0.958634kg/ℓ임)

해설 $\Delta v = \left(\frac{1}{\rho_2} - \frac{1}{\rho_1}\right)v = \left(\frac{1}{0.9586} - \frac{1}{1}\right) \times 800 = 34.4 = 35\,\ell$

(3) 수 압

수압의 성질은

① 정수압은 접촉면에 수직으로 작용한다.

② 정지(靜止)하고 있는 물 내부에 있어서의 물의 압력은 어느 방향으로나 같은 크기로 작용한다.

③ 정지하고 있는 물 속의 동일 수평면상에 있는 점의 압력의 세기는 항상 같다.

물의 단위용적당 중량 W=1,000[kgf/m³], 수심 H[m]라고 할 때

정수압[P]=WH=1,000[kgf/m³]×H[m]=1,000H[kgf/m²]=0.1H[kgf/cm²]이므로

수압(P)과 수두(H)와의 관계식 : $P=0.1H=\frac{H}{10}$[kgf/cm²]=0.01H[MPa] 또는 H=100P[m]

이 식에서 W는 물의 단위용적당 중량(W=1,000[kgf/m³]), H는 수두(head) 또는 정수두, 압력수두라고 하며, 기호로는 mAq를 쓴다.

[주] ① 1표준기압 1atm=760mmHg(0℃)=1.033kgf/cm²=10.33mAq=0.1013MPa

② 1공학기압 1ata=735.6mmHg(0℃)=1kgf/cm²=10mAq=0.1MPa

※ 용기층 벽으로부터 분출하는 물의 세기는 수면으로부터의 깊이의 평방근에 비례한다. 수심 1m당 압력은 0.1kgf/cm²이므로 10m에서의 수압은 1.0kgf/cm²이다.

③ 수주(水柱)

1mmAq=0.0001kgf/cm²=1kgf/m²

④ 절대압력 : 일반적으로 공업상의 압력 측정은 대기압 이상 측정한다. 이 때의 대기압 이상의 압력차를 게이지 압력이라 하고 이것에 대해 진공상태를 0으로 하여 측정한 압력을 정한다.

㉮ 정압 : 절대압력=대기압+게이지압

㉯ 부압 : 절대압력=대기압−게이지압(진공압력)

단위는 mAq, mmHg(고진공 : mmHg abs)를 쓰며 대기압을 0%, 절대진공을 100%로 하는 표시법을 진공도라 한다.

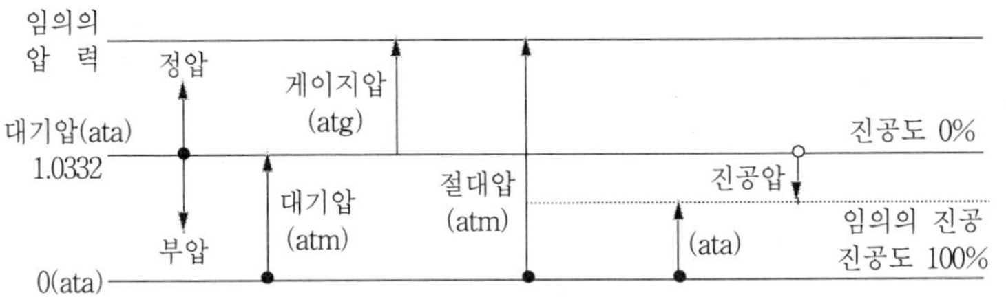

그림 1-1 게이지압, 절대압력, 대기압 및 진공도의 관계

학습포인트

▸ **수압**(P, MPa)**과 수두**(H, mAq)**와의 관계식**

수압 P=0.01H[MPa] 또는 수두 H=100P[m]

※ 1MPa=10kgf/cm^2=100mAq

1MPa=1,000kPa=1,000,000Pa

예제 1.

0.25MPa의 수압은 압력수두 얼마에 해당하는가?

해설 수압(P)과 수두(H)와의 관계식 : P=0.01H[MPa]
H=100P[m]이므로 H=100×0.25=25m

예제 2.

바닥면적이 3.5m^{2}인 물탱크의 바닥에 수압계가 0.04MPa을 가리켰다면 물탱크의 높이(H)와 물탱크의 바닥에 미치는 전압력(P)은?

해설 H=100P에 의해 H=100×0.04=4m
P=γAh에서 물의 비중량 γ은 1,000kgf/m^{3}이므로
전압력 P=1,000×3.5×4=14,000kg

(4) 유량과 유속

① 유량 : 수로의 한 단면을 단위시간에 통과한 수량

② 유속 : 물이 흐르는 횡단면상의 각 점의 유속은 수로에 접하는 점이 최소이고 그 중앙이 최대이나 평균치를 말하며, 이것을 평균유속 또는 유속이라 한다.
단면적을 A[m^2], 유속을 v[m/s], 유량을 Q[m^3/s]라면 다음과 같은 식이 성립한다.

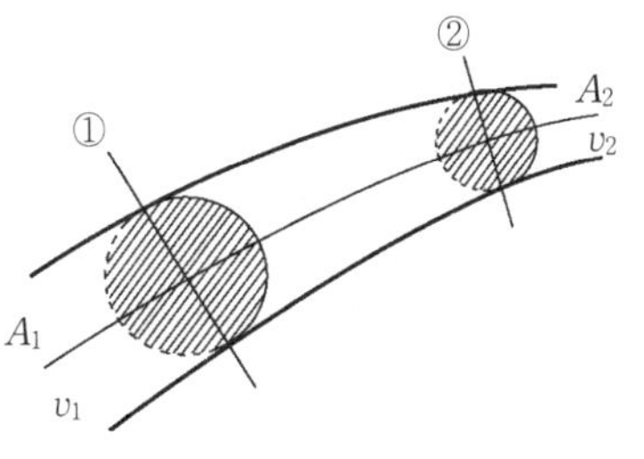

그림 1-2 유량과 유속

$$Q = A_1 v_1 = A_2 v_2 \cdots\cdots \text{일정}$$

또 관경을 d[m]라 하면 단면적 $A=\pi d^2/4$이므로 관의 지름 d를 구할 수 있다.

$$\frac{Q}{v} = \frac{\pi d^2}{4} \quad \therefore d = \sqrt{\frac{4Q}{v\pi}}\,[\text{m}]$$

예제

내경이 20cm인 관내를 유속 1.2m/s의 물이 흐르고 있을 때 유량 ?

해설 유량과 유속

단면적을 A[m²], 유속을 v [m/s], 유량을 Q [m³/s]라면

$$Q = A_1 v_1 = A_2 v_2 \cdots\cdots \text{일정}$$

또 관경을 d[m]라 하면 단면적 $A = \frac{\pi d^2}{4}$ 이다.

$$\therefore Q = Av = \frac{\pi d^2}{4} \times v = \frac{3.14 \times 0.2^2}{4} \times 1.2 = 0.038[\text{m}^3/\text{s}]$$

(5) 마찰손실수두

관 속에 물이 흐를 때 물의 분자가 관 내 벽과의 마찰저항과 물이 지닌 점성에 의해 유수가 방해되어 물이 가지는 에너지의 일부가 소모된다. 이것을 마찰손실이라 하며, 마찰손실수두는 다음 식으로 계산한다.

$$H_f = \lambda \cdot \frac{\ell}{d} \cdot \frac{v^2}{2g}\,[\text{mAq}] = \lambda \cdot \frac{\ell}{d} \cdot \frac{\rho v^2}{2}\,[\text{Pa}]$$

H_f : 길이 1m의 직관에 있어서의 마찰손실수두(mAq)
λ : 관마찰계수(강관 0.02)
ℓ : 직관의 길이(m)
d : 관의 내경(m)
v : 관내 평균 유속(m/s)
g : 중력가속도(9.8m/sec²)
ρ : 1,000kg/m³

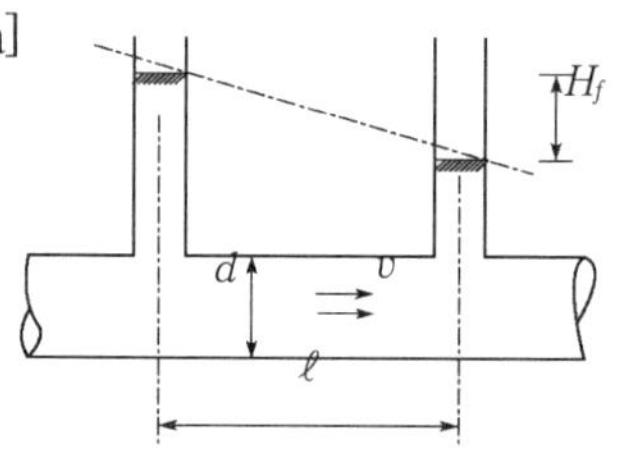

그림 1-3 마찰손실수두

※ 마찰손실수두(H_f)는 관마찰계수(λ), 관의 길이(ℓ) 및 유속(v)의 제곱에 비례하고, 관의 내경(d) 및 중력가속도(g)에 반비례한다.

예제 1.

구경 100mm의 관내를 유속 2.0m/s로 물이 흐르고 있을 때 관 길이 1m당 마찰저항손실수두(mAq)는 얼마인가? (단, 관마찰계수는 0.03으로 한다.)

해설 마찰손실수두(Hf)

$$H_f = \lambda \cdot \frac{\ell}{d} \cdot \frac{v^2}{2g} = 0.03 \times \frac{1}{0.1} \cdot \frac{2^2}{2 \times 9.8} \fallingdotseq 0.061\ \text{mAq}$$

예제 2.

길이가 30m, 관경이 80mm인 급수관에 물이 2m/sec의 속도로 흐를 때 압력손실은? (단, 관마찰계수 0.02)

해설 압력손실(H_f) $= 0.02 \times \frac{30}{0.08} \cdot \frac{1,000 \times 2^2}{2} = 15,000\,\mathrm{Pa} = 15\,\mathrm{kPa}$

예제 3.

내경 50mm 파이프에 3.6ℓ/sec의 유량이 흐를 때 수두손실이 1m당 10cm였다. 이때의 마찰계수는?

해설 유속 $V = \frac{Q}{A} = \frac{3.6 \times 10^{-3}}{\frac{\pi}{4}(0.05)^2} = 1.83\,\mathrm{m/s}$

$H_f = \lambda \cdot \frac{\ell}{d} \cdot \frac{v^2}{2g}$ 에서 $\lambda = \frac{H_f \cdot d \cdot 2g}{\ell \cdot v^2} = \frac{0.1 \times 0.05 \times 2 \times 9.8}{\ell \times (1.83)^2} = 0.029$

(6) 물의 상태 변화

물은 응고하면 얼음으로, 기화하면 수증기로 변화한다.

100℃의 물 1kg을 100℃의 수증기로 만들려면 2,257kJ의 증발열이 흡수되며 100℃의 수증기 1kg이 100℃의 물로 변하려면 2,257kJ의 응축열을 방출해야 한다. 그러므로 물 1kg의 보유열량은 419kJ이고, 100℃의 수증기 1kg의 보유열량은 2,676(419+2,257)kJ 이다.

[주] ① 현열(sensible heat) : 온도의 변화에 따라 출입하는 열, 온도 측정 가능.
② 잠열(latent heat) : 상태의 변화에 따라 출입하는 열, 온도 일정.

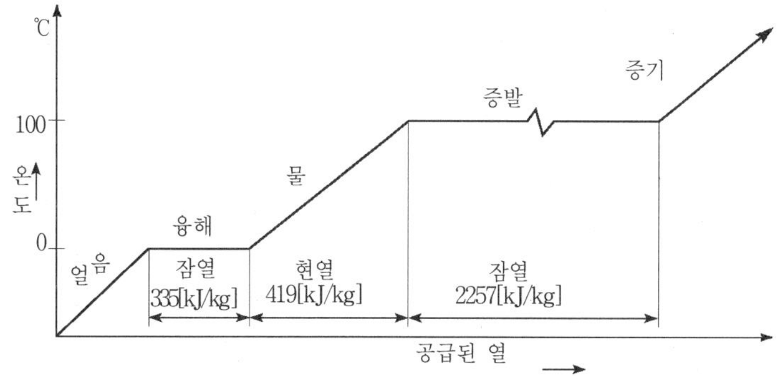

학습포인트

- SI 단위계에서 열량의 단위는 J 또는 kJ이며 1kJ≒0.24kcal, 1kcal≒4.19kJ≒4.2kJ이다. 순수한 물의 비열은 약 4.2kJ/kg · K이다.
- 열량[Q]=질량[kg]×비열[kJ/kg · K]×온도차[K]= m · c · Δt [kJ]
  Q : 열량(kJ) m : 질량(kg) c : 비열(kJ/kg℃) Δt : 온도차(℃ 또는 K)

예제

80℃의 물 50kg을 100℃의 증기로 만들려면 필요한 열량은?(단, 표준기압)

해설 ① 80℃의 물을 100℃의 물로 만드는 데 필요한 열량
Q=50kg×(100−80)×4.19kJ/kg=4,190kJ

② 100℃의 물을 100℃의 수증기로 만드는 데 필요한 열량
Q=50kg×2257kJ/kg=112,850kJ

∴①+②=4,190+112,850=117,040kJ

2. 수 원

(1) 수원의 종류

수원은 수질이 좋고 수량이 풍부하며 공급하기에 가까운 곳이 좋다. 일반적으로 생활에 이용되는 수원에는 지표수, 지하수, 복류수 등이 있다.

① 지표수
지표를 흐르는 강, 하천, 저수지 등의 물로서 수질은 비교적 유기질이 많고 세균 및 미생물의 번식에 알맞기 때문에 오염 기회가 많다.

② 지하수
순환수로 지질의 영향을 받아 용해성 물질인 철, 망간, 칼슘 등을 다량 함유하므로 경도가 높고 또한 심층의 물로서 수질이 좋다.

③ 복류수
지하수면이 하천수와 밀착, 산, 강, 호수 옆에서 흘러나오는 비교적 깨끗한 물을 말한다.

(2) 용 수

물은 인간 생활에 사용되는 것과 산업용에 사용되는 것으로 나눌 수 있다.

인간 생활에 사용되는 물은 음료수와 같이 인체에 직접 접촉되거나 또는 세탁용수나 식기 세정용과 같이 인체와의 접촉과 가까운 상수와 직접 인체에 접촉할 필요는 없지만 화장실의 세정수나 살수와 같이 간접적으로 사용되는 잡용수로 구분할 수 있다. 즉, 건축물내에서 물의 용도를 공급하는 수질의 측면에서 보면 상수와 잡용수로 분류할 수 있다.

① 상수 : 음료수, 주방싱크, 세면기, 욕조, 보일러 급수용으로 화학적·물리적 및 세균학적으로 적합한 것이다.

② 잡용수 : 대소변기 세정용·청소용·살수용·냉방용·소화용수 등이다.

표 1-1 상수와 잡용수의 비

	상 수(%)	잡용수(%)
일반건축	30~40	60~70
학 교	40~50	50~60
백 화 점	45	55
병 원	60~66	34~40
주 택	65~80	20~35

(3) 급수원

① 상수 : 급수원은 주로 지표수로부터 취수한다. 즉, 취수(取水) → 송수(送水) → 정수(淨水) → 배수(配水) → 급수(給水)의 순으로 도시에 공급된다.

② 정수 : 수원으로 가장 많이 채택되는 것이 정수(井水)이며, 우물은 그 심도에 따라 천정호(淺井戶), 심정호(深井戶)가 있다. 지하 양수용 펌프에는 주로 수중(水中)펌프, 보어 홀 펌프(bore hole pump)가 사용되고 있다. 또 정수와 상수의 사용 비율은 연면적 3,000m^2 이상의 대규모 건축에서는 7 : 3 정도이며, 연면적 3,000m^2 이하의 건축물은 상수(上水)만을 사용하는 것이 좋다.

(4) 정수법

천연수에 함유되어 있는 유・무기물을 물리적 또는 화학적인 방법에 의하여 제거 또는 살균하여 사용 목적에 알맞는 물로 만드는 방법으로서, 침전법, 여과법, 폭기법, 화학처리법, 멸균법 등이 있다.

① 침전법

㉮ 중력침전법 : 물을 완속으로 흐르게 하거나 정지시켜서 부유물질을 침전시키는 방법으로, 완속침전법, 보통침전법이라고도 한다.

㉯ 약품침전법 : 보통침전법으로는 비중이 작거나 직경이 작은 물질은 침전하지 않는 까닭에 약품을 사용하여 응집침전시키는 방법으로, 급속침전법이라고도 한다. 약품으로 황산, 반토, 명반 등이 있다.

② 여과법

㉮ 완속여과법 : 완속여과법에서는 약품을 사용하지 않고 보통침전을 한 후 여과지로 보내어 물을 거른다. 여과지의 위쪽에는 가는 모래를 사용한다. 하층일수록 입자가 큰 것을 사용하며, 최하층에는 자갈을 둔다. 완속여과법의 여과속도는 1일당 3~6m이다.

㉯ 급속여과법 : 침전지에서 약품침전, 즉 주로 황산알루미늄을 사용하여 응집침전시킨 후 여과지에 보내게 된다. 급속여과법의 여과속도는 1일당 100~150m로 완속여과시보다 40배 정도 빠르다.

③ 폭기법

수중에 포함된 탄산제일철[$Fe(HCO_3)_2$], 수산화제일철[$Fe(OH)_2$] 또는 황산제일철[$FeSO_4$]을 제거하기 위해 폭기(曝氣)에 의해 물을 공기에 잘 접촉시킨 후 이것을 산화시켜 불용해성 수산화제이철[$Fe(OH)_3$]로 만든 다음 소독·여과에 의해 제거하는 방법이다.

④ 멸균법

침전·여과작용에 의해 대부분의 세균은 제거되지만 잔존세균을 완전히 멸균하기 위해서는 염소멸균법이 사용된다. 염소(Cl_2) 외에 표백분, 클로라민, 자외선, 오존(O_3) 등이 있다.

⑤ 경수의 연화법

탄산칼슘($CaCO_3$) 함유량을 90ppm 이하로 만들어 침전시키는 방법으로, 생석회(CaO)를 사용한다.

3. 수　질

(1) 물의 성질

① 물리적 성질 : 온도, 탁도(濁度), 맛 등이다.

② 화학적 성질 : 지중에 용해하는 화학물질의 혼합물이다.

③ 세균학적 성질 : 물 속에 함유된 세균은 모두 인체에 유해하지만은 않으나 그 집락수(集落水)에 따라 그 물의 오염의 정도를 판정할 수가 있다.

(2) 물의 경도(硬度)

수질기준 중에서 경도는 배관이나 각종 기기내에 스케일 생성 및 부식 등을 야기시키며, 특히 물때나 스케일이 배관 내면에 부착하게 되면 유체의 흐름 저항이 커지게 되어 펌프의 소요 동력이 증가하게 되고, 또한 열교화기의 전열면이나 배관계의 열전도에도 영향을 미쳐, 각종 기기의 성능저하를 일으키기 때문이다.

물 속에 녹아 있는 칼슘(Ca), 마그네슘(Mg) 등의 양을 이것에 대응하는 탄산칼슘($CaCO_3$)의 100만분율(ppm : parts per million)로 환산하여 표시한 것이다. 물은 탄산칼슘의 함유량에 따라 다음과 같이 분류된다. 1ℓ의 물 속에 탄산칼슘이 10mg 함유된 것을 1도라고 한다.

① 연수(軟水)

㉮ 탄산칼슘($CaCO_3$)의 함유량이 90ppm 이하인 물

㉯ 세탁, 염색, 보일러용에 적합하다.

② 적수(適水)

탄산칼슘($CaCO_3$)의 함유량이 90~110ppm인 물

③ 경수(硬水)

㉮ 탄산칼슘의 함유량이 110ppm 이상인 물

㉯ 음료용, 세탁, 표백, 염색에는 부적합하다.

※ 경도가 높은 물을 보일러에 사용하면 내면에 스케일(물때)이 생기고, 전열효율이 저하되며, 과열의 원인이 되고, 보일러의 수명도 단축된다.

④ 극연수(極軟水)

㉮ 탄산칼슘($CaCO_3$)의 함유량이 0ppm인 물

㉯ 증류수나 멸균수이다.

㉰ 연관이나 황동관을 부식시킨다.

(3) 음용수의 수질기준

보건복지부령 수질 판정 기준에 그 허용 한계를 명시하고 있으며, 병원생물, 유독물, 유해물, 수소이온 농도, 냄새와 맛, 색, 투명도 등으로 수질 항목을 분류하고 있다.

① 병원생물에 오염되었거나 병원생물에 오염된 생물 또는 물질에 관한 사항

㉮ 암모니아성 질소는 0.5ppm을 넘지 아니할 것

㉯ 질산성 질소는 10ppm을 넘지 아니할 것

㉰ 염소이온은 150ppm을 넘지 아니할 것

㉱ 과망간산칼륨 소비량은 10ppm을 넘지 아니할 것

㉲ 일반 세균(보통 한천배지에서 무리를 형성할 수 있는 생균을 말한다)은 1cc 중에서 100을 넘지 아니할 것

㉳ 대장균군(그램 음성의 무아취성의 간균으로 유당을 분해하여 산과 가스를 만드는 모든 호기성 또는 염기성균을 말한다)은 50cc 중에서 검출되지 아니할 것

② 시안, 수은, 기타 유독물질에 관한 사항

㉮ 시안은 검출되지 아니할 것

㉯ 수은은 검출되지 아니할 것

㉰ 유기인은 검출되지 아니할 것

③ 동, 철, 불소, 페놀, 기타 물질에 관한 사항

㉮ 동은 1ppm을 넘지 아니할 것

㉯ 철 및 망간은 각각 0.3ppm을 넘지 아니할 것

㉰ 불소는 0.8ppm을 넘지 아니할 것

㉱ 납은 0.1ppm을 넘지 아니할 것

㉲ 아연은 1ppm을 넘지 아니할 것

㉳ 크롬은 0.05ppm을 넘지 아니할 것

㉴ 페놀은 0.005ppm을 넘지 아니할 것

㉵ 카드뮴은 0.01ppm을 넘지 아니할 것

㉶ 세제(음이온 계면활성제)는 0.5ppm을 넘지 아니할 것

㉳ 황산이온은 200ppm을 넘지 아니할 것

㉴ 총 경도(Ca, Mg 등)는 300ppm을 넘지 아니할 것

④ 과도한 산성이나 알칼리성에 관한 사항

수소이온 농도는 pH 5.8 내지 8.5이어야 할 것(pH<7 : 산성)

⑤ 냄새와 맛에 관한 사항

소독으로 인한 냄새 및 맛 이외의 냄새 및 맛이 있어서는 아니될 것

⑥ 무색 투명하지 아니할 것에 관한 사항

㉮ 색도는 5도를 넘지 아니할 것

㉯ 탁도는 2도를 넘지 아니할 것

㉰ 증발잔류물은 500ppm을 넘지 아니할 것

익 힘 문 제

1 0.1MPa은 몇 mmAq인가?

2 수두 1mmAq에 상당하는 수압은 얼마인가?

3 0℃의 물이 0℃의 얼음으로 되면 어떠한 체적의 변화가 생기는가?

4 급수관의 길이가 25m, 내경이 50mm일 때 관내 유수 속도가 2.5m/sec라면 이때의 마찰손실수두는? (단, 마찰손실계수 $\lambda=0.02$이다.)

5 채수한 지하수의 물처리 과정의 순서는?

6 음료수의 정화방법 중 물 속에 분해되어 있는 암모니아, 황화수소, 탄산가스 등 유독가스를 제거하기 위하여 행하는 방법은?

7 물의 경도에 대하여 설명하라.

8 스케일 현상이 보일러에 미치는 영향에 대하여 설명하라.

제2장 급수설비

1. 급수방식

건축 내의 급수방식에는 수도직결식, 고가탱크식, 압력수조식, 탱크가 없는 부스터(booster)방식 등이 있다.

(1) 수도직결식

도로에 매설되어 있는 수도 본관에서 인입관을 이끌어 각 건물의 소요 급수 개소에 직접 급수하는 방식으로 주택이나 소규모 건축물에 주로 이용된다.

1) 특 징

① 설비비가 적고 옥상이나 지하에 탱크가 필요없어 소규모 건물이나 낮은 건물에 이용된다.
② 정전일 때 급수를 계속할 수 있다.
③ 수도 압력 변화에 따라 급수압이 변하고 단수시는 급수가 안된다.

2) 수도 본관의 압력

$$P_o \geq P + P_f + \frac{h}{100}$$

P : 수전 또는 기구의 필요압력[MPa]
P_f : 본관에서 기구에 이르는 사이의 저항[MPa]
h : 기구의 높이[m]

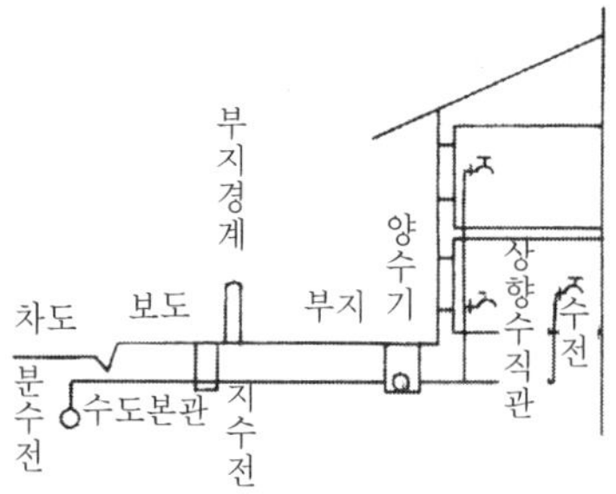

그림 2-1 수도직결방식

표 2-1 기구의 최저 필요압력

기 구 명	필요압력[MPa]	기 구 명	필요압력[MPa]
세 정 밸 브	0.07(최저) 표준 0.1	순간온수기(대)	0.05
보 통 밸 브	0.03 표준 0.1	순간온수기(중)	0.04
자 동 밸 브	0.07	순간온수기(소)	0.01(저압용)
샤 워	0.07		

예제 1.

기구의 소요압력이 0.07MPa이고 수전 높이가 10m일 때 수도 본관에는 최소 얼마의 압력이 있어야 급수가 가능한가? (단, 배관 중 마찰손실은 0.04MPa임.)

해설 수도 본관의 압력 $P_0 \geq P + P_f + \frac{h}{100}$ 에서 기구의 필요압력 : P = 0.07MPa, 본관에서 기구에 이르는 저항 : P_f = 0.04MPa, 기구의 높이 : h = 10m이므로

$\therefore P_0 \geq 0.07 + 0.04 + \frac{10}{100} = 0.21\text{MPa}$

예제 2.

수도직결식으로 3층 건물에 급수할 경우 본관에서 필요한 최저 수압은?(단, 수도 본관으로부터 3층 급수전까지 수직고는 8m, 환산 배관 길이(마찰손실)는 30m, 30mm관을 사용할 때 유출수량은 120ℓ/min이고, 배관 1m당 마찰손실 수두는 450mmAq이고, 급수전은 0.03MPa의 수압이 필요하다.)

해설 $P_0 \geq P + P_f + \frac{H}{100} = 0.03 + \frac{13.5}{100} + \frac{8}{100} = 0.245\text{MPa}$

(∵ 마찰손실수두=30m×450mmAq/m=13.5mAq)

(2) 고가탱크식

우물물 또는 수돗물을 일단 지하 저수조에 받아 이것을 양수펌프에 의해 건물 옥상 또는 높은 곳에 가설한 탱크로 양수한 다음, 그 수위를 이용하여 탱크에서 밑으로 세운 급수관에 의해 급수하는 방식이다.

1) 특 징

① 대규모 급수설비에 대체로 적합하다.
② 항상 일정한 수압을 유지하여 급수할 수 있다.
③ 많은 저수량을 확보할 수 있으므로 단수시에도 물의 공급이 가능하다.
④ 수압의 과다 등에 따른 밸브류 등 배관 부속품의 파손이 적다.
⑤ 급수압이 일정하나 시설비가 많이 든다.
⑥ 구조적 보강이 필요하다.

2) 고가탱크의 설치 높이

$$H \geq 100(P+P_f)+h$$

H : 고가수조의 높이(m)

h : 제일 높은 곳에 있는 기구의 높이(m)

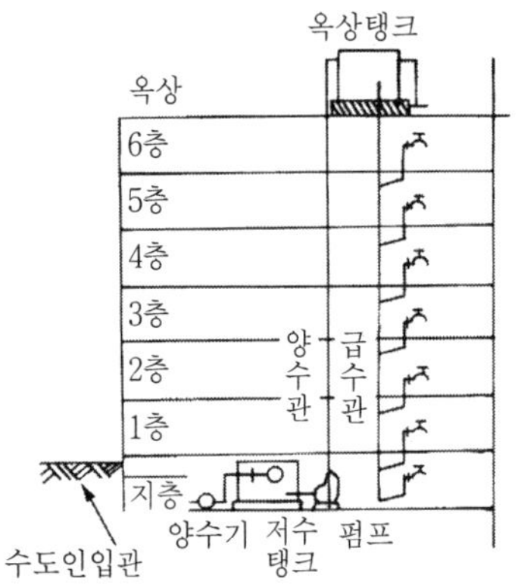

그림 2-2 옥상탱크 급수 배관법

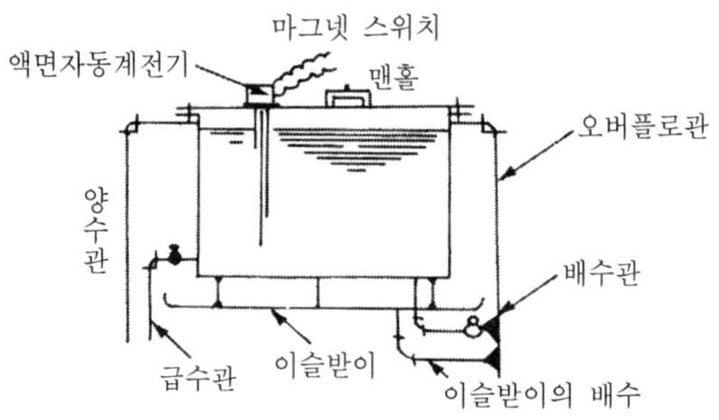

그림 2-3 옥상탱크의 배관 및 부속기구

3) 고가탱크식의 설계 제원

① 1일 급수량=1명당 필요수량×인원수

② 저수조 용량(V_s)=1일 급수량×(0.5~1일)

③ 고가수조 용량(V_h)

㉮ V_h=1시간 최대 사용수량×(1~3시간)[m^3]

㉯ $V_h=Q_m=Q_h$×(1.5~2.0시간)[ℓ]

Q_m : 시간 최대 예상급수량[ℓ/h]

Q_h : 시간 평균 예상급수량[ℓ/h]

④ 양수펌프

㉮ 양수량$(Q)=\dfrac{Q_h \times (3\sim4\text{시간})}{60}$[ℓ/min]

㉯ 전양정(H)=흡입양정(Hs)+토출양정(Hd)+마찰손실수두(Hf)

㉰ 소요동력(P')

㉠ 축동력$=\dfrac{W \cdot Q \cdot H}{6{,}120E}$[kW]

㉡ 축마력$=\dfrac{W \cdot Q \cdot H}{4{,}500E}$[PS]

W : 단위중량[kg/m^3, 물의 단위 중량은 1,000kgf/m^3]

Q : 양수량[m^3/min] H : 펌프의 전양정[m]

[주] 피크 로드(peak load)

① 하루 중 시간당의 사용수량이 가장 큰 값

② 1일 사용수량의 10~20% 정도

예제 1.

고가수조식으로 건물의 2층에 급수하는 경우 2층에 설치된 플래시밸브식의 수전의 필요압력이 0.05MPa 배관의 마찰저항이 0.02MPa. 2층 수전까지의 높이가 5m라면 고가수조의 높이는?

해설 고가수조의 높이 $H \geq 100(P + P_f) + h$에서 배관의 손실수두 : P_f = 0.02MPa,
기구의 최저 필요압력 : P = 0.05MPa, 기구의 높이 : h = 5m이므로
$\therefore H \geq 100(0.05 + 0.02) + 5 = 12m$

예제 2.

사용인원 800명인 사무소건물에서 지하층에 저수조를 두고 고가수조에 의한 하향공급식을 계획할 때 저수조 및 고가수조 용량은?(단, 1인 1일 급수량은 100ℓ로 하고 비상발전기는 있는 것으로 본다.)

해설 ① 저수조 : 1일 급수량의 1/2~1일분
∴ 1일 급수량(Q)=800×100ℓ=80,000ℓ/d=80m³/d에서
저수조는 80×(0.5~1)=40~80m³
② 고가수조 : 피크 로드의 1시간분으로 보면 피크 로드는 1일 급수량의 10~20%이므로 8~16m³ 정도가 적당하다.

예제 3.

30m 높이에 있는 옥상탱크에 매시 23m³의 물을 공급할 때 양수펌프 소요마력과 전양정은 얼마인가?(단, 배관중의 마찰손실은 실양정의 20%이고, 흡입양정 2m, 펌프의 효율은 55%이다.)

해설 ① 축마력 $= \frac{W \cdot Q \cdot H}{4{,}500E}[PS]$
W : 비중량[kgf/m³, 물의 비중량 : 1,000kgf/m³]
Q : 양수량[m³/min], H : 전양정[m], E : 효율[%]
$PS = \frac{1{,}000 \times 23/60 \times 38.4}{4{,}500 \times 0.55} = 5.947 = 5.9$마력
② 전양정(H)=2m+30m+6.4m(실양정 32m의 20%)=38.4m

예제 4.

다음과 같은 조건을 갖는 경우 고가수조에 필요한 양수 펌프 양수량과 구경은?

[조 건] 1. 100세대의 5층 아파트의 고가수조이다.
2. 각 세대당 사용수량은 다음과 같다.
(a) 대변기 : 250 ℓ/d (b) 소변기 : 150 ℓ/d
(c) 세면기 : 200 ℓ/d (d) 부엌 및 세탁싱크 : 800 ℓ/d
(e) 욕조 : 300 ℓ/d
3. 유속 : 2m/sec

해설 고가 수조의 양수펌프 용량 산정 방법

① 우선 저수량을 구한다. 저수량은 1시간 최대 사용수량의 2배이다.
1시간 최대 사용수량은 총 사용수량의 15%이므로
∴ 저수량=총 사용수량×0.3

② 펌프의 양수량은 저수량의 2배로 한다.

(a) 저수량

㉠ 각 세대당 총 사용수량=250+150+200+800+300=1,700 ℓ/d

㉡ APT 전체의 총 사용수량=1,700×100=170,000 ℓ/d

㉢ 1시간 최대 사용 수량=170,000×0.15=25,500 ℓ/h

∴ 저수량=25,000×2=51,000 ℓ =51m³/h

(b) 펌프의 양수량

∴ $51m^3 \times 2 = 102m^3/h = 1.7m^3/min = 0.028m^3/sec$

∴ 펌프의 직경 $d = 1.13\sqrt{\frac{Q}{v}}$ 에서 Q : 양수량(m^3/sec), v : 유속(m/sec)

$Q = 0.028m^3/sec$, $v = 2m/sec$이므로

$d = 1.13 \times \sqrt{\frac{0.028}{2}} = 0.134m = 13.4mm$

(3) 압력탱크식

수도본관에서 인입관 등에 의해 일단 저수조에 저수한 다음, 급수펌프로 압력탱크에 보내면 압력탱크에서 공기를 압축 가압하여 그 압력에 의해 물을 건물 내에 필요한 곳으로 급수하는 방식이다.

1) 장 점

① 고가탱크가 필요없다.

② 고가시설이 없어 미관상 좋다.

③ 국부적으로 일시적인 고압을 필요로 할 때 적합하다.

④ 탱크의 설치위치에 제한을 받지 않는다.

⑤ 탱크 중량에 의한 구조물의 구조를 강화시킬 필요가 없다.

2) 단 점

① 펌프의 양정이 길어야 하므로 동력비가 비싸다.

② 탱크는 압력 용기이므로 제작비가 비싸다.

③ 조작상 최고·최저의 압력차가 크므로 급수압의 변동이 크다.

④ 저수량이 적고 정전시 급수가 중단된다.

⑤ 물 속에 공기가 녹기 때문에 컴프레서로 때때로 공기를 공급해야 한다.

⑥ 취급이 어렵고 고장도 많다.

3) 압력탱크의 설계

① 필요압력

㉮ 최저 필요압력(P_{I})

$$P_{\mathrm{I}} = p_1 + p_2 + p_3 [\mathrm{MPa}]$$

p_1 : 압력탱크의 최고층 수전에 해당하는 수압[MPa]

p_2 : 기구별 소요압력[MPa]

p_3 : 관내 마찰손실수두[MPa]

㉯ 허용 최대 압력(P_{II})

$$P_{\mathrm{II}} = P_1 + 0.07 \sim 0.14 [\mathrm{MPa}]$$

② 탱크의 용적

$$V = \frac{Q}{A - B} [\ell]$$

Q : 유효 저수량[ℓ]=최대 사용수량[ℓ/h]× $\frac{20}{60}$

A : P_{II}(최고 압력)일 때의 수량비[%]

B : P_{I}(최저 압력)일 때의 수량비[%]

③ 양수펌프의 양수량

Q=(시간 최대 예상 급수량)×2

④ 펌프의 전양정

H=(100P_{II}+흡입양정)×1.2

⑤ 압력탱크 설계

$$\delta = \frac{P_{\mathrm{II}} \cdot d}{2t}$$

δ : 허용응력(연강판 45MPa/cm²)

P_{II} : 최대 내압력[kg/cm²]

d : 탱크의 내경[cm]

t : 강판의 두께[cm]

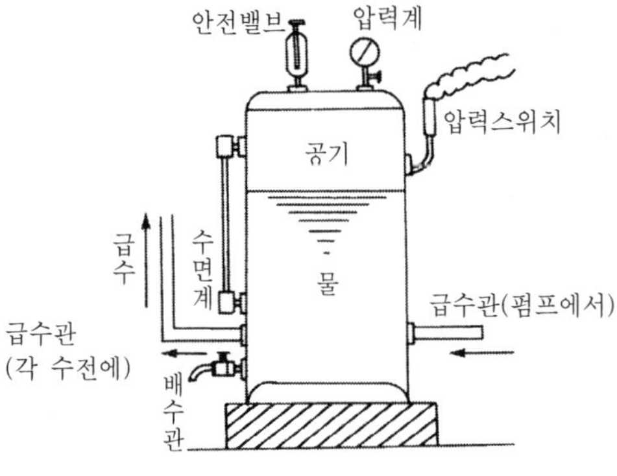

그림 2-4 압력탱크

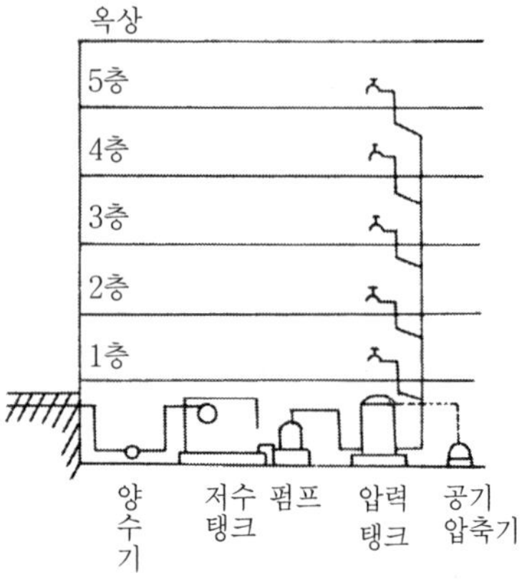

그림 2-5 압력탱크 배관법

표 2-2 압력 탱크 내의 수량 비율[%]

구분		종압 p′ [kgf/cm²]														
		0.5	1.0	1.5	2.0	2.5	3.0	3.5	4.0	4.5	5.0	6.0	7.0	8.0	9.0	10.0
초압 P[kgf/cm²]	0	32.6	49.2	59.2	65.9	70.8	74.4	77.2	79.5	85.3	82.9	85.3	87.1	88.6	89.7	90.6
	0.25	16.3	36.9	49.3	57.7	63.7	68.2	71.7	74.5	76.8	78.7	81.8	84.0	85.8	87.2	88.1
	0.5	0	24.6	39.5	49.5	56.6	62.0	66.2	69.5	72.3	74.6	78.2	80.9	83.0	84.2	86.1
	0.75		12.3	29.6	41.2	49.5	55.8	60.7	64.6	67.8	70.4	74.6	77.8	80.3	82.2	83.8
	1.0		0	19.7	33.0	42.5	49.6	55.2	59.6	63.3	66.3	71.1	74.7	77.5	79.7	81.6
	1.25			9.9	24.7	35.4	43.4	49.6	54.6	58.7	62.2	67.5	71.6	74.7	77.2	79.3
	1.5			0	16.5	28.3	37.2	44.1	49.7	54.2	58.0	64.0	68.5	72.0	74.8	77.0
	1.75				8.2	21.2	31.0	38.6	44.7	49.7	53.9	60.4	65.4	69.2	72.8	74.8
	2.0				0	14.2	24.8	33.1	39.7	45.2	49.7	56.9	62.2	66.4	69.8	72.5
	2.25					7.1	18.6	27.6	34.8	40.7	45.6	53.3	59.1	63.7	67.3	70.2
	2.5					0	12.4	22.1	29.8	36.1	41.4	49.8	56.0	60.9	64.8	68.0
	2.75						6.2	16.5	24.8	31.6	37.3	46.2	52.9	58.1	62.3	65.7
	3.0						0	11.0	19.9	27.1	33.2	42.7	49.8	55.4	59.8	63.4
	3.25							5.5	14.9	22.6	29.0	39.1	46.7	52.6	57.3	61.2
	3.5							0	9.9	18.1	24.9	35.5	43.6	49.8	54.8	58.9
	3.75								5.0	13.6	20.7	32.0	40.5	47.0	52.3	56.6
	4.0								0	9.0	16.6	28.4	37.3	44.3	49.8	54.4
	4.5									0	8.3	21.3	31.1	38.7	44.9	49.9
	5.0										0	14.2	24.9	33.2	39.9	45.3

※ V : 탱크용적, V' : 물의 용적 $\frac{V'}{V}\times 100 = \frac{P'+P}{P+1.033}\times 100$

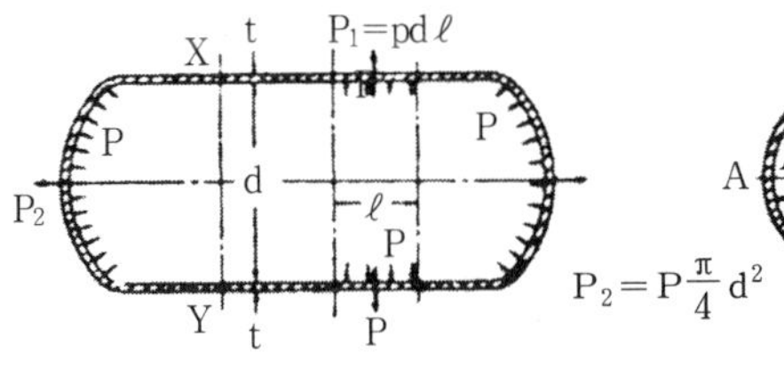

그림 2-6 압력탱크의 내압

예제 1.

압력탱크와 3층 수전까지의 높이가 15m, 관내 마찰손실수두가 0.03MPa일 때 압력탱크의 최대 필요압력은?(단, 수전은 보통 밸브이다.)

해설 P_{I}(최저 압력)=0.15+0.03+0.03=0.21MPa

P_{II}(최고 압력)=P_{I}+(0.07~0.14)=0.21+(0.07~0.14)=0.28~0.35MPa

예제 2.

압력수조식 급수설계에서 최고층 수전까지의 수직높이가 9m이고 관내 마찰손실수두가 5m일 때 최고층 수전의 급수에 필요한 최저 필요압력은?(단, 최고층 수전의 소요압력은 70kPa이며, 1mAq = 10kPa)

해설 압력수조식의 최저 필요압력(P_{I})

$P_{\mathrm{I}} = p_1 + p_2 + p_3$[MPa]

p_1 : 압력탱크의 최고층 수전에 해당하는 수압[MPa]

p_2 : 기구별 소요압력[MPa]

p_3 : 관내 마찰손실수두[MPa]

$\therefore P_{\mathrm{I}} = p_1 + p_2 + p_3$[MPa] = 9×10+70+5×10 = 210kPa → 0.21MPa

※ 0.1kgf/㎠ = 1mAq = 10kPa

※ 1MPa = 10kg/㎠ = 100mmAq

1MPa = 1,000kPa = 1,000,000Pa

예제 3.

압력탱크식 급수설비에서 탱크 내의 최고 압력이 0.35MPa이고, 펌프의 흡입양정이 5m일 때 전양정은 얼마로 보는가?

해설 펌프의 전양정(H)=(100P_{II}+흡입양정)×1.2[m]이므로

H={(100×0.35)+5}×1.2=48m이다.

(P_{II} : 최대 필요압력)

예제 4.

다음과 같은 조건을 갖는 경우 압력수조의 용량을 구하시오.

[조 건] 1. 압력수조와 최고층 수전까지의 높이 : 18m
2. 배관계 마찰손실수두 : 5mAq
3. 최대 사용수량 : 3000 ℓ/h

해설 ① 압력수조의 최소압력(P_{I})=1.8+0.3+0.5=2.6kgf/cm²
② 압력수조의 최대압력(P_{II})=2.6+(0.7∼1.4)=3.3∼4.0kgf/cm²
P_{II}=4.0kgf/cm²일 때 수량의 비율이 2/3 정도가 되도록 초압을 0.5kgf/cm²로 하면 표에 의해서
P_{II}=4.0kgf/cm²일 때 69.5% P_{II}=3.0kgf/cm²일 때 61.9%
수조의 저수량을 최대 사용수량의 20분간으로 하면 $3{,}000\,\ell/\text{h} \times \frac{20}{60} = 1{,}000\,\ell/\text{h}$

$$\therefore \text{수조의 용량 } V = \frac{1{,}000}{0.695 - 0.619} = 13.158\,\ell$$

$$1\text{mmAq} = \frac{1}{10{,}000}\,\text{kgf/cm}^2 = 1\text{kgf/cm}^2 \qquad \therefore 5\text{mAq} = 0.5\text{kg/cm}^2 = 0.05\text{MPa}$$

(4) 탱크가 없는 부스터 방식

저수탱크에 물을 받은 후 펌프에 의하여 수전까지 직송하는 방식으로, 옥상탱크나 압력탱크에 비하여 장소를 적게 차지하는 장점이 있지만, 설비비가 고가이고 고장시 수리가 어렵다는 단점이 있다. 고급 설비로서 보급이 증가하고 있다.

1) 특 징

① 옥상탱크나 압력탱크가 필요 없다.
② 정전이나 단수시 압력탱크와 동일하다.
③ 설비비가 고가이다.
④ 자동 제어 시스템이어서 고장시 수리가 어렵다.
⑤ 전력 소비가 많다.
⑥ 20m 이상의 건물에는 전력 소모가 커서 비효율적이다.

2) 종 류

① 정속방식 : 여러 대의 펌프를 병렬로 연결시켜 한 대는 계속 가동시키고 토출관의 압력변화에 따라 연결된 펌프가 작동 또는 정지되는 방식이다.
② 변속방식 : 변속장치와 정속 전동기를 조합하거나 변속 전동기를 사용하여 토출관의 압력변화에 따라 회전속도를 변화시켜 압력을 조절하는 방식이다.

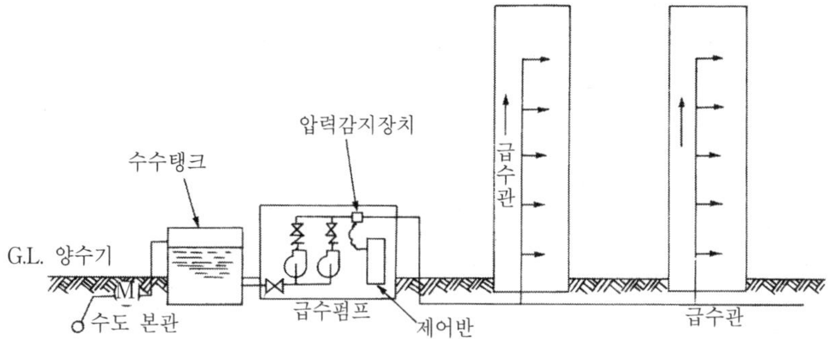

그림 2-7 탱크가 없는 부스터 방식

(5) 급수방식의 비교

표 2-3 각종 급수방식의 비교

조건 \ 급수방식	수도직결식	고가탱크식	압력탱크식	부스터 방식
수질 오염의 가능성	거의 없다.	많다.	보통이다.	보통이다.
급수압의 변화	수도 본관의 압력에 따라 변화한다.	거의 일정하다.	압력탱크 토출관 측에 압력조정 밸브를 설치하지 않는 한 수압변화가 크다.	거의 일정하다.
단수시의 급수	급수가 안된다.	물받이탱크와 고가탱크에 남아 있는 수량을 이용할 수 있다.	물받이탱크에 남아 있는 물을 이용할 수 있다.	압력탱크식과 같다.
정전시의 급수	관계없다.	고가탱크에 남아 있는 수량을 이용할 수 있다.	발전기를 설치하면 가능하다.	압력탱크식과 같다.
최하층 기계실 면적	필요없다.	조금 차지한다.	많이 차지한다.	조금 많이 차지한다.
옥상탱크용 면적	필요없다.	필요하다.	필요없다.	필요없다.
설비비	싸다.	조금 비싸다.	보통이다.	비싸다.
유지관리비	싸다.	보통이다.	비싸다.	조금 비싸다.

2. 급수 배관 방식

(1) 상향 급수 배관법

수도 본관 직결급수 방식 또는 압력탱크 방식의 경우 지하층의 천장 또는 1층의 바닥에 수평주관(horizontal mainpipe)을 설치하고, 여기에 상향 수직관을 연결하여 각 층 급수 개소로 지관을 분기하는 방식이다.

1) 특 징

① 수평주관을 지하층 천장에 노출 배관하므로 보수가 편리하다.

② 상층으로 올라갈수록 마찰손실의 영향으로 압력이 저하되어 상층에서는 수압이 감소하여 물이 잘 나오지 않는다.

(2) 하향 급수 배관법

고가탱크 방식에 사용되는 배관법으로, 최상층의 천장에 은폐 배관된 수평주관에 하향 수직관을 연결하여 각 층으로 분기관을 뽑아 각 급수 개소로 배관하는 방식이다.

배관이 천장에 은폐 배관되므로 점검 수리는 불편하지만 급수압은 일정하다.

(3) 혼용 배관법

이 방식은 상·하향 배관 방식을 혼용하는 방식으로서, 1, 2층은 상향식, 3층 이상은 옥상탱크에서 하향식으로 배관하는 방식이다. 이 방식은 정전 또는 단수시에 바람직하기 때문에 큰 건물의 경우에는 대부분 이 방식이 이용된다.

(4) 초고층 건물의 급수 배관법

초고층 건물은 최고층과 최하층의 수압차가 크므로 최하층에서는 과대한 급수압으로 수전의 수압이 너무 커져 수격현상(water hammering) 작용이 생기고, 그 결과 소음이나 진동이 일어나며 기구의 부속품 등의 파손이 생기므로 적절한 수압을 유지하기 위해 급수계통을 건물의 상하층으로 구분하여 급수압이 고르게 될 수 있도록 급수 조닝(zoning)을 할 필요가 있다.

① 층별식(세퍼레이트 방식)
건물을 몇 개의 존(zone)으로 나누어 각 존마다 수조를 설치하고, 최하층에 양수펌프를 설치해서 각 존의 수조에 각각 양수하는 방식.

② 중계식(부스터 방식)
각 존마다 수조를 설치하여 양수펌프가 각 존의 수조를 수원으로 하여 다음 윗존으로 중계해서 양수하는 방식.

③ 압력 조정(조압) 펌프식
건물을 몇 개의 존으로 구분하여 양수펌프를 건물의 최하층에 존 수만큼 설치하고, 각 존마다 사용 수량의 변동에 따라 수량을 자동적으로 조절하여 급수관 속의 수압을 항상 일정하도록 자동 제어하는 방식.

④ 압력탱크식
각 존마다 압력탱크를 설치하여 주로 상향 급수하는 방식.
중층과 저층부는 최하층에 압력탱크를 설치하여 상향 급수하게 되고, 고층부는 최하층의 펌프로 고층부의 수수탱크에 일단 양수한 후, 이를 압력탱크로 옮겨 고층부의 각 층에 상향 급수한다.

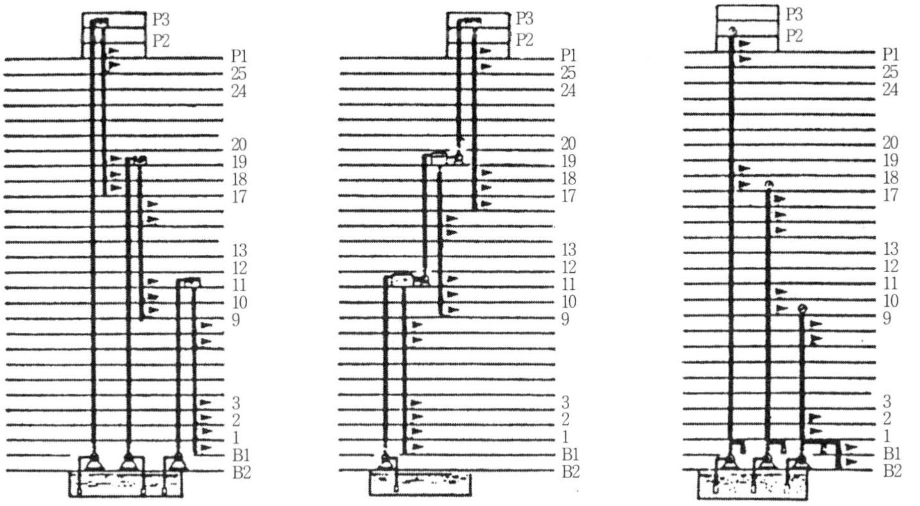

㉠ 층별식　　㉡ 중계식　　㉢ 압력 조정 펌프식

그림 2-8 급수 조닝(zoning)

※ 급수압의 한도

㉠ 호텔, 아파트, 병원 : 0.3～0.4MPa → 3～4kgf/㎠ (30～40mAq)

㉡ 사무소 건물 : 0.4～0.5MPa → 4～5kgf/㎠ (40～50mAq)

3. 급수량 산정

물의 사용수량은 최근 급격히 증가하는데 생활습관, 건물의 종류, 계절에 따라 변한다. 평균 1일 1인당 약 120～250ℓ를 사용한다. 각종 건물의 사용수량을 산출하는 데에는 인원수로 산출하는 방법, 건물면적에 의한 방법, 급수기구의 종류와 급수기구 단위를 기초로 하는 방법이 있다.

(1) 건물 사용 인원에 의한 방법

건물을 사용하는 인원을 판명할 수 있을 경우에는 표 2-4의 1일 평균 사용수량(Q)에 인원수(N)를 곱하여 구할 수 있다.

$$Q_d = Q \times N \ [\ell/d]$$

Q_d : 1일당의 급수량[ℓ/d]

Q : 1일 평균 사용수량[ℓ/d·c]

N : 급수 인원[인]

(2) 건물 면적에 의한 방법

건물 사용 인원이 판명되지 않을 경우 건물의 유효 면적비에 의해 표 2-4를 사용하여 구한다.

$$Q_d = A \times k \times n \times q \, [\ell / d]$$

A : 건물 연면적[m²]
k : 건물 연면적에 대한 유효 면적의 비율[%]
n : 유효 면적당의 인원[인/m²]
q : 건물 종류별 1일 1인당 사용수량[ℓ/d · c]

표 2-4 건물 종류별 1일 1인당의 급수량

건물 종류	용 도	급 수 량[ℓ]	소비시간[h]	적 요
주 택		200~250	8~10	고급 250ℓ, 중류 16ℓ
아 파 트	주 거	200~250	8~10	고급 250ℓ, 중급 16ℓ, 독신 100ℓ
기 숙 사		120	8	독신
병 원	1bed당	350~450	8~10	외래객 8ℓ, 간호원 160ℓ, 의사 · 직원 120ℓ
국민 · 중학교	학 생	40~50	5~6	교사 100ℓ, 소학교 40ℓ, 소비시간 5hr
고등학교이상	학 생	80	6	교사 100ℓ
개 인 상 점	통 근	100	8	상주 160ℓ
사무소건물	통 근	100	8	
호 텔 · 여 관	손 님	250~300	10	양식 호텔 250~300ℓ, 여관 200ℓ
백 화 점	손 님	3	6	점원 100ℓ
공 장	공 원	80	8	여공 100ℓ
주 차 장	승 객	3	15	
요 리 점	손 님	30	5	상주 160ℓ
대 중 식 당	손 님	15	7	상주 160ℓ
극 장	손 님	25	5	} 연 입장 인원에 대해
영 화 관	손 님	10	3	
소 매 시 장	손 님	40	6	
도 서 관	열람자	25	6	

(3) 사용 기구에 의한 방법

건물에 설치된 위생기구로 산정하는 방법인데, 다음 식에 의해 구할 수 있다.

$$Q_d = Q_f \times F \times P$$

Q_f : 기구의 사용수량[ℓ/d]
F : 기구수[개]
P : 기구의 동시사용률[%]

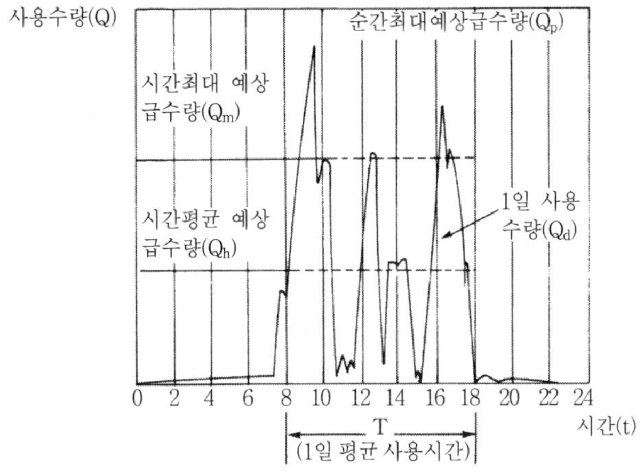

그림 2-9 사용수량의 시간 변화

예제 1.

연면적 3,000m²의 사무소 건물에 필요한 급수량은 얼마인가?(단, 이 건물의 유효바닥면적은 연면적의 60%이고, 유효 면적당 인원은 0.2인/m², 급수량은 100 ℓ/c · d로 한다.)

해설 $Q_d = A \cdot k \cdot n \cdot q$ [ℓ/d]

A : 건물의 연면적[m²] k : 유효 면적비[%]

n : 거주인원[인/m²] q : 1인 1일당 사용수량[ℓ/d · c]

$Q_d = 3{,}000 \times 0.6 \times 0.2 \times 100 = 36{,}000$ ℓ/d

예제 2.

연면적이 10,000m²인 사무소 건물의 급수량을 구하여 옥상 탱크의 용량을 결정하고자 한다. 1시간 최대 사용수량을 옥상탱크용량으로 결정할 경우 적당한 용량은?(단, 유효면적비 56%, 유효면적당 거주인원 0.2인/m², 1인 1일당 급수량 100 ℓ, 건물의 사용시간은 10시간으로 한다.)

해설 고가수조 용량(V_h)

① 1일 급수량 $Q_d = A \times k \times n \times q$[ℓ/d]

$= 10{,}000\text{m}^2 \times 0.56 \times 0.2\text{인/m}^2 \times 100\,\ell/\text{d} = 112{,}000\,\ell/\text{d} = 112\text{m}^3/\text{d}$

② 시간평균급수량(Q_h)$= \dfrac{Q_d}{T} = \dfrac{112}{100} = 11.2\text{m}^3/\text{h}$

③ 시간최대급수량($V_h = Q_m$)$= Q_h \times (1.5 \sim 2.0\text{시간})$[ℓ]

$= 11.2\text{m}^3/\text{h} \times (1.5 \sim 2.0\text{시간}) = 16.8 \sim 22.4\text{m}^3$

4. 급수 배관의 관경 결정법

(1) 기구 연결관의 관경에 의한 관경 결정

기구 수전이 소요수압을 경우 충족시킬 정도로 급수압이 낮거나 또는 주관에서 분기한 지관의 길이가 길 때에는 표 2-5의 저압란을 이용하여 결정한다.

표 2-5 급수관의 관경

위생기구명	급수관 관경[mm]		위생기구명	급수관 관경[mm]	
	저 압	고 압		저 압	고 압
세면기	15	10~15	살수전	15~20	15
샤워	15	10~15	대변기(플래시 밸브)	15~32	25
욕조수전	20	15	소변기(플래시 밸브)	20~25	20
세탁장 수채	20	15~20	대변기(수조)	15	10~15
오물수채	15~20	15			
부엌수채					

(2) 균등표에 의한 관경의 결정

균등표에 의해 관경을 정하려면 배관에 접속하는 기구의 구경을 단위(호칭경 15mm)로 환산하여 사용률을 곱해 균등표에 의해 관경을 결정할 수 있다.

표 2-6 기구의 동시사용률[%]

기구수	2	3	4	5	10	15	20	30	50	100
동시사용률[%]	100	80	75	70	53	48	44	40	36	33

균등표는 표 2-7과 같이 좌측란에서 32mm관을 정하여 그 우측을 읽고 윗란에서 15mm관을 정하여 그 아래로 읽어가면 그 교점에서 7.2를 읽을 수 있는데 이것은 15mm관 7.2개와 32mm관 1개의 유량이 같다는 것을 나타내는 것이다.

[예] 구경 15mm의 급수전 15개에 급수하는 주관의 관경은 표 2-6에서 기구수 15개의 동시사용률이 48%이므로 15×0.48=7.2개이다. 즉 15개의 수전 중 동시에 사용될 가능성이 있는 급수전의 개수는 가장 많을 때가 7.2개이다.

따라서 표 2-7에서 15mm관 7.2개분의 유량에 해당하는 관경은 32mm이다.

표 2-7 급수관의 균등표

관지름 mm(B)	10 (3/8)	15 (1/2)	20 (3/4)	25 (1)	32 (1 1/4)	40 (1 1/2)	50 (2)	65 (2 1/2)	80 (3)	90 (3 1/2)	100 (4)	125 (5)	150 (6)
10(3/8)	1												
15(1/2)	1.8	1											
20(3/4)	3.6	2	1										
25(1)	6.6	3.7	1.8	1									
32(1 1/4)	13	7.2	3.6	2	1								
40(1 1/2)	19	11	5.3	2.9	1.5	1							
50(2)	36	20	10.0	5.5	2.8	1.9	1						
65(2 1/2)	56	31	15.5	8.5	4.3	2.9	1.6	1					
80(3)	97	54	27	15	7	5	2.7	1.7	1				
90(3 1/2)	139	78	38	21	11	7.2	3.9	2.5	1.4	1			
100(4)	191	107	53	29	15	9.9	5.3	3.4	2	1.4	1		
125(5)	335	188	93	51	26	17	9.3	6	3.5	2.4	1.8	1	
150(6)	531	297	147	80	41	28	15	9.5	5.5	3.8	2.8	1.6	1

[주] 일반적으로 사용되는 기구의 최소 관경은 15mm(1/2″)이므로 각종 기구 및 배관을 15mm 관의 단위로 환산하면 편리하다.(위 표는 마찰손실을 고려한 것임.)

예제

다음 그림과 같이 (A) 파이프에서 15mm 파이프 5개가 분기되어 급수하고자 할 때 파이프 (A) 부분의 굵기는 얼마 이상으로 해야 하는지 [표 1] [표 2]를 이용하여 계산하면?

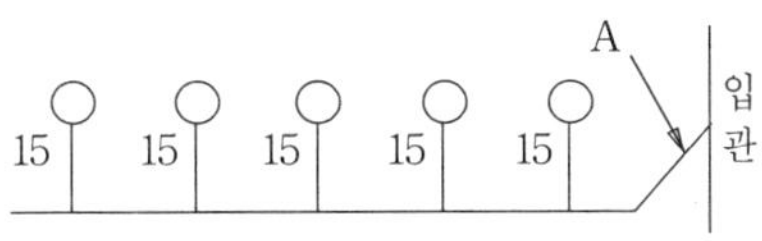

표 1 기구의 동시사용률

기 구 수	2	3	4	5	10	5
동시사용률[%]	100	80	75	70	53	48

표 2 급수관의 균등표

관지름[mm]	15	20	25	32	40
15	1	2	3.7	7.2	11

해설 기구수가 5개이므로 [표 1]에서 동시사용률은 70%이다.
5×0.7=3.5개(즉, 15mm 급수관 3.5개가 필요하다.)
[표 2]에서 15mm관 3.5개는 25mm관 1개와 유사하므로 급수가 가능한 관지름은 25mm가 적당하다.

(3) 마찰저항선도에 의한 관경의 결정

급수 배관 속에 흐르는 수량과 허용마찰로 관경을 구하는 방법.

① 동시사용 유수량 계산

먼저 표 2-8에 의하여 기구급수 부하단위를 산정한다. 그리고 그림 2-10을 이용하여 동시사용 유수량을 계산한다.

표 2-8 기구급수 부하단위

기 구 명	수 전	기구급수 부하단위		기 구 명	수 전	기구급수 부하단위	
		공중용	개인용			공중용	개인용
대 변 기	세정밸브	10	6	세 면 싱 크	급 수 전	2	
대 변 기	세정탱크	5	3	(수세 1개당)			
소 변 기	세정밸브	5		세탁용싱크	급 수 전		
소 변 기	세정탱크	3		청소용싱크	급 수 전	4	3
세 면 기	급 수 전	2	1	욕 조	급 수 전	4	2
세 수 기	급 수 전	1	0.5	샤 워	혼합밸브	4	2
의료용세면기	급 수 전	3		양식욕실 1식	대변기가 세정밸브		8
사무실용싱크	급 수 전	3			에 의한 경우		
부 엌 싱 크	급 수 전		3	양식욕실 1식	대변기가 세정탱크		6
조리장싱크	급 수 전	4	2		에 의한 경우		
조리장싱크	혼합밸브	3		음 수 기	수음수전	2	1
식기세척싱크	급 수 전	5		탕 비 기	볼 탭	2	
연 합 싱 크	급 수 전		3	살 수·차 고	급 수 전	5	

[주] 급탕전 병용의 경우에는 1개의 급수전에 기구급수 부하단위를 상기 수치의 3/4으로 한다.

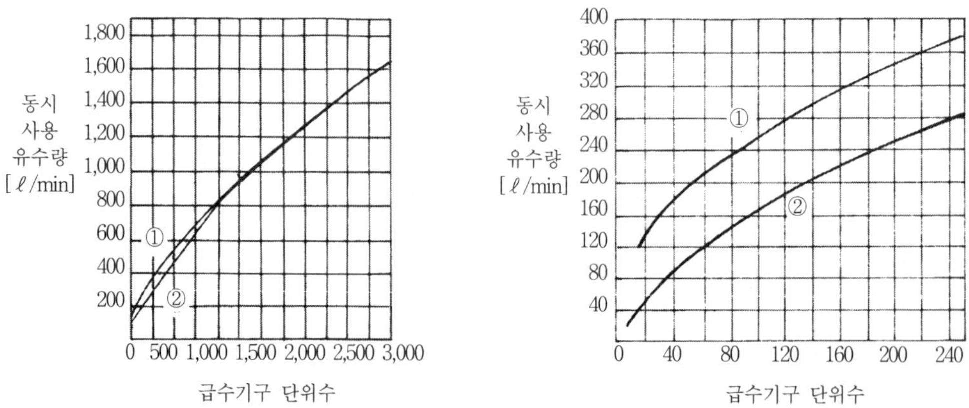

(a) ①은 세정밸브를 사용한 경우 ②는 보통밸브를 사용한 경우 (b) (a)부분 일부 확대

그림 2-10 동시사용 유량 곡선(ASHRAE guide에서)

② 허용마찰손실수두 계산

허용마찰손실수두는 단위길이에 대한 수치[mmAq/m]로 다음과 같이 표시한다.

$$R = \frac{(H_1 - H_2)}{l(1+k)} \times 1,000$$

R : 허용마찰손실수두[mmAq/m]
H_1 : 고가탱크에서 각 층의 기구까지의 수직 높이[m]
H_2 : 각층 급수기구의 최저 필요압력에 해당하는 수두[m]
l : 고가탱크에서 가장 먼 거리에 있는 급수기구까지의 거리[m]
k : 직관에 대한 연결부속품의 국부저항 비율(0.3~0.4)

표 2-9 관이음쇠의 종류 및 밸브류의 국부저항 상당관 길이[m]

관의 호칭 지름		90°엘보	45°엘보	90°T 지관(분류)	90°T 주관(직류)	슬루스 밸브	글로브 밸브	앵글 밸브	체크 밸브
mm	B								
15	½	0.6	0.36	0.9	0.18	0.12	4.5	2.4	1.2
20	¾	0.75	0.45	1.2	0.24	0.15	6.0	3.6	1.6
25	1	0.90	0.54	1.5	0.27	0.18	7.5	4.5	2.0
32	1¼	1.20	0.72	1.8	0.36	0.24	10.5	5.4	2.5
40	1½	1.50	0.90	2.1	0.45	0.30	13.5	6.6	3.1
50	2	2.10	1.20	3.0	0.60	0.39	16.5	8.4	4.0
65	2½	2.40	1.50	3.6	0.75	0.48	19.5	10.2	4.6
80	3	3.00	1.80	4.5	0.90	0.60	24.0	12.2	5.7
90	3½	3.60	2.10	5.4	1.08	0.72	30.0	15.0	7.6
100	4	4.20	2.40	6.3	1.20	0.81	37.5	16.5	10.0
125	5	5.10	3.00	7.5	1.50	0.99	42.0	21.0	12.0
150	6	6.00	3.60	9.0	1.80	1.20	49.5	24.0	15.0

③ 관경 결정

동시사용 유수량[ℓ/min]과 허용마찰손실수두 R[mmAq/m]을 이용하여 그림 2-11에서 관경을 구한다. 관내 유속이 클 경우 워터 해머링(water hammering)의 원인이 되므로 유속 2m/s 이하가 되도록 하는 것이 좋다.

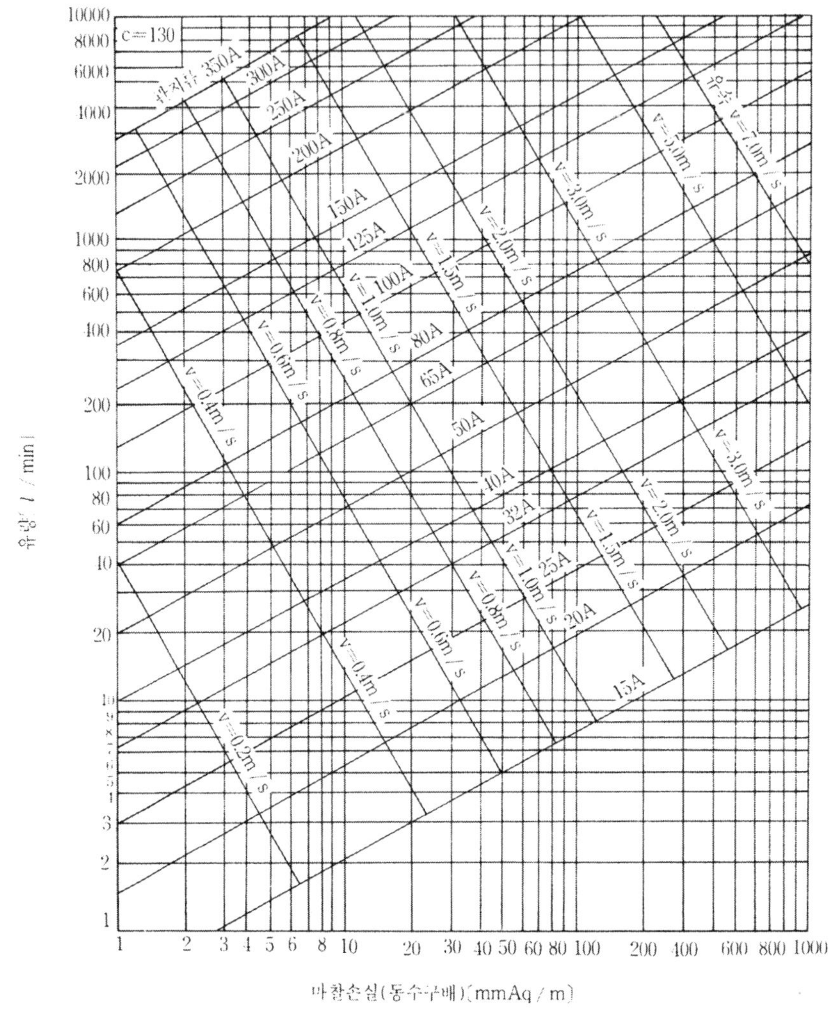

그림 2-11 마찰저항선도(경질 염화비닐 라이닝 동관)(HASS 206—1976, p. 50)

예제 1.

다음과 같은 조건을 갖는 경우에 있어서 허용마찰손실수두는 얼마인가?

[조 건] ① 고가탱크에서 각 층의 기구까지의 수직높이 : 18m
② 각 층 급수기구의 최저 필요압력 : 5m
③ 고가탱크에서 가장 먼 거리에 있는 급수기구까지의 거리 : 25m
④ 직관에 대한 연결부속품의 국부저항의 비율 : 0.3

해설 허용마찰손실수두는 단위길이에 대한 수치[mmAq/m]로 다음과 같이 표시한다.

$$R=\frac{H_1-H_2}{l(1+k)}\times 1,000$$

여기서, H_1=18m, H_2=5m, l=25m, k=0.3

$$\therefore R=\frac{H_1-H_2}{l(1+k)}\times 1,000=\frac{18-5}{25\times(1+0.3)}\times 1,000=400\text{mmAq/m}$$

$$=0.4\text{mAq/m}=0.04\text{kg/cm}^2\fallingdotseq 0.004\text{MPa}=4\text{kPa}$$

예제 2.

옥상탱크식 급수배관에서 25m 아래에 최저 필요압력이 0.07MPa인 급수전을 설치하였다. 이 배관의 전 연장이 75m라면 1m당 허용마찰손실수두는 얼마인가?

해설 $H=H_1+H_2$ [H_1 : 급수전 필요압력(0.07MPa → 7m), H_2 : 관내 마찰손실수두]

25m=7m+H_2　　H_2=18m=18,000mmAq

배관의 전 연장이 75m이므로

∴ 18,000mmAq÷75m=240mmAq/m

5. 펌 프

(1) 펌프(pump)의 종류

1) 원심(와권) 펌프

① 특징

㉮ 고속도 운전에 적합하다.

㉯ 진동이 적고, 장치가 간단하다.

㉰ 전체의 형이 적고 운전상의 성능이 우수하다.

㉱ 양수량의 조절이 용이하고 송수압의 변동이 적다.

② 종류

㉮ volute pump : 저양정으로서 비교적 많은 양수량을 필요로 할 때 사용된다. guide vane이 없고 boiler의 급수에 사용된다.

㉯ turbine pump ┌ 단단 터빈 펌프 : 비교적 저양정
　　　　　　　　└ 다단 터빈 펌프 : 50m 이상의 고양정

㉰ bore hole pump : 구조가 견고하고 고양정이다. 깊은 우물물의 양수로서 100m 이상 되는 심정층에서 건물에 양수한다.

③ 원심 펌프의 양수량

$$Q=\frac{\pi}{4}Vd^2$$

Q : 양수량[m³/sec]
V : 펌프의 관 속을 흐르는 유체의 속도[m/sec]
d : 펌프의 구경 $d=\sqrt{\frac{4Q}{V\pi}}=1.13\sqrt{\frac{Q}{V}}$

예제

수량 22.4m³/h를 양수하는데 필요한 터빈 펌프의 구경은?(단, 터빈 펌프 내의 유속은 2m/s로 한다)

해설 $Q=AV=\frac{\pi Vd^2}{4}$ $\therefore d=\sqrt{\frac{4Q}{V\pi}}=\sqrt{\frac{4\times 22.4/3,600}{2\times\pi}}=0.065\,\text{m}=65\,\text{mm}$

2) 왕복 펌프

① 특징

㉮ 송수압의 변동이 심하다.
㉯ 송수압의 변동을 완화하기 위하여 토출구 근처에 공기실을 둔다.
㉰ 양수량이 적고 양정이 적을 때 적합하다.

② 종류

㉮ plunger pump : 모래가 있는 물 양수, 고압용 펌프.
㉯ washington pump : 양수량이 적고, 양정이 큰 경우 적합, 보일러 급수용
㉰ piston pump : 모래가 있는 물은 양수 못함, 공장 급수용

③ 왕복 펌프의 양수량

$$Q=ALNE_v\ [\text{m}^3/\text{sec}]$$

A : piston or plunger의 유효 단면적[m²]
L : piston or plunger의 stroke[m]
N : 매분의 stroke 수, cranke의 회전수
E_v : 역류와 누수의 용적 효율[%]

3) 기타 특수 펌프

① gear pump : 기름 반송용
② 기포 펌프(air lift pump) : 기포의 부력을 이용, 고형물이 포함된 양수용 pump
③ jet pump : 가정용 깊은 우물(25m 깊이) 펌프, 소화용 pump
④ non-clog pump : 오수 처리용 pump

(2) 펌프의 설계

1) 흡입양정

① 펌프의 흡입높이

펌프의 흡입양정은 진공에 의한 것으로 표준기압하에서 이론적으로 10.33m이나 실제의 흡입양정은 6~7m 정도에 불과하다. 흡입양정은 대기의 압력, 유체의 온도에 따라 달라진다.

표 2-10 고도와 기압에 따른 이론상 흡입양정(단위 : m)

고 도(해발)	0	100	200	300	400	500	1,000	5,000
기 압(Hg)	0.76	0.751	0.742	0.733	0.724	0.716	0.674	0.634
이론상 흡상높이(Hs)	10.33	10.20	10.08	9.97	9.83	9.70	9.00	8.66

표 2-11 물의 온도에 따른 흡입양정 (단위 : m)

수 온[℃]	0	10	20	30	40	50	60	70	80	90	100
이론상 흡상높이(Hs)	10.3	–	9.7	–	–	9.0	7.9	7.2	5.6	2.9	0
실제상 흡상높이(Hs*)	7.5	7.0	6.3	5.0	3.8	2.5	1.4	0	−1.1	−2.3	−3.5

[주] *이 수치는 펌프의 수평관이 짧은 경우이며, 펌프의 NPSH(Net Positive Suction Head : 유효흡입양정)가 특히 큰 경우는 수치가 저하됨.

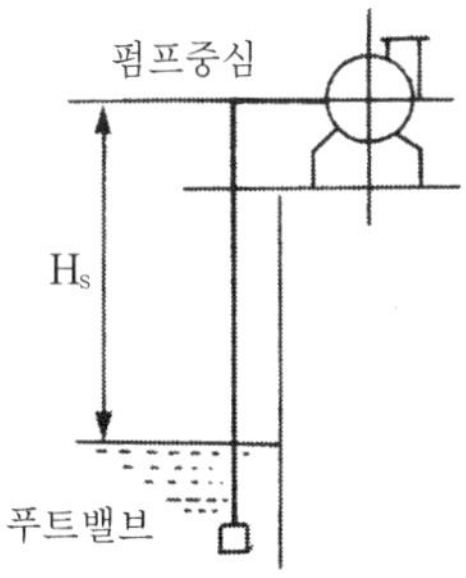

② 펌프의 전양정(全揚程)=흡입양정(H_s)+토출양정(H_d)+마찰손실수두(H_f) [m]

③ 펌프의 실양정(實揚程)=흡입양정+토출양정 [m]

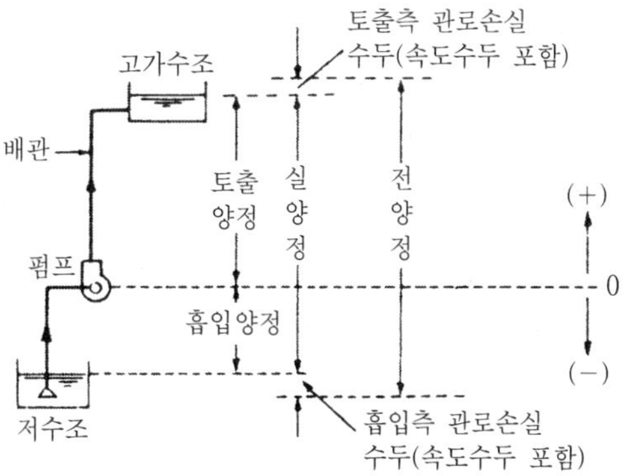

그림 2-12 양 정

예제

고가탱크식 급수설비에서 펌프의 흡입양정이 2m, 토출양정 45m, 관내마찰손실이 0.03MPa 이라면 펌프의 전양정은?

해설 전양정(H)=흡입양정(HS)+토출양정(Hd)+관내마찰손실수두(Hf) [m]

∴ 펌프의 전양정 = 2m + 45m + 3m(0.03MPa) = 50m

2) 펌프의 소요동력

① 펌프가 실제로 양수하는 수량 Q[m³/min], 단위 중량 W[kgf/m³]을 H[m]까지 올리는 데 요하는 동력을 수동력(水動力)이라고 한다.

$$\text{수동력} = \frac{W \cdot Q \cdot H}{K} \quad (\text{단, } K : \text{상수, } KW : 6{,}120,\ HP : 4{,}500)$$

[주] 단위 환산

1W=1J/s=3,600J/h=3.6kJ/h=1N · m/s=1kg · m²/s³ [J=N · m, N=kg · m/s²]

1kW=1kJ/s=3600kJ/h=102kgf · m/s=6120kg · m/min

1HP=0.7457kW≒0.75kW=76.04kgf · m/s

② 펌프를 운전하는 데 실제의 동력을 축동력(軸動力)이라 하며 수동력을 효율 E로 나눈 값이다.

$$\text{축동력} = \frac{W \cdot Q \cdot H}{KE} \quad (E : 50 \sim 75\%)$$

예제 1.

전양정 24m, 양수량 13.8m³/h, 효율은 60%일 때 펌프 축동력은?

해설 펌프 축동력 $[kW] = \frac{WQH}{KE}$ 에서

Q : 양수량[m³/min] → 13.8m³/h=0.23m³/min

H : 전양정[m] → 24m

W : 액체 1m³의 중량[kgf/m³] → 물은 1,000kgf/m³

E : 효율[%] → 60%

K : 정수[kW] → 6,120

$$\therefore \text{펌프의 축동력} = \frac{1{,}000 \times 0.23 \times 24}{6{,}120 \times 0.6} = 1.5\text{kW}$$

예제 2.

250m³/hr의 물을 양수하는 펌프의 축마력은?(단, 전양정 40mAq, 펌프효율 85%이다.)

해설 $$PS = \frac{WQH}{4{,}500 \times E} = \frac{1{,}000 \times \frac{250}{60} \times 40}{4{,}500 \times 0.85} = 43.6PS$$

(3) 펌프장치와 주의사항

① 펌프는 되도록 흡입양정을 낮추어 설치한다.

② 펌프와 전동기는 일직선상에 배치한다.

③ 흡입구는 동수위면(動水位面)에서 관경의 2배 이상의 길이에 잠기게 한다.

④ 18m 이상 양정이 높을 때는 펌프 토출구와 gate valve와의 사이에 check valve를 설치한다.

⑤ 토출관, 흡입관의 중량이 직접 펌프에 미치지 않도록 한다.

⑥ 펌프의 회전 방향은 원동기 쪽에서 보아 우회전하도록 한다.

⑦ 소화 펌프는 화재시 불의 접근을 막도록 구획한다.

(4) 펌프의 고장과 원인

① 양수 불충분 또는 불능

② 급유 부족으로 인한 과열

③ 이상한 음과 진동

④ packing의 노후와 부식으로 인한 과열

⑤ 과부하

(5) 펌프에서 발생하는 현상

① 공동 현상(cavitation)

급수의 압력이 갑자기 높아져서 급수 속의 공기가 기포로 분리되는 현상－흡입양정에서 발생, 소음・진동・관의 부식, 심하면 흡상 불능(펌프의 공회전)

② 파동 현상(surging)

급수의 압력이 갑자기 높아져서 급수 속의 기포가 급수 속으로 순간적으로 녹아드는 현상－토출양정에서 발생, 소음・진동・충격 발생

③ 수격 현상(water hammering)

관 속에 흐르는 액체의 속도를 급격히 변화시킬 때 액체의 심한 압력 변화 현상－유속이 빠를 때, 밸브 차단 시간이 짧을 때

④ 프라이밍(priming)

원심 펌프의 케이싱(casing) 속에 공기가 있으면 물을 흡입할 수 없으므로 펌프 속에 물을 채우는 것을 말한다.

보일러에서 증발이 격렬할 때 작은 물방울들이 증기에 섞여 오르는 현상

6. 급수설비의 오염방지

급수설비의 오염 원인에는 저수탱크에 유해물질 침입에 의한 발생, 배수의 급수설비로의 역류, 크로스 거넥션(cross connection), 배관의 부식 등이 있다.

(1) 저수탱크에 유해물질 침입에 따른 오염방지

① 건축 구조체(建築構造體)의 이용을 피한다.

② 음료수 탱크는 완전히 밀폐하고, 맨홀 뚜껑을 통하여 다른 물이나 먼지 등이 들어가지 않도록 한다.

③ 음료수 탱크 내에는 다른 목적의 배관을 하지 않는다.

④ 음료수 탱크에 부착된 오버플로(overflow)관은 철망들을 씌워 벌레 등의 침입을 막는다.

⑤ 콘크리트 제품은 완전한 방수시공을 기대할 수 없으므로 스테인리스강판, FRP 제품 및 강판 제품을 사용한다.

⑥ 탱크의 재질, 보강재의 재질 및 사용 도료는 수질에 영향이 없는 것으로 한다.

⑦ 배수 및 우수(雨水)의 영향을 받지 않도록 설치한다.

⑧ 탱크는 정기적으로 청소할 수 있는 구조로 한다.

(2) 배수의 급수설비로의 역류

① 배수의 역류는 단수시 급수관 내의 일시적 부압이 형성되거나 변기의 세정밸브에 진공방지기(vacuum breaker)가 달려 있지 않은 경우 일어나는 현상이다.

② 역사이펀 작용(back siphon action)이 일어나지 않게 진공방지기를 설치하기도 하고 토수구 공간을 두기도 한다. 토수구 공간을 취할 수 없는 경우는 반드시 역류방지기를 설치하여야 한다.

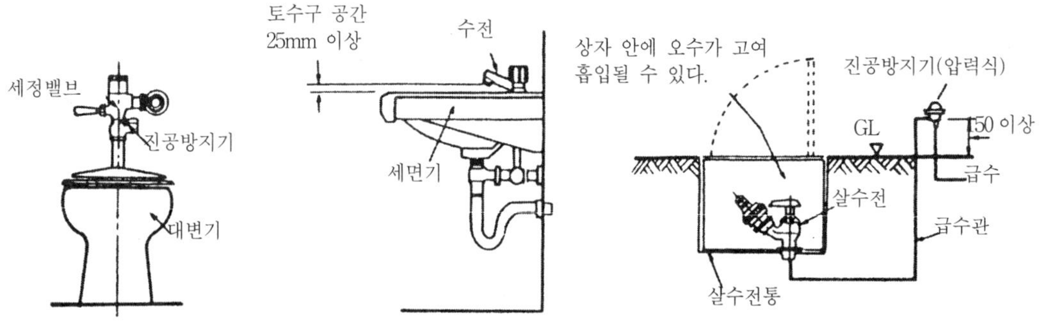

(a) 대변기의 역류방지기 설치 예 (b) 토수구 공간의 예 (c) 살수전의 역류방지기 설치 예

그림 2-13 역류방지의 예

(3) 크로스 커넥션(cross connection)

크로스 커넥션은 수도물과 수도물 이외의 물질이 혼입되어 오염시키는 것으로, 이와 같은 현상은 백플로(backflow)・수수탱크・고가탱크 등을 통하여 일어난다. 백플로는 음료수 배관과 그 밖의 배관을 연결하였거나 또는 역사이펀 작용(back siphon action)에 의해 발생된다.

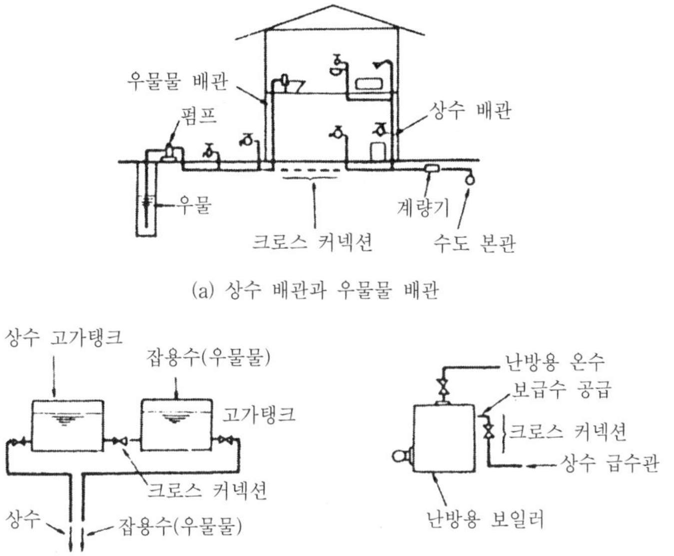

(a) 상수 배관과 우물물 배관

(b) 상수와 잡용수 (c) 공조설비기기와 크로스 커넥션

그림 2-14 크로스 커넥션의 예

(4) 배관의 부식

배관의 부식은 특히 금속관의 경우에 심하다. 배관의 부식은 관의 재질, 배관 내에 흐르는 유체의 화학적 성질에 따라 차이가 있다.

7. 급수 배관 시공상의 주의사항

(1) 배관 구배(물매)

① 급수관은 수리, 기타 필요에 따라 관 속의 물을 완전히 배제할 수 있고, 또 공기가 정체되지 않도록 일정한 구배를 두어 배관해야 한다. 배관은 최단거리로 한다.

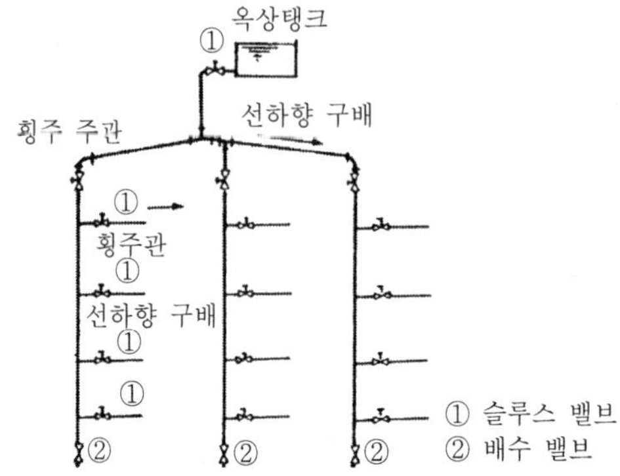

그림 2-15 배관 구배

② 급수관의 배관 구배는 모두 선단 하향 구배로 하나, 옥상탱크식 급수 배관에 있어서는 하향 배관에 있어 횡주관은 선하향 구배, 각 층의 횡주관은 선상향 구배로 한다.

(2) 밸 브

① 공기 빼기 밸브(air vent valve)

굴곡 배관이 되어 공기가 차게 되는 부분에 설치하여 공기를 제거하며 이로 인해 물의 흐름을 원활하게 한다.

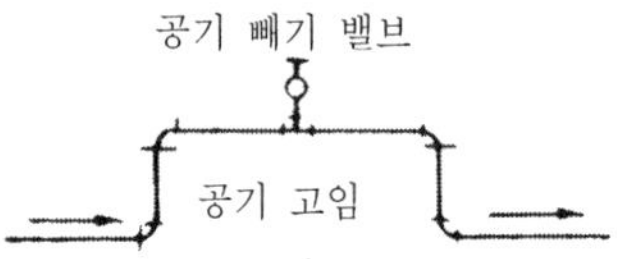

그림 2-16 공기 빼기 밸브

② 배니(찌꺼기 제거) 밸브

배관의 말단 부분인 청소구에 설치하여 침전 물질 등 부유물을 제거한다.

③ 지수(止水) 밸브

㉮ 설치 장소

수평 주관에서의 각 수직관의 분기점, 각 층 수평 주관의 분기점, 집단기구에의 분기점

㉯ 국부적 단수로 급수 계통의 수량 및 수압 조정을 위해 설치한다.

㉰ 사용 밸브는 슬루스 밸브(sluice valve, 일명 게이트 밸브)로 한다.

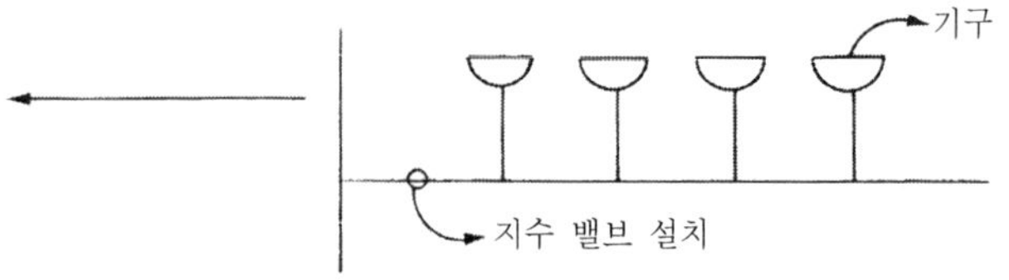

그림 2-17 지수 밸브

(3) 유니언(union)과 플랜지(flange)

관의 교체나 펌프의 고장 수리시 사용한다.

① 유니언 : 50mm 이하의 관에 사용한다.

② 플랜지 : 50mm 이상의 관에 사용한다.

(4) 수격 작용(water hammering)

관내 유속이 빠르거나 혹은 밸브, 수전 등의 관내 흐름을 순간적으로 폐쇄하면, 관내에 압력이 상승하면서 생기는 배관 내의 마찰음 현상이다.

① 원 인

㉮ 유속이 빠를 때

㉯ 관경이 적을 때

㉰ 밸브 수전을 급히 잠글 때

㉱ 굴곡 개소가 많을 때

㉲ 플러시 밸브, 콕을 사용할 때

② 방지책

㉮ 관내 유속을 될 수 있는 대로 느리게 하고 관경을 크게 한다.

㉯ 폐수전을 폐쇄하는 시간을 느리게 한다.

㉰ 기구류 가까이에 air chamber를 설치하여 chamber 내의 공기를 압축시킨다.

㉱ water hammer 방지기를 water hammer의 발생 원인이 되는 밸브 근처에 부착시킨다.

㉲ 굴곡 배관을 억제하고 될 수 있는 대로 직선배관으로 한다.

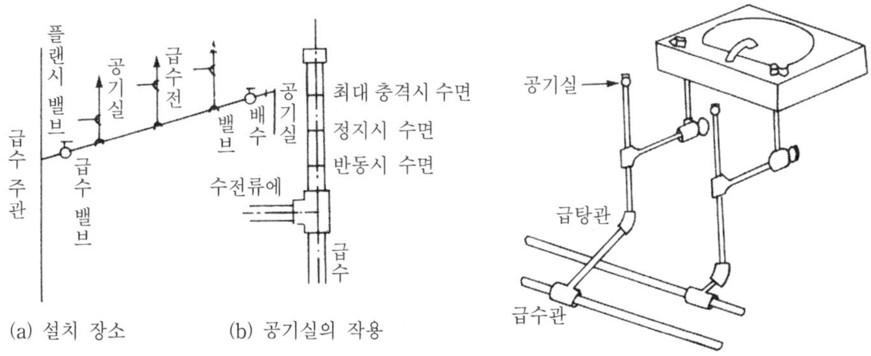

그림 2-18 공기실(air chamber)

(5) 슬리브(sleeve) 배관

바닥이나 벽을 관통하는 배관의 경우 콘크리트를 칠 때 미리 철관인 슬리브를 넣고, 이 슬리브 속에 관을 통과시켜 배관을 한다. 배관은 관의 신축과 팽창을 흡수하며 관의 교체시 편리하다.

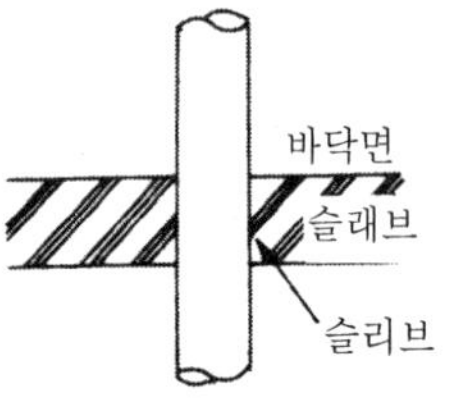

그림 2-19 슬리브 배관

(6) 방식 피복

① 강관 : 내산 도료로 칠을 한다.
② 연관 : 내알칼리성 도장을 하고, 그 위에 아스팔트 주트(asphalt jute)를 감는다.
③ 피복관 : 보통 페인트로 2~3회 칠을 한다.

(7) 방동·방로 피복(防露被覆)

① 급수관은 배수관과 달라서 물이 계속 정체되어 있기 때문에 철저한 피복이 요구된다.
② 천장 내의 파이프는 결로가 생겨 얼룩이 생긴다.
③ 펠트(felt), 아스베스토스(asbestos), 마그네시아(magnesia) 등의 보온재로 피복한다.

표 2-12 피복 두께(단위 : mm)

관의 종류 \ 관경		15 이하	20~40	50~80	100~150	200 이상
우모 펠트	급수관	15	20	25	30	40
	배수관	15	15	15	15	15

(8) 수압(水壓) 시험

① 공공 수도직결관의 경우는 1.75MPa, 탱크 및 급수관의 경우는 1.05MPa의 수압으로 시험한다.
② 관피복 시공 전과 지하 매설관을 매설하기 전에 수압 테스트 펌프로 가압하여 실시한다.
③ 수압 시험은 실제 사용압력의 2배로 한다.

익 힘 문 제

1 급수 방식의 종류를 들고 각각의 특징을 설명하라.

2 기구별 소요압력이 0.07MPa, 배관 중 마찰손실이 0.04MPa, 수전고가 10m일 때 수도본관에는 최소 얼마의 압력이 있어야 급수가 가능한가?

3 고가수조식 급수방식에서 옥상수조의 오버플로관은 양수관 크기의 몇 배 이상으로 설계하여야 안전한가?

4 기구의 소요압력 0.07MPa, 배관에서의 마찰손실수두 0.02MPa, 가장 높은 곳에 설치되어 있는 기구의 높이가 지상 15m 지점에 있을 때 고가수조의 최소 높이는?

5 수용인원 500명인 사무소 건물의 수수조(water receiver tank)의 용량은 어느 정도가 적당한가?(단, 소화용수 및 민방위 용수는 제외한다.)

6 500베드(bed)를 수용하는 병원의 급수에서 고가수조의 용량은?(단, 베드당 급수량은 1일 400ℓ로 함.)

7 고가수조식와 압력수조식을 비교 설명하라.

8 탱크가 없는 부스터방식의 특징과 종류를 설명하라.

9 초고층 건축의 급수배관법의 종류를 들고 그 특징을 설명하라.

10 고층 건물에서 급수설비를 조닝하는 이유는 무엇인가?

11 급수설비설계를 하는데 있어 가장 먼저 결정해야 될 사항은?

12 급수배관의 관경 결정법에 대하여 설명하라.

13 급수량을 산정하는데 있어서 급수기구 단위수를 기초로 할 때 기본단위가 되는 위생기구는?

14 급수배관 내의 수격작용(water hammering)이 일어나는 원인을 설명하고 방지책을 기술하라.

15 펌프의 이론적 흡입양정은?

16 급수설비에서 펌프의 실양정이란?

17 다음과 같은 조건을 갖는 고가탱크 급수방식의 펌프의 전양정과 축동력은?

【조 건】

1. 펌프의 양수량 : 36,000ℓ/h	2. 실양정 : 50m
3. 마찰손실수두 : 15m	4. 펌프의 효율 : 55%

18 상수의 수질오염원인과 방지에 대하여 설명하라.

19 급수배관이나 기구구조의 불비(不備), 불량(不良)의 결과 급수관 내에 오수가 역출해서 음료수를 오염시키는 상태를 무엇이라고 하는가?

20 급수설비의 배관 시험 방법에 대하여 설명하라.

제3장 급탕설비

1. 급탕의 기초 사항

(1) 물의 팽창과 수축

물은 온도 변화에 따라 그 부피가 팽창 또는 수축한다. 순수한 물은 0℃에서 얼게 되며, 이때 약 9%의 체적팽창을 한다. 그리고 4℃의 물을 100℃까지 높였을 때 체적팽창의 비율이 약 4.3%에 이른다. 또한 100℃의 물이 증기로 변할 때 그 체적이 1,700배로 팽창한다. 이 팽창의 원리를 이용한 것이 중력 환수식 증기난방 또는 중력 순환식 온수난방 방식이다.

$$\Delta_v = \left(\frac{1}{\rho_2} - \frac{1}{\rho_1}\right)V$$

Δ_v : 온수의 팽창량[ℓ]

ρ_1 : 온도 변화 전의 물의 밀도[kg/ℓ]

ρ_2 : 온도 변화 후의 물의 밀도[kg/ℓ]

v : 장치 내의 전수량[ℓ]

예제

물의 팽창에서 4℃의 물의 밀도를 1kg/ℓ, 100℃의 물의 밀도를 0.958634kg/ℓ일 경우 팽창한 체적의 비율은?

해설 $\Delta_v = \left(\frac{1}{\rho_2} - \frac{1}{\rho_1}\right)V$에서

$\Delta_v = \frac{1}{0.958634} - 1 = 0.04315 = 4.315\%$

※ 4℃의 물을 100℃까지 높였을 때 체적은 약 4.3% 팽창하며, 100℃의 물이 증기로 변할 때 체적팽창은 약 1,700배에 이른다.

(2) 열량과 비열

① 열량 : 순수한 물 1g을 14.5℃에서 15.5℃로 올리는 데 필요한 열량을 1칼로리[cal]라 한다. 열량의 단위는 cal, kcal, J(줄), erg 등이 있다.

열량[kJ] = 질량[kg] × 비열[kJ/kg℃] × 온도차[℃]

② 비열 : 어떤 물질 1g의 온도를 1℃ 올리는 데 필요한 열량을 그 물질의 비열이라 한다. 비열의 단위는 J/g℃이다.

③ 열용량 : 비열이 c[J/g℃]이고, 질량이 m인 물체를 온도 1℃ 올리는 데 필요한 열량을 그 물체의 열용량이라 한다.

> 열용량[C]≥질량[kg]×비열[kJ/kg℃]=m · c[kJ/℃]
> 열량[Q]=열용량[kJ/℃]×온도차[℃]
> → 열량[Q]=질량[kg]×비열[kcal/kg · ℃]×온도차[℃]
> =m · c · Δt [kcal/h]
> =질량[kg]×비열[kJ/kg · K]×온도차[K]=m · c · Δt [kJ/h]
>
> Q : 열량(kJ) m : 질량(kg) c : 비열(kJ/kg℃) Δt : 온도차(℃ 또는 K)

학습포인트

▶ 비열

얼음 : 0.5kcal/kg · ℃=2.1kJ/kg · K
물 : 1kcal/kg · ℃=4.2kJ/kg · K
공기 : 0.24kcal/kg · ℃=1kJ/kg · K
※ 열량에 대한 SI단위는 kJ로 나타내며, kcal와의 관계는 다음과 같다.
1kJ=0.24kcal=240cal이므로 1cal/h=4.2Joul 1kcal/h=4.2kJ
1kW=1kJ/s≒860kcal/h

[주] 열량에 대한 SI기본단위는 K(켈빈온도, 절대온도)이며, ℃(섭씨온도)와 눈금크기는 동일하다.

예제

질량이 0.5kg이고, 비열이 4.2kJ/kg℃인 물을 15℃에서 80℃로 올리는데 필요한 열량은?

해설 Q = m · c · Δt = 0.5×4.2×(80−15) = 136.5kJ

(3) 급탕부하

급탕부하는 시간당 필요한 온수를 얻기 위해 소요되는 열량을 말한다. 급탕온도의 온도차(Δt)는 보통 60℃를 기준으로 하며, kJ/h 또는 kW(kJ/s)로 나타낸다.

$$\text{급탕부하} = \text{급탕량 } m(\text{kg/h}) \times \text{비열 } c(\text{kJ/kg}\cdot\text{K}) \times \text{온도차 } \Delta t(\text{K}) \text{ [kJ/h]}$$

$$= \frac{\text{급탕량 } m(\text{kg/h}) \times \text{비열 } c(\text{kJ/kg}\cdot\text{K}) \times \text{온도차 } \Delta t(\text{K})}{3{,}600(\text{s/h})} \text{[kW]}$$

예제 1.

보일러의 설계부하 계산에서 급탕량이 500L/h일 때 급탕부하는?(단, 급탕온도는 60℃, 급수온도는 0℃를 기준으로 한다.)

해설 열량[Q]=질량[kg]×비열[kJ/kg · K]×온도차[K] = m · c · Δt [kcal/h]

∴ Q = m · c · Δt = 500kg/h×4.19kJ/kg · K×60℃ = 125,700kJ/h

예제 2.

한 시간당 급탕량이 5㎥일 때 급탕부하[kW]는 얼마인가?(단, 급탕온도 70℃, 급수온도 10℃)

해설 급탕부하 = 급탕량 m(kg/h) × 비열 c(kJ/kg·K) × 온도차 Δt(K) [kJ/h]

$$= \frac{\text{급탕량 } m(\text{kg/h}) \times \text{비열 } c(\text{kJ/kg·K}) \times \text{온도차 } \Delta t(\text{K})}{3{,}600(\text{s/h})} [\text{kW}]$$

$$= \frac{5{,}000(\text{kg/h}) \times 4.2(\text{kJ/kg·K}) \times (70-10)(\text{K})}{3{,}600(\text{s/h})}$$

= 350[kW]

예제 3.

용량 1kW의 커피포트로 1L의 물을 10℃에서 100℃까지 가열하는데 걸리는 시간은?
(단, 열손실은 없으며, 물의 비열은 4.19kJ/kg · K, 밀도는 1kg/L이다.)

해설 질량(m)=밀도×부피=1kg/L×1L=1kg

가열량[Q]=질량[kg]×비열[kJ/kg · K]×온도차[K]=m · c · Δt [kJ/h]

가열량[Q]=m · c · Δt=1kg/h × 4.19kJ/kg · K × (100-10) · K=378[kJ]

∴ 가열하는데 걸리는 시간(분)=378÷60=6.3[분]

2. 급탕온도

(1) 탕의 용도

음료용, 조리용, 세면용, 욕용, 세탁용, 기타

(2) 급탕온도

급탕장치에서는 보통 65~85℃ 온도의 탕을 저장하여, 그것을 필요한 기구에 공급하여 용도에 따라 적당한 양의 물을 가하여 사용하는 것이다.

표 3-1 용도별 사용 온도

용도		사용온도[℃]	용도		사용온도[℃]
음료용		50~55	주방용	일반용	45
목욕용	성인	42~45		접시세정용	45
	소아	40~42		접시 세정시 헹구기용	70~80
샤워		43	세탁용	상업일반	60
세면용(수세용)		40~42		모직물	33~37
의료용(수세용)		43		린넨 및 견직물	49~52
면도용		46~52	수영장용		21~27
			세차장용		24~30

3. 급탕 방법

(1) 개별식 급탕법

건물 내 필요한 개소에 탕비기를 설치하여 온수를 공급하는 방식으로, 급탕 개소가 적은 소규모 건축물에 적합하다.

[특징] ① 배관길이가 짧아 배관 중의 열손실이 적다.
② 필요한 온수를 쉽게 곧 얻을 수 있다.
③ 급탕 개소가 적을 경우에는 시설비가 싸다.
④ 건물의 완성 후에도 급탕 개소의 증설이 용이하다.

1) 순간온수기(즉시탕비기)

① 가스나 전기로 가열시켜 직접 온수를 얻는 방법으로서, 급탕 기구수가 적고 급탕 범위가 좁은 주택의 욕실, 부엌의 싱크, 레스토랑, 이발소 등에 적합하다.

② 급탕온도는 60~70℃까지 올라가지만 처음에는 찬물이 나온다.

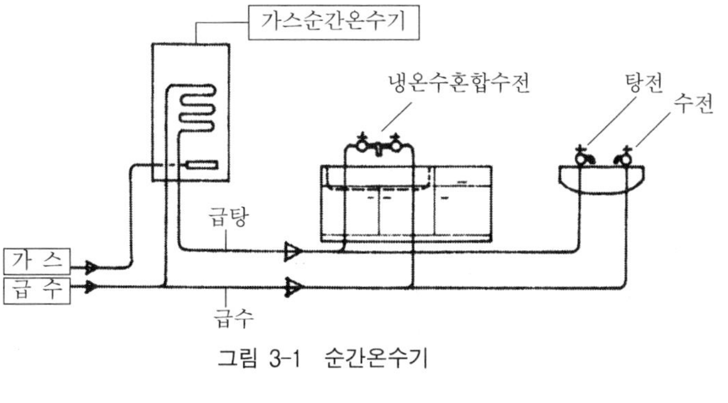

그림 3-1 순간온수기

2) 저탕형 탕비기

① 특정 시간에 다량의 온수를 필요로 하는 곳에 적합하다.

② 비교적 열손실이 많다.

3) 기수혼합식

① 보일러에서 발생한 증기를 저탕조에 직접 불어넣어 온수를 만드는 방법으로, 소음이 생기는 결점이 있고, 계속 새로운 물을 보급하므로 보일러에 미치는 영향도 커서 많이 사용하지 않는다.

② 열효율은 100%이지만 소음을 줄이기 위해 증기압 0.1~0.4MPa의 스팀 사일런서(steam silencer)를 사용한다.

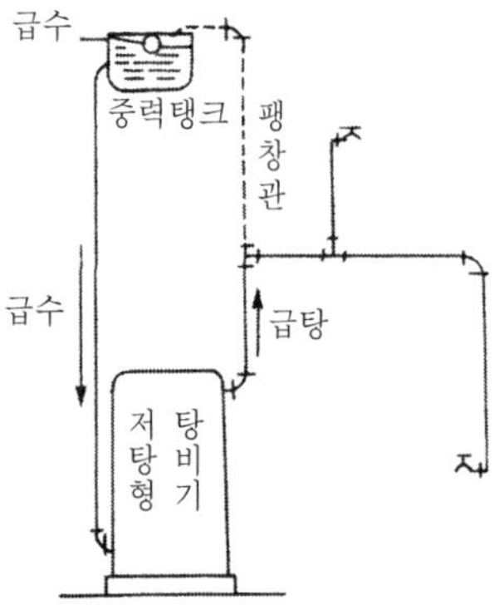

그림 3-2 저탕형 탕비기

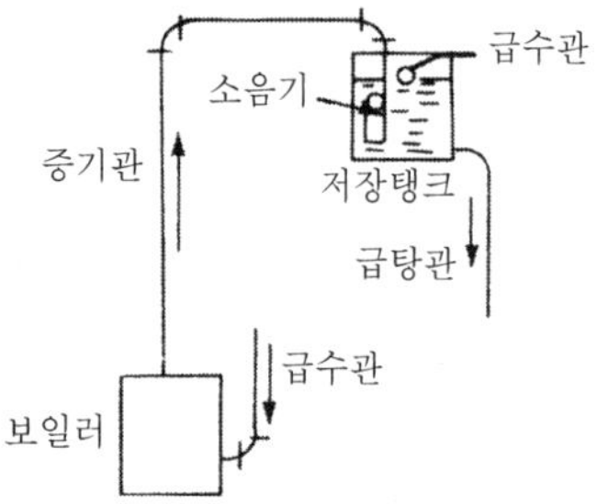

그림 3-3 기수혼합식

(2) 중앙식 급탕법

일정한 장소에 탕비장치를 설치하여 배관을 통하여 필요한 곳에 급탕하는 방식으로, 대규모 건축에 적합하다.

[특징] ① 열원으로 값싼 중유, 석탄 등이 사용되므로 연료비가 싸다.

② 급탕설비가 대규모이므로 열효율이 좋다.

③ 급탕설비의 기계류가 동일 장소에 설치되어 관리상 유리하다.

④ 최초의 설비비와 건설비는 비싸지만 경상비가 적게 들므로 대규모 급탕에는 중앙식이 경제적이다.

⑤ 급탕 공급의 배관길이가 길어 열손실이 많다.

⑥ 순환이 느리기 때문에 순환펌프를 사용해야 한다.

1) 직접가열식

① 배관 방법에는 단관식과 복관식이 있다.

② 고압 보일러를 필요로 한다.

③ 가열용 코일이 필요치 않다.
④ 열효율이 좋지만 보일러 내부에 scale이 생긴다.
⑤ 대규모 급탕설비에는 비경제적이다.

2) 간접가열식

① 대규모 급탕설비에 적합하다.
② 고압 보일러를 쓸 필요가 없다.
③ 가열 coil이 필요하다.
④ 보일러 내부에 스케일이 낄 염려가 없다.
⑤ 급탕용 보일러를 따로 설치할 필요가 없다.
⑥ 저탕조 설치위치는 충분히 여유 있는 곳을 택한다.
⑦ 복귀관 가까이에 있는 급탕전을 열면 복귀탕수가 역류할 우려가 있으므로 체크 밸브를 설치해야 한다.
⑧ 서모스탯을 설치하여 온도조절을 한다.

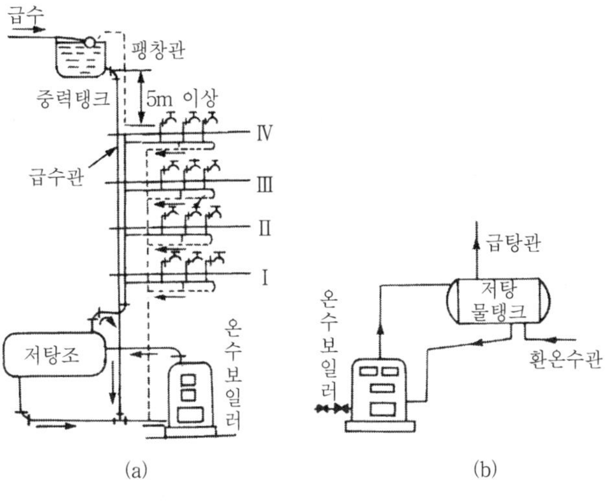

그림 3-4 직접가열식 급탕 배관

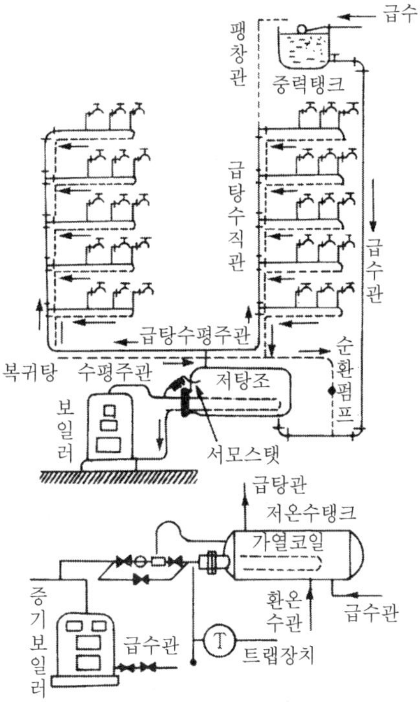

그림 3-5 간접가열식 급탕 배관

표 3-2 중앙식 급탕법의 비교

구 분	직 접 가 열 식	간 접 가 열 식
보 일 러	급탕용 보일러, 난방용 보일러 각각 설치	난방용 보일러로 급탕까지 가능
보일러 내의 스케일(물때)	많이 낀다.	거의 끼지 않는다.
보일러 내의 압력	고 압	저 압
저탕조 내의 가열코일	불필요	필 요
건물 규모	소규모 건물	대규모 건물

4. 급탕 설계

(1) 급탕량의 산정 방법

건물 내에서 사용하는 급탕량은 급수설비의 경우와 같이 건물의 종류나 용도에 따라 다르며, 하루 동안에도 시간대에 따라서 차이가 많고 또한 계절에 따라 영향을 받으므로 주의를 요한다. 일반적으로 1일 급수량의 ⅔를 고려하여 설계한다.

급탕량을 산정하는 데는 사용인원에 의한 방법과 기구의 종류와 개수에 의한 방법이 있으나, 일반적으로 인원을 기초로 한 산정방법이 정확한 값을 얻을 수 있다.

① 인원수에 의한 방법

㉮ 1일 최대 급탕량(Q_d)

Q_d=급탕 대상 인원(인)×1일 1인 급탕량[ℓ/d·c, ℓ/d]

㉯ 1시간 최대 급탕량(Q_h)

$$Q_h = 1\text{일 최대 급탕량} \times \frac{1}{\text{소비 시간}} [\ell/h]$$

㉰ 가열기 능력(H)

$$H = Q_d \cdot r(t_h - t_c)$$

r : 1일 사용량에 대한 가열 능력 비율
t_h : 탕의 온도[℃]
t_c : 물의 온도[℃]

예제

100인이 거주하는 아파트에서의 급탕 가열 능력은?(단, 1인 1일당 급탕량 100ℓ, 급탕온도 60℃, 급수온도 5℃, 가열 능력 비율 1/7)

해설 $H=Q_d \cdot r(t_h-t_c)$에서

$H=100인 \times 100ℓ \times \frac{1}{7}(60-5)$

$=10,000 \times \frac{1}{7} \times 55$

$=78,571.4\text{kJ/h}$

$\fallingdotseq 78,570\text{kJ/h}$

표 3-3 건물의 종류별 급탕량

건 물 의 종 류	1인 1일당 급탕량 [ℓ/c/d]	1일 사용에 대한 필요한 1시간당 최대치 비율	피크 로드의 계속시간	1일 사용량에 대한 저탕 비율	1일 사용량에 대한 가열능력 비율
	q_d	q_h	h	v	r
주택·아파트·호텔 등	75~150	1/7	4	1/5	1/7
사무실	7.5~11.5	1/5	2	1/5	1/6
공장	20	1/3	1	2/5	1/8
레스토랑	–	–	–	1/10	1/10
레스토랑(3식/1일)	–	1/10	8	1/5	1/10
레스토랑(1식/1일)	–	1/5	2	2/5	1/6

[주] 호텔에서는 1일의 탕 필요량과 특성이 호텔의 형식에 따라 달라진다. 고급 호텔에서는 피크 로드는 낮지만 1일 사용량이 비교적 많고, 상업 호텔에서는 피크 로드는 높지만 1일의 사용량이 적다.

② 기구수에 의한 방법

㉮ 사용 횟수를 추정할 수 있을 때

$$Q_h = F \times P \times a$$

F : 기구 1개 1회당 급탕량[ℓ]
P : 기구의 사용 횟수[회/h]
a : 동시사용률[%]

㉯ 사용 횟수를 추정할 수 없을 때

$$Q_h = F_h \times O \times a$$

F_h : 기구의 급탕량(ℓ/n)
O : 기구수[개]
a : 동시사용률[%]

(2) 급탕설비의 설계 계산

1) 직접가열식 급탕설비

① 석탄을 연료로 하는 경우, 보일러의 화상 면적

$$G = \frac{w(t_h - t_c)}{R \cdot F \cdot E} [\mathrm{m}^2]$$

② 중유를 연료로 하는 경우, 보일러의 전열 면적

$$H = \frac{w(t_h - t_c)}{R \cdot F \cdot E} [\mathrm{m}^2]$$

③ 가스 히터를 사용하는 경우, 가스 소비량

$$G_g = \frac{w(t_h - t_c)}{F \cdot E} [\mathrm{m}^3/\mathrm{h}]$$

④ 전기 히터를 사용하는 경우, 소요 전력량

$$H_e = \frac{w(t_h - t_c)}{K \cdot E} [\mathrm{kWh}]$$

⑤ 기수혼합식의 경우, 소요 증기량

$$Q = \frac{w(t_h - t_c)}{L} [\mathrm{kg/h}]$$

w : 급탕량[kg/h]
$t_h \cdot t_c$: 급탕온도 및 급수온도[℃]
R : 연소율, 석탄의 화상 면적 또는 중유의 전열 면적 1m² 당 1시간의 연소량[kg/m²/h]
F : 연료의 발열량(kJ, kg 또는 kJ/m³)
E : 전열 효율[%]
K : 전력 1kW의 발열량(3,600kJ/h)
L : 증기 1kg당 보유 잠열(2,257kJ/kg)

예제

가스순간온수기를 사용하는 경우 가스 소비량(G)을 구하시오.(단, 급탕량 : 400ℓ/h, 급탕온도 : 85℃, 급수온도 : 20℃, 가스 발열량 : 1,025kJ/kg, 순간온수기 효율 : 90%)

해설 $G_g = \frac{W(t_h - t_c)}{F \cdot E} = \frac{400 \times (85 - 20)}{1,025 \times 0.9} = 28.2\,\mathrm{kg/h}$

2) 간접가열식 급탕설비

간접가열식의 경우에도 직접가열식의 경우와 동일하게 계산하고, 그 결과에 대해 보일러 및 보일러와 저장탱크 간의 열손실을 고려하여 온수보일러의 경우에는 15%를 증가하고, 증기보일러의 경우에는 20%를 증가한다.

예제

다음과 같은 조건을 갖는 경우에 있어서 직접가열식 및 간접가열식에서 증기보일러의 전열면적은?

[조 건] 1. 연료는 중유를 사용하며, 발열량은 10,000kJ/kg
2. 급탕량 : 3,000kg/h
3. 급탕온도 : 85℃
4. 급수온도 : 20℃
5. 보일러의 효율 : 60%
6. 연소율 : 2kg/m²h

해설. ① 직접가열식인 경우

$$H=\frac{w(t_h-t_w)}{RFE}=\frac{3,000\times(85-20)}{2\times10,000\times0.6}=16.25\text{m}^2$$

② 간접가열식인 경우에 있어서는 온수보일러의 경우에는 직접가열식 경우의 화상면적의 15%를, 증기보일러의 경우에는 20%를 증가시키므로 $16.25\times(1+0.2)=19.5\text{m}^2$

(3) 급탕설비용 기기

1) 보일러

① 종류 : 주철제 보일러와 강판제 보일러가 있다.

② 보일러 용량

$$G_e=\frac{G_s(i_2-i_1)}{2.257}$$

G_e : 상당 증발량[kg/h]
G_s : 실제 증발량[kg/h]
i_1 : 급수의 엔탈피[kJ/kg]
i_2 : 발생증기의 엔탈피[kJ/kg]
2,257 : 100℃ 물의 증발잠열[kJ/kg]

③ 보일러 효율

$$\eta=\frac{G_s(i_2-i_1)}{G_f H_o}$$

G_f : 연료 소비량[kg/h]
H_o : 연료의 발열량[kJ/kg]

2) 저탕조

① 온수탱크로 탕물을 저장함과 동시에 히터 역할을 한다.

② 저탕조의 용량 계산

㉮ 직접가열식 : V=(1시간 최대 급탕량−온수보일러의 탕량)×1.25

㉯ 간접가열식 : V=1시간 최대 사용 급탕량×(0.9~0.6)

표 3-4 저탕조의 용량

최대 사용 급탕량 [ℓ/h]	저탕 비율 [%]	저탕조의 용량 [ℓ]	최대 사용 급탕량 [ℓ/h]	저탕 비율 [%]	저탕조의 용량 [ℓ]
1,000 이하	90	900	5,000 이하	70	3,500
2,000 이하	80	1,600	7,500 이하	65	5,000
3,000 이하	75	2,250	10,000 이하	60	6,000

3) 온수순환펌프

① 전양정

급탕 주관 및 제일 먼 곳의 급탕 분기관을 거쳐 복귀관에서 저탕조로 돌아오는 가장 먼 순환의 전 관로의 관 지름과 순환탕량에서 전 손실수두를 구해서 정한다.

$$H=0.01\left(\frac{L}{2}+\ell\right)[\mathrm{m}]$$

L : 급탕관의 전연장[m]
ℓ : 복귀관의 전연장[m]

② 온수순환펌프의 수량

$$W=\frac{Q}{60\,C\Delta t},\quad Q=\frac{60\,W\rho\,C\Delta t}{1,000}$$

Q : 배관과 펌프 및 기타 손실열량[kJ/h]
W : 순환수량[ℓ/min]
C : 탕의 비열[4.19kJ/kg · K]
ρ : 탕의 밀도(kg/m^3)
Δt : 급탕 · 반탕의 온도차[℃](Δt는 강제순환식일 때 5~10℃ 정도임.)

예제 1.

급탕주관 전 배관길이가 200m, 환수주관의 전 배관길이가 100m일 때 온수순환 펌프의 전양정은?

해설 전양정 $(H)=0.01\left(\frac{L}{2}+\ell\right)=0.01\left(\frac{200}{2}+100\right)=2\,\mathrm{m}$

예제 2.

다음과 같은 조건을 갖는 경우에 있어서 온수순환펌프의 순환수량은?

[조 건]	1. 배관, 펌프 및 기타 손실열량 : 360,000kJ/h 2. 급탕관의 수온 : 89℃ 3. 반탕관의 온도 : 79℃

해설 온수 순환펌프의 수량

$$W=\frac{Q}{60\,C\Delta t}$$

Q : 배관과 펌프 및 기타 손실열량(kJ/h)
W : 순환수량(ℓ/min)
C : 탕의 비열(4.19kJ/kg · K)
ρ : 탕의 밀도(kg/m^3)
Δt : 급탕 · 반탕의 온도차(℃)(Δt는 강제 순환식일 때 5~10℃ 정도임)

$W=\dfrac{Q}{60\,C\Delta t}$ 에서 W=360,000kJ/h, t=89−79=10℃

$$W=\frac{Q}{60\,C\Delta t}=\frac{360,000}{60\times 4.19\times 10}\fallingdotseq 143\,\ell/\text{min}$$

4) 팽창관과 팽창탱크

① 팽창관

㉮ 역할

온수순환 배관 도중에 이상 압력이 생겼을 때 그 압력을 흡수하는 도피구로서 증기나 공기를 배출한다.

㉯ 팽창관의 설치높이

팽창관은 그림 3-6과 같이 급탕관에서 수직으로 연장시켜 고가탱크 또는 팽창탱크에 개방시킨다. 고가탱크(팽창탱크)의 최고 수위면으로부터의 팽창관의 수직높이 H는 다음과 같이 구한다.

$$H>h\left(\frac{\rho}{\rho'}-1\right)[\text{m}]$$

h : 고가탱크에서의 정수두[m]
ρ : 물의 밀도[kg/ℓ]
ρ' : 탕의 밀도[kg/ℓ]

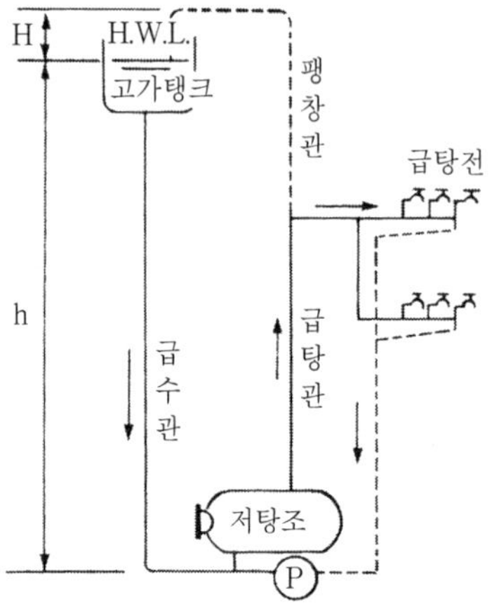

그림 3-6 팽창관

예제

탕의 비중량이 983kg/m³이고 장치(저탕조)의 최저 위치에서 팽창수조의 최고 수위까지의 수직높이가 10m일 때 팽창수조의 최고 수위면으로부터 팽창관의 수직 높이는?

해설 $H \geq h\left(\frac{\rho}{\rho'} - 1\right) = 10\left(\frac{1,000}{983} - 1\right) = 0.173\,\text{m}$

③ 팽창탱크

㉮ 역할

급탕장치 내 물의 팽창에 의해 팽창관으로 유출하는 수량을 저장하는 탱크로서, 고가수조를 팽창탱크의 겸용으로 사용하는 경우도 있으나, 별도로 설치하는 것이 바람직하다.

㉯ 설치높이 : 탱크의 저면이 최고층의 급탕전보다 5m 이상 높은 곳에 설치하며 탱크 급수는 볼탭에 의해 자동 급수한다.

㉰ 용량

$$v_e = 1,000\left(\frac{1}{\rho_2} - \frac{1}{\rho_1}\right) V\,[\text{m}^3]$$

V : 배관 및 기기내 급탕량[m³]

ρ_1 : 물의 밀도[kg/ℓ]

ρ_2 : 급탕의 밀도[kg/ℓ]

5. 급탕 배관 방식

- 급탕 배관 방식
  - 단관식(1관식)
    - 상향 배관
    - 하향 배관
  - 순환식(2관식)
    - 상향 급탕 배관
    - 하향 급탕 배관
    - 상·하향 급탕 배관

(1) 단관식

탕비기에서 수전에 이르기까지 공급관(supply pipe)뿐인 배관 방식으로서, 개별식 급탕 방법에 이용되는 방식이다.

① 상향 공급식 : 탕전에 이르기까지 배관 내의 유수 방향이 상향이고, 유수와 관 속에서 발생한 공기의 흐름과 방향이 일치한다.

② 하향 공급식 : 유수 방향이 하향이고, 관 속에서 발생하는 공기의 흐름과의 반대 방향이다.

(2) 순환식

저탕조를 중심으로 하여 회로 배관을 형성하고 탕물은 항상 순환하고 있으므로 2관식이라고도 하며, 급탕전을 열면 곧 뜨거운 물이 나오며 온수보일러나 또는 저탕조에서 15m 이상 떨어져서 급탕전을 설치하는 순환식을 채용하는 것이 좋다.

① 상향 급탕 배관

일반적으로 가장 많이 사용되는 배관법이며, 배관은 급탕 수평주관으로부터 수직관으로 세워 배관하고, 이 수직관으로부터 각 층 기구에 급탕하고, 최말단 기구에서 순환관을 내어 환수주관에 연결한다.

② 하향 급탕 배관

급탕주관을 건물 최고층까지 끌어올려 최고층에서 수평주관을 늘여서 각 파이프 샤프트(pipe shaft)에서 수직관을 내려 세워 그 수직관에서 각층 기구에 급탕하고, 각 최말단 기구에서 환수주관에 연결한다.

③ 상·하향 급탕 배관

대규모 급탕설비에서는 배관 연장이 길어서 마찰손실이 커져 급탕의 순환이 느리다. 따라서 탕물의 유통도 나빠지므로 수직 급탕주관을 통해 각층 기구에 급탕하며, 한편 최고층 수평관을 거쳐 필요한 위치에서 수직관을 내려 그 수직관에서도 각층 기구에 급탕하는 방식이다. 이 경우에 그 하단은 순환식이 된다.

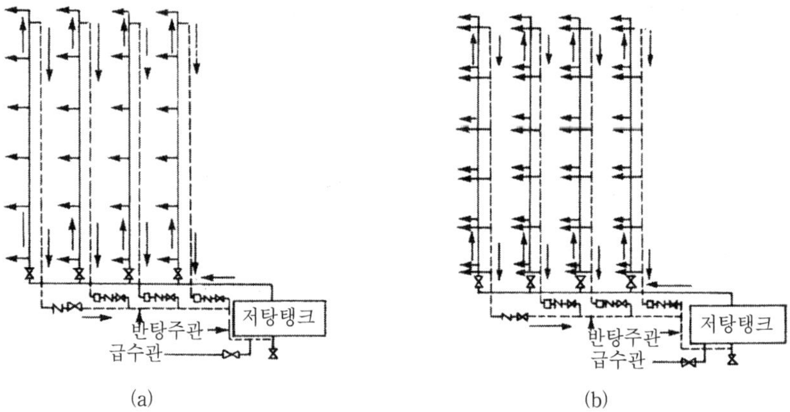

그림 3-7 상향식 급탕 순환 방법

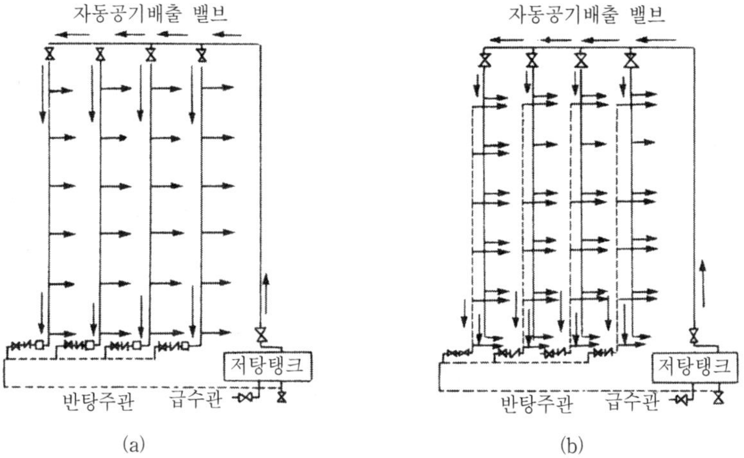

그림 3-8 하향식 급탕 순환 방법(리버스 리턴 배관 방식)

(3) 고층건물의 급탕방식

1) 급탕 조닝

급탕의 필요압력 혹은 최고압력에 관해서는 급수압력과 동일하지만, 냉온수 혼합수전이나 샤워 등과 같이 물과 탕을 혼합하는 기구에 있어서는 급수압력과 급탕압력은 가능한 한 같게 하는 것이 좋다. 고층건물에서 수압을 일정하게 유지하기 위해 급수설비에서와 마찬가지로 과대한 급탕압력으로 인하여 수격현상(water hammer)과 같은 문제가 발생하기 쉬우므로 급탕 조닝(zoning)이 필요하다.

① 계통별로 조닝하는 방법

② 감압밸브를 설치하는 방법

2) 급탕방식

초고층 건물인 경우에는 가열장치의 설치위치에 따른 집중식과 분산식이 있다.

① 집중식

㉮ 유지관리측면에서는 용이하지만 상층계통의 저탕조에 높은 압력이 걸리며, 배관길이도 길게 되기 때문에 설비비가 많이 든다.

㉯ 순환펌프의 설치위치에 따라 압입 양정이 높아지게 되기 때문에, 기종 선정에 상당히 주의해야 한다.

② 분산식

각 계통의 상부측은 하부 부근에 기기를 설치하기 때문에 기기에 과대한 압력이 걸리지 않으며, 배관길이도 짧게 된다.

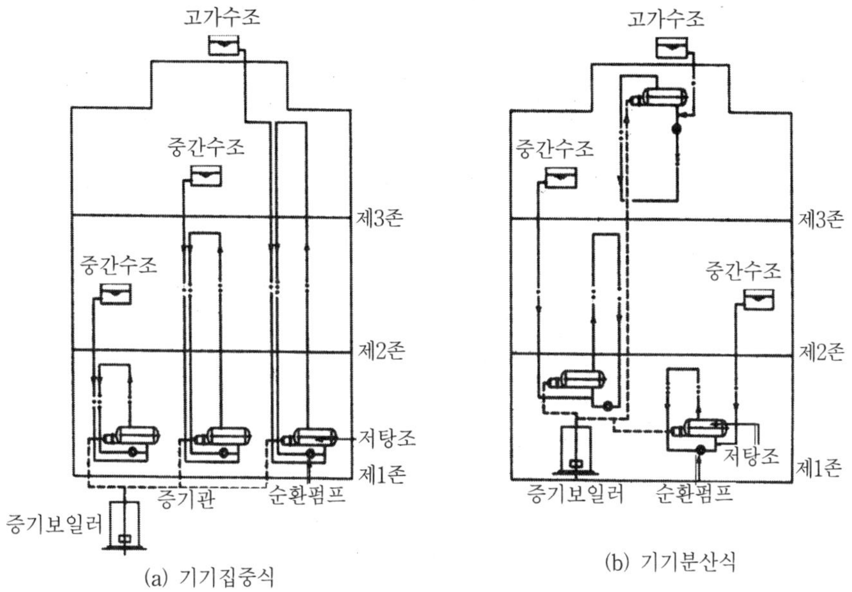

그림 3-9 고층건물의 급탕방식

(4) 급탕관의 관재료

급탕관은 세면용, 목욕용, 주방용에 사용하는 것이 대다수이므로 급탕관 재료의 선정은 급수관 재료의 경우와 동일하지만, 급탕관에서는 온도에 대한 조건을 추가하여야 한다. 일반적으로 온도상승에 따라 관의 부식속도가 빨라지기 때문에 급탕온도는 50~60℃ 정도가 바람직하다. 따라서 급탕관 재료로서 고려할 수 있는 것은 동관, 일반 배관용 스테인리스 강관, 내열염화비닐 라이닝 강관, 내열염화비닐관 등을 들 수 있다.

(5) 급탕관의 관경 결정

급탕관의 관경은 급수설비의 관경 계산 방법과 동일한 방법으로 구한다. 급탕관은 금속의 부식을 고려하여 내식성 재료를 사용하는 것이 좋다.

① 최소 25A 이상

② 단관식의 경우는 급수관의 관경 결정하는 방법과 똑같이 하되 급수 관경보다 한 치수 큰 것을 선택한다.

③ 순환식 상향 급탕법

상향 급탕 수직관은 상향 급수 배관에서의 수직관과 같은 방법으로 관경을 산출하며 팽창관의 관경은 수직관과 동일한 관경으로 한다. 급탕 수직관에서 각 층으로 분기되는 수평관의 관경은 기구수에 의해 배관의 관경균등표에서 구한 값보다 한 치수 큰 것을 선택한다.

④ 반탕관의 관경

㉮ 최소 20A 이상

㉯ 급탕관보다 작은 치수의 것을 사용한다.

표 3-5 급탕관과 반탕관의 관경

급탕관경[mm]	25	32	40	50	65	75	100
반탕관경[mm]	20	20	25	32	40	40	50

6. 태양열 이용 급탕 시스템

화석연료의 고갈 및 이들 연료의 연소에 의한 지구온난화 등을 방지하기 위한 대체에너지의 하나로서 태양열의 이용이 확대되고 있다. 현재 우리나라에서는 태양열을 이용한 여러 설비 중에서도 급탕설비가 주로 널리 보급되고 있으며, 주택에서부터 공동주택, 학교 급식용, 수영장, 대중목욕탕, 호텔, 병원의 급탕에 이르기까지 다양하게 이용되고 있다.

(1) 태양열 급탕설비가 태양열 이용 냉난방 시스템보다 유리한 점

① 급탕부하는 연간 비교적 안정되고 초기 설비비의 회수에 유리하다.

② 시스템이 비교적 단순하며, 설비비가 적게 든다.

③ 급탕용수 자체가 축열매체가 되고, 이용온도차도 커서 축열비용이 싸다.

(2) 태양열 이용 급탕시스템의 종류

① 주택용 태양열 온수기

㉮ 주택용으로 널리 이용되고 있는 것으로 일몰 후에도 보온 효과가 있는 저탕부를 갖는 온수기이다.

㉯ 일반적으로 욕조나 주방싱크 등에 직접 급탕하는 형식으로 사용되는 것이 많다.

② 강제 순환식

㉮ 급탕보일러와 조합하여 호텔이나 병원 등 대규모 급탕설비에 사용되고 있으며, 한랭지 등에서도 부동액을 사용한 시스템이 사용된다.

㉯ 최근에는 태양열과 외기를 열원으로 하여 전동열펌프에 의해 물을 가열하는 시스템도 사용되고 있다.

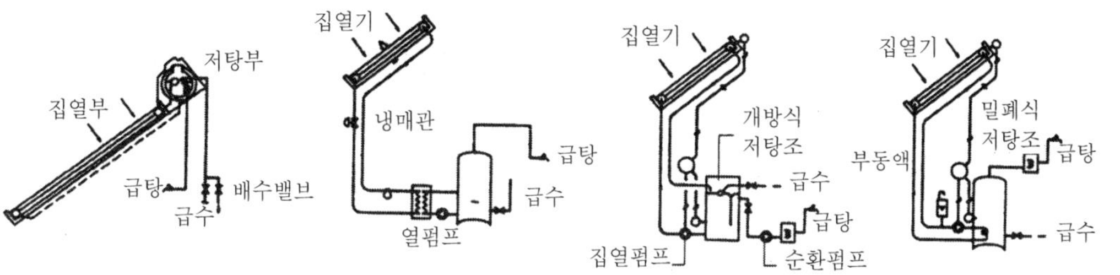

자연순환형 태양열온수기 | 열펌프식 태양열 급탕시스템(직팽집열방식) | 강제순환식 태양열 급탕시스템 | 강제순환식 태양열급탕시스템(부동액에 의한 간접집열방식)

그림 3-10 태양열 급탕 시스템

7. 급탕 배관 시공시 주의사항

(1) 배관의 구배

① 배관의 구배는 온수의 순환을 원활하게 하기 위해 될 수 있는 한 급구배로 한다.

② 상향 공급 방식 ┌ 급탕관 : 선상향(앞올림) 구배
　　　　　　　　└ 반탕관 : 선하향(앞내림) 구배

③ 하향 공급 방식 : 급탕관, 반탕관 모두 하향 구배로 한다.

④ 배관의 구배 ┌ 중력 순환식 : 1/150
　　　　　　　└ 강제 순환식 : 1/200

(2) 공기 빼기

① 배관 시공에서 ㄷ자형 배관은 피하고 부득이 굴곡 배관을 해야 할 경우에는 공기 빼기 밸브를 설치하여 온수의 흐름을 원활하게 한다.

② 배관 도중에는 슬루스 밸브(sluice valve)를 설치한다.

(3) 배관의 신축

배관에 생기는 팽창량을 흡수하여, 응력에 의한 배관 이음쇠의 파손 부분에서 발생하는 누수를 방지하기 위하여 배관 중에 신축이음쇠(expansion joint)를 설치한다.

1) 신축이음쇠의 종류

① 스위블 조인트(swivel joint)

2개 이상의 elbows를 사용하여 나사회전을 이용해서 신축을 흡수하는 조인트로서, 너무 큰 신축에는 파손되어 누수의 원인이 되는 결점이 있다.

주로 난방 공급입관에서 분기하여 방열기에 이르는 배관에 사용되며, 또한 온수관의 신축 흡수나 저압 증기관에 사용한다.

② 신축곡관(expansion loop)

신축곡관은 고장이 적고 고압 옥외 배관에 적합하지만 신축을 흡수하는 1개의 길이가 긴 것이 결점이다.

③ 슬리브형 신축이음쇠(sleeve type)

슬리브가 온도의 변화에 따라 생기는 관의 신축을 슬리브의 미끄럼에 의해서 흡수한다. 이 이음쇠는 저압 증기배관 및 온수배관의 신축이음쇠로서 널리 사용한다.

④ 벨로스형 신축이음쇠(bellows type)

온도의 변화에 따른 관의 신축을 벨로스의 변형에 의해 흡수시키는 기구이다.

2) 신축이음쇠의 설치위치

① 동관 : 20m마다 신축이음을 설치

② 강관 : 30m마다 신축이음을 설치

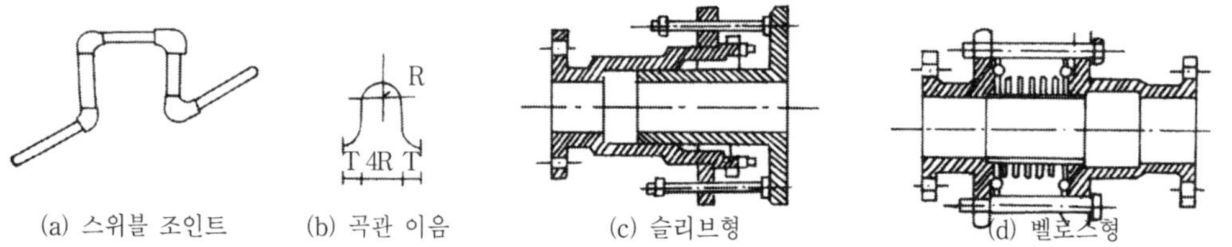

(a) 스위블 조인트 (b) 곡관 이음 (c) 슬리브형 (d) 벨로스형

그림 3-11 신축이음쇠의 종류

(4) 보 온

① 급탕설비의 저탕조와 배관은 열손실을 최소화하기 위해서 보온을 한다.

② 적당한 보온재로는 우모 펠트, 석면, 규조토, 마그네시아, 암면 등이 있으며, 보온 피복 두께는 3~5cm 정도로 한다.

③ 보온재 선택의 요건

㉮ 안전 사용 온도 범위
㉯ 열전도율
㉰ 물리적·화학적 강도
㉱ 내용년수
㉲ 단위 중량당 가격
㉳ 구입의 난이성
㉴ 공사 현장에서의 적응성
㉵ 불연성

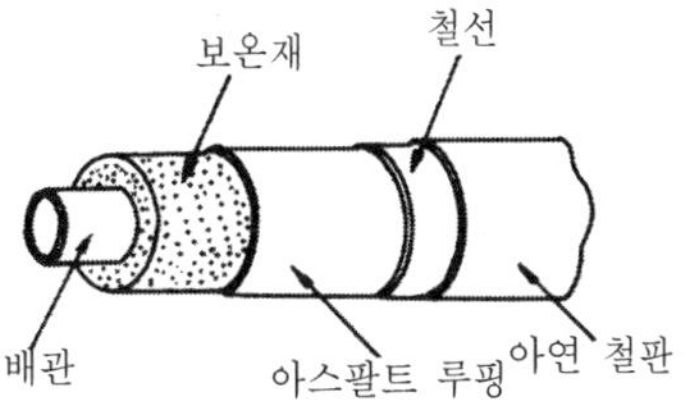

그림 3-12 보온 시공법

(5) 관의 부식에 대한 고려

급탕관은 급수관에 비하여 부식되기 쉽고 수명이 짧으므로 수리, 교환이 용이하도록 노출 배관한다.

(6) 배 관

배관 내에 정체한 탕의 온도 저하를 방지하기 위해서는 순환펌프와 반탕관을 설치한다.

(7) 수압 시험

배관 피복하기 전에 실제로 사용하는 최고 압력의 2배 이상의 압력으로 10분 이상 유지될 수 있어야 한다.

(8) 팽창관과 팽창탱크

① 팽창관의 연결은 급탕 수직주관의 끝을 연장하여 중력(팽창)탱크에 자유 개방한다.
② 팽창관 도중에는 절대로 밸브류를 달아서는 안된다.
③ 팽창탱크 설치높이는 탱크의 저면이 최고층 급탕전보다 5m 이상의 높은 곳에 설치한다.

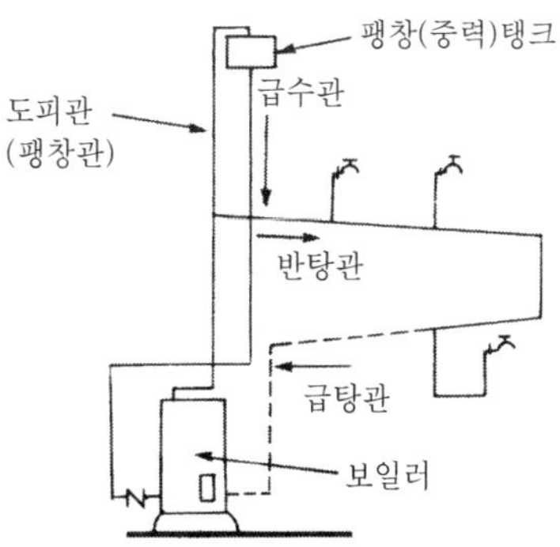

그림 3-13 팽창탱크

(9) 반탕관에서의 역류 방지

반탕관에서의 찬물이 역류하지 않도록 체크 밸브(check valve)를 설치한다.

(10) 안전밸브의 설치

팽창, 동결, 고장 수리용의 안전밸브를 설치한다. 안전밸브의 종류에는 중추식, 레버식, 스프링식이 있다.

(11) 관의 지지철물 설치

지진 및 진동에 견디고 물매 조절이 용이하며, 관이 처지지 않도록 견고하게 지지하여야 한다. 지지철물의 종류에는 인서트 철물, 현수 철물, 입관 지지철물, 롤러 지지철물, 관 고정철물, 공통 지지철물, 방진 지지철물 등이 있다.

익힘문제

1 급탕용 설비에서 스팀 사일런서(steam silencer)의 설치 개소와 사용 이유는?

2 급탕 배관법 중 복관식(2관식)으로 하는 이유는?

3 중앙식 급탕법의 직접가열식과 간접가열식을 비교 설명하라.

4 급탕설비에 팽창수조를 설계할 경우 마찰손실 등을 고려하여 최상층 기구에서 팽창수조까지의 설치높이는 최소 몇 m 이상이 필요한가?

5 간접가열식 급탕법에서 가열코일의 재료는?

6 급탕 및 온수난방 배관에서 역환수방식(reverse return배관)을 채택하는 이유는?

7 급탕 배관에서 팽창관의 연결 방법은?

8 신축이음쇠의 종류를 들고 각각의 특징을 설명하라.

9 1시간당 순환탕량이 30m^3/h이고 급탕관의 유속이 3,000m/h인 경우에 있어서 급탕관의 관경은?

10 70℃의 온수를 500 ℓ/h 공급하기 위한 가스소비량(G)은?(단, 급수온도 : 10℃, 가스발열량 : 1,000kJ, 보일러의 효율 : 70%)

11 1시간당 최대 사용 급탕량이 5,000 ℓ/h, 온수 보일러의 탕량 : 2,000 ℓ/h인 경우에 있어서 직접가열식 및 간접가열식의 저탕조 용량은?

12 급탕주관의 전 배관길이가 80m, 환수주관의 전 배관길이가 200m일 때 온수 강제순환식 펌프의 전양정은?

13 다음과 같은 조건을 갖는 경우에 있어서 배관과 펌프 및 기타 손실열량은 얼마인가?

【조 건】

1. 순환수량 : 900 ℓ/min	2. 탕의 비열 : 0.98kJ/kg · ℃
3. 탕의 밀도 : 980kg/m^3	4. 급탕관의 수온 : 85℃
5. 반탕관의 수온 : 79℃	

14 고가탱크의 정수두가 8m, 물의 밀도가 1kg/ℓ, 탕의 밀도가 0.98kg/ℓ일 때 팽창관의 설치 높이 중 고가(팽창)탱크의 최고 수위면으로부터 팽창관의 수직높이는?

제4장 배수·통기 설비

건물 내에서는 여러 종류의 배수가 발생하여 이 배수를 공공 하수도에 유도하기 위해서는 배수설비가 필요하고, 또 배수관 계통에서 발생한 하수 가스를 배기시키기 위하여 통기설비를 필요로 한다. 그리고 이 하수 가스가 실내에 침입하는 것을 방지하기 위해서는 반드시 배수 기구 근처에는 트랩을 설치해야 한다.

1. 배수 계통의 분류

(1) 사용 목적에 의한 분류

① 오수 : 수세 변소의 대·소변기에서의 배수

② 잡배수 : 부엌, 세면소, 욕실 등에서의 배수

③ 우수 : 지붕이나 발코니 등의 루프 드레인에서의 배수

④ 특수 배수 : 공장 배수, 병원의 배수, 방사선 시설의 배수는 유해 위험한 물질을 포함하고 있으므로 일반적인 배수와는 다른 계통으로 처리해서 방류한다.

(2) 사용 개소에 의한 분류

① 옥내 배수 : 건물 내의 배수 및 건물의 외벽에서 1.0m까지의 배수

② 옥외 배수 : 옥내 배수 이외의 배수

(3) 배수 방식에 의한 분류

① 중력식 배수 : 자연 유하에 의해서 배수를 배출하는 방식으로, 지대가 공공 하수관보다 높아야 한다.

② 기계식 배수 : 배수 펌프에 의해서 양수를 배제하는 방식으로, 지대가 낮은 경우(지하실 등)에 사용한다.

(4) 배수 처리 방식에 의한 분류

① 합류 배수 : 오수, 잡배수를 전부 모아서 배제하는 방식으로, 오수처리시설이 있는 하수도가 포설되어 있는 지역이 가능하다.

② 분류 배수 : 오수처리시설이 있는 하수도가 없는 지역에서 사용하는 방식으로, 오수를 분뇨 정화조에서 단독으로 처리한 후 공공 하수도로 방류한다.

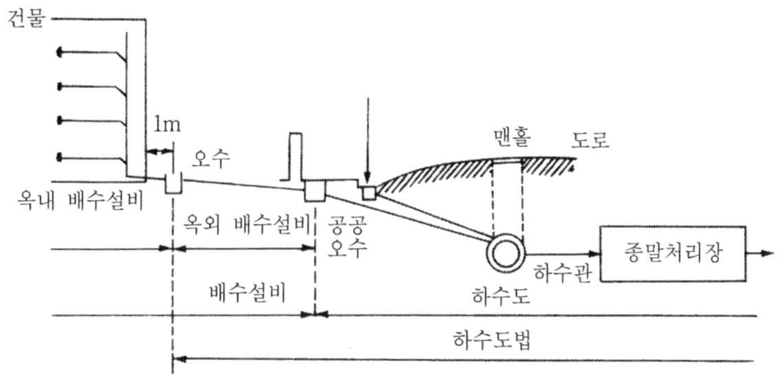

그림 4-1 배수설비와 하수도와의 관련

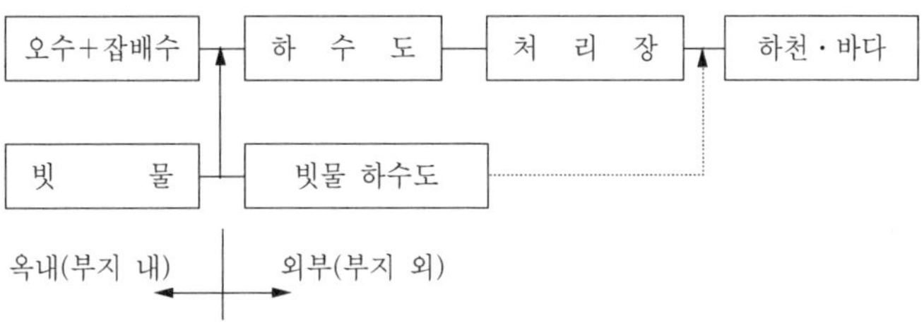

(a) 합류 배수

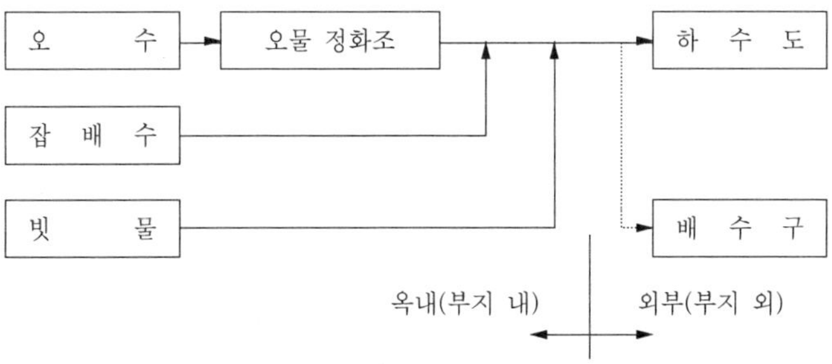

(b) 분류 배수

그림 4-2 배수 방식

표 4-1 하수도의 종류와 배수 계통의 분류

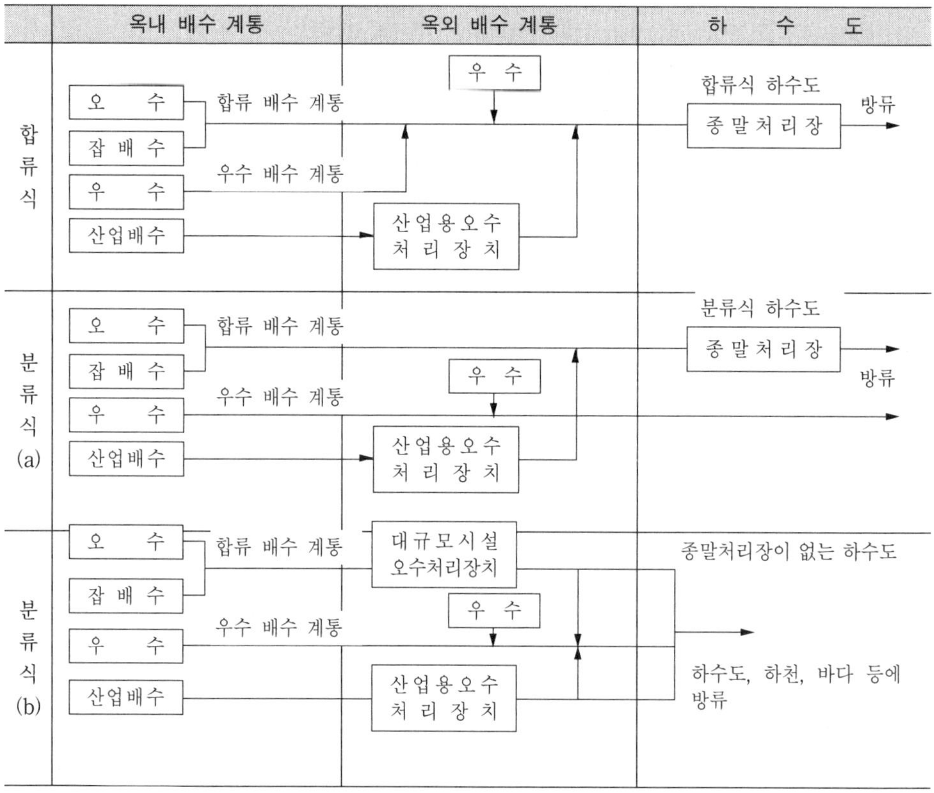

(5) 직접배수와 간접배수

① 직접배수 : 위생기구와 배수관이 연결된 일반 위생기구에서의 배수

② 간접배수 : 냉장고, 세탁기, 음료기, 공기정화기 등에서의 배수방식으로 기구의 오염을 막기 위해 일반배수관으로 직접 연결하지 않고, 물받이 사이에 공간을 두어 공기 중에 노출시켰다가 배수관으로 흘려보내는 배수이다.

2. 배수의 재이용 계획(중수 시스템)

(1) 개 요

① 물의 수요가 급격히 증가함에 따라 수자원 부족을 해결하기 위한 합리적인 대책으로 1차로 사용된 물을 모아 수처리하여 재사용하는 방법이다.

② 배관의 부식의 우려가 있으므로 용도를 적절하게 설정하고 이에 맞는 수질 및 유지 관리에 대한 고려가 필요하다.

(2) 고려사항

① 중수 용도의 설정 : 화장실, 세차, 청소, 화단용
② 용도에 따른 수질의 설정
③ 수용량의 균형 : 상수, 배수, 중수
④ 요구 수량과 수질에 따른 수처리 시설
⑤ 종합 급배수 계통 검토
⑥ 경제성의 검토
⑦ 오용 방지, 2차적인 장애 고려

(3) 중수도의 용도

수돗물로서 공급되는 여러 가지 용도 중에서 음용수를 제외한 전용도에 대하여 중수도를 도입할 수 있다. 그러나, 입을 통하여 섭취되는 취사용수와 피부와의 접촉을 피할 수 없는 목욕용수, 세수·세면용수, 세탁용수 등은 심리적 거부감과 세균, 바이러스 감염등의 위생적 불안전성 때문에 이러한 용도에 대하여는 중수도에 의한 물의 공급이 적당하지 못하다. 따라서, 중수도의 용도는 다음과 같은 범위로 한정된다.

① 수세식 변소용수
② 에어컨·냉각용 보급수
③ 청소용수
④ 세차용수
⑤ 살수용수
⑥ 조경용수(연못, 분수 등)
⑦ 소방용수

(4) 수처리 방법

① 생물법 : 잡배수를 회전 원판에 통과시켜 급속여과 후 재이용하는 방법
② 생물화학법 : 잡배수를 접촉산화에 의해 급속여과하여 오존과 결합 후 재이용하는 방법
③ 물리화학법 : 잡배수를 응집침전하여 급속여과 후 오존 활성탄과 결합 후 재이용하는 방법
④ 물리법 : 잡배수를 응집침전하여 클린 울트라 필터에 여과 후 활성탄과 결합하여 재이용하는 방법

3. 트랩(trap)

트랩의 역할은 하수 본관 및 가옥 배수관 내에서 발생한 하수 유해가스가 위생기구에서 배수가 안될 때 빈 관 속을 통하여 실내에 침입하는 것을 방지하기 위해서이다. 배수 계통의 요소에는 트랩

을 부착하여야 한다.

(1) 트랩의 구비조건

배수용 트랩이 구비해야 할 조건은 다음과 같다.

① 봉수가 확실하고 유효하게 유지되는 구조일 것
② 구조가 간단하며 자기 세정 작용을 할 것
③ 유수변이 평활하여 오수가 정체하지 않을 것
④ 재질은 내식성, 내구성이 우수할 것

(2) 트랩의 종류

① P 트랩 : 가장 많이 쓰이는 형식으로, 봉수가 안정되어 비교적 이상적인 형이다.
② S 트랩 : 비교적 많이 쓰이지만 사이펀 작용을 일으켜 봉수가 빠질 염려가 많다.
③ U 트랩
　㉮ 일명 가옥 트랩 또는 메인 트랩(main trap)이라고 한다.
　㉯ 배수 횡주관 도중에 설치하며 공공 하수관에서의 하수 가스의 역류 방지용으로 사용하는 트랩이다.
　㉰ 수평 배수관 도중에 설치할 경우 봉수의 유속을 저해하여 배수관의 배수 능률을 나쁘게 한다.

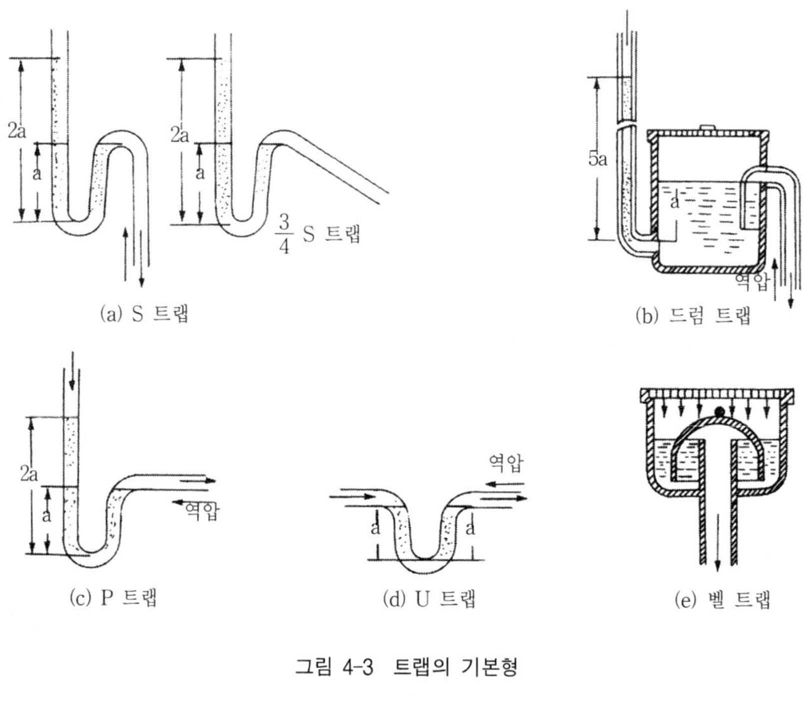

그림 4-3 트랩의 기본형

④ 드럼 트랩(drum trap) : 주방 싱크의 배수용 트랩으로, 다량의 봉수를 가지고 있기 때문에 봉수가 잘 빠지지 않는 것이 특징이다.

⑤ 벨 트랩(bell trap) : 바닥 배수용으로 쓰인다.

⑥ 저집기(沮集器 : interceptor) : 저집기는 배수 중에 혼입한 여러 가지 유해 물질이나 기타 불순물 등을 분리 수집함과 동시에 트랩의 기능을 발휘하는 기구이다.

㉮ 그리스 저집기(grease trap) : 주방 등에서 기름기가 많은 배수로부터 기름기를 제거 분리시키는 장치로, 분리된 기름기를 제거시킴으로써 배수 파이프가 막히는 것을 방지한다.

㉯ 가솔린 저집기(gasoline trap) : 가솔린을 많이 사용하는 곳에서 쓰는 것으로, 배수에 함유된 가솔린을 트랩 수면 위에 뜨게 하여 통기관을 통해서 휘발시킨다.

㉰ 플라스터 저집기(plaster trap) : 치과의 기공실, 정형외과의 깁스실의 배수에 사용하는 트랩이다.

㉱ 차고 저집기(garage trap) : 차고 내의 바닥 배수용 트랩이다.

※ 사이펀계 트랩 : S 트랩, P 트랩, U 트랩

※ 비사이펀계 트랩 : 드럼 트랩, 벨 트랩, 그리스 트랩

(3) 트랩의 봉수

배수관 내에서 발생한 유해가스가 실내에 침입하는 것을 방지하는 것은 트랩이지만, 배수관에 설치한 트랩 속에 고여 있는 봉수에 의해 그 기능이 발휘된다.

그림 4-4에서 a는 봉수의 깊이이며, 이 깊이는 5~10cm로 하는 것이 보통이다. 5cm 이하면 봉수를 완전하게 유지할 수 없으며, 따라서 트랩으로서의 역할을 다하지 못하게 된다. 또 봉수 깊이를 너무 깊게 하면 유수의 저항이 증대하여 통수 능력이 감소되므로 트랩 통수로의 세척력이 약해져 트랩 밑에 침전물이 쌓여 트랩이 막히는 원인이 된다.

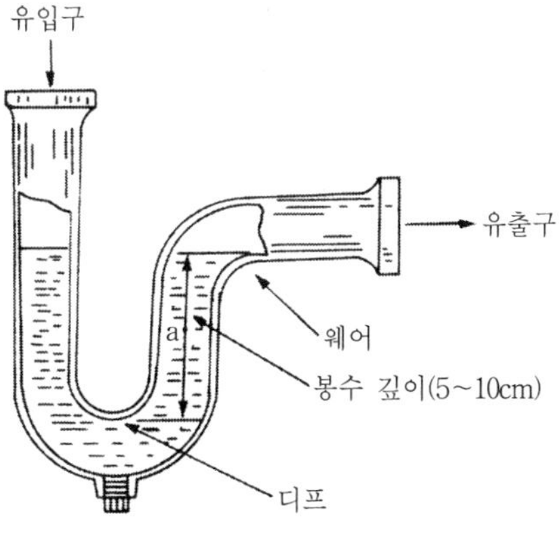

그림 4-4 트랩의 봉수

한편, 트랩의 봉수는 다음과 같은 작용에 의해 그 양이 줄거나 없어지는 경우가 있다.

① 자기 사이펀 작용

배수시에 트랩 및 배수관은 사이펀관을 형성하여 기구에 만수된 물이 일시에 흐르게 되면 트랩 내의 물이 자기 사이펀 작용에 의해 모두 배수관 쪽으로 흡입되어 배출하게 된다. 이 현상은 S 트랩의 경우에 특히 심하다.

② 흡출 작용

수직관 가까이에 기구가 설치되어 있을 때 수직관 위로부터 일시에 다량의 물이 낙하하면 그 수직관과 수평관의 연결부에 순간적으로 진공이 생기고 그 결과 트랩의 봉수가 흡입 배출된다.

③ 분출 작용

트랩에 이어진 기구 배수관이 배수 수평지관을 경유 또는 직접 배수 수직관에 연결되어 있을 때, 이 수평지관 또는 수직관 내를 일시에 다량의 배수가 흘러 내리는 경우 그 물덩어리가 일종의 피스톤 작용을 일으켜 하류 또는 하층 기구의 트랩 속 봉수를 공기의 압력에 의해 역으로 실내 쪽으로 역류시키기도 한다.

④ 모세관 현상

트랩의 오버플로(over flow)관 부분에 머리카락・걸레 등이 걸려 아래로 늘어뜨려져 있으면 모세관 작용으로 봉수가 서서히 흘러 내려 마침내 말라 버리게 된다.

⑤ 증 발

위생기구를 오래도록 사용하지 않는 경우, 또는 사용도가 적고 사용하는 시간 간격이 긴 기구에서는 수분이 자연 증발하여 마침내 봉수가 없어지게 된다. 특히 바닥을 청소하는 일이 드문 바닥 트랩에서는 물의 보급을 게을리하면 이런 현상은 자주 일어난다.

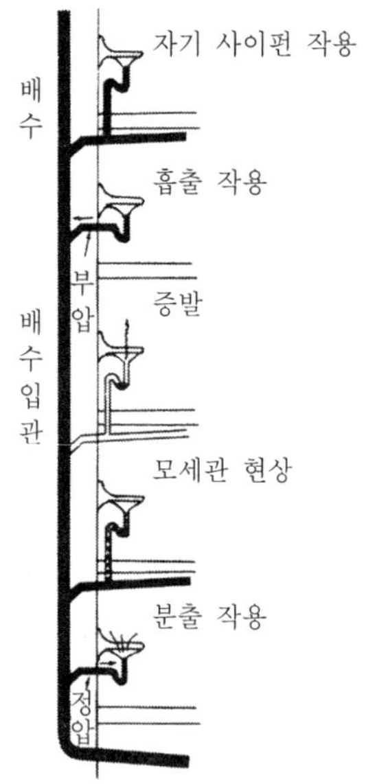

그림 4-5 트랩의 봉수 파괴 현상

⑥ 운동량에 의한 관성

보통은 일어나지 않는 현상이나, 위생기구의 물을 갑자기 배수하는 경우, 또는 강풍, 기타의 원인으로 배관 중에 급격한 압력 변화가 일어난 경우에, 봉수면에 상하 동요를 일으켜 사이펀 작용이 일어나거나 또는 사이펀 작용이 일어나지 않더라도 봉수가 배출되는 경우가 있다. 이것은 통기관을 설치하여도 막을 수 없다.

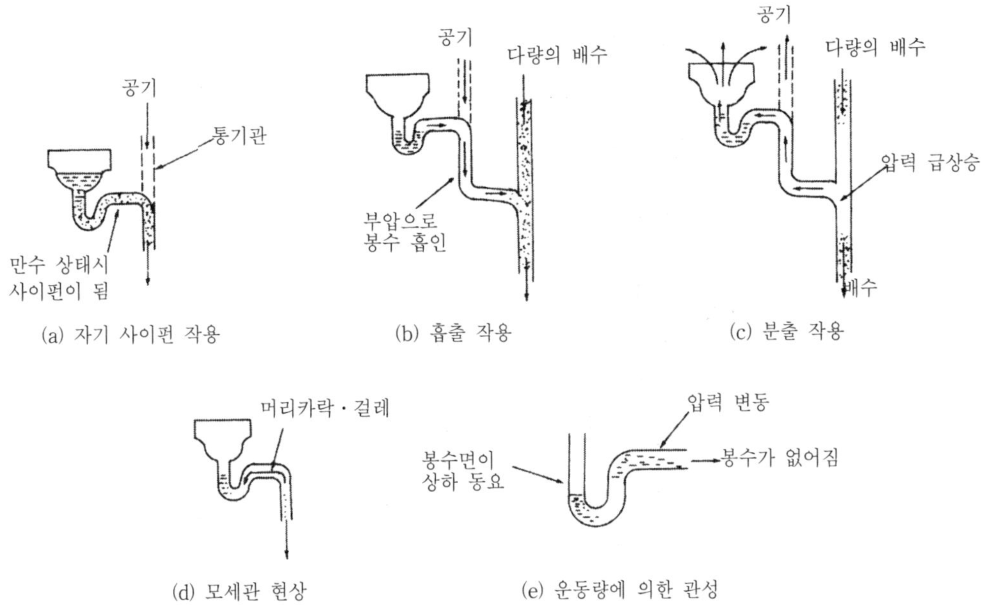

그림 4-6 배수 트랩의 봉수 파괴 원인

4. 배수관내의 배수의 흐름

배수관내의 흐름은 간헐적으로 배수되는 물과 공기가 혼합된 극히 불규칙한 흐름으로서, 경우에 따라서는 오물, 휴지 등의 고형물을 포함하고 있다. 따라서 현재 많이 이용되고 있는 배수시스템에서의 배수관내의 흐름은 급수·급탕관내의 흐름과는 상당히 다른 양상을 갖는다.

① 현재의 배수시스템에서 하수도에 직접 배수하기가 불가능한 화장실 등의 배수를 배수조(배수탱크)에 모은 후 펌프로 급상시켜 하수도에 배출시키는 경우를 제외하고는 기계력을 사용하지 않는 중력작용만으로 배수하는 중력식 배수가 주류를 이루고 있다.

② 급수·급탕관 내의 흐름은 관내가 항상 물이나 탕으로 충만되어 흐르는데 반해, 배수관에서는 트랩의 봉수를 보호하지 않으면 안되기 때문에 일부를 제외하고는 관내가 충만되지 않는 흐름이 원칙으로 되어 있다.

③ 배수수평관에서는 상층부가 공기로 되어 있고, 물과 공기가 접하는 면(자유표면)을 갖는 흐름

이다.

④ 배수수직관에서는 공기와 물이 혼재하며 흐르기 때문에, 기액이상류(氣液二相流 : two-phase flow)라고 한다. 물의 유량에 따라 크게 변화하며, 유량이 작은 경우에는 물이 관벽을 따라 흐르는 환상류(環狀流)로 되며, 극단적으로 많게 되면 수중의 비교적 큰 공기포가 물과 함께 흐르는 것과 같이 보이는 흐름으로 된다.

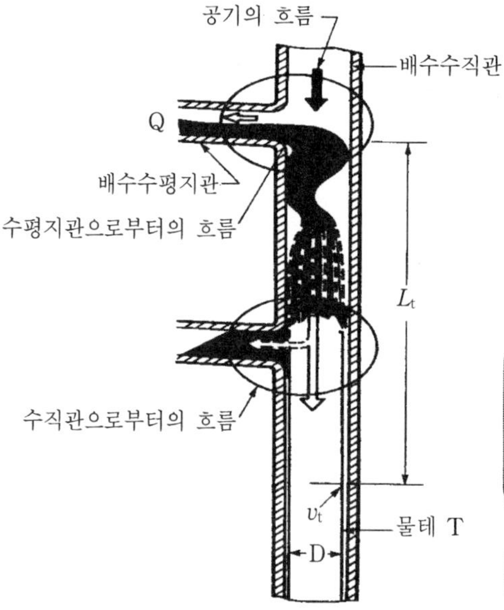

그림 4-7 배수수직관내의 흐름

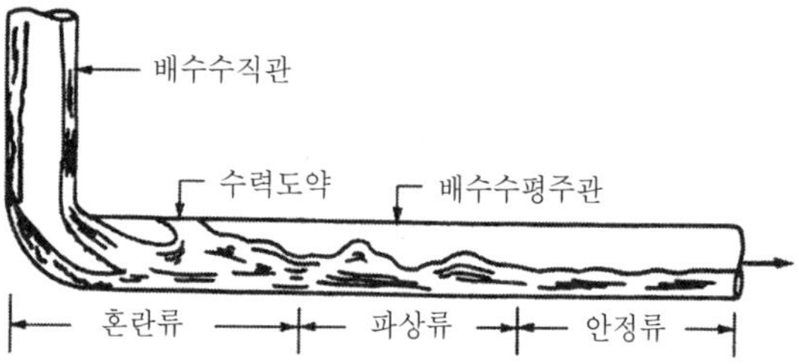

그림 4-8 배수수평주관 내의 흐름

5. 배수 및 통기 배관

근래 건물의 대형화와 함께 건물 내 사용수량의 증가로 여기에 수반하는 배수 또한 매우 복잡하므로 배수 배관의 경우 다음과 같은 사항을 주의하여야 한다.

① 배수를 될수록 빨리 옥외 하수관으로 유출할 수 있을 것

② 옥외 하수관 내의 하수 가스나 건물 안으로 침입하는 것을 방지할 수 있도록 배관할 것

③ 배수관 및 통기관은 내구성이 커야 하며, 가스나 물이 새지 않도록 배관 및 기구 상호간의 접합을 정확하게 할 것

(1) 통기관의 배관 목적

배수관계(系) 중에 통기관을 배관하는 목적은 다음과 같다.

① 트랩의 봉수 보호
② 배수관 내의 배수 흐름 원활
③ 배수관의 환기 역할

(2) 통기배관 방식의 분류

① 1관식 배관법

㉮ 통기관을 별도로 세우지 않고 배수 수직주관 끝부분(최고층 배수 수평지관의 접속점)을 옥상으로 연장하여 돌출시켜 통기관으로 사용하는 것을 말하며, 이때의 연결관을 배수 통기관 또는 신정 통기관이라 한다.

㉯ 기구수가 적고 낮은 건물에 주로 사용한다.

② 2관식 배관법

㉮ 배수관과는 별도로 통기관을 따로 배관하여 통기하는 방식이다.

㉯ 기구수가 많은 고층 건물에 주로 사용되는 통기 배관 방식이다.

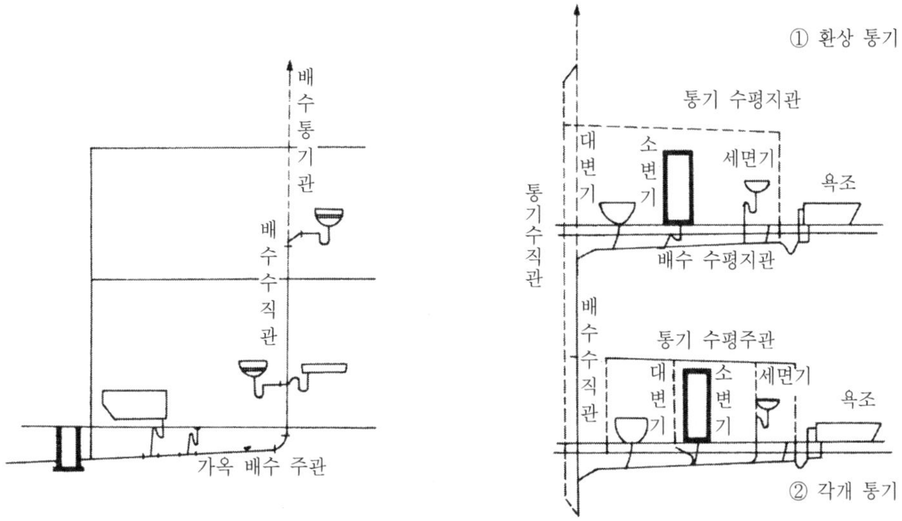

(a) 1관식 배관법 (b) 2관식 배관법

그림 4-9 통기 배관 방식

(3) 통기 배관 방식

① 각개 통기관

㉮ 각 위생기구마다 통기관을 취하며, 설비비가 많이 드나 가장 바람직한 통기 배관 방법이다.

㉯ 각개 통기관은 되도록 트랩에 접근시켜 기구의 오버플로면보다 15cm 정도 높은 곳에서 통기 수평지관에 접속한다.

※ 각개 통기관과 동수 구배선

각개 통기관의 배수관에서의 접속점은 기구의 최고 수면과 배수 수평지관이 수직관에 접속되는 점을 연결한 동수 구배선보다 상위에 있도록 배관하는 것이 바람직하다.

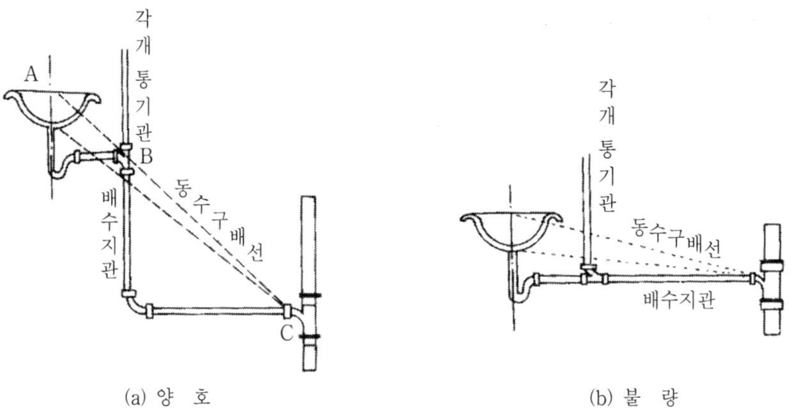

그림 4-10 각개 통기관과 동수 구배선

② 루프 통기관

㉮ 2개 이상의 트랩을 보호하기 위하여 최상류 기구의 하류 배수 수평지관에서 통기관을 취하며, 이 통기관을 신정 통기관에 접속하는 것을 환상 통기, 또 통기 수직관에 접속하는 것을 회로 통기라 한다. 이 양자를 합쳐서 루프 통기라 한다.

㉯ 루프 통기로 통기할 수 있는 최대 기구의 수는 2개 이상 8개 이내이다.

㉰ 통기 수직관과 최상류 기구까지의 루프 통기관의 연장 길이는 7.5m 이내이다.

③ 도피 통기관

㉮ 배수 수평지관이 배수 수직관에 접속하기 바로 전에 통기관을 취하는 방법이다.

㉯ 수평지관에 접속하는 기구가 많을 경우 하류 기구의 돌출을 방지하기 위해 도피 통기관을 세운다.

④ 결합 통기관

통기 수직관에 접속하는 통기관으로 층수가 많을 경우에는 5개 층마다에 통기관을 취하는 방법이다.

⑤ 신정 통기관

㉮ 배수 입상관의 끝부분을 연장하여 대기중에 개방하는 통기관이다.

㉯ 가장 단순하고 경제적이다.

㉰ 그 층의 기구가 1~2개이고, 또 기구의 위치가 배수 수직관에 가까우면 신정 통기관만으로도 통기가 가능하다.

⑥ 습식 통기관

㉮ 배수 수평지관 최상류 기구의 바로 아래에서 연결하는 통기관이다.

㉯ 환상 통기에 연결되어 통기의 역할을 겸하는 배수관.

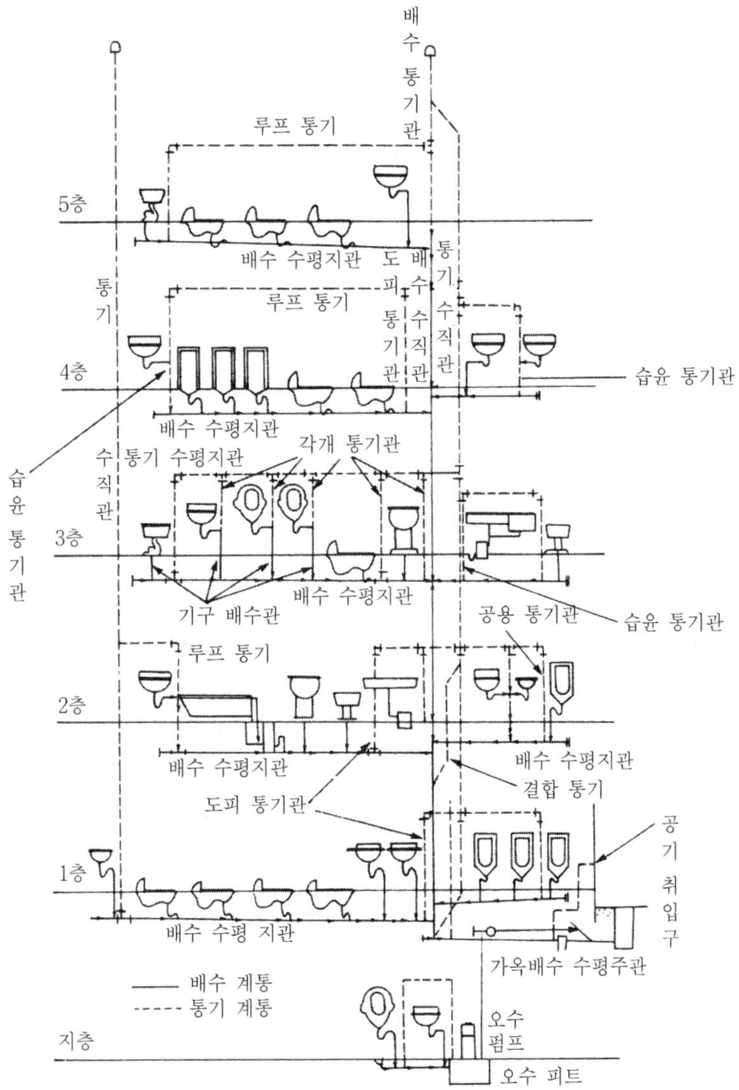

그림 4-11 배수 및 통기관 계통도

⑦ 특수 통기 방식

㉮ sovent system

통기관을 따로 설치하지 않고 하나의 배수 수직관으로 배수와 통기를 겸하는 시스템으로서,

여기에는 2개의 특수 이음쇠가 사용된다.

㉠ 공기혼합 이음쇠(aerator fitting) : 배수 수직관과 각층 배수 수평지관의 접속부분에 설치한다. 배수 수평지관에서 유입하는 배수와 공기를 수직관 중에서 효과적으로 혼합하여 유하수의 유속을 줄여 수직관 꼭대기에서의 공기흡입 현상을 방지한다.

㉡ 공기분리 이음쇠(deaerator fitting) : 배수 수직관이 배수 수평주관에 접속되기 바로 전에 설치한다. 배수가 수평주관에 원활히 유입하도록 배수와 공기를 분리시킨다.

㈏ sextia system

sextia 이음쇠와 sextia 벤트관을 사용하여 유수에 선회력을 주어 공기 코어(air core)를 유지시켜 하나의 관으로 배수와 통기를 겸한다. 이 시스템은 층수의 제한 없이 고층·저층에 모두 사용이 가능하며 신정 통기만을 사용하므로 통기 및 배수 계통이 간단하고 배수 관경이 적어도 되며 소음도 작다.

㉠ sextia 이음쇠 : 각층의 배수 수직관과 배수 수평지관의 접속부분에 설치한다. 배수 수평지관 내의 유수에 선회력을 주어 air core를 유지, 즉 관의 바깥부분으로 물을 흐르게 하고, 안쪽 부분으로 공기를 흐르게 한다.

㉡ sextia 벤트관(45°곡관) : 배수 수직관과 배수 수평주관의 접속부분에 설치한다. 배수수직관 내의 유수에 선회력을 주어 air core를 유지한다.

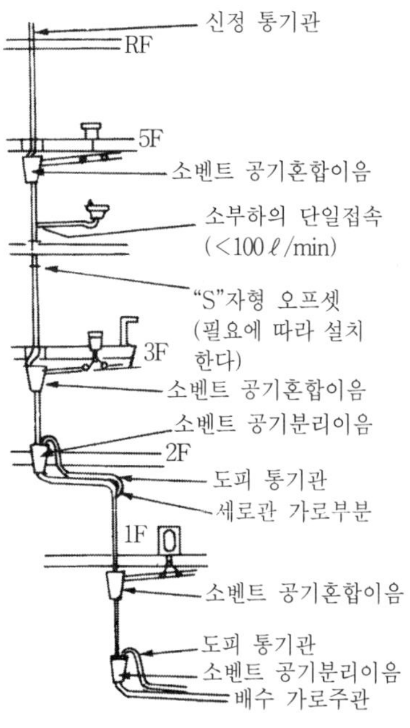

그림 4-12 sovent system

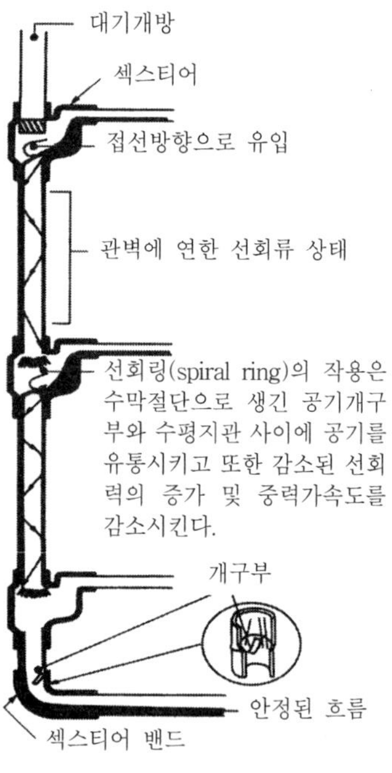

그림 4-13 sextia system

6. 배수관 및 통기관의 관경 결정

배수관 내의 유수는 관의 구배에 의한 중력식 유하로서 유하할 때에 배수는 관 내의 1/2~2/3 정도 점유하고, 나머지는 공기가 충만한 상태이므로 배수관은 반드시 선하향 구배로 하여야 한다. 여기에 비해 통기관은 다소 선상향 구배로 한다.

(1) 옥내 배수관의 관경

일반적으로 가옥 배수관의 관경을 결정하는 데는 관 계통에 접속하는 위생기구류의 최대 배수 유량을 기준으로 하여 관경을 구하는 것이 합리적이다. 미국에서는 구경 32mm의 트랩을 갖는 세면기의 배수량을 28.5ℓ/min으로 하고 여기에 기구의 동시사용률과 기구 종류에 따른 사용 빈도수 및 사용자 수를 감안한 기구 배수 부하 단위(fixture unit)를 결정하였으며, 세면기의 기구 배수 부하 단위를 1로 하고, 이것을 근거로 하여 표 4-2와 같이 각종 기구의 배수 부하 단위를 정하였다. 트랩 구경이 32, 40, 50, 65, 75, 100mm일 때 기구 배수 부하 단위는 1, 2, 3, 4, 5, 6, 7, 8로 한다.

표 4-2 각종 기구의 배수 부하 단위

기 구	부호	부속트랩 구경[mm]	기구 배수 부하 단위[fu]	기 구	부호	부속트랩 구경[mm]	기구 배수 부하 단위[fu]
대변기	WC	75	8	청소수채	SS	65	3
소변기	U	40	4	세탁수채	LT	40	2
비데	B	40	2.5	연합수채	CS	40	4
세면기	Lav	30	1	오물수채		75	4
소형수세기	WB	25	0.5	요리수채(주택용)	KS	40	2
음수기	F	32	0.5	요리수채(영업용)	KS	40~50	2~4
욕조(주택용)	BT	40~50	2~3	배선수채	PS	40	2
욕조(공중용)	BT	50~75	4~6	배선수체	PS	50	4
샤워(주택용)	S	40	2	화학실험수채	LS	32	0.5
샤워(아파트)	S	50	3	접시세척기			1.5
욕실조합기구	BC		8	바닥배수	FD	50~75	1~2

표 4-3 트랩 및 기구 배수관의 최소 관경

기 구	관 경 mm	기 구	관 경 mm	기 구	관 경 mm
음수기	32	오물수채	75	요리수채(영업용)	50
세면기 · 수세기	32	욕조	40	조합수채	40
대변기	75	양식욕조	50	세탁수채	40
소변기(벽걸이)	40	샤워	50	청소용수채	50
소변기(스톨)	50	공동목욕탕	75	양식욕조	40~50
비데	40	요리수채(주택용)	40	바닥배수	75

표 4-4 배수 수평지관 및 수직관의 허용 최대 배수 단위

관경 [mm]	감당할 수 있는 허용 최대 배수 단위											
	배수 수평지관			3층 또는 지관 간격 2 이내의 수직관			3층 이상 또는 지관 간격 2 이상의 수직관					
							1수직관에 대한 합계			1층분 또는 1지관 간격의 합계		
	실용 배수 단위	할인율 [%]	미국규격배수 단위	실용 배수 단위	할인율 [%]	미국규격배수 단위	실용 배수 단위	할인율 [%]	미국규격배수 단위	실용 배수 단위	할인율 [%]	미국규격배수 단위
(a)	(b)		(c)	(d)		(e)	(f)		(g)	(h)		(i)
30	1	100	1	2	100	2	2	100	2	1	100	1
40	3	100	3	4	100	4	8	100	8	2	100	2
50	5	90	6	9	90	10	24	100	24	6	100	6
65	10	80	12	18	90	20	38	90	42	9	100	9
75	14	70	20	27	90	30	54	90	60	14	90	61
100	96	60	160	192	80	240	400	80	500	72	80	90
125	216	60	360	432	80	540	880	80	1,100	160	80	200
150	372	60	620	768	80	960	1,520	80	1,900	280	80	350
200	840	60	1,400	1,760	80	2,200	2,880	80	3,600	480	80	1,000
250	1,500	60	2,500	2,660	70	3,800	3,920	70	5,600	700	70	1,500
300	2,340	60	3,900	4,200	70	6,000	5,880	70	8,400	1,050	70	1,500
375	3,500	50	7,000	–	–	–	–	–	–	–	–	–

① 관경의 10배의 역수를 표준 구배로 하며, 일반적으로 옥내 배수관의 구배는 유속이 0.6~1.2m/s 정도가 되도록 잡는다.

② 배수관의 수직관 : 반드시 이것과 접속하는 수평지관경과 같거나 또는 더 큰 규격을 사용

③ 배수관의 수평지관 : 이것과 접속하는 기구의 배수관과 같거나 또는 더 큰 규격을 사용

④ 옥내 배수관의 최소 구배

㉮ 구경 75mm 이하의 배수관 : 1/50 이상　　㉯ 구경 100mm 이상 배수관 : 1/100 이상

⑤ 옥외 배수관의 최소 구배 : 보통 1/150 정도

예제 1.

사무소 건물에 다음과 같이 위생기구를 배치하였을 경우의 배수 수평지관의 관경은 어느 것이 적당한가?

기구 종류	대변기	소변기	세면기	바닥배수
기구수[개]	10	5	4	2
배수단위[fu]	8	4	1	2

관경[mm]	배수 수평지관의 배수 부하 단위
75	14
100	96
125	216
150	372

해설 대변기(8×10개)＋소변기(4×5개)＋세면기(1×4개)＋바닥배수(2×2개)＝108이므로 배수 수평지관의 배수 부하 단위에 의한 관경은 125mm가 된다.

예제 2.

다음과 같은 위생기구를 설치한 사무실에 있어서 위생기구의 전체로부터 배수를 받아들이는 배수수평지관의 관경은?(단, 환상통기식임)

1. 위생기구의 설치 개수

   대변기 : 20개, 소변기 : 10개, 세면기 : 8개, 바닥배수 : 4개, 청소용수채 : 4개

2. 위생기구의 배수부하단위(f.u)

   대변기 : 8, 소변기 : 4, 세면기 : 1, 바닥배수 : 2, 청소용수채 : 3

배수수평지관 및 수직관의 허용 최대 배수 단위

관경(mm)	32	40	50	65	75	100	125	150	200	250	300
배수단위(f.u)	1	3	5	10	14	96	216	372	840	1500	2340

해설 우선 기구의 총 배수부하 단위수를 구하고, 표에 의하여 관경을 구하면 된다.
① 대변기의 배수부하 단위는 8이므로 8×20=160
② 소변기의 배수부하 단위는 4이므로 4×10=40
③ 세면기의 배수부하 단위는 1이므로 1×8=8
④ 바닥배수의 배수부하 단위는 2이므로 2×4=8
⑤ 청소용 수채의 배수부하 단위는 3이므로 3×4=12
∴ 기구의 총 배수부하단위=160+40+8+8+12=228
표에 의하여 기구의 총 배수부하 단위가 228이므로 216보다는 크고 372보다는 작으므로 충분한 관경인 150mm를 택한다.

예제 3.

11층의 건축물로서 각 층에 설치된 위생기구의 수를 다음과 같은 조건을 갖는 건축물에 있어서 배수관의 관경은?(단, 배수관은 6층부터 11층까지 배수를 담당하는 수직관이다.)

1. 위생기구의 설치 개수

   대변기 : 20개, 소변기 : 10개, 세면기 : 8개, 바닥배수 : 4개, 청소용수채 : 4개

2. 위생기구의 배수부하단위(f.u)

   대변기 : 8, 소변기 : 4, 세면기 : 1, 바닥배수 : 2, 청소용수채 : 3

배수수평지관 및 수직관의 허용 최대 배수 단위

관경(mm)	32	40	50	65	75	100	125	150	200	250	300
배수단위(f.u)	2	8	24	38	54	400	880	1520	2880	3920	5880

해설 우선 기구의 총 배수부하 단위를 구하고, 표에 의하여 관경을 구한다.
① 대변기의 배수부하 단위는 8이므로 8×20=160
② 소변기의 배수부하 단위는 4이므로 4×10=40
③ 세면기의 배수부하 단위는 1이므로 1×8=8
④ 바닥배수의 배수부하 단위는 2이므로 2×4=8
⑤ 청소용 수채의 배수부하 단위는 3이므로 3×4=12
∴ 기구의 총 배수부하단위=160+40+8+8+12=228
그런데 배수수직관의 배수부하 단위는 각 층당 228이고 배수관은 11층부터 6층까지 즉, 6개층 분을 담당하므로 228×6=1368(f.u)이다.
∴ 표에 의하면 880 < 1368 < 1520이므로 충분한 관경인 150mm를 택한다.

(2) 빗물 배수관의 관경

빗물 수직관 및 빗물 배수 수평주관은 U 트랩을 거쳐 합류관에 접속되어야 한다. 빗물 배수관의 관경은 지붕 면적과 최대 강우량을 기초로 하여 구하는 것이 합리적인 방법이다.

예를 들어 어떤 지방의 최대 강우량이 120mm/h이라면

$$\text{환산 지붕면적} = \text{실제 지붕수평투영면적} \times \frac{120}{100}$$

으로 구할 수 있다.

예제

빗물배수입관[雨水排水立管]이 다음 표의 건물에 최대 강우량 80mm/h의 지역에서 지붕면적 1,000m²의 건물에 4본의 입관(立管)을 설치할 경우 알맞는 배수 관경은?

강우량 100mm/h일 때 입관의 관경

관경[mm]	최대 이용지붕면적[m²]
50	67
65	121
75	204
100	427
125	804
150	1,254

해설 어느 지방의 최대 강우량이 80mm/h인 경우

$$\text{환산 지붕면적} = \text{실제 지붕투영면적} \times \frac{80}{100}$$

$$= 1,000\ m^2 \times \frac{80}{100} = 800\ m^2$$

4본의 입관을 설치한 경우이므로 1본의 입관은 $800\ m^2 \div 4 = 200\ m^2$이다.

∴ 표(100mm/h 경우)에서 최대 이용지붕면적 204m²를 강우량 80mm/h로 환산하면 163m²가 되고, 427m²를 강우량 80mm/h로 환산하면 341m²가 되므로, 충분히 흘러 줄 수 있는 관경은 100mm가 적당하다.

(3) 빗물 및 가옥 배수 합류관의 관경

빗물 및 가옥 배수를 1개의 관으로 모아 배수하는 합류관의 관경은 수평 투영 지붕면적을 기구 배수 단위로 환산하여, 이것에 가옥 배수의 배수 단위를 합산한 합계 배수 단위수를 기준으로 하여 구한다.

지붕면적의 배수 단위 환산은 다음과 같은 방법으로 한다.

① 수평으로 투영한 지붕면적이 93m²까지는 배수 단위수를 256으로 한다.

② 93m²를 초과할 때는 초과분 0.36m²마다 1배수 단위를 가산한다.

$$\text{배수 기구 단위수} = 256 + \frac{\text{수평 지붕면적} - 93}{0.36}$$

③ 최대 강우량이 100mm/h 이외의 지역에 있어서는

$$\text{배수 기구 단위수} = 256 + \left(\frac{\text{수평 지붕면적} - 93}{0.36}\right) \times \frac{\text{그 지역의 최대 강우량}}{100}$$

표 4-5 우수 수직관의 관경

관 경[mm]	허용 최대 지붕 면적[m^2]
50	67
65	121
75	204
100	427
125	804
150	1,254
200	2,694

표 4-6 우수 수평지관의 관경

관 경 [mm]	허용 최대 지붕 면적[m^2] 배 관 물 매 1/96	1/48	1/24
75	76	108	153
100	175	246	349
125	310	438	621
150	497	701	994
200	1,068	1,514	2,137
250	1,923	2,713	3,846
300	3,094	4,366	6,187
375	5,528	7,804	11,055

예제

다음과 같은 조건으로 배수를 하는 경우 합류관의 관경은?

[조 건] 1. 가옥의 오수 배수 기구의 배수부하 단위 : 666 f.u
2. 수평 투영 지붕 면적 : 298m^2
3. 오수와 지붕배수를 합류하여 배수한다.
4. 합류관의 기울기는 1/96으로 한다.

배수수평주관 및 부지 하수관의 최대 배수 단위(단, 기울기 : 1/96)

관경(mm)	75	100	125	150	200	250	300
배수단위(f.u)	18	104	234	420	960	1740	2760

해설 ① 지붕 배수 기구 단위수는 다음과 같이 구한다.

(a) 수평으로 투영한 지붕 면적이 93m^2까지는 배수 단위수를 256으로 한다.

(b) 93m^2를 초과할 때는 초과분 0.36m^2마다 1배수 단위를 가산한다.

$$\text{배수 기구 단위수} = 256 + \frac{\text{수평지붕면적} - 93}{0.36}$$

(c) 최대 강우량이 100mm/h 이외의 지역에 있어서는

배수 기구 단위수

$$= 256 \times \left(\frac{\text{수평지붕면적} - 93}{0.36}\right) \times \frac{\text{그지역의최대강우량}}{100}$$

$$\therefore \text{지붕 배수 기구 단위수} = 256 + \frac{298 - 93}{0.36} = 826(\text{f.u})$$

② 오수 배수 기구 단위수 : 666(f.u)

∴ 총 기구 배수 부하 단위는 ①+②=826+666=1492(f.u)

표에 의하면 1068 < 1492 < 1740이므로 합류관의 관경은 충분한 관경인 250mm를 택한다.

(4) 통기관의 관경

통기관의 관경을 결정할 때는 무엇보다도 배수관을 흐르는 배수의 유량과 유속이 가장 중요한 요소가 된다. 다량의 물이 배수관 속을 흐르는 경우, 관 내의 어떤 부분은 압력이 증가하고 어떤 부분은 압력이 저하된다. 이것을 정상 압력(대기압)으로 유지하기 위해서는 다량의 공기가 통기관을 통하여 급속도로 흐르지 않으면 안된다.

고층 건물의 경우 수직관을 흘러 내리는 배수의 유속은 매우 커지는데, 이에 반하여 통기관 내의 공기는 관 벽과 공기 사이의 마찰저항으로 통기관이 가늘고 길면 공기의 유속이 감소하고, 따라서 유량이 감소되며, 그 결과 트랩의 봉수에도 영향을 미치게 된다. 그러므로 이것을 방지하기 위해서는 통기관의 길이에 따라 관경을 크게 하여야 한다.

① 각개 통기관의 관경 : 최소 32mm 이상이거나 접속하는 배수 관경의 1/2 이상
② 루프 통기관의 관경 : 최소 40mm 이상이거나 접속하는 배수 관경의 1/2 이상
③ 도피 통기관의 관경 : 최소 40mm 이상이거나 접속하는 배수 관경의 1/2 이상
④ 결합 통기관의 관경 : 최소 50mm 이상이거나 통기 수직관과 동일 관경 이상
⑤ 신정 통기관의 관경 : 최소 75mm(일반적으로 100mm 기준)이거나 배수 수직관과 동일 관경 이상

7. 배수·통기 배관 시공상의 주의사항

(1) 수직주관

배수 및 통기 수직관은 되도록 파이프 샤프트 안에서 배관하고, 변소는 될수록 수직관 가까이에 설치한다.

(2) 청소구(clean out) 설치 위치

① 가옥 배수관과 부지 하수관이 접속하는 곳
② 배수 수직관의 최하단부
③ 수평지관의 최상단부
④ 가옥 배수 수평주관의 기점
⑤ 수평관 관경 100mm 이하는 직진거리 15m 이내마다, 관경 100mm 이상의 관에서는 30m 이내마다 설치
⑥ 배관이 45° 이상의 각도로 구부러진 곳
⑦ 각종 트랩 및 기타 배관상 특히 필요한 곳

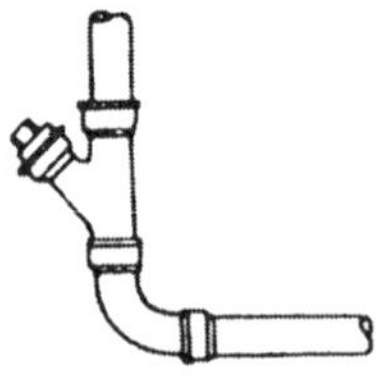

그림 4-14 청소구

(3) 배관 이음쇠

① 배관과 주관의 접속 : Y관 또는 90°Y관 사용

② 수평관을 구부릴 때 : 45°Y관과 45°곡관을 종합하여 사용

③ 수평지관과 수직관에 접속 : TY관 사용

(4) 틀리기 쉬운 배관

① 통기관의 오버플로면보다 15cm 정도 높은 곳까지 세운 다음 통기 수직관에 접속한다.

② 자동차 차고 내의 수세기나 바닥 배수는 가솔린을 갖고 있으므로 게이지 트랩에 모아서 가스를 분리 발산 후 가옥 하수관에 방류한다.

③ 2중 트랩이 되지 않도록 배관한다.

④ 기구 배수관의 곡관부에 다른 배수 지관을 접속해서는 안된다.

⑤ 트랩의 청소구를 열었을 때 하수 가스가 누설되지 않게 배관한다.

⑥ 욕조의 오버플로는 트랩의 상류에 접속하도록 배관을 해야 한다.

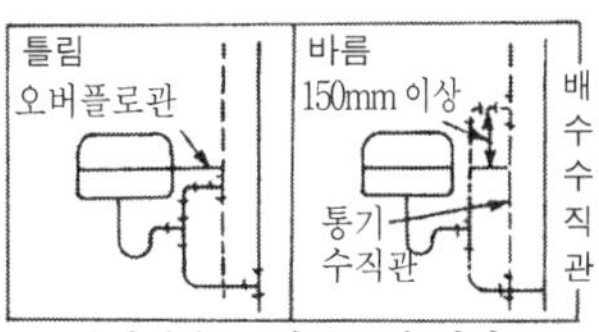

(a) 통기관은 오버플로선 이상으로 입상시킨 다음 통기 수직관에 연결한다.

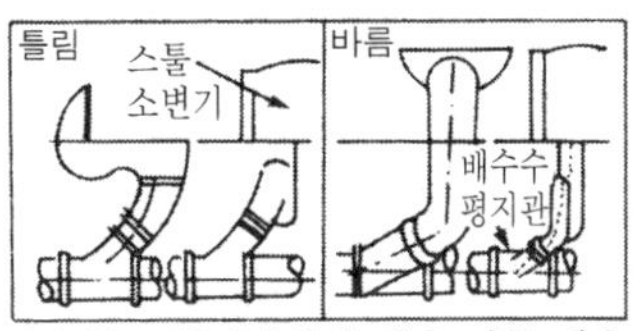

(b) 루프 통기방식인 경우 기구 배수관은 배수 수평지관 위에 수직으로 연결하지 말아야 한다.

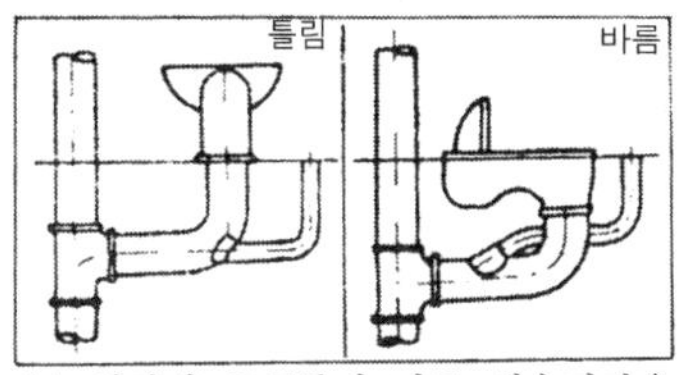

(c) 연관의 굴곡부에 다른 배수지관을 접속해서는 안된다.

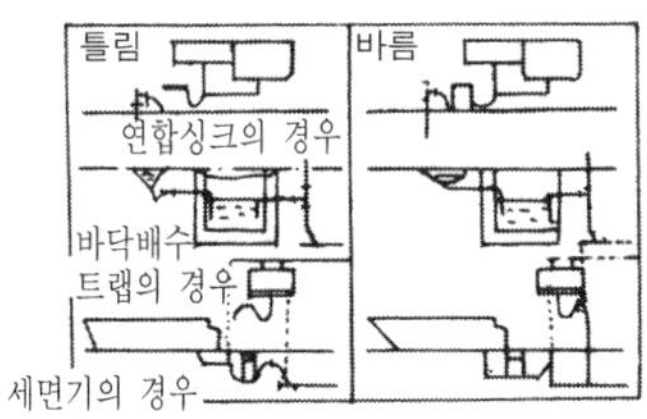

(d) 2중 트랩을 만들지 말아야 한다.

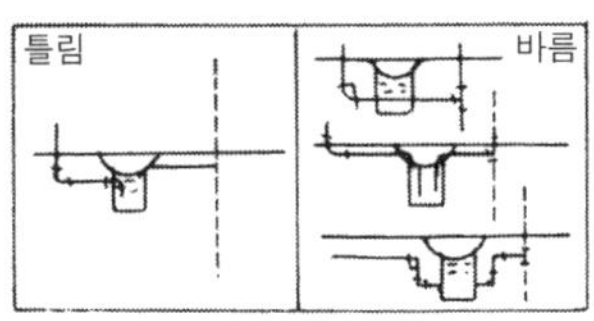

(e) 트랩의 청소구를 열었을 때 금방 냄새가 누설하면 안된다.

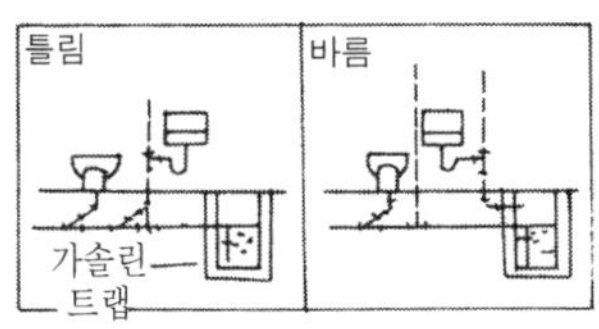

(f) 자동차 차고 내의 배수관은 반드시 가솔린 트랩 내에 끌어들여야 한다.

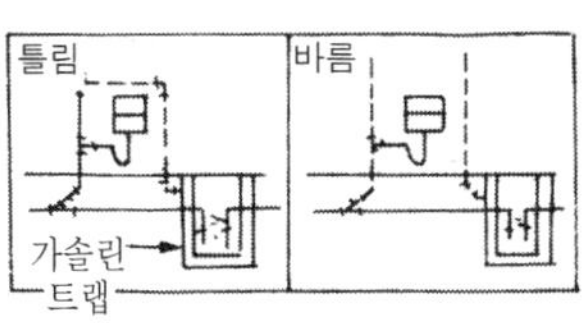

(g) 가솔린 트랩의 통기관은 단독으로 옥상까지 입상하여 대기중에 개구하여야 한다.

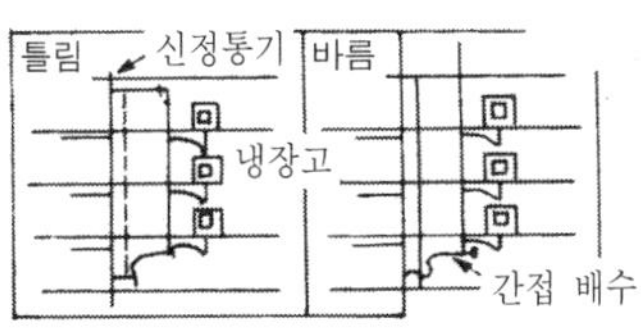

(h) 간접(특수) 배수 수직관의 신정 통기는 다른 일반 배수수직관의 신정 통기 또는 통기 수직관에 연결시키지 말고 단독으로 옥상까지 입상시켜 대기중으로 개구하여야 한다.

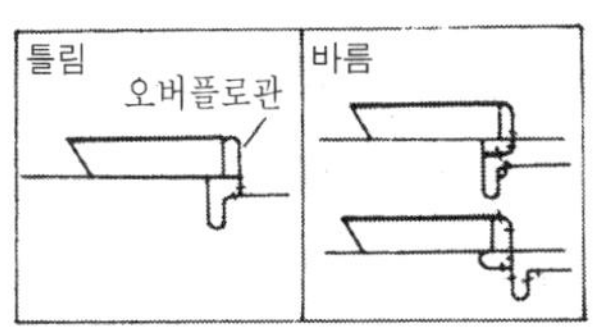

(i) 오버플로관은 트랩의 유입구측에 연결하여야 한다.

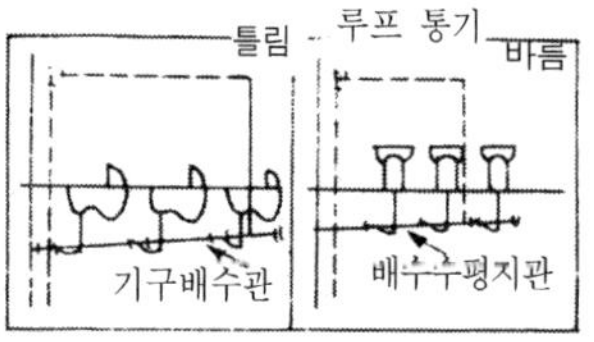

(j) 루프 통기관은 최상류 기구로부터의 기구 배수관이 배수 수평지관에 연결된 직후의 하류측에서 입상하여야 한다.

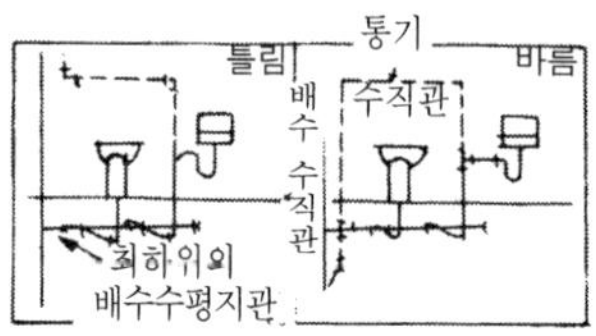

(k) 통기 수직관은 최하위의 배수 수평지관보다 더욱 낮은 점에서 배수관과 45°Y 조인트로 연결하여야 한다.

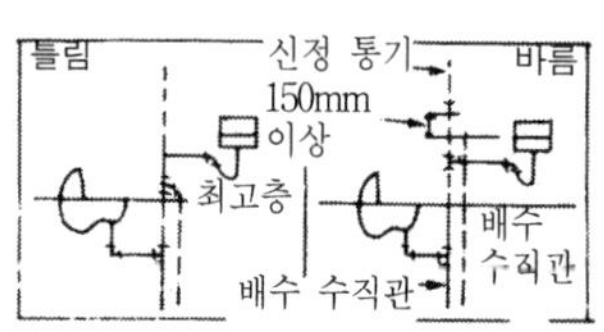

(l) 통기 수직관의 정부(頂部)는 그대로 옥상까지 입상시키거나 최고층 기구의 오버플로선보다 더욱 높은 점에서 배수 수직관의 신정 통기관에 연결하여야 한다.

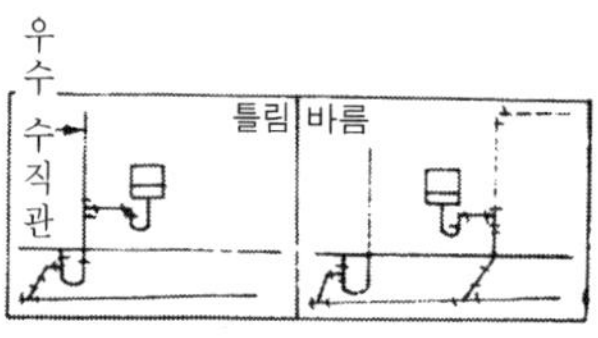

(m) 우수 수직관에 배수관을 연결하여서는 안된다.

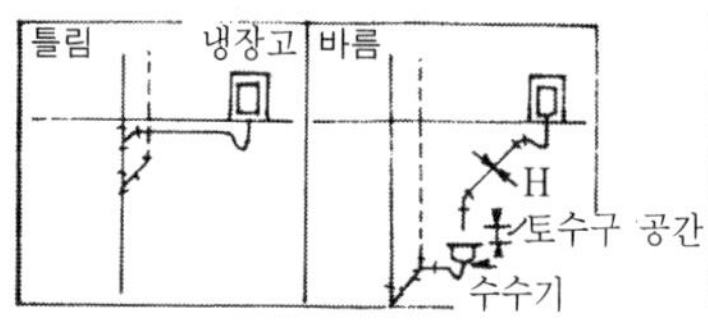

(n) 냉장고로부터의 배수를 일반 배수에 연결하지 말고 간접(특수) 배수관으로 하여 수수기(受水器)에 배출하여야 한다.(토수구 공간 H는 배수관경 d 이상으로 한다.)

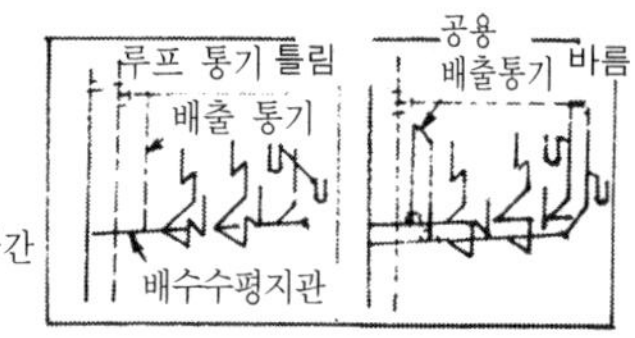

(o) 서로 배향하여 2열로 설치한 기구를 루프 통기관 1개의 배수 수평지관에 전담시켜서는 안된다.

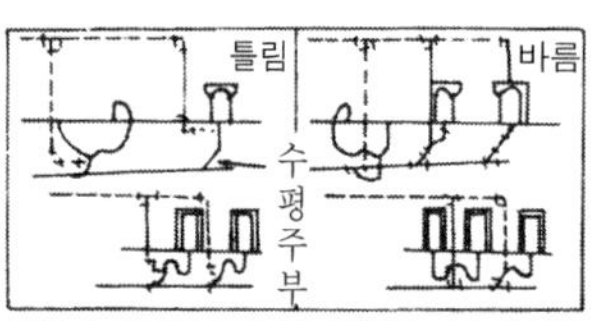

(p) 바닥 아래서 빼내는 각 통기관에는 횡주부(横走部)를 형성시키지 말 것.

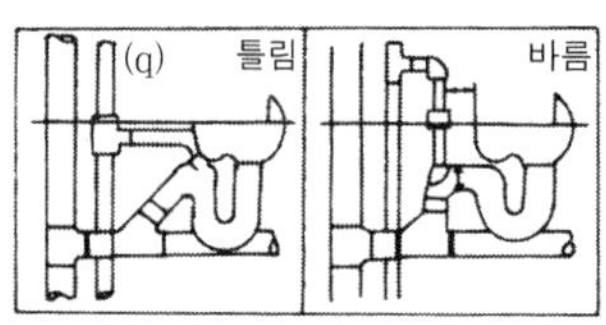

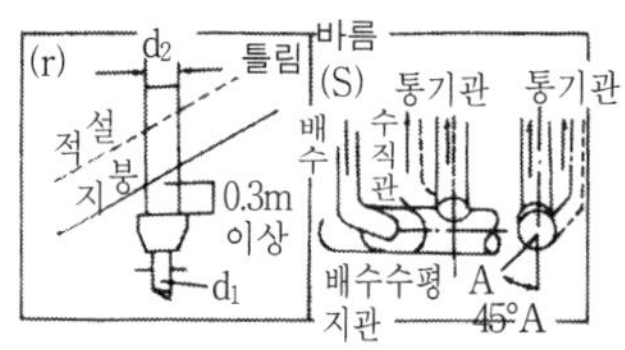

(q) 정부에 통기부 트랩을 만들지 말 것.(*l*은 2d보다 짧게 하지 말 것.)
(r) 동결·강설에 의하여 통기구부가 폐쇄될 우려가 있는 지방에서는 d_2> 75mm일 때는 d_2는 d_1보다 1구경 큰 관경으로 하고 그 관경을 변경하는 개소는 지붕아래면에서 0.3m 떨어진 하부일 것.
(s) 배수 수평지관에서 통기관을 빼내는 경우 관의 맨 위에서 수직으로 입상시키거나 A는 45°보다 작게 할 것.

그림 4-15 틀리기 쉬운 배수·통기 배관도

(5) 배수 및 통기 배관의 시험

배관 공사 완료 후 트랩이나 각 접속부분의 수밀과 기밀 상태의 완전 여부를 시험한다.

① 통수 시험

종래의 시험 방법으로 수압이 없는 자연 유수는 새지 않지만 악취, 하수 가스의 누설 등은 발견이 어렵다.

② 수압 시험

배관 계통의 최고 위치의 개구부를 제외하고, 모든 개구부를 시험 폐전(testing pluy)으로 밀폐하고, 최고 개구부까지 물을 충만시킨 다음 3m 이상의 수두에 상당하는 수압을 가하여 이

수압에 30분 이상 견디어야 한다.

③ 기압 시험

다른 개구부는 모두 밀폐하고 공기 압축기로 한 개구부를 통해 게이지압이 0.035MPa될 때까지 공기를 압입하여 압력을 올렸을 때, 공기의 공급없이 15분간 이상 그 압력이 유지되어야 한다.

④ 기밀 시험

최종 시험으로서 연기 시험과 박하 시험 등이 있다.

(6) 배관의 피복

① 방 로

배수의 경우에도 관내를 흐르는 물의 온도가 주변 공기의 노점온도 보다 낮을 때에는 관 표면에 물방울이 맺히므로 방로를 해야 한다.

② 방 음

배수관에 물이 흐르면 으레 소리가 난다. 특히 배수관이 노출되게 배관된 때나 호텔이나 아파트의 파이프 샤프트 내에서는 그 소리가 상당히 시끄러우므로 방로피복 못지 않게 방음을 위하여 피복을 해야 한다.

③ 피복 재료 및 두께

배수관용 피복 재료로서는 최근 불연 재료가 많이 쓰이고 있다. 특히 고층 건축물인 경우에는 불연 재료로 시공하는 것이 바람직하다. 배수관은 만수 상태로 흐르는 것이 아니므로 10mm 정도를 표준으로 한다.

익힘문제

1 배수의 종류를 설명하라.

2 배수의 재이용계획(중수시스템)에 대하여 설명하라.

3 배수관의 트랩이 구비해야 할 조건을 설명하라.

4 트랩(trap) 중 기름기를 많이 취급하는 곳의 배수용 트랩은?

5 트랩(trap)내에 생기는 봉수파괴현상을 설명하라.

6 수직관에 접근하여 기구를 설치할 경우, 수직관 상부에서 일시에 다량의 물이 낙하하면 그 수직관과 수평관과의 연결부 부근에 순간적으로 진공이 생길 때가 있어 그 결과 트랩 내에 생기는 봉수파괴현상은?

7 통기관의 설치 목적은?

8 회로통기관 하나가 감당할 수 있는 기구수와 통기수직관과 최상류 기구까지의 통기관의 연장은 몇 m 이내이어야 하는가?

9 통기수직관으로부터 가장 가까운 곳에 설치되어 있으며 배수수평관 최하류에 연결된 관으로 회로통기의 능력을 촉진시켜 주는 통기관은?

10 배수관에서 소벤트(sovent) 이음을 사용하는 목적은?

11 기구 배수 관경 계산시 이용되는 배수부하단위로서 그 값이 기본이 되는 위생기구는?

12 다른 배수계통과 우수배수를 합류시킬 경우 지붕면적의 배수단위 환산방법을 설명하라.

13 배수관에 있어서 청소구(clean out)나 배수 맨홀이 필요한 곳은?

14 배수 및 통기 배관의 시험의 종류를 들고 설명하라.

15 다음과 같은 위생기구를 1층에 설치한 11층의 사무실에 있어서 위생기구의 전체로부터 배수되는 전 배수량을 동일 배수 수직관으로 처리하려 한다면 배수 수직주관의 관경은?(단, 환상통기식임)

① 위생기구의 설치 개수

대변기 : 20개, 소변기 : 10개, 세면기 : 8개, 바닥배수 : 4개, 청소용수채 : 4개

② 위생기구의 배수부하단위(f.u)

대변기 : 8, 소변기 : 4, 세면기 : 1, 바닥배수 : 2, 청소용수채 : 3

배수수평지관 및 수직관의 허용 최대 배수 단위

관경(mm)	32	40	50	65	75	100	125	150	200	250	300
배수단위(f.u)	2	8	24	48	54	400	880	1520	2880	3920	5880

16 다음과 같은 조건으로 배수를 하는 경우 합류관의 관경은?

【조 건】

1. 가옥의 오수 배구 기구의 배수부하 단위 : 420 f.u
2. 수평 투영 지붕 면적 : $338m^2$
3. 오수펌프에서 400 ℓ/min의 오수를 배수한다.
   (단, 양수량 3.75 ℓ/min 수평 투영 지붕면적 $2.44m^2$에 해당한다.)
4. 오수와 지붕배수를 합류하여 배수한다.
5. 합류관의 기울기는 1/96으로 한다.

배수수평주관 및 부지 하수관의 최대 배수 단위(단, 기울기 : 1/96)

관경(mm)	75	100	125	150	200	250	300
배수단위(f.u)	18	104	234	420	960	1740	2760

제5장 위생기구 및 배관재료

1. 위생기구

건축물에 있어서 급수, 급탕 및 배수를 필요로 하는 장소에 설치하는 기구를 총칭한다. 위생기구의 재료는 도기(陶器)·스테인리스강·플라스틱 등이 있고, 위생기구에 부속하여 장치되는 부속품으로는 급수철물·배수철물·급탕철물·트랩(trap) 및 부설철물(附設鐵物) 등이 있다.

(1) 위생기구의 구비조건

① 흡수성이 적고, 내식성, 내마모성이 좋을 것.

② 제작이 용이하고 설치가 간단할 것.

③ 오염방지를 배려한 구조일 것.

④ 외관이 깨끗하고 위생적이며 청소가 용이할 것.

(2) 도기의 종류와 시험

위생 도기는 소지(素地)의 질에 따라 용화소지질(V), 화장소지질(A), 경질도기질(E) 등이 있다. 도기의 종류는 L-수세기·세면기류, C-대변기류, U-소변기류, S-청소용 수채류, T-세척용 탱크류, B-비데, BA-욕실 기구류 등으로 이들의 모양과 치수 및 허용 오차는 KS에 표시되어 있다.

시험 방법은 침투 시험, 급랭 시험, 관입 시험, 세정 시험, 배수로 시험, 누수 시험, 외관 검사 등이 있다. 표 5-1은 위생 도기의 소지의 질에 따른 특징과 시험 내용을 나타낸 것이다.

(3) 위생기구의 종류

1) 대변기

세정 급수 방식
- 세정탱크식(하이탱크식·로탱크식)
- 세정밸브식
- 기압탱크식

표 5-1 위생 도기의 특징과 시험 방법

종 류	특 징	침투시험	급랭시험	관입시험
熔化素地質 (용화소지질)	도기의 소지를 특별히 잘 소성한 것으로 소지의 파편에서도 거의 흡수성이 없는 용화질의 것이므로 위생 도기로는 가장 우수하다. Vitreous China의 첫자를 따서 V로 표시한다.	도기의 건조한 파편을 농도 1%의 적색 잉크 속에 1시간 침적시켜 파편에서의 침투도가 3mm 이하일 때 합격품으로 한다.	도기의 파편을 노 안에서 1시간 이상 가열한 후 수중에 급랭하고 다음에 적색 잉크에 담가 어느 부분도 균열이 생기지 않아야 한다. 가열 온도와 물의 온도차는 110℃로 한다.	도기의 파편을 오터 클레이브에 넣고 1시간 동안 규정 압력이 되도록 가열하고 ±0.3기압의 압력차를 1시간 동안 유지한다. 가열을 중지하고 증기를 배출한 후 약 1시간 동안 방치한 다음 파편을 꺼내 적색 잉크에 침적시켜서 소지 및 유약 어느 것에도 균열이 생기지 않으면 합격품으로 한다. 규정 압력은 10기압이다.
化粧素地質 (화장소지질)	내화 점토를 주 원료로 하는 소지 표면에 용화 소지질의 피막을 입힌 것을 말한다. 표면의 용화 소지질이 떨어져서 화장 소지가 노출되면 물을 흡수하게 되므로 이 제품을 현장 조립할 때 특히 조심해야 한다. All Clay의 첫자를 따서 A로 표시한다.		위와 동일한 방법으로 행한다.	상기와 같은 방법으로 행하며 규정 압력은 5기압이다.
硬質陶器質 (경질도기질)	용화 소지질보다 품질이 못하다. 외관으로는 용화소지질과 구별이 잘 안되지만 보다 다공질이므로 흡수하기 쉬우며 특히 한랭지에 있어서는 소지에 침투한 물의 동결 때문에 겉껍질이 벗어져 떨어지므로 유약 처리가 완전한 것을 선택해야 한다. Earthen Ware의 첫자를 따서 E로 표시한다.	침투도 25mm 이하이면 합격으로 한다.	위와 동일한 방법으로 행한다.	상기와 같은 방법으로 행하며 규정 압력은 5기압이다.

① 하이탱크식(high tank system)
   ㉮ 하이탱크의 표준 높이는 1.9m, 탱크 용량은 15ℓ 정도이다.
   ㉯ 변기의 설치 면적은 작다.
   ㉰ 세정시 소리가 크다.(사무실 및 공공 건축물에서 이용)
   ㉱ 탱크 내의 고장이 있을 때에 불편하다.

② 로탱크식(low tank system)
   ㉮ 인체공학적으로 편리하다.
   ㉯ 소음이 적어 주택·호텔 등에 이용한다.

㉰ 변기의 설치 면적은 다소 크다.

㉱ 탱크의 높이가 낮아 세정관은 50mm 이상의 굵기로 한다.

③ 세정밸브식(flush valve system)

㉮ 한 번 밸브 핸들을 누르면 일정량의 물이 나오고 자동적으로 잠겨지는 방식이다.

㉯ 급수관의 최소 관경은 25mm이다.

㉰ 수압이 0.07MPa 이상 되어야 오물을 제거할 수 있다.(사무실, 학교 등에서 사용하며, 주택에서는 사용하지 않는다.)

㉱ 레버식, 버튼식, 전자식이 있다.

㉲ 변기와 직결되어 있는 급수관은 음료수관과 별도로 연결한다.

※ 역류방지기(vacuum breaker, back siphon breaker) : 변기가 막혔을 때 오수가 역류하여 급수관으로 유입되는 것을 방지하는 기기이다.

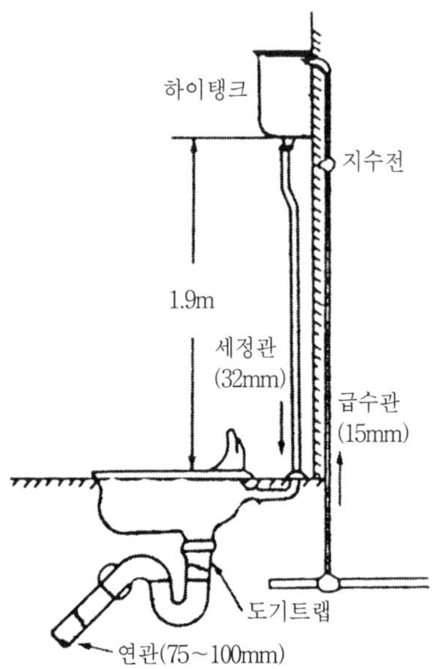

그림 5-1 하이탱크식 세정장치의 관 접속도

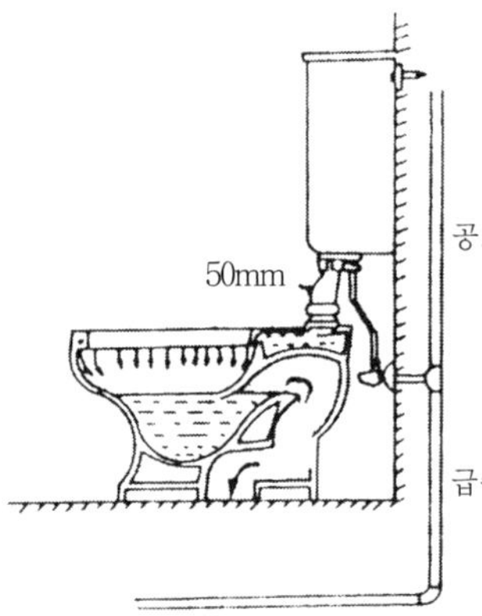

그림 5-2 로탱크식 접속도

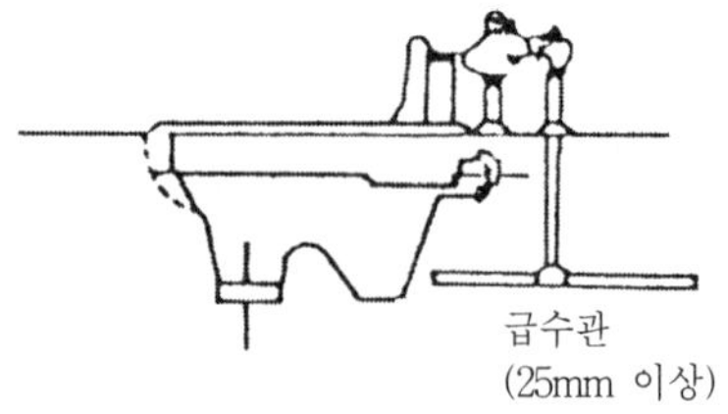

그림 5-3 세정밸브식 접속도

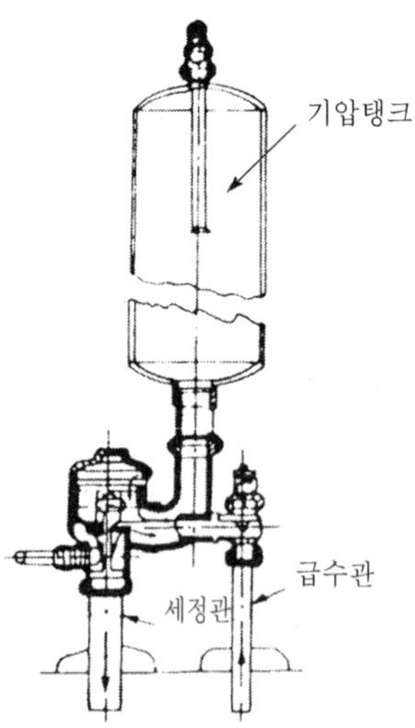

그림 5-4 기압탱크식 세정밸브

표 5-2 각 세정 방식의 특징

검 토 항 목	하이탱크식	로탱크식	플러시밸브식
수 압 의 제 한	없 음	없 음	있음(0.07MPa 이상)
급수관경의제한	15mm면 됨	15mm면 됨	있음(구경 25mm 이상)
장 소	차지하지 않음	크게 차지함	별로 크지 않음
구 조	간단함	간단함	복잡함
수 리	곤란함(비쌈)	용이함	곤란함
공 사	설치 곤란(비쌈)	설치 용이	설치 용이
소 음	상당히 큼	적 음	약간 큼
연 속 사 용	할 수 없음	할 수 없음	할 수 있음

④ 기압탱크식(pressure tank system)

급수압으로 탱크 속의 기압이 상승되어 그 압력으로 세정하는 것으로, 플러시 밸브의 갑작스런 개폐로 인한 수격 작용도 탱크에 흡수되므로 방지된다. 급수관의 관경이 15mm 정도의 소구경이므로 주택 등에 주로 이용된다.

⑤ 대변기의 구조에 따른 세정 방식

표 5-3 대변기의 종류

특	징	형 식	수 량	구 성 도
세 출 식 (wash out type)	• 가격이 저렴하다. • 악취의 발산이 많다. • 오물이 확실히 내려간다. • 비위생적이다.	화란식 대변기	12ℓ/회	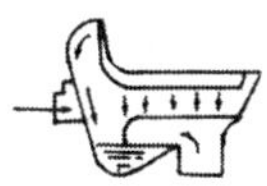
세 락 식 (wash out type)	• 악취의 발산이 적다. • 오물이 확실히 내려간다.	화란식 대변기 양식 대변기	12ℓ/회	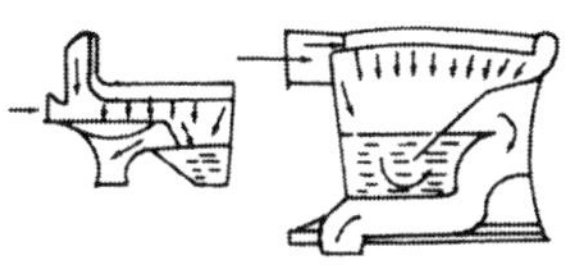
사 이 펀 식 (siphon type)	• 악취의 발산이 적다. • 오물이 확실히 보낸다.	양식 대변기	14~16ℓ/회	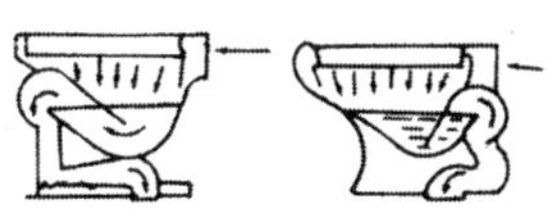
사이펀제트식 (siphon jet type)	• 악취의 발산이 적다. • 트랩의 봉수가 깊어 위생적이다.(75mm 이상) • 가격이 비싸다.	양식 대변기	13~16ℓ/회	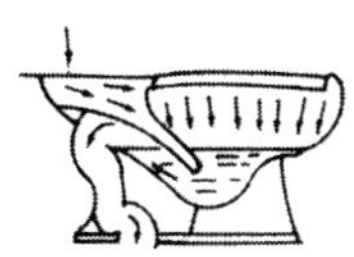

특	징	형 식	수 량	구 성 도
취 출 식 (블로아웃식 : blow out type)	• 오물을 확실히 내보낸다. • 세정수압 0.1MPa 이상이 필요하다. • 소음이 크다.	양식 대변기	15ℓ/회	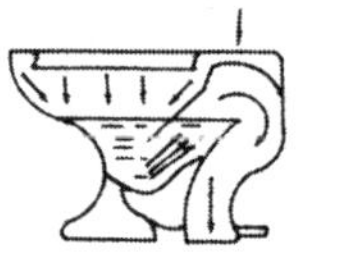

2) 소변기

① 소변기의 형식

㉮ 벽걸이식 : 트랩(trap)이 따로 있는 것과 소변기와 같이 부설된 것이 있다.

㉯ 입형 소변기 : 스톨(stall)이라 하며, 보통형과 실드(shield)가 붙은 것이 있다.

㉰ 새니스탠드(sanistand) : 부인용(婦人用) 소변기

② 소변기의 세정급수장치

㉮ 수동식 : 호텔, 아파트, 주택의 개별용으로 세정밸브, 누름 버튼이 있다.

㉯ 자동 세정 장치 : 사무소 · 백화점 · 주차장 · 터미널 등 공중용으로 사용된다.

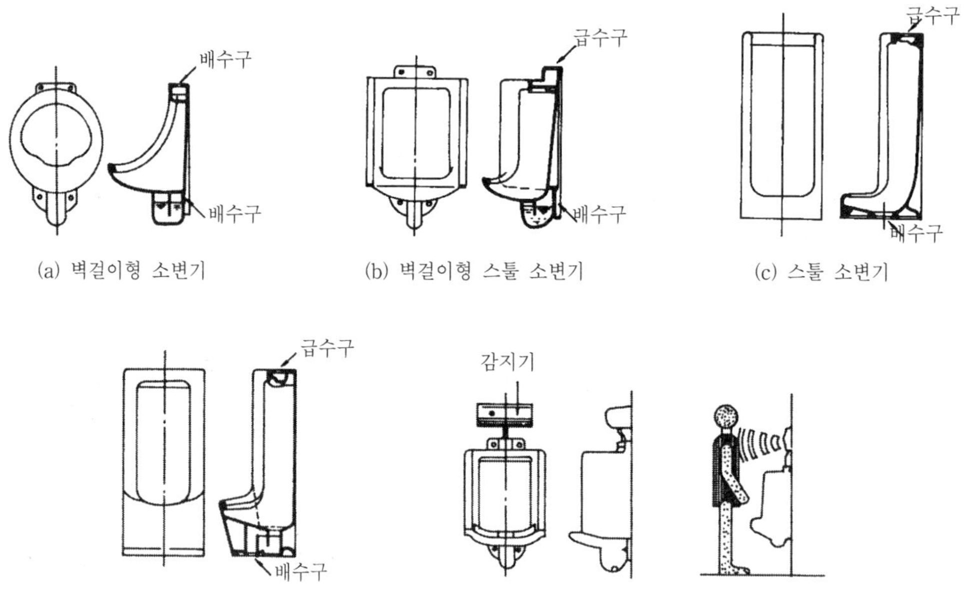

(a) 벽걸이형 소변기 (b) 벽걸이형 스톨 소변기 (c) 스톨 소변기

(d) 트랩달린 스톨 소변기 (e) 인체감지식 자동 세정

그림 5-5 소변기

3) 세면기

도기 제품으로 많은 종류가 있다. 가랑은 포금철(鉋金鐵)로 니켈(nickel)이나 크롬(chrome)도금이 되어 있다.

가랑이 온수용과 냉수용 2개가 있을 때는 사용자측에서 오른쪽이 냉수, 왼쪽이 온수 가랑이 된다. 배수 철물은 포금철의 니켈 혹은 크롬 도금으로 된 P 혹은 S 트랩(trap)을 부속한다. 고급 세면기의 배수 철물은 PoP Up식이라고 해서 세면기에 붙어 있는 핸들을 돌리면 개폐되도록 되어 있다.

4) 급수전

① 급수전

급수전(faucet, cock) 또는 수전, 가랑이라고도 하며, 급수탕 배관의 말단에 장치되어 있으며 급수 또는 급탕하는 철물의 명칭이다.

② 작동 방법에 따른 분류

급수전을 그 작동 방법에 따라 분류하면 다음 3종류가 있다.

㉮ 수동으로 개폐하는 것 : 일반적인 수전

㉯ 수동으로 열고 자동으로 닫히는 것 : 변기의 플러시밸브, 수음기의 수전 등

㉰ 수면의 상승·하강에 의해서 자동으로 개폐하는 것 : 볼탭 하이탱크의 자동급수장치 등

(a) 횡수전

(b) 자재 수전

(c) 카운터 부착 탕수 혼합 수전

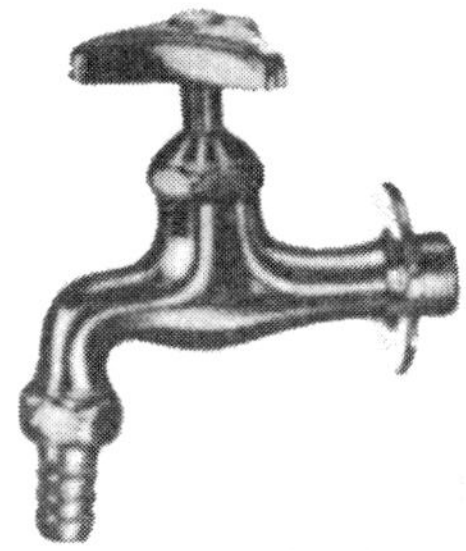

(d) 커플링 부착 횡수전

(e) 싱글 레버식(욕조용)

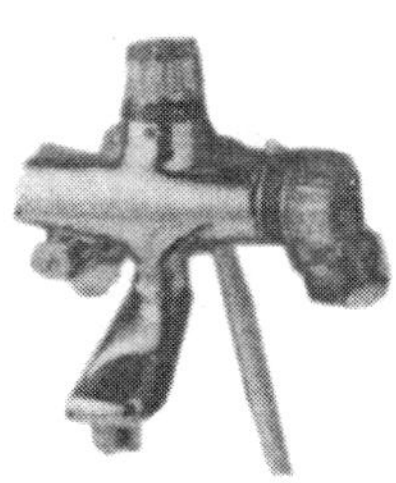

(f) 자동 온도 조절식

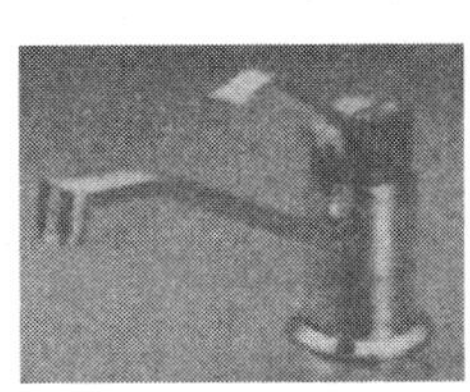

(d) 싱글 레버식(주방용)

그림 5-6 수전류

5) 싱크류

싱크(sink)의 종류에는 도기 외에 법랑, 철기, 스테인리스강, 동판제, 인조석갈기 등이 있다.

(4) 위생기구의 유닛화

설비를 유닛화하는 것은 현장 작업의 공정을 최소한으로 줄일 수 있음과 동시에 공장 제작의 단순화, 합리화로 공사 전체의 생산성·안전성 등을 향상시킬 수 있다.

현재 설비 유닛으로서 시공되고 실용화되어 있는 것에는 욕조 유닛, 주방 유닛, 설비 코어 유닛 등이 있다.

1) 설비 유닛의 목적

① 공사 기간 단축

② 공정의 단순화 및 합리화

③ 시공 정밀도의 향상

④ 재료 및 인건비의 절감

2) 설비 유닛의 필수 조건

① 가볍고 운반이 용이할 것

② 현장 조립이 용이할 것

③ 가격이 저렴할 것

④ 제작 공정에서 양산이 가능할 것

⑤ 유닛 내의 배관이 단순할 것

⑥ 배관이 방수부를 통과하지 않고 바닥 위에서 처리가 가능할 것

2. 배관 재료

(1) 관의 종류

1) 주철관(cast iron pipe)

① 특징

㉮ 재질은 값이 싸며 부식성이 적고 강도 및 내구성이 특히 우수하다.

㉯ 내압성·내식성은 강하나 충격·인장강도는 약하다.

② 용도

내경 75mm 이상의 상수도용 급수관, 오수배수관, 가스 공급관, 통신용 케이블 매설관, 화학공업용 배관 등으로 널리 이용된다.

③ 접합 방법

㉮ 소켓 접합 : 주철관의 허브(hub) 쪽에 스피것(spigot)이 있는 쪽을 맞춘 다음, 마(yarn)를

단단히 꼬아 감고 정으로 박아 넣는 접합 방법.

㉯ 플랜지 접합 : 플랜지가 달린 주철관을 서로 맞추어 볼트로 죄어 접합하는 방법.

㉰ 메커니컬 접합(mechanical joint) : 주철관의 기계적 접합은 소켓 접합과 플랜지 접합의 장점을 채택한 방법.

㉱ 빅토릭 접합(victoric joint) : 빅토릭형 주철관을 고무링과 금속제 칼라(collar)를 사용하여 잇는 접합법으로, 관 속의 압력이 증가함에 따라 고무링은 더욱더 관벽에 밀착하게 되어 누수를 방지.

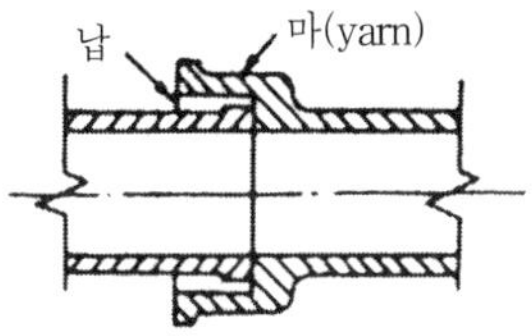

(a) 소켓 접합

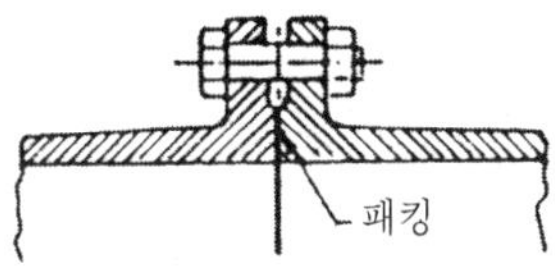

(b) 플랜지 접합

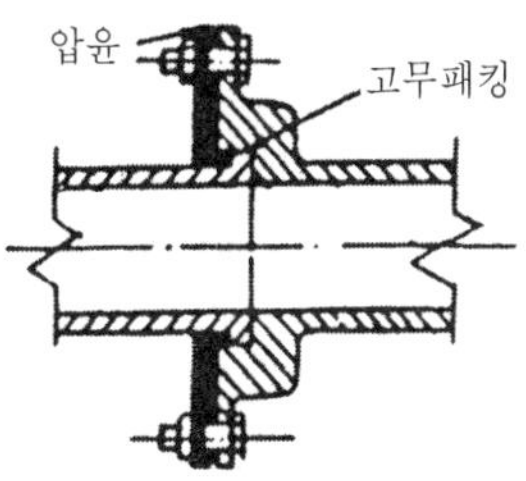

(c) 메커니컬 접합

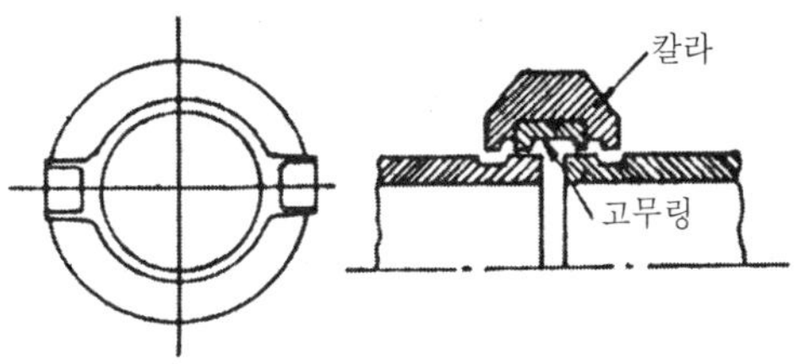

(d) 빅토릭 접합

그림 5-7 주철관의 접합

2) 강관(鋼管, steel pipe)

① 특징 : 배관 공사에서 가장 많이 사용하는 관으로, 연관이나 주철관에 비하여 가볍고 인장강도가 가장 크며, 주철관에 비하여 부식되기 쉽다.

② 관의 두께 : 강관의 두께는 스케줄 번호(schedule number)로 나타내며 스케줄 번호에는 SCH10, 20, 30, 40, 60, 80 등이 있고 번호가 클수록 관의 두께가 두꺼워진다.

$$\text{스케줄 번호}(SCH) = \frac{P(\text{사용압력MPa})}{S(\text{허용압력MPa})} \times 100$$

$$\text{관 두께}(t) = \left(100 \times \frac{P}{S} \times \frac{P}{1{,}750}\right) + 25.4$$

예제

다음과 같은 조건을 갖는 경우 배관용 탄소 강관의 스케줄 번호(sch)를 사용해야 안전한가?

[조 건]	1. 최고의 사용 응력 : 5MPa 2. 인장강도 : 6MPa 3. 안전율은 5이다. 4. 스케줄은 10, 30, 40, 50, 60을 사용한다.

해설 스케줄 번호(No.)$=10\times\dfrac{\text{최고사용응력}}{\text{허용응력}}$ 이고, 허용응력$=\dfrac{\text{강도}}{\text{안전율}}$ 이다.

∴ 스케줄 번호(No.)$=10\times\dfrac{\text{최고사용응력}\times\text{안전율}}{\text{강도}}$

그런데 최고 사용응력 : 50MPa, 안전율 : 5, 인장강도 : 6MPa이므로

스케줄 번호(No.)$=100\times\dfrac{5\times5}{60}=\dfrac{250}{6}=41.67$

∴ 스케줄 번호(No.)는 50을 택해야 안전하다.

③ 강관 이음쇠류의 사용 개소

㉮ 배관의 굴곡 : 엘보, 벤드

㉯ 관을 도중에서 분기할 때 : T, Y, 크로스

㉰ 같은 지름의 관을 직선으로 접합할 때 : 소켓, 유니언, 플랜지, 니플

㉱ 서로 다른 지름의 관을 이을 때 : 이경 소켓, 유니언, 엘보, 부싱, 니플

㉲ 관 끝을 막을 때 : 플러그, 캡

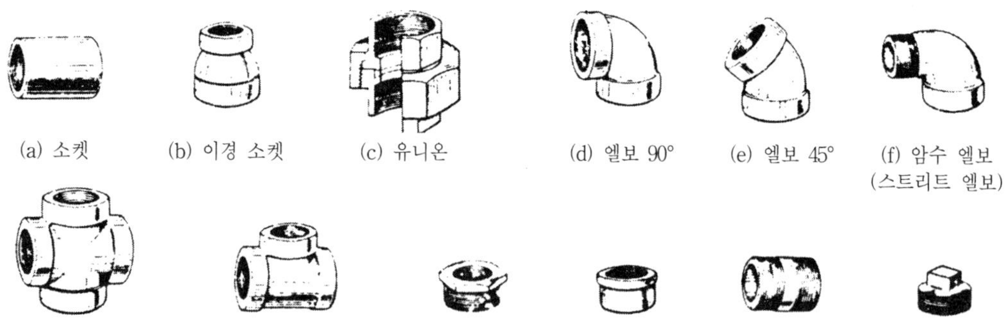

(a) 소켓 (b) 이경 소켓 (c) 유니온 (d) 엘보 90° (e) 엘보 45° (f) 암수 엘보(스트리트 엘보)

(g) +자(크로스) (h) T(티) (i) 부싱 (j) 캡 (k) 니플 (l) 플러그

그림 5-8 관 이음류의 형상

④ 관의 접합

㉮ 나사 접합 : 50A 이하의 관 이음에 사용된다.

㉯ 플랜지 접합 : 고압 파이프라인 또는 밸브, 펌프, 열 교환기 및 각종 기기를 접속시킬 때 관을 자주 해체하거나 교환할 필요가 있을 때 사용한다.

㉰ 용접 접합 : 접속부의 모양에 따라 맞대기 용접식과 슬리브 용접식이 있고 재질에 따라 일반 배관용과 특수 배관용이 있다.

3) 연관(lead pipe)

① 특징

㉮ 관이 유연하여 시공이 용이하다.

㉯ 내식성이 뛰어난 성질이 있으나 가격이 비싸고 외력에 파손되기 쉽다.

② 용도 : 가장 오래 전부터 사용되고 있는 급수관이며, 굴곡이 많은 수도 인입관, 기구 배수관, 가스 배관, 화학 공업 배관 등

③ 접합

㉮ 플라스턴 접합 : 용융점이 낮은 플라스턴 합금을 녹여 연관을 접합하는 방법

※ 플라스턴 : 주석(Sn) 40%와 납(Pb) 60%로 된 합금.

㉯ 땜납 접합

4) 동관(copper pipe)

① 특징

㉮ 배관 시공이 용이하다.

㉯ 염류, 산, 알칼리 등의 수용액이나 유기화합물에 대한 내식성이 높아 부식이 적다.

② 용도 : 전기 및 열의 전도율이 좋아 전기 재료, 열교환기, 급수관 등에 이용되고 있다.

③ 접합 방법

㉮ 납땜 접합

㉯ 플레어 접합 : 동관의 끝을 압축 이음쇠로 접합하는 방법이다.

㉰ 용접 접합 : 동관과 동관을 수소 용접(작용 방지)으로 접합하는 방법이다.

㉱ 경납땜 : 강도를 필요로 하는 경우 황동납, 은땜납 등의 경납땜을 한다.

5) 황동관

① 특징 : 동 황금관으로 내외면에 주석 도금을 한 것.

② 용도 : 병원의 증류수, 멸균수 등의 극연수 수송관으로 사용한다.

③ 접합 방법 : 동관의 접합 방법과 동일하다.

6) 경질 비닐관(PVC pipe)

① 특징

㉮ 내면이 평활해 마찰손실이 적으나, 열팽창률이 크다.

㉯ 가볍고 부식성이 적다.

② 용도 : 급탕관 · 증기관으로는 부적당하다.

③ 접합 방법

㉮ 냉간 공법 : 접착제를 발라 접착하는 간단하고 정확한 접합법으로, 대부분이 이 접합 방법을 쓴다.(TS식, 편수 칼라식, H식)

㉯ 열간 공법 : 열가소성, 복원성 및 융착성을 이용하여 접합하는 방법이다.

7) 콘크리트관(concrete pipe)

① 특징 및 용도

㉮ 내식성이 강해서 해수수송관, 배수관, 모래운반관에 이용된다.

㉯ 콘크리트 제품으로 가격이 싸며 배수관에 사용하기도 한다.

② 종류

㉮ 원심력 철근 콘크리트관(흄관) : 상하수도 수리 배수용

㉯ 석면 시멘트관(eternit pipe) : 아스베스토스(석면 섬유)와 포틀랜드 시멘트를 1 : 5의 비율로 혼합

㉰ 철근콘크리트관 : 옥외 배수관

③ 접합 방법

㉮ 칼라 접합(collar joint) : 관과 관 사이에 철근콘크리트로 만든 칼라를 씌운 다음 컴포(compo)를 채워서 접하는 방법

㉯ 기볼트 접합 : 2개의 플랜지와 2개의 고무링, 1개의 슬리브로 이루어져 있으며, 일반적으로 석면 시멘트관의 접합에 사용. 배관의 굴곡성과 신축성이 요구되는 곳에 사용

㉰ 심플렉스 접합 : 이터닛 칼라와 2개의 고무링으로 접합하는 방법

㉱ 모르타르 접합 : 접합부에 모르타르를 발라 접합하는 방법

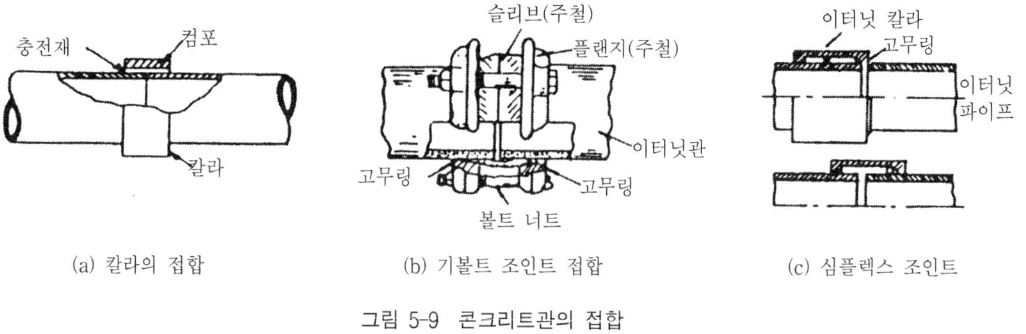

(a) 칼라의 접합 (b) 기볼트 조인트 접합 (c) 심플렉스 조인트

그림 5-9 콘크리트관의 접합

8) 가스관(gas pipe)

옥외의 공사에 사용

① 흑 가스관 : 수도관으로 적당

② 백 가스관 : 수도관으로 부적당. 일반 배수용

9) 라이닝관(lining pipe)

① 라이닝(lining)이란 관이나 보일러 내부에 플라스틱이나 유리, 애폭시 등을 부착시켜 부식을 방지하는 것을 말한다.

② 내약품성이 있는 관에 사용하며, 강관·동관, 급수, gas 등에 사용된다.

(2) 밸브의 종류

1) 슬루스 밸브(sluice valve)

① 일명 게이트 밸브(gate valve)라고도 하며 펌프의 앞·뒤, 또는 배수관의 처음이나 끝, 관의 필요한 요소에 설치해 이를 여닫음으로써 관을 흐르는 물의 양을 조절한다.

② 밸브의 통로에 변화가 없어 유체의 저항 손실이 가장 적다.

③ 소형의 급수, 급탕, 기름, 가스 등의 배관에 이용한다.

2) 글로브 밸브(glove valve)

① 스톱 밸브(stop valve)라고도 하며 유로를 폐쇄하는 경우나 유량을 조절할 때 사용한다.

② 기구 내에서 물이 S자 모양으로 흘러서 내압성은 크나 유체의 저항 손실이 가장 크다.

3) 체크 밸브(check valve)

① 유체의 흐름을 한 방향으로만 흐르게 하고, 반대 방향으로는 흐르지 못하게 하는 밸브

② 작동방식에 따라 수평·수직배관에 모두 사용되는 스윙형(swing type)과 수평배관에만 사용되는 리프트형(lift type)이 있다.

4) 플러시 밸브(flush valve)

급수관에 직결하여 한 번 플러시 밸브를 누르면 급수의 압력으로 일정량의 물이 나온 다음 자동적으로 잠겨지도록 되어 있는 것으로, 대·소변기에 사용된다.

5) 앵글 밸브(angle valve)

유체의 흐름을 직각으로 바꾸는 경우에 사용하는 밸브

6) 콕(cock)

원뿔에 구멍을 뚫은 것으로 원뿔을 90°(1/4) 회전함에 따라 구멍이 개폐되어 유체의 흐름을 차단 조절하는 밸브

7) 조정 밸브

① 감압 밸브 : 고압 배관과 저압 배관의 사이에 감압 밸브를 달고 압력을 제어하여 일정하게 유지할 때 사용되는 밸브

② 안전 밸브 : 보일러 등 압력 용기와 그밖의 고압 유체를 취급하는 배관에 설치하여 관 또는

용기 내의 압력이 규정 한도에 달하면 내부 에너지를 자동적으로 외부로 방출하여 용기 안의 압력을 항상 안전한 수준으로 유지하는 밸브

③ 온도 조절 밸브 : 온도의 변화에 따라 벨로스의 예민한 작용으로 개폐되며, 유량을 자동으로 조절하는 자동 조절 밸브

④ 볼탭 : 탱크의 급액구에 정착하여 액면의 상승과 하강에 따라 상승, 하강하는 볼탭의 부력에 의하여 밸브가 자동적으로 개폐하는 자동 밸브

⑤ 스트레이너 : 관 속의 유체에 혼입된 불순물을 제거하여 기기의 성능을 보호하는 여과기

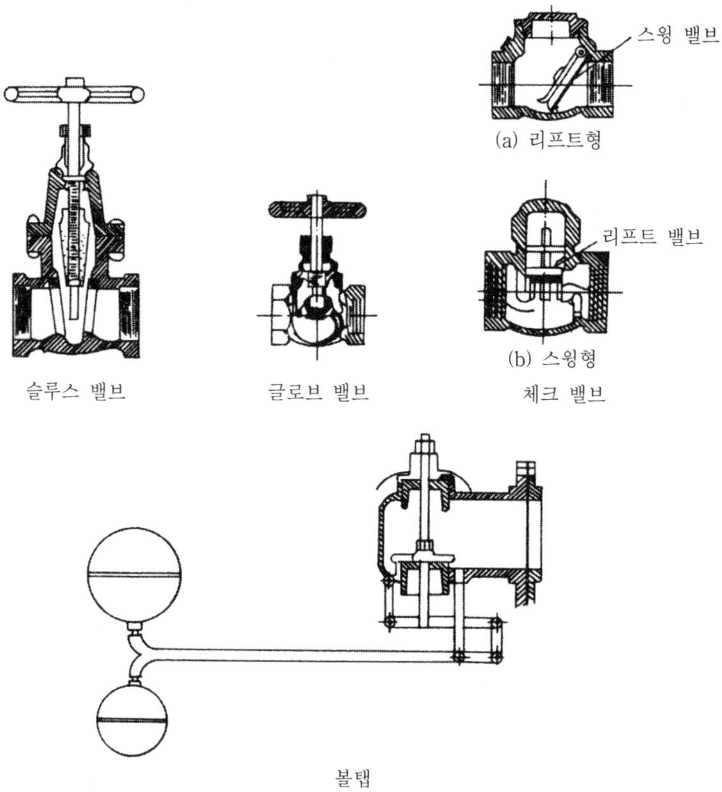

그림 5-10 밸 브

(3) 배관 지지법

① 배관 내의 수격 작용(water hammering) 등에 의한 관의 동요나, 관이 길어서 자중에 의해 처지는 것을 방지하기 위해서 지지철물을 필요로 한다.

② 종 류

㉮ 초롱 벤드(bend)

㉯ 롤러(roller) 벤드

㉰ 새들 벤드(saddle bend)

㉱ 바닥 벤드

㉲ 파이프 행거

㉳ 가대철물

③ 시공시 콘크리트 슬래브에 미리 인서트(insert)를 설치하고, 여기에 로드(쇠막대기)를 끼워서 벤드나 행거를 설치한다.

④ 턴 버클(turn buckle)은 관의 높이를 조정하는 데 사용된다.

표 5-4 관의 지지 간격

관의 종류		지지 간격
급수관	수평관	15~20A는 1.8m, 25~40A는 2m
	수직관	3층 이내마다
배수관	수평관	1.6m 이내
	수직관	각 층마다
	분기관	1.2m이내

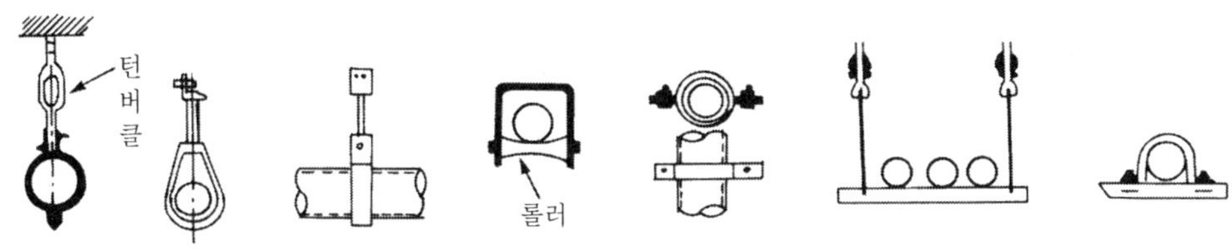

그림 5-11 배관 지지철물 종류

(4) 배관의 부식

1) 배관 부식의 원인

① 물과 접촉에 의한 부식

관이 물과 접촉하고 있을 때 금속은 ⊕이온화되어 용해하려는 성질이 있다.

② 접촉된 다른 금속간에 일어나는 부식

두 금속이 이온화 경향의 차이가 크고 관이 접촉할 때 접촉점 부근에서 많이 일어난다.

③ 전식(電蝕)

지하 매설관 등에서 외부로부터의 전류가 관으로 유입되어 일어나는 현상을 전식이라 한다.

④ 수질에 의한 부식

⑤ 관내면의 전위차가 균일하지 않은 경우

⑥ 수온의 상승에 따른 부식 속도의 증가

2) 배관 부식 방지법

① 금속관에 물기가 없도록 하거나 난방 코일 등에는 물을 완전히 채워 공기의 접촉이 없게 한다.

② 이온화 경향의 차이가 적은 관끼리 연결한다.

③ 전식에 의한 방지는 관을 황마, 아스팔트 등으로 감아서 절연층을 만든다.

(5) 배관 식별

표 5-5 색채에 의한 배관 식별법

종 류	식 별 색	종 류	식 별 색
물	청색	산·알칼리	회자색
증기	진한적색	기름	진한황적색
공기	백색	전기	엷은황적색
가스	황색	–	–

(6) 배관 도시기호

1) 배 관

종 류		도 시 기 호	종 류		도 시 기 호
1. 난방	① 고압 증기 급송관	—#—#—#—	2. 공기조화	① 냉매 토출관	—RD—RD—
	② 고압 증기 반송관	-#- -#- -#-		② 냉매 액관	-RL- -RL- -
	③ 중압 증기 급송관	—/—/—/—		③ 냉매 흡입관	-RS- -RS- -
	④ 중압 증기 반송관	- -/- - -/- - -/- - -		④ 냉각수 송수관	—C—C—
	⑤ 저압 증기 급송관	————————		⑤ 냉각수 반수관	—CR- -CR —
	⑥ 저압 증기 반송관	— — — — — — —		⑥ 냉수, 냉온수 송수관	—CH—CH—
	⑦ 공기 도피관	- - - - - - - - - - - - - -		⑦ 냉수, 냉온수 반수관	-CHR- -CHR-
	⑧ 연료 기름 급송관	-FOF—FOF—		⑧ 브라인 급송관	—B—B—
	⑨ 연료 기름 반송관	-FOR—FOR- - -		⑨ 브라인 반송관	—BR- -BR - -
3. 급수·급탕	① 급수관	————————		④ 배수 연관	100-L
	② 급수 주철관	——(———(——			
	③ 상수도관	————————		⑤ 배수 콘크리트관	150-C 100-V
	④ 우물물관	————————		⑥ 배수 비닐관	100-T
	⑤ 급탕관	——│——│——	5. 소화	① 소화수관	——X—X——
	⑥ 반탕관	——‖——‖——		② 스프링클러 주관	——S—S——
4. 배수	① 배수관	————————		③ 스프링클러 헤드 지관	——○—○—○——
	② 통기관	- - - - - - - - - - - - - - - -		④ 스프링클러 드레인관	- - - - - - - - - - - - - - - -
	③ 배수 주철관	——(——(——(——	6. 가스	① 가스 공급관	——G—G——

2) 연결 부속

종	류	도시기호	종	류	도시기호
1. 나사 삽입형 이음	① 플랜지	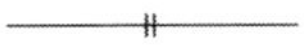		⑥ 전동 밸브	
	② 유니언	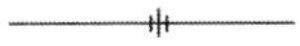		⑦ 공기 빼기 밸브	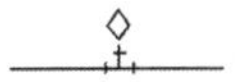
	③ 막힘 플랜지		4. 소화 기구	① 옥내 소화전	
	④ 크로스	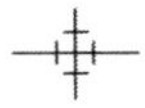		② 옥외 소화전(스탠드형)	
	⑤ 캡			③ 옥외 소화전(매설형)	
2. 신축 이음	① 슬리브형	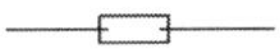		④ 송수구	
	② 벨로스형			⑤ 방화전(쌍구)	
	③ 곡관형			⑥ 방화전(단구)	
3. 밸브	① 밸브		5. 위생 기구	① 세정 밸브	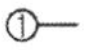
	② 슬루스 밸브			② 볼 탭	
	③ 글로브 밸브			③ 샤 워	
	④ 앵글 밸브	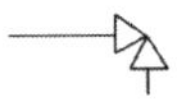		④ 살수전	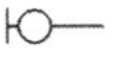
	⑤ 체크 밸브			⑤ 화세전(靴洗栓)	

익 힘 문 제

1 위생기구의 구비 조건은?

2 위생 도기의 품질을 관리하기 위하여 행하는 시험과 검사방법은?

3 대변기 세정(洗淨) 방식을 들고 각각의 특징을 설명하라.

4 대변기 세정 급수장치에서 진공방지기(vacuum breaker)의 역할은?

5 현재 가장 많이 사용되는 대변기 형식은?

6 대변기 세정 급수장치 중에서 수압의 제한을 가장 많이 받는 방식은?

7 위생설비의 유닛(unit)화의 목적은?

8 구경이 서로 다른 관을 접합할 때 사용되는 배관 부속품은?

9 유체의 흐름에 의한 마찰손실이 적으므로 물과 증기배관에 주로 이용되고 게이트 밸브라고도 불리우는 것은?

10 체크밸브(check valve : 역류지변)의 특징을 설명하라.

11 색채에 의한 배관식별법에 대하여 설명하라.

12 공장화 배관(P · F · P공법 : Pre-fabrication piping system)의 특징을 설명하라.

제6장 오수처리설비

우리 나라의 수질 오염은 생활계 오수에 의한 오염률이 70~80%, 공장 폐수에 의한 오염률이 20~30%이다. 공장 폐수에 의한 수질 오염은 환경 보전법으로 규제하고 있으며, 생활계 오수는 오수·분뇨 및 축산폐수에 관한 법률에 의하여 분뇨 정화조 또는 오수 처리 시설을 설치하여 방류수의 수질을 규정치 이하로 유지하도록 통제하고 있다.

1. 일반 사항

(1) 오물 단독 처리

① BOD의 제거율이 65% 이상이고, 방류수의 BOD가 90ppm 이하인 단독 처리 시설

② 처리 방식

㉮ 부패탱크식 : 처리 대상 인원 2~300명

㉯ 장기간 폭기 방식 : 처리 대상 인원 500명 이하

(2) 오물과 잡배수 합류 처리(중급)

① BOD의 제거율이 70% 이상이고, 방류수의 BOD가 60ppm 이하인 합류 처리 시설

② 처리 방식 : 살수 여과 방식, 고속 살수 여과 방식, 장기간 폭기 방식, 순환 수로 폭기 방식

(3) 오물과 잡배수 합류 처리(고급)

① BOD의 제거율 85% 이상이고, 방류수의 BOD가 30ppm 이하인 합류 처리 시설

② 처리 방식 : 장시간 폭기 방식, 표준 활성 오니 방식, 분수 폭기 방식, 오니 재폭기 방식, 순환 수로 폭기 방식, 표준 살수 여상 방식

(4) 간이 처리(단독 및 합류 처리)

① BOD의 제거율이 55% 이상이고, 방류수의 BOD가 120ppm 이하인 간이 처리 시설

② 행정 관청이 위생상 지장이 없다고 인정되는 지역에 설치

(5) 용어의 정의

① B.O.D.(Biochemical Oxygen Demand : 생물화학적 산소요구량)

㉮ 오수 중의 유기물이 이와 공존하는 미생물에 의해 분해되어 안정화하는 과정에서 소비되는 수중에 녹아 있는 산소의 감소를 나타내는 값

㉯ 수질의 오염 정도 측정치

② C.O.D.(Chemical Oxygen Demand : 화학적 산소요구량)

㉮ 용존 유기물을 화학적으로 산화시키는 데 필요한 산소량이다.

㉯ 일반적으로 공장 폐수는 무기물을 함유하고 있어 BOD 측정이 불가능하여 COD로 측정한다.

㉰ 값이 작을수록 수질 오탁이 적다.

③ D.O.(Dissolved Oxygen : 용존(溶存) 산소)

㉮ 수중에 용해되어 있는 산소의 양을 ppm으로 나타낸 것으로, DO가 클수록 정화능력이 높은 수질이라고 할 수 있다.

㉯ 깨끗한 물은 7~14ppm의 산소가 용존되어 있다. 오염도가 높은 물은 산소가 용존되어 있지 않다.

㉰ 정화조의 폭기조 내에는 2ppm의 용존 산소가 필요하다.

④ S.S.(Suspended Solids : 부유 물질)

탁도의 정도로 입경 2mm 이하의 불용성(不溶性)의 뜨는 물질을 ppm으로 표시한 것.

⑤ S.V.(침전 오니 퍼센트율)

⑥ P.H.(수소 이온 농도)

⑦ $\text{BOD 제거율} = \dfrac{\text{유입수 BOD} - \text{유출수 BOD}}{\text{유입수의 BOD}} \times 100(\%)$

⑧ 스컴(Scum)

정화조 내의 오수 표면 위에 떠오르는 오물 찌꺼기.

⑨ 활성 오니(activated sludge)

폭기조 내에 용해되어 있는 유기물질과 반응하고, 그에 따라 세포가 증식되는 미생물의 덩어리(flock).

예제

오물 정화조로 유입되는 오수의 BOD 농도가 150ppm이고 방류수의 BOD 농도는 60ppm일 때 이 정화조의 BOD 제거율은?

해설 $\text{BOD 제거율}(\%) = \dfrac{\text{유입수 BOD} - \text{유출수 BOD}}{\text{유입수 BOD}} \times 100$

$= \dfrac{150 - 60}{150} \times 100 = 60\%$

2. 정화조

(1) 원 리

정화조는 변기, 부엌에서 나오는 오수와 잡배수를 미생물의 활동으로 부패시켜서 유기물질을 최소화하여 소독 후 방류시키는 구조물이다.

(2) 정화 순서

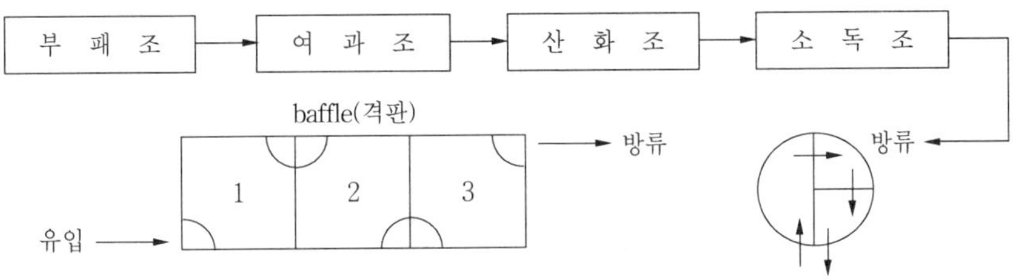

그림 6-1 정화조

(3) 처리 방식

① 합류 배수

분뇨와 생활 하수를 함께 처리하는 시설이다.

② 분류 배수

생활 하수를 공공 하수관으로 처리하여 그냥 버리고 분뇨만 처리하는 시설이다.

(4) 정화조의 종류(폐기물관리법, 法 제15조)

폐기물관리법 제15조에 의하면 다음과 같다.

① 오수처리시설

공동주택으로 연면적 1,600m² 이상(2동 이상을 합한 연면적)은 합류 배수 방식과 함께 오수처리시설을 해야 한다.

② 분뇨 정화조

공동주택으로 연면적 1,600m² 미만의 분류 배수 방식과 함께 분뇨 정화조를 설치해야 한다.

(5) 오수처리시설과 분뇨 정화조의 차이

① 분뇨 정화조는 연면적 1,600m² 이하의 소규모에 이용한다.

② 오수처리시설은 연면적 1,600m² 이상의 대규모 건물에 이용하고 정화 성능도 차이가 있다.

③ 임호프(Imhoff) 방식 : 독일의 Imhoff 박사가 개발한 것으로, 가정용, 아파트용으로 현재 대부분 사용하고 있다.

3. 분뇨 정화조

(1) 종 류

분뇨 정화조(septic tank)는 일반적으로 부패 탱크 방식을 채택하고 있으며, 그 기능은 정화조에 유입되는 오수에 함유된 각종 고형물을 침전 또는 부상시켜 분리한다.

침전물은 탱크 바닥에 쌓여서 혐기성 박테리아의 작용에 의하여 분해 소화되고 고형물은 무기화 한다.

산화조(2차 처리 장치)에서는 오수 중에 포함되어 있는 세균이나 미세한 부유 물질 등이 호기성 세균의 작용에 의하여 흡착 산화되며, 소독조에서의 염소 접착에 의해 살균하여 방류한다.

이러한 분뇨 정화조에는 다음과 같은 것들이 있다.

① 소형 정화조
② 3단 부패 탱크식
③ 5단 살수 여상식
④ 2층 탱크식

(2) 기 능

1) 물리적 정화 기능

① 여과 : 스크린, 슬롯 등에 의하여 여과하여 오탁물질을 제거한다.
② 침전 : 물을 천천히 흘려 오탁물질을 밑에 가라앉혀 침전시킨다.
③ 부상물의 저지 : 부상물질 저지판, T자관에 의하여 수면에 부상한 오탁물질을 제거한다.

2) 생물화학적 기능

① 혐기성 처리
- ㉮ 혐기성 미생물에 의한 유기물 분해이므로 산소 공급이 불필요하며 유지비가 적게 소요된다.
- ㉯ 처리기간이 길게 소요되어 처리 공간이 많이 필요하며 악취 발생의 문제가 있다.
- ㉰ 여유 공간이 많은 경우 적당한 처리법이다.
- ㉱ 일반적으로 부패조에 의해 정화시킨다.

② 호기성 처리
- ㉮ 유기물 분해를 호기성 미생물에 의하여 처리함으로써 짧은 시간에 양호한 처리수를 얻을 수 있다.
- ㉯ 운전상에 기술을 요하고 운전 유지비가 많이 소요된다.
- ㉰ 적은 공간을 차지하며 고급 설비이다.
- ㉱ 일반적으로 산화조에 의해 정화시킨다.

(3) 구 조

1) 가정용 정화조

유입, 부패(여과 과정 포함), 산화, 소독, 방류 등이 한 개의 탱크 안에서 이루어지도록 조합된 구조로 되어 있다.

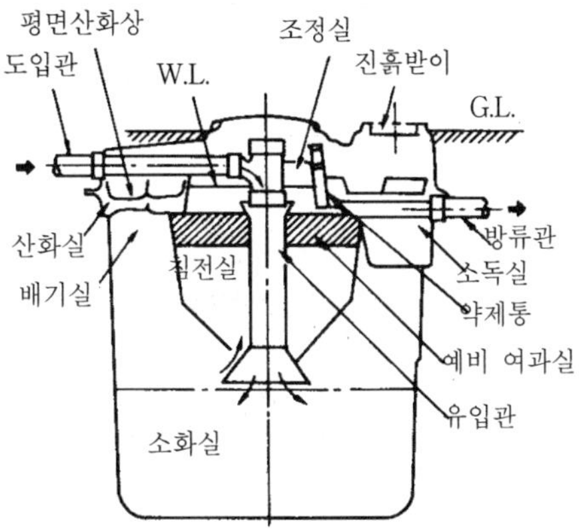

그림 6-2 가정용 정화조의 구조

2) 3단 부패 탱크

① 정화조의 탱크는 3실 구획을 표준으로 2~4실로 계획되며, 제1실의 용량은 전체 용량의 $\frac{1}{2}$이상, 제2실 및 제3실의 용량은 각각 $\frac{1}{4}$이상으로 하고, 유효 수심은 1~4m이다.

② 처리 과정은 실에서 고형물이 침전, 분리되고 2실 이후에서는 미세한 부유 물질을 침전제거시킨다.

3) 5단살수여상식

① 부패조

㉮ 침전 분리조와 예비 여과조를 조합한 구조로 한다.

㉯ 부패조에서는 염기성균 작용에 의한 소화 작용과 침전 작용이 이루어져야 한다.

㉰ 유효 용적은 15인분까지 0.75m^3 이상, 15인 이상일 때는 사용 인원 1인당 0.05m^3 증가

㉱ 수심은 1~3m로 하고 사용 인원에 따라 용적을 증가시킬 것

㉲ 제1, 제2 부패조와 여과조의 용적비 4 : 2 : 1 혹은 4 : 2 : 2

㉳ 도입관 하단은 수심의 1/3에 위치하도록 하고, J자 관을 사용

㉴ 격판의 하단은 수심의 1/2

㉵ 여과조의 여과층은 수심의 1/3로 하고, 여과층의 상부는 수면에서 10cm 여유를 두고 쇄석의 크기는 5~10cm

㉶ 부패조 용량

㉠ 5인까지 : V=1.5[m^3]

㉡ 5인 초과 500인 이하 : V=1.5+0.1(n−5)[m^3]

㉢ 500인 초과 : V=51+(n−500)×0.075[m^3](n : 처리 대상 인원)

예제

아파트 1동에 주민이 500명 살고 있을 때 정화조 설치시 적당한 부패조의 크기는?

해설 $V \geq 1.5+(n-5)\times 0.1 \geq 1.5+(500-5)\times 0.1 \geq 51m^3$

또는 $V \geq 51+(n-500)\times 0.075 \geq 51m^3$

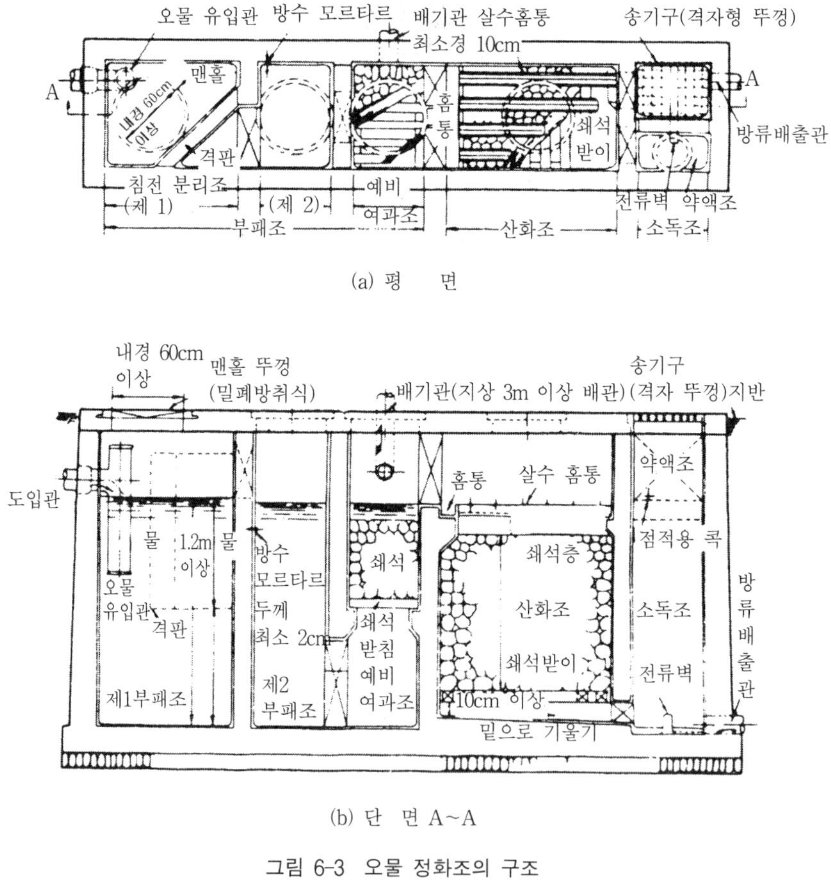

그림 6-3 오물 정화조의 구조

2) 여과조

① 부패조와 산화조 사이에 설치하는 예비 여과조에 오수를 하부에서 위로 유입시켜 오수 중의 부유물을 쇄석층에서 제거한다.

② 쇄석층의 윗면은 오수면보다 10cm 정도 아래에 둔다.

③ 여과층은 수심의 1/3로 하고, 쇄석의 크기는 5~7.5cm 정도가 적당하다.

3) 산화조

① 부패조에서 유입한 오수는 산화조의 살수홈통으로 균일하게 분산되어 쇄석층을 흘러 내린다.
② 산화조에서는 호기성균으로 산화를 촉진한다.
③ 산화조의 쇄석층 용적 : 부패조의 1/2 이상
④ 쇄석층의 깊이 : 90cm 이상 2m 이내
⑤ 살수홈통과 쇄석층 상부는 10cm 이상, 하단 송기공은 10cm 이상 띄움.
⑥ 배기관 높이 : 3m 이상
⑦ 살수홈통의 폭 : 7~10cm, 홈통 간격 : 7~10cm, 홈 간격 : 8~12cm

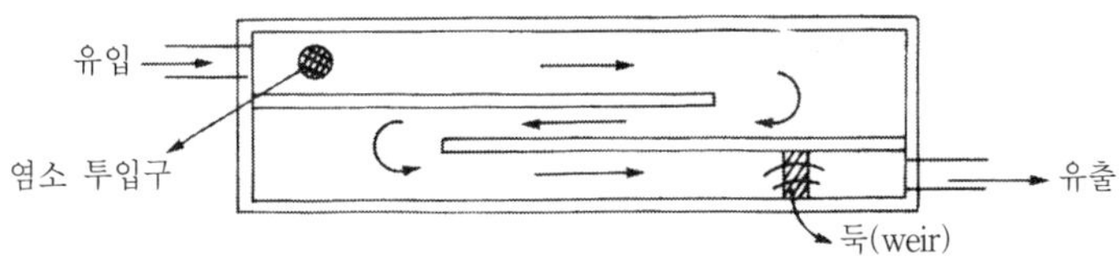

그림 6-4 소독조의 평면도

4) 소독조

① 산화조에서 넘어온 각종 세균(대장균)을 소독해서 방류시키는 탱크이다.
② 소독제로는 차아염소산소다(NaClO)와 차아염소산칼슘[$Ca(ClO)_2$] 등의 염소 계통이다.
③ 크기는 점검과 약품 주입에 적당한 크기면 된다.
④ 500명 이상의 처리 대상 인원에서는 의무적으로 소독조를 설치해야 하고, 그 이하는 생략할 수 있다.
⑤ 염소 주입기(액체 상태)나 염소(고체 상태)를 파이프 내에 넣어 작은 구멍을 통해서 녹아 나가도록 하는 방법이 있다.

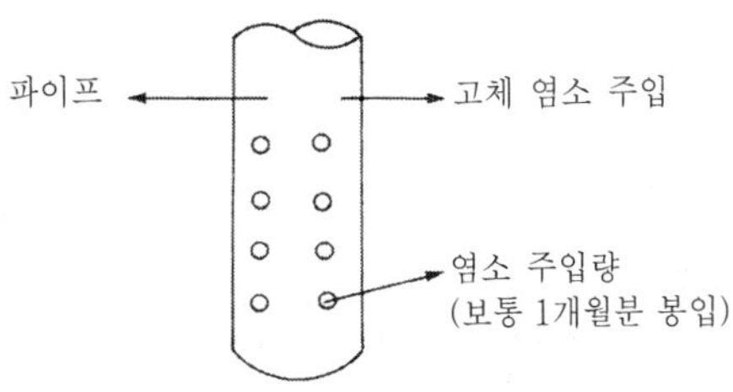

그림 6-5

⑥ 소독약의 1일 소요량

$$Q = \frac{N \cdot q \cdot P}{10^6 \cdot y} [\text{kg/d}]$$

N : 인원수
q : 1인당 오수 배출량[ℓ/cd]
P : 염소 주입 농도[mg/ℓ]
y : 염소 유효 농도

4) 2층 탱크식

① 유입, 부패, 산화, 소독, 방류 등의 과정을 탱크별로 구분하여 제1탱크는 부패 탱크로서 여과조를 설치하여 제2탱크와 연결한다.

② 제2탱크는 평면 산화조로서 평면사로 내에 쇄석을 지그재그형으로 설치하여 산화 작용을 마친 오수는 제3실 소독조에서 살균 소독되어 방류되는 형식이다.

4. 오수처리시설

오수처리시설은 침전, 호기성 또는 혐기성 분해 등의 방법에 의하여 분뇨와 생활하수를 함께 처리하는 시설로서 오수처리시설 처리공법에는 다음과 같이 분류하고 있다.

① 호기성 생물학적 처리공법

㉮ 활성 오니법 : 표준 활성 오니 방법, 장기 폭기 방법, 접촉 안정 방법

㉯ 고정 미생물 방법 : 접촉 산화 방법, 살수 여상 방법, 회전 원판 접촉 방법

② 물리적 처리공법 : 임호프 탱크 방법

(1) 임호프(Imhoff) 탱크 방식

① 독일의 임호프 박사가 개발한 것으로, 가정용, 아파트용으로 대부분 사용하고 있다.

② 값이 싸고, 시설이 용이하다.

③ 원 리

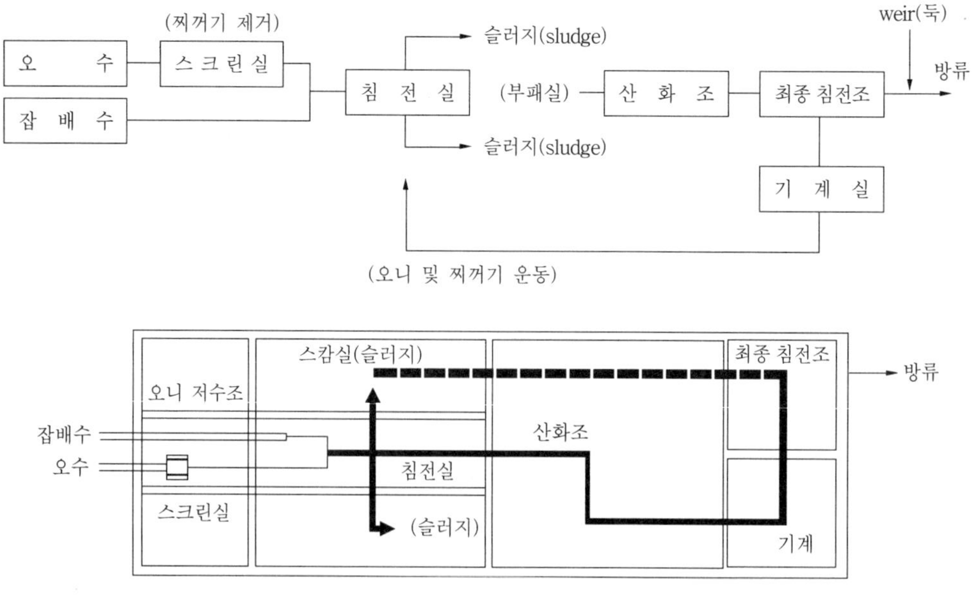

그림 6-6 임호프 탱크 방식

(2) 장기 폭기 방식

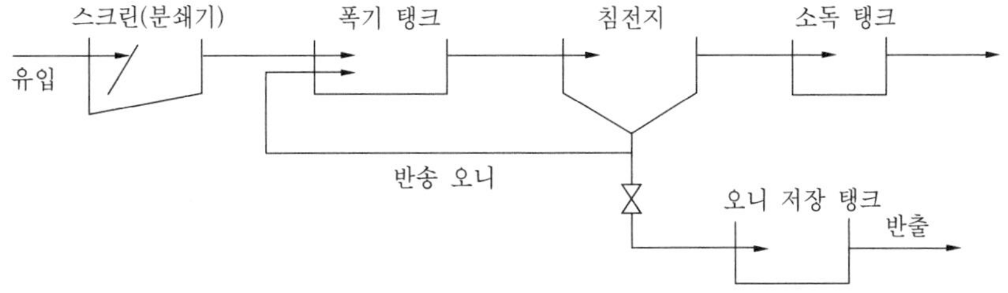

그림 6-7 장기 폭기 방식

5. 오수처리시설 및 정화조 설치 기준(오수·분뇨 및 축산폐수처리법률규칙 별표2)

① 오수처리시설 및 정화조의 규모는 처리 대상 인원을 기준으로 하여 산정한 규모 이상이어야 한다. 처리 대상 인원 산정은 한국산업규격(KSF 1507)에 의한다.

② 구조물의 천장, 바닥 및 벽은 방수 재료로 만들거나 방수재를 사용하여 누수되지 아니하도록 하여야 한다.

③ 구조물은 토압, 수압, 자체 중량, 기타 하중에 견딜 수 있는 구조이어야 한다.

④ 구조물의 윗부분에는 지름 60cm 이상의 방수 재료로 만든 뚜껑을 설치하여야 한다.

⑤ 부식 또는 변형의 우려가 있는 부분에는 부식 또는 변형이 되지 아니하는 재료를 사용하여야 한다.

⑥ 발생 가스를 배출할 수 있는 배출장치를 갖추어야 하고, 배출장치는 이물질이 유입되지 아니하는 구조로 하며 방충망을 설치하여야 한다.

⑦ 유입량이 변동하더라도 기능 수행에 지장을 받지 아니하는 구조로 설치하거나 유입량을 일정한 수준으로 유지할 수 있는 시설을 설치하여야 한다.

⑧ 악취가 발산될 우려가 있는 부분은 밀폐하거나 악취를 방지할 수 있는 시설을 설치하여야 한다.

⑨ 기계류는 계속하여 가동될 수 있는 견고한 구조로 하되 진동 및 소음을 방지할 수 있는 구조이어야 한다.

⑩ 점검, 보수 및 오니의 청소를 편리하고 안전하게 할 수 있는 구조이어야 한다.

6. 정수 처리

물의 처리 과정 : 채수 − 침전 − 기폭 − 여과 − 살균 − 급수

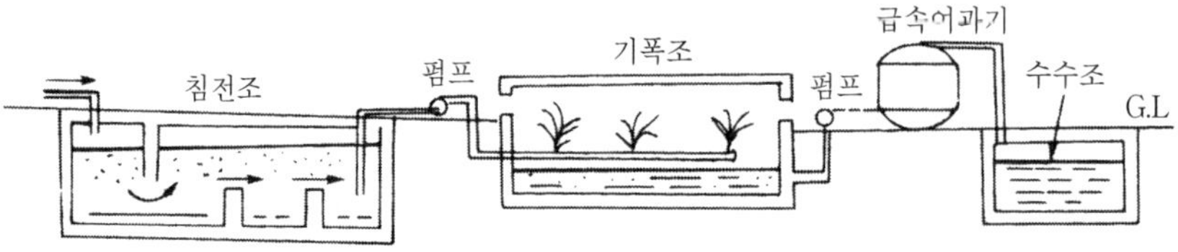

그림 6-8 물처리 방법

(1) 침 전

① 보통 침전

유효 수심 3~4m 정도

② 약품 침전

약품(황산반토, 명반)을 이용해서 덩어리지게 해서 침전시킨다.

(2) 기 폭

물을 공중으로 뿜어서 물 속에 녹아 있는 암모니아·황화수소·탄산가스를 제거하고, 불용해성 수산화제2철[$Fe(OH)_3$]을 침전 여과시킨다.

(3) 소독 약품

염소, 표백분, 나트륨(natrium), 클로라민(chloramine), 오존(ozon)

익 힘 문 제

1 BOD란?

2 물의 액성, 즉 산성, 알칼리성, 또는 중성의 정도를 수치로 나타내어 판정하는 지표는?

3 BOD 제거율을 나타내는 식은?

4 다실형 부패탱크식 오물정화조의 오물정화 순서는?

5 정화조에서 호기성(好氣性)균의 작용이 이루어지는 곳은?

6 오수처리시설을 설치하여야 할 대상 건물의 건축 연면적은 얼마인가?

7 오수처리시설의 종류를 설명하라.

제7장 소화설비

1. 화재의 분류

화재는 가연물의 종류에 따라 다음과 같이 분류한다.

(1) 보통 화재(A급 화재 : 백색)

① 목재, 종이류, 직물류 등 일반 가연물의 화재
② 물에 의한 냉각 작용으로 소화될 수 있는 보통 가연물의 화재

(2) 기름 화재(B급 화재 : 황색)

① 석유류 및 기타 가연성 액체, 유류 등의 화재
② 공기를 차단시킴으로써 소화 효과를 가져오는 화재

(3) 전기 화재(C급 화재 : 청색)

변전실, 발전기실 등의 전기기기 및 기타 감전의 우려가 있는 화재

(4) 금속 화재(D급 화재)

① 나트륨(Na), 마그네슘(Mg), 우라늄(U)과 같은 활성 금속이 연소하는 화재
② 소화를 위해서는 특별한 분말이 필요하다.

2. 소화의 원리

① 제거 방법 : 제거에 의한 소화
② 질식 방법 : 기름 화재 등 덮어서 포말 소화(산소 공급 차단)
③ 희석 방법 : 알코올 등 화재시 물로 희석(공기중의 산소 농도를 15% 이하로)
④ 냉각 방법 : 물 뿌려 냉각 소화(가연물의 온도를 발화점 이하로)
⑤ 억제 방법(연쇄 반응 차단 방법) : 화학적 반응을 지연, 중단

3. 소방시설의 분류

소방시설의 종류는 표 7-1과 같이 분류한다.

표 7-1 소방 시설의 종류

<table>
<tr><th colspan="2">구 분</th><th>소방용 설비의 종류</th></tr>
<tr><td rowspan="3">소방에 필요한 설비</td><td>소화설비</td><td>1. 소화기 및 간이소화 용구(물 양동이 · 소화 수통 · 건조사 · 팽창 질석 · 소화 약제)
2. 옥내소화전설비
3. 스프링클러설비
4. 물분부 소화설비 · 미분무 소화설비 · 포말 소화설비 · 이산화탄소 소화설비 · 할로겐화물 소화설비 및 분말 소화설비
5. 옥외소화설비
6. 동력소방펌프설비</td></tr>
<tr><td>경보설비</td><td>1. 자동화재탐지설비
2. 전기화재경보기
3. 자동화재속보설비
4. 비상경보설비(비상벨 · 자동식 사이렌 · 방송설비)</td></tr>
<tr><td>피난설비</td><td>1. 미끄럼대 · 피난 사다리 · 구조대 · 완강기 · 피난교 · 피난 밧줄, 그 밖의 피난기구
2. 유도등 또는 유도 표지
3. 비상조명등
4. 방열복 · 공기 호흡기 등 인명 구조 장구</td></tr>
<tr><td colspan="2">소화 용수 설비</td><td>1. 소화수조 · 저수지, 그 밖의 소화용수설비
2. 상수도소화용수설비</td></tr>
<tr><td colspan="2">기타 소화 활동상 필요한 시설</td><td>1. 배연설비
2. 연결송수관설비
3. 연결살수설비
4. 비상콘센트설비
5. 무선통신보조설비
6. 연소방지설비</td></tr>
</table>

4. 소화설비의 대상물

소화설비를 설치해야 하는 소방대상물을 '특정소방대상물'이라 하고, 우리 나라 소방법에서는 근린생활시설, 위락시설, 문화 및 집회시설, 문화재, 지하구, 복합건축물 등으로 구분하다.

5. 소방설비

(1) 소화기

① 화재 발생 초기에 진화할 목적으로 사용하는 수동 소화설비로서, 소방법에 의해 설치가 의무화되어 있다. 보통 사용되는 소화기는 총중량 28kg 이하로 제한되어 있다.

② 소화기는 소방 대상물의 각 부분에서 보행 거리가 20m 이내가 되도록 배치한다.

③ 소화기를 설치해야 할 소방 대상물, 즉 옥내 소화전, 옥외 소화전, 스프링클러 등이 설치되어 있으면 규정된 소화기의 2/3를 감할 수 있다. 다만, 11층 이상은 그러하지 않다.

표 7-2 소화기의 종류와 사용 대상 화재

소화기의 종류	적용하는 화재 종류			비 고
	A	B	C	
산·알칼리소화기	○	○	−	A급 화재 : 보통 화재
포 말 소 화 기	○	○	−	B급 화재 : 기름 및 가스 화재
이산화탄소소화기	○	○	○	C급 화재 : 전기 화재
할로겐화물소화기	−	○	○	
분 말 소 화 기	○	○	○	
수조 부착 펌프	○	−	−	
물	○	−	−	
건 조 모 래	−	○	−	

(2) 옥내 소화전 설비

소화전에 호스와 노즐을 접속하고 옥내소화전 상자에 격납한 후 건물 각 층의 소정 위치에 설치하고, 급수설비로부터 배관에 의하여 압력수를 노즐로 공급하며, 사람의 수동동작으로 화원을 추적해 가면서 소화를 하는 설비이다.

① 설치 위치 : 건축물 각 부분으로부터 1개의 접결구까지의 수평 거리 25m 이하

② 기준치

㉮ 노즐의 방수 압력 : 0.17MPa 이상(노즐 끝)

㉯ 표준 방수량 : 130ℓ/min 이상

㉰ 노즐의 구경 : 13mm

㉱ 호스의 구경 : 40mm

㉲ 소화전 box 호스의 길이 : 15m 또는 30m 길이 2개

㉳ 설치 위치 : 소화전함 내의 호스 연결구는 바닥에서 1.5m 이내

③ 수원 : 옥내 소화전의 설치 개수가 가장 많은 층의 설치 개수(5개 초과→5개로)에 규격 방수량으로 20분간 방수할 수 있는 양 이상

$$Q = 130\ell / \text{min} \times 20\text{분} \times n$$

Q : 수원의 유효 저수량(ℓ)

n : 동시 개구수

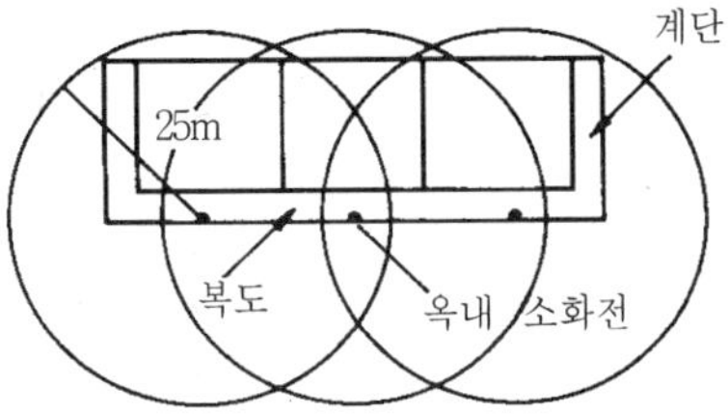

그림 7-1 옥내 소화전의 설치개수와 설치 장소

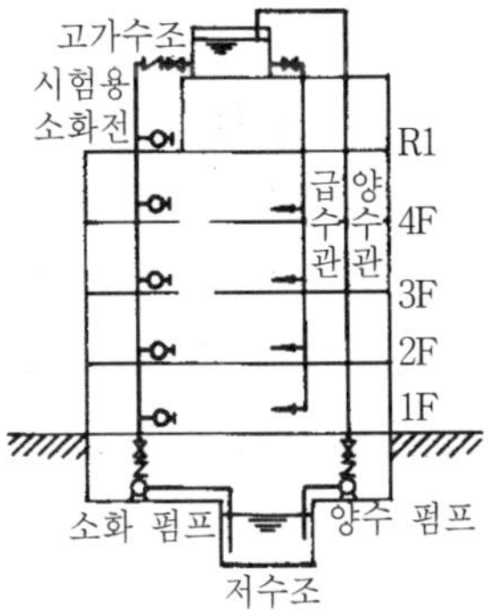

그림 7-2 옥내 소화전의 배관

예제

다음과 같은 조건을 갖는 경우에 있어서 옥내소화전 펌프의 전양정은?

[조 건] 1. 지하 1층, 지상 11층의 건축물로서 지하 1층 바닥면으로부터 2.0m 지하에 소화수 탱크의 밑바닥이 설치되어 있으며, 소화펌프는 지하 1층의 바닥에 설치되어 있다.
2. 지하층의 층고는 4.0m 이고, 지상층의 층고는 3.5m이다.
3. 마찰손실수두는 실양정의 25%로 한다.
4. 호스의 길이는 30m로 하고, 호스의 마찰손실수두는 0.26m이다.
5. 동시 개구수는 3개로 한다.
6. 펌프의 효율은 60%로 한다.
7. 최고층의 소화전은 11층의 바닥면으로부터 1.5m 상단에 설치한다.

해설 소화용 펌프의 전양정은 각 수두를 합계한 값에 10~20%정도 더 여유를 두어 정해야 한다.

펌프의 전양정 $H=(h_1+h_2+h_3+h_4+h_5)\times1.15$

h_1 : 흡수두(저수조 바닥에서 펌프까지의 높이 m)

h_2 : 양수두(펌프에서 최고층 소화전까지의 높이 m)

h_3 : 소화수관의 마찰손실수두

h_4 : 호스의 마찰손실수두

h_5 : 노즐의 소요 수압에 상당하는 수두=17m

펌프의 양수량(Q)=(표준 방수량)×(동시 개구수)×1.2

펌프의 전양정(H)$=(h_1+h_2+h_3+h_4+h_5)\times1.15$이므로

여기서 $h_1=2\text{m}$

$h_2=2+4+(3.5\times10)+1.5=42.5\text{m}$

$h_3=42.5\times0.25=10.625$(∵ 실양정의 25%이므로)

$h_4=30\times0.26=7.8\text{m}$

$h_5=0.17\text{MPa}=17\text{m}$

$H=(h_1+h_2+h_3+h_4+h_5)\times1.15=(2+42.5+10.625+7.8+17)\times1.15=91.9\text{m}$

(3) 옥외 소화전 설비

건물 또는 옥외 건물의 화재를 소화하기 위하여 옥외에 설치하는 고정식 소화설비로서 대규모의 화재 또는 이웃 건물로 연소할 우려가 있을 때 소화를 위하여 설치하는 설비이다.

① 설치 위치 : 건축물 각 부분으로부터 1개의 호스 접결구까지의 수평거리 40m 이하

② 기준치

㉮ 표준 방수 압력 : 0.25MPa 이상

㉯ 표준 방수량 : 350 ℓ/min 이상

㉰ 호스의 구경 : 65mm

③ 수 원

$$Q = 350\ \ell/\text{min} \times 20분 \times n(2개\ 초과 \rightarrow 2개로)$$

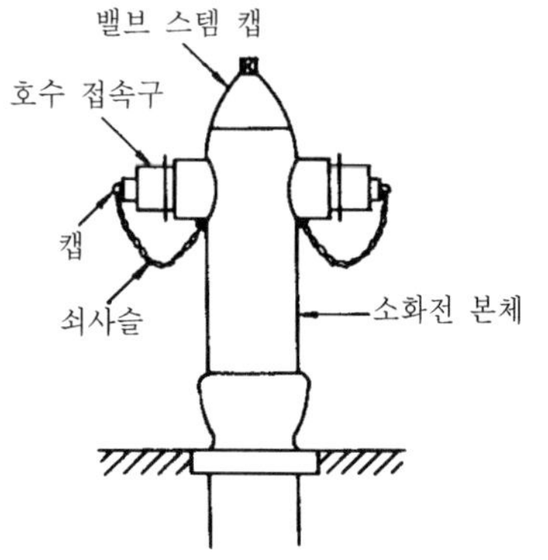

그림 7-3 지상식 옥외 소화전

표 7-3 옥외 소화전 설비의 설치 기준

종 별	설 치 기 준 범 위 바닥면적 -지하층은 제외하며 -1층인 경우 1층 바닥면적만 -2층인 경우 1, 2층 합계	설 치 기 준
(A) 내화건축물	9,000m² 이상	옥외 소화전은 건축물 각 부분으로부터 1개의 호스 접결구까지의 수평거리가 40m 이하가 되도록 설치해야 한다.
(B) 준내화건축물	6,000m² 이상	
(C) 기타건축물	3,000m² 이상	

[주] 동일 대지 안에 건축물(내화건축물 · 준내화건축물은 제외)이 2 이상 있을 경우 당해 건축물의 외벽 상호간의 중심선으로부터의 수평거리가 1층에 있어서는 3m 이하, 2층에 있어서는 5m 이하인 것은 이를 1개의 건축물로 본다.

(4) 스프링클러(sprinkler) 설비

일정한 소화 설비 기준에 따라 방호 대상물의 상부 또는 천장면에 배수관을 설치하고, 그 끝에 폐쇄형 또는 개방형의 살수 기구(head)를 소정의 간격으로 설치하여 급수원에 연결시켜 두었다가 화재가 발생하였을 때, 수동 또는 자동으로 물이 헤드로부터 방사되어 소화되는 고정식 종합 소화 설비이다.

스프링클러 헤드(sprinkler head)의 가용편의 용융 온도는 설치 대상 건물 및 가용 합금의 종류에 따라 다르지만, 표준 용융 온도(방수 온도)는 67~75℃ 정도에서 용융편이 자동적으로 녹음과 동시에 물을 분사시켜 소화를 한다.

1) 특 징

① 초기 화재 진화에는 큰 효과(97% 이상)가 있다.

② 소화(약)제가 물이므로 매우 경제적이며, 진화 후 복구가 쉽다.
③ 감지부의 구조가 기계적으로 고장이 거의 없다.
④ 취급 및 조작이 매우 쉽다.
⑤ 자동적으로 화재를 감지하여 소화 및 경보를 해준다.
⑥ 시설의 수명이 반영구적이다.

2) 설치기준

지상 11층 이상의 건축물과 11층 이상의 건물의 계단 부분에 설치한다.

3) 종 류

① 폐쇄식

헤드 끝이 막혀져 있다가 화재시 가용편이 녹아서 물로 소화시키는 방식

㉮ 습식(wet system)

수원에서 헤드까지 항상 물이 채워져 있어 불이 나면 즉시 물을 방사시키는 형식으로, 가장 많이 사용한다. 겨울에 얼지 않도록 관의 철저한 보온이 필요하다.

㉯ 건식(dry system)

수원(水源)에서 경보 밸브까지만(1차측) 물이 채워져 있고 그 후부터 헤드까지는 압축공기가 채워져 있다가 화재시 공기가 먼저 나오고 나중에 물이 나오는 형식이다. 한랭지방에서 관의 동결을 방지할 목적으로 사용된다.(주차장 건물 등의 난방이 없는 경우)

② 개방식(deluge system)

일제 살수식 지하 유흥가와 같이 화재시 접근이 어려울 때 지상에서 소방차 송수구에서 보내진 물로 일제히 물을 방류시켜 소화하는 방식이다. 헤드는 항상 개방되어 있다.

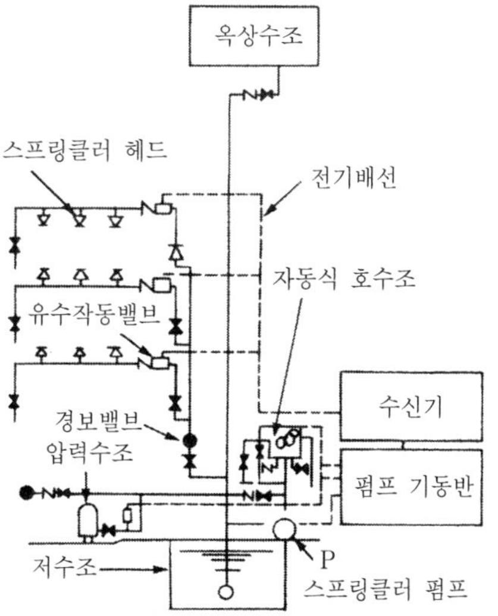

그림 7-4 습식 스프링클러 설비 계통도

4) 스프링클러 헤드

① 반사판(디플렉터), 프레임, 가용편의 3부분으로 구성되어 있다.

② 온도에 의해 가용편이 용융(67~75℃ 정도)되는 합금형과 온도에 의해 밀봉된 액체가 팽창하여 유리구가 터지는 밸브형의 두 가지가 있다.

③ 헤드 1개의 소화면적은 10m²이다.

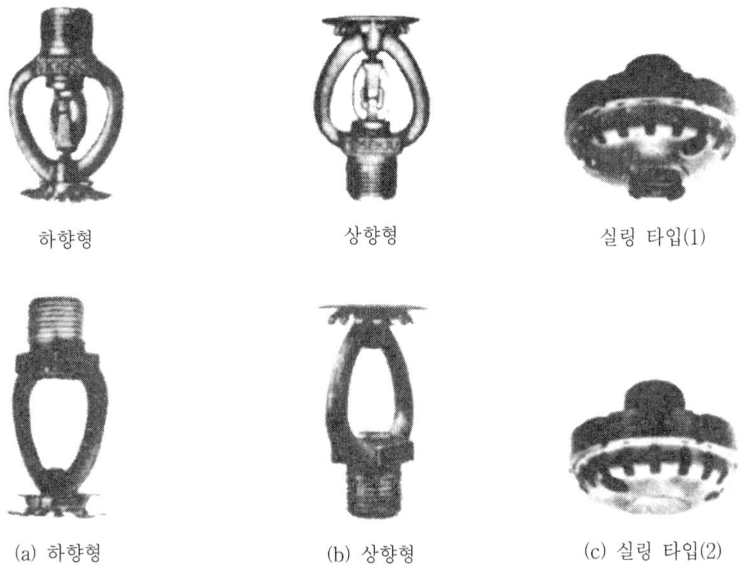

그림 7-5 스프링클러

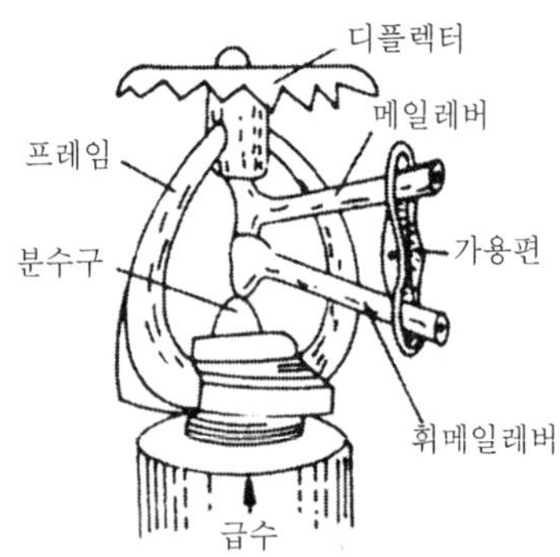

그림 7-6 스프링클러 헤드의 구조

표 7-4 스프링클러 헤드의 작동 표준 온도

표시온도(작동표준온도)	설치실의 최고 온도	해당 실의 종류	헤드의 색상 표시
보통온도 79℃ 미만	39℃ 미만	보통실	흑
중간온도 79~121℃	39~64℃	보일러실 등 불을 많이 취급하는 실	백
고온도 121~162℃	64~106℃	건조실	청
초고온도 162~204℃	106~148℃	특수 건조실	적
초초고온도 204℃ 이상	148℃ 이상	고온도 건조실	녹색

5) 기준치

① 스프링클러 헤드의 방수 압력 : 0.1MPa 이상

② 표준 방수량 : 80ℓ/min 이상

6) 수원 : $Q=80\ell/\text{min}\times 20\text{분}\times n$

① 10층 이하

㉮ 기타 : 10개

㉯ 시장・백화점 : 20개

② 11층 이상 : 30개

7) 스프링클러 헤드 설치 간격

① 공연장 무대부・특수가연물 : 1.7m 이하

② 비내화 건축물 : 2.1m 이하

③ 내화 건축물 : 2.3m 이하

④ 랙크식 창고 : 2.5m 이하

⑤ 아파트 : 3.2m 이하

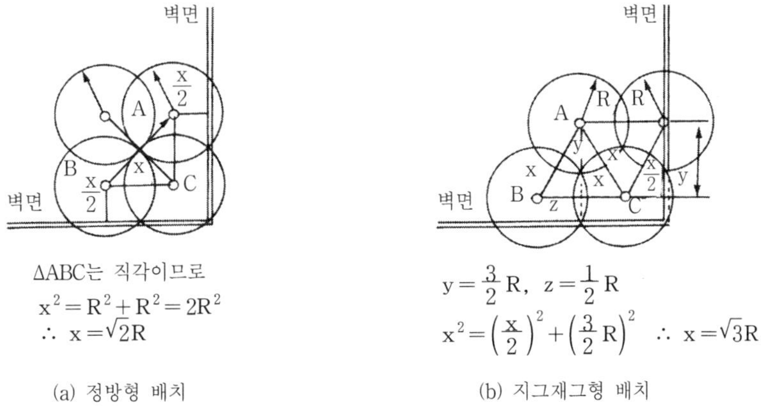

그림 7-7 스프링클러 헤드의 배치법

예제 1.

다음과 같은 조건을 갖는 경우에 있어서 스프링클러를 설치하려고 할 때 헤드의 총 개수는?

> [조 건] 1. 철근 콘크리트의 건축물로서 사무실로 사용한다.
> 2. 헤드의 배치는 정방형으로 한다.
> 3. 사무실의 바닥은 40m×60m이다.

해설 내화구조의 건축물에 있어서 스프링클러 헤드의 설치간격(R)은 2.3m이하로 하므로써

$X=\sqrt{2}\ \ R=\sqrt{2}\times2.3=3.25\text{m}$ 그런데 사무실의 크기가 40m×60m 이므로

40÷3.25=12.3개 → 13개 즉, 40m에는 13개를 설치한다.

60÷3.25=18.5 → 19개 즉, 60m에는 19개를 설치한다.

∴ 총 개수는 13×10=247개를 설치한다.

예제 2.

다음과 같은 조건을 갖는 경우에 있어서 스프링클러를 설치하려고 할 때 헤드의 총 개수는?

> [조 건] 1. 철근 콘크리트의 건축물로서 사무실로 사용한다.
> 2. 헤드의 배치는 지그재그형으로 한다.
> 3. 사무실의 바닥은 40m×60m이다.

해설 내화구조의 건축물에 있어서 스프링클러 헤드의 설치간격(R)은 2.3m이하로 함으로써

$x=\sqrt{3}R=\sqrt{3}\times2.3=3.98\text{m}$, $y=3R/2=3/2=3.45\text{m}$, $z=R/2=2.3/2=1.15\text{m}$

① 길이가 60m인 쪽을 배치하면 60÷3.98=15.1 → 16개(홀수열)

즉, 홀수열이 16개이므로 짝수열은 17개이다.

② 길이가 40m인 쪽을 배치하면(40−1.15×2)÷3.45=11열이다.

그런데 11열중 홀수열은 6열이고, 짝수열은 5열이다.

∴ ①, ②에 의해서

홀수열은 16×6=96개, 짝수열은 17×5=85개

∴ 총 개수는 96+85=181개를 설치한다.

(5) 드렌처(drencher) 설비

건축물의 창·외벽·지붕 등에 설치하여 인접 건물의 화재시 수막(水幕 : water curtain)을 만들어 연소를 방지하는 방화설비이다.

① 설치 간격 : 수평 거리 2.5m 이하, 수직 거리 4m 이하마다 1개씩 설치

② 방수 압력 : 0.1MPa 이상

③ 방수량 : 80ℓ/min 이상

④ 수원 : Q=80ℓ/min×20분×n(5개 초과 → 5개로)

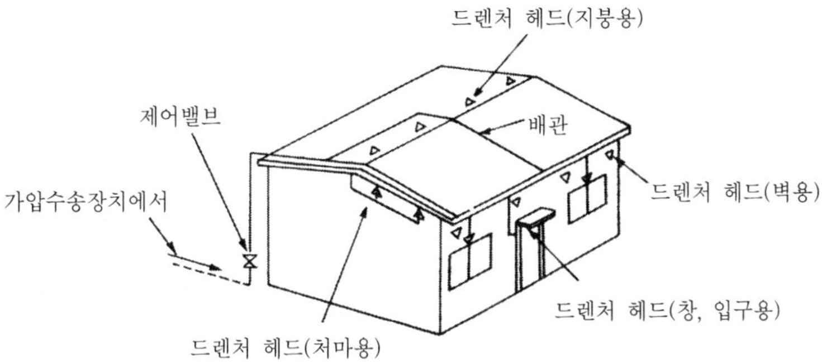

그림 7-8 드렌처 설치

학습포인트

▶ **소화설비의 방수압력, 방수량, 수원수량**

구 분	방수압력[MPa]	방수량[ℓ/mm]	수원의 수량[m³]	설치거리
옥내소화전	0.17	130	$2.6m^3 \times N$(5개 초과 : 5개)	25m
옥외소화전	0.25	350	$7m^3 \times N$(2개 초과 : 2개)	40m
sprinkler	0.1	80	$1.6m^3 \times N$	1.7~3.2m
drencher	0.1	80	$1.6m^3 \times N$(5개 초과 : 5개)	평행 : 2.5m, 직각 : 4m
연결송수관	0.35	450	–	50m

(6) 특수 소화설비

현대 산업의 발달에 수반하여 생산 공장이나 대규모 빌딩은 물론 주택, 아파트 등에 이르기까지화재 위험물의 종류가 다양하여 종전과 같이 소화에는 물이라는 고정 관념으로는 진화를 제대로 할 수 없을 뿐만 아니라, 오히려 화재를 확대시키는 결과를 가져올 우려조차 없지 않다.

따라서, 소화 설비도 특수한 것이 연구되어 건축 구조 가연물의 종류나, 그 밖의 종류에 따라 이에 대응한 특수 소화 설비가 사용되지 않으면 안되는 것이다.

① 물분무 소화설비
㉮ 분무 헤드로부터 물을 분무 상태로 방사시켜 화재를 소화하는 것
㉯ 살수 각도는 30~120° 범위이며, 유효사정거리는 1~6m이다.
㉰ 통신기기실, 자동차 차고, 주차장, 위험물, 특수 가연물 취급소에 설치

② 포말 소화설비
㉮ 연소면을 포말로 덮어씌움으로써 산소의 공급을 차단하여 질식 소화하는 방식
㉯ 방사 후에도 포말 상태가 계속되므로 소화 효력이 지속되는 장점
㉰ 비행기 격납고, 차고, 위험물 저장 탱크 등 유류 화재 소화에 적합

③ 이산화탄소(CO_2) 소화설비
㉮ 이산화탄소를 방출하여 산소의 농도를 저하시킴으로써 연소 작용을 정지시키는 질식 소화

설비

㉯ 무색, 무취이고, 전기 절연도가 높으며, 반영구적이다.

㉰ 방출 방식 : 전역 방출 방식, 국소 방출 방식, 이동식

㉱ 고층 건물의 전기실(전기 화재), 냉장 창고, 유류 저장고, 통신기기실

④ 할로겐화물 소화설비(일명 할론설비)

㉮ 약제를 가압, 용액 장치를 통하여 각 헤드 또는 노즐에서 방사하는 설비(주 효과 : 연쇄반응 차단 효과)

㉯ 가장 우수한 소화설비(탁월한 소화 성능, 2차적인 피해가 없다.)

㉰ 컴퓨터실, 전기의 중앙감시실, 전자계산실, 자동교환실, 서고 등의 유류 및 전기 화재에 적합

⑤ 분말 소화설비

㉮ 분말 약제를 용기 속에 압축 저장시켰다가 화재시 실내의 감지기(感知器)가 탐지하여 방사 밸브를 열어 분사, 소화하는 방식

㉯ 난로, 자동차 차고 등으로 분말이 기기에 손상을 주지 않는 장소

표 7-5 특수 소화 설비의 종류와 방화 대상

소화 설비의 종류 / 방화 대상	물 분 무 소화 설비	포 말 소화 설비	이산화탄소 소화 설비	할로겐화물 소화 설비	분 말 소화 설비
① 비행기 격납고		○			○
② 자동차 수리·정비 공장		○	○	○	○
③ 위험물 저장·취급소, 주차장, 기계식 주차장(10대 이상)	○	○	○	○	○
④ 발전기·변압기 등의 전기실			○	○	○
⑤ 보일러실, 건조실, 기타 화기 취급실			○	○	○
⑥ 통신 기계실			○	○	○
비 고 (헤드 하나의 분출량)	30~180 ℓ/min	75 ℓ/min	60 kg/min	35~45 kg/min	20~50kg을 30초 이내 방사

6. 소화 활동상 필요한 설비

(1) 연결 송수관 설비

법정 저수량을 다 소모하고도 계속 불이 번질 경우 소방차로 물을 공급하여 소방관이 소화하는 설비이다.

① 송수구(사이어미즈 커넥션)와 방수구 및 방수구함으로 구성된다.

② 기준치

㉮ 방수구의 방수압력 : 0.35MPa 이상(노즐 끝)

㉯ 방수구의 방수량 : 450ℓ/min

㉰ 송수구, 방수구 : 65mm(구경)

㉱ 수직주관의 구경 : 100mm 이상

㉲ 송수구는 쌍구형으로 한다.

㉳ 방수구 : 유효 반경이 50m 이내가 되게 설치한다.

㉴ 방수구함 : 매 3층마다 설치하고 15m 호스 5개, 노즐 2개를 비치한다.

㉵ 설치 높이 : 바닥으로부터 0.5~1.0m

(2) 비상 콘센트 설비(fireman concent)

① 건물에 화재가 발생하면 일반 전원이 사용될 수 없으므로 미리 건물에 MI cable을 매입시켜 화재시 소방차의 발전기로 전원을 공급하여 소방관이 환기 및 전등을 이용하는 데 도움을 준다.

② 주로 11층 이상의 건물에 설치하되 유효 반경이 50m 이내가 되게 설치한다.

③ 설치 높이 : 바닥으로부터 0.8~1.5m

7. 경보 설비

화재 발생시 초기 단계에서 발생한 열 또는 연기를 자동적으로 발견하여 벨, 사이렌 등의 음향장치로 재실자가 신속히 대피하도록 알리는 설비로, 감지기 1개의 경계 구역은 600m²이다.

- 경보설비
  - 자동 화재 탐지 설비
    - 감지기
    - 수신기
    - 발신기
  - 전기 화재 경보기
  - 자동 화재 속보 설비
    - 공설 화재 속보기
      - 발신기
      - 수신기
    - 비상용 통보기
      - 버튼
      - 비상 통보기
      - 가입 전화 설비
    - 콜사인기(call sign)
  - 비상 경보설비, 비상벨, 자동식 사이렌, 방송 설비

(1) 열 감지기

1) 차동식 스폿형 감지기

① 동파이프 대신 공기실을 비치하여 화재시 그 속의 공기가 온도 상승으로 팽창하면 감압실의 접점을 작동시켜 화재 신호를 발신하는 것으로, 리크구멍에 의해 상승 속도 감지가 이루어진다.

② 일반 사무실, 거실의 천장에 적당하다.

2) 차동식 분포형 감지기

① 동파이프 속의 공기가 팽창하여 파이프 속에 접속된 감압실의 접점을 동작시켜 화재 신호를 발신한다.

② 광범위한 열효과의 누적에 의해 작동한다.

③ 강당, 공장 등의 넓은 곳에 적합하다.

3) 정온식 스폿형 감지기

① 일명 금속 팽창형 스폿 감지기라고 하며, 주위 온도가 일정한 온도 상승률 이상일 때 작동하는 것으로, 바이메탈의 원리를 이용한 감지기이다.

② 보일러실, 주방, 건조실에 적합하다.

4) 보상식 감지기

정온식과 차동식 성능을 가진 감지기로서 공기의 팽창 및 금속의 용융을 이용한다.

(2) 연기 감지기

① 화재 발생시 연기를 감지하여 일정 농도 이상일 때 작동하는 감지기로서, 이온화식과 광전식이 있다.

② 복도, 계단실, 무대와 같이 천장고가 높은 장소(20m까지)에 적당하다.

표 7-6 감지기의 작동 원리

감지기의 종류		작 동 원 리
열 식	차동식 열감지기	그 주위 온도가 일정한 온도 상승률 이상으로 되었을 때 작동한다.
	정온식 열감지기	그 주위 온도가 일정한 온도 이상이 되었을 때 작동한다.
	보상식 열감지기	그 주위 온도의 변화에 따라 감도가 변화하는 것이며, 차동식 및 정온식의 성능을 가진다.
연기식	이온식 연감지기	검지부에 연기가 들어감으로써 이온 전류가 변화하는 것을 이용하여 감지한다.
	광전식 연감지기	검지부에 연기가 들어감으로써 광전 소자의 입사광량이 변화하는 것을 이용하여 감지한다.

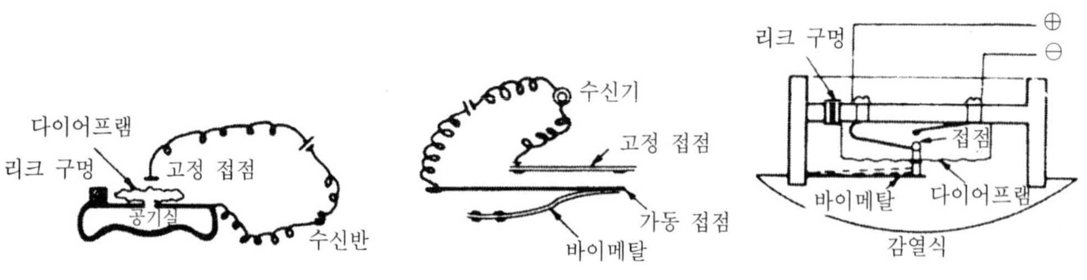

(a) 차동식 스폿형 감지기 (b) 정온식 스폿형 감지기 (c) 보상식 감지기의 구조

그림 7-9 감지기

(3) 발신기

화재의 발생을 내부의 사람들에게 알려 소화 활동과 피난 등을 신속하게 하기 위한 장치로서, 대상 건물 매층마다 설치한다.

(4) 수신기

① 감지기나 발신기로부터 화재 발생 신호를 받아 경보음과 동시에 어느 장소의 화재인가를 램프로 표시하는 장치이다.

② 종류에는 P형(1, 2급), R형, M형이 있으며 소방서에는 M형 수신기를 설치한다.

(5) 전기화재 경보설비

① 전등이나 전력 배선에서 누전이 발생한 경우 신속 정확하게 자동으로 알려 주는 누전 경보기

② 경보뿐만 아니라 자동적으로 그 회로를 차단하는 것도 있다.

③ 접지상태에 따라 접지식과 비접지식이 있으며, 성능에 따라 1급·2급 전기화재 경보기로 분류된다.

(6) 자동화재속보설비

① 자동화재속보설비는 사람의 힘을 빌리지 않아도 화재가 발생하면 자동적으로 119 화재신고를 기계적으로 접속, 소방관서에 통보하는 설비

② MM 발신기

㉮ M형 1급 : 옥외용으로 주로 사설 발신기에 사용한다.

㉯ M형 2급 : 옥내용으로 주로 사설 빌딩용 발신기 이동장치이다.

③ 비상 통보기

㉮ 자동화재통보설비의 수신기 부근에 설치한다.(소방서로부터 보행거리 500m 이하)

㉯ 설치 높이는 바닥에서 80~150cm 정도로 한다.

(7) 비상경보설비

① 자동화재탐지설비의 음향장치

② 설치 : 수평거리 25m 이하

익 힘 문 제

1 화재의 종류를 분류하라.

2 옥내소화전설비, 옥외소화전설비, Sprinkler설비에 필요한 방수압력, 방수량, 수원의 수량을 비교 설명하라

3 옥내소화전 개수가 가장 많은 층에서 7개가 있는 건물의 수원의 유효수량은?

4 옥외소화전을 2개 설치한 건물의 수원의 유효수량은?

5 Sprinkler설비의 head의 종류를 설명하라.

6 Sprinkler head의 디플렉터는 어떠한 기능을 가지는가?

7 자동화재탐지설비용 차동식 감지기의 리크 밸브(leak valve : 리크공)가 막히게 되면 어떠한 현상이 발생하는가?

8 주방에 필요한 감지기는?

9 가장 널리 사용되고 있는 형식으로서 화기를 취급하지 않는 장소에 가장 적합한 감지기는?

10 다음과 같은 조건을 갖는 경우에 있어서 스프링클러 급수원의 수량과 펌프의 양정은?

【조 건】

1. 스프링클러의 설치 개수 : 9층, 10층 각각 120개
2. 최상층 스프링클러의 설치 높이 : 58m
3. 마찰손실수두 : 15mAq
4. 동시 사용 개구수 : 40개
5. 펌프의 효율 : 60%

제8장 가스설비

1. 도시가스

(1) 도시가스의 원료와 특성

도시가스는 일반의 수요에 응하여 사업자에 의하여 도관에 따라 공급되는 가스의 총칭으로, 석탄, 코크스(cokes), 나프타(naphtha), 원유, 중유, 천연가스, 액화천연가스를 원료로 한 제조가스를 정제 혼합하여 소정의 발열량으로 조정한 것이다.

도시가스는 석탄가스, 기름가스, 액화석유가스(LPG), 액화천연가스(LNG) 등으로 분류된다.

표 8-1 연료용 가스의 종류

원료	명칭	제법	비고
석탄 (코크스)	석탄 가스	석탄의 건류	석탄을 원료로 하는 방법은 고체 연료에서 연료로의 에너지 혁명으로 인해 점차 줄어드는 추세에 있다.
	발생로가스	공기와 수증기의 혼합기를 코크스 밑에서 불어넣는다.	
석유	기름 가스	석유 분해의 방법에 따라 열분해식 기름가스와 접촉분해식 기름가스의 2종류가 있다.	현재 주류를 이루고 있는 가스이나 원료의 저유황화가 강요되고 있는 등 문제가 있다.
	나프타가스	나프타란 석유 중의 경질 유분의 총칭으로, 가스화 방법에 따라 ICI식 개질 가스, CRG식 개질 가스, 사이클릭식 나프타 분해 가스의 3종류가 있다.	
	LPG	석유 제품의 제조시 부생하는 프로판, 부탄 등을 액화한 것이다.	
	SNG	나프타에 특수 촉매를 사용하여 스팀 분해한 것이다.	
천연가스	천연 가스	주로 메탄을 주성분으로 한 가스로, 가스정(井), 석유정에서 산출한다.	가스 원료의 무공해성 및 열량이란 점에서 장차 위의 가스에 대신해야 할 성질의 것이다.
	LNG	1기압, −162℃에서 액화한다. 위의 가스를 액화한 것이다.	

표 8-2 도시가스의 공급 가스 종류별 기호

항목		웨베 지수 13,000(고) ——— 4,000(저)
연소속도 (저↕고)	A	13A, 12A, 11A, 6A, 5A, 5AN, 4A
	B	6B, 5B, 4B
	C	7C, 6C, 5C, 4C

[주] 웨베 지수(WI)란 $WI = \frac{H}{\sqrt{d}}$

H : 단위 용적당 열량[kJ/m³], d : 공기에 대한 비중(webbe index)

표 8-3 각종 가스의 종류

조 성[%]	석탄 가스	기름 가스	증열수 성가스	발생로 가스	천연 가스	LPG변 성가스	도시가스 A	도시가스 B
비중(공기=1)	0.45	0.75	0.65	0.91	0.556	0.41	0.48~0.52	0.53~0.70
발열량[kcal/m³]	5,500	9,600	4,100	1,150	9,550	2,800	4,500	5,000

① LP가스(액화석유가스 : Liquefied Petroleum Gas)

㉠ LP가스는 석유의 탄화수소가스 중 액화하기 쉬운 탄소수 3과 4의 탄화수소가스로서 프로판(C_3H_8), 프로필렌(C_3H_6), 부탄(C_4H_{10}), 부틸렌(C_4H_8) 및 약간의 에탄(C_2H_6), 에틸렌(C_2H_2)을 포함하고 있다.

㉡ 발열량이 크며, 비중이 공기보다 크고 연소시 이론 공기량이 많다.

㉢ 천연가스와 같이 공급 가스 중에 일산화탄소가 포함되어 있지 않으므로 안전하나, 불완전 연소하면 일산화탄소가 생성하므로 완전 연소시켜 사용하는 것이 좋다.

② LN가스(액화천연가스 : Liquefied Natural Gas)

㉠ 메탄(CH_4)을 주성분으로 하는 천연가스를 냉각하여(1기압하에서 −162℃) 액화시킨 것이다.

㉡ 공기보다 가벼워 누설이 된다 해도 공기중에 흡수되기 때문에 안전성이 높은 것이 장점이다.

㉢ 반드시 대규모 저장시설을 갖추어 배관을 통해서 공급해야 하는 단점이 있다.

㉣ LN가스는 현재 연료로 사용되고 있는 가스 중에서 발열량(45,000kJ/m³)이 높고 무공해성이어서 연료용으로는 대단히 우수하다.

③ 나프타(Naphtha)

원유를 150~220℃ 정도에서 증류시킨 조제(粗製) 석유를 말하는 것으로, 비등점 200℃ 이하의 유분 속에 경질의 것이 도시가스의 원료로 쓰인다.

표 8-4 가스 연소시의 소요 공기량 · 배기량

가스명칭	가스발열량[kJ/m³]	가스 1m³ 연소시		
		소요공기량[m³]	배 기 량[m³]	배기온도 150℃의 경우[m³]
도시가스	15,000 21,000	4~5 6~7	5~6 7~8	8~9 10~12
천연가스	38,000	11~14	12~14	18~22
LP가스	92,000	26~32	27~33	40~50

(2) 가스설비의 구성

가스설비의 구성은 원료에서부터 제조, 압송, 저장, 압력 조정, 소비 설비에 이르기까지의 과정에 필요한 설비를 말한다.

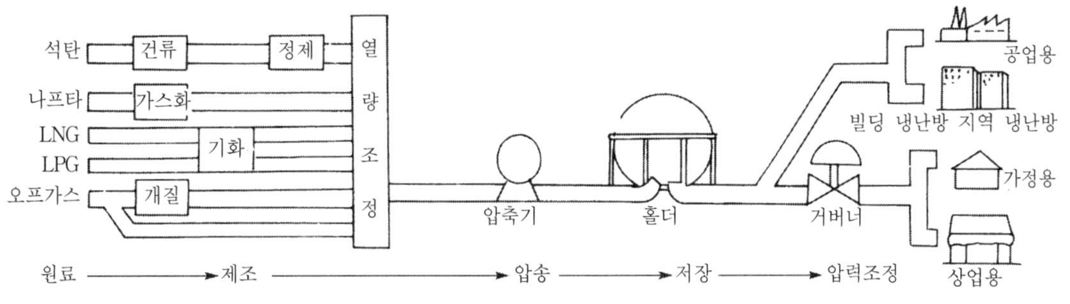

그림 8-1 도시가스의 공급 계통도

(3) 가스 공급 방식

가스 공급 방식은 압력에 따라 분류되며 고압, 중압, 저압 등을 각 수송 방식에 따라 병용하는 것이 보통인데, 수요가로의 공급은 중압 또는 저압으로 공급되고, 고압은 먼 곳의 수송용으로 이용되고 있다.

표 8-5는 각 공급 방식의 특징과 압력을 나타낸 것이다.

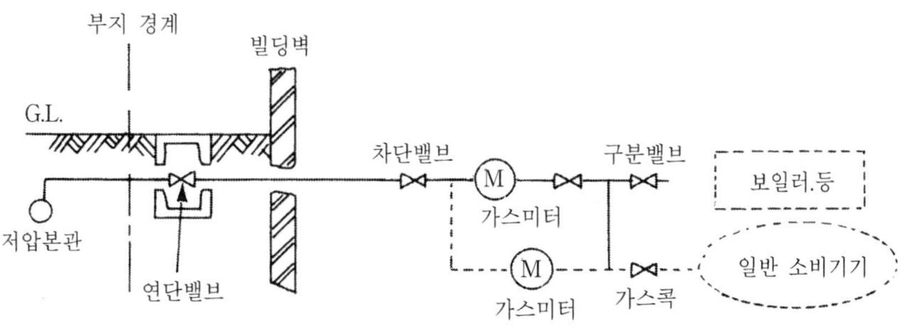

그림 8-2 저압 공급 방식

표 8-5 가스 공급 방식의 비교

가스 공급 방식	공 급 압 력	특 징
저압 공급 방식	0.1MPa 이하	홀더 압력을 이용해서 저압 배관만으로 공급하므로 공급 계통이 간단하고 공급 구역이 좁으며 공급량이 적은 경우에 적합하다. 홀더 압력과 수요가의 압력차가 100~200mmAq 정도로 공급 가스량이 많은 경우 큰 관의 저압 본관이 필요하다.
중압 공급 방식	0.1MPa 이상 1.0MPa 미만	공장에서 중압으로 송출하여 정압기에 의해 저압으로 정압시켜 수요가에 공급하는 방식으로, 가스 공급량이 많거나 공급 구역이 넓어 저압 공급으로 배관비가 많아지는 경우에 채택된다. 이 방식에는 저압 공급과 병용하는 경우가 있다. 이 경우, 공급의 안전성이 높다.
고압 공급 방식	1.0MPa 이상	공장에서 고압으로 보내서 고압 및 중압의 공급 배관과 저압의 공급용 지관을 조합하여 공급하는 방식을 말한다. 이 방식은 공장에서의 수송 능력이 크기 때문에 먼 곳에 많은 양의 가스를 공급하는 경우 채용된다.

(4) 수송량과 관경

가스의 배관 설계에는 수송 공식으로 다음 식이 사용된다.

① 저압의 경우

$$Q=K\sqrt{\frac{D^5 H}{SL}}$$

Q : 유량[m³/h]
K : 유량 계수(0.7055)
D : 관의 내경[cm]
H : 압력차[mmAq]
S : 가스 비중(공기=1)
L : 관의 길이[m]

② 중·고압의 경우

$$Q=K\sqrt{\frac{(P_1^2-P_2^2)D^5}{SL}}$$

Q : 유량[m³/h]
K : 유량 계수(52.31)
P1 : 처음 압력[MPa ·abs]
P_2 : 끝 압력[MPa·abs]
D : 관의 내경[cm]
S : 가스 비중(공기=1)
L : 관의 길이[m]

(5) 배관 설계

건물 부지 내의 가스 배관 설계는 다음과 같은 순서로 한다.

① 가스 기구 설치 위치

가스 기구는 용도 및 성능을 고려하여 안전하고 사용하기 쉬운 장소에 설치하며, 다음과 같은 사항에 특히 주의하여야 한다.

㉠ 용도에 적합하고 사용하기 쉬울 것

㉡ 열에 의한 주위의 손상 등이 없을 것

㉢ 연소에 의한 급·배기가 가능할 것

㉣ 가스 기구의 손질이나 점검이 용이할 것

② 가스 미터의 크기와 설치 위치

설계 유량을 통과시킬 정도 크기의 가스 미터를 선정하는 것이 좋지만, 1개의 미터로 능력이 부족한 경우 여러 개를 병렬로 연결시킨다.

가스 미터의 설치상 주의할 점은 다음과 같다.

㉠ 가스 미터의 개량 성능에 영향을 주는 장소가 아닐 것

㉡ 가스 미터의 검침, 검사, 교환 등의 작업이 용이하고, 미터 콕의 조작에 지장이 없는 장소일 것

㉢ 전기 개폐기, 전기 미터기에서는 60cm 이상 떨어질 것

③ 배관 위치

㉠ 외부로부터의 부식과 손상이 될 우려가 있는 장소를 피하며, 되도록 온도 변화를 받지 않는 장소를 택할 것

㉡ 시공 관리가 손쉬운 장소를 택할 것

㉢ 필요한 콕(cock)과 물빼기 장치 등의 설치가 가능할 것

㉣ 건물의 주요 구조부를 관통하지 말 것

㉤ 인입 전기설비와는 60cm 이상의 거리를 유지할 것

④ 기밀 시험 및 관재료

㉠ 기밀 시험은 최고 사용 압력의 1.1배 이상의 압력으로 행한다.

㉡ 배관 재료는 노출관인 경우 강관 나사 이음이나 용접 이음이 주로 이용되고, 지하 매립인 경우 폴리에틸렌 피복 강관을 사용한다.

㉢ 건물은 노출 배관을 원칙으로 하되 동관, 스테인리스관으로 이음매 없이 매립 배관할 수 있다.

㉣ 도시가스 누설 감지기는 천장면 30cm 이내에 설치한다.

⑤ 배관 매립

전선, 상하수도관 등의 관과 같이 매립할 때는 이들 관보다 아래에 매립한다. 매립 깊이는 0.6~1.2m이다.

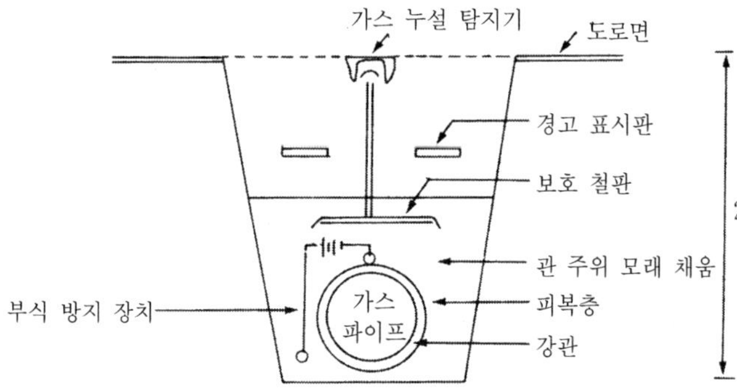

그림 8-3 도시가스 공급 주배관 단면도

⑥ 배관 설계 시공상의 주의사항

㉠ 초고층 건물의 경우, 위층으로 가스를 공급할 때에는 공기보다 무거운 가스는 압력이 강하되고, 공기보다 가벼운 가스는 압력이 상승하므로 충분히 고려하여 설계할 것

㉡ 배관 도중에 신축 흡수를 위한 이음을 할 것

㉢ 건물의 규모가 크고 배관 연장이 길 경우에는 계통을 나누어 배관할 것

2. 액화석유가스(LPG)

액화석유가스(liquefied petroleum gas)는 주로 용기(bombe)에 의해 가정용 연료뿐만 아니라 가스 절단 등 공업용으로 많이 사용되며, 일명 프로판 가스(propane gas)라고 한다.

LP가스의 성분은 프로판(C_3H_8), 부탄(C_4H_{10}), 부틸렌(C_4H_8) 및 약간의 에탄(C_2H_6), 에틸렌(C_2H_2)을 포함하고 있다.

(1) LP가스의 특성

① 발열량이 크고, 연소시에 필요한 공기량이 매우 많다.

② 비중이 공기보다 크다.(비중 1.5~2)

③ 무색, 무취이므로 누설시의 확인을 위해 부취제(멜캅탄 등)를 첨가한다.

④ 생성 가스에 의한 중독 위험성이 있으며, 완전 연소시켜 사용하도록 하는 것이 좋다.

⑤ 정상 압력(상압)하에서는 기체이지만, 압력을 가하든지 냉각하면 쉽게 액화하는 탄화수소류이다.

(2) LP가스 용기(bombe)

LP가스 용기는 강판제의 내용적 120ℓ 이하의 용기로서 온도 48℃에서 압력 18.6MPa 이하의 액화석유가스를 충전하는 데 쓰인다. 그리고 충전되는 LP가스량에 의하여 10kg, 20kg, 50kg형이 있다.

(3) 용기 설치 방법

LP가스는 봄베나 조정기를 제외하고는 일반 도시가스의 배관 설계와 같으나, 다음과 같은 사항을 고려하여야 한다.

① 용기는 옥외에 두고, 2m 이내에는 화기의 접근을 금할 것
② 용기는 40℃ 이하로 보관할 것
③ 용기 등에는 습기에 의한 부식 방지를 고려할 것
④ 용기 등에는 충격을 금할 것
⑤ 통풍이 잘 되게 할 것
⑥ 직사광선을 피할 것

3. 기타 사항

① 사용량 추정은 도시가스의 경우 [m^3/h], LPG의 경우는 [kg/h]로 표시된다.
② 계량기 설치 높이는 지면(바닥)에서 1.6m 이상 2m 이내에 설치한다. 단, 격납 상자에 설치할 경우는 제외한다.
③ 가스 계량기는 화기(火氣)에서 2m 이상의 우회 거리를 유지하는 곳으로 환기가 잘 되는 곳에 둔다.
④ 가스 경보기 설치
　㉮ 도시가스 : 공기보다 가볍기 때문에 천장에서 30cm 정도 아래에 설치한다.
　㉯ LP가스 : 공기보다 무겁기 때문에 바닥에서 30cm 정도 위에 설치한다.
⑤ 가스 파이프는 지상의 것은 황색, 지하 매설시에는 황색이나 적색으로 한다.

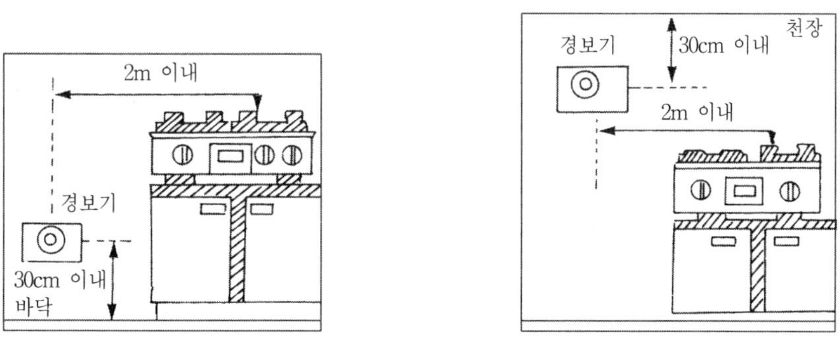

LPG 경보기　　　도시가스 경보기

그림 8-4 가스 경보기 설치

익힘문제

1 액화천연가스(LNG) 및 액화석유가스(LPG)에 대하여 비교 설명하라.

2 액화천연가스(LNG)의 주성분은?

3 도시가스 공급 순서에 대하여 설명하라.

4 가스 배관 위치 선정에 대하여 설명하라.

5 가스관을 지하에 매설할 경우 전기나 전화 케이블과의 이격거리는 최소 몇 cm인가?

6 LPG 봄베의 보관온도는?

7 도시가스와 LPG 사용량 표시법은?

8 도시가스와 LP가스의 경보기 위치는?

제2편

공기조화설비

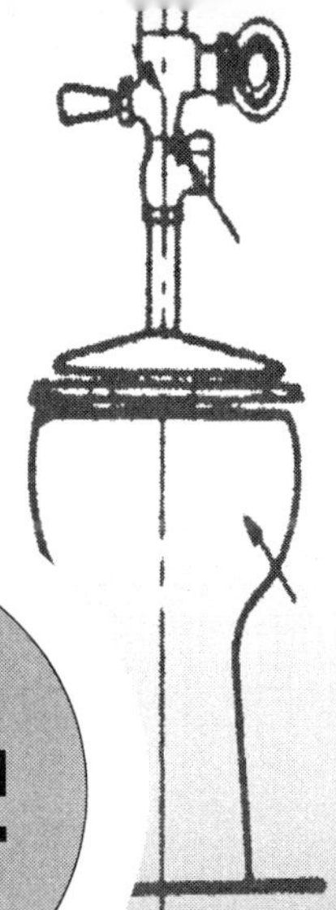

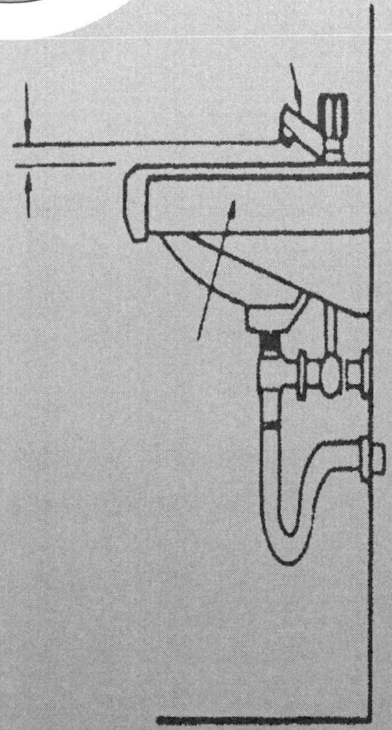

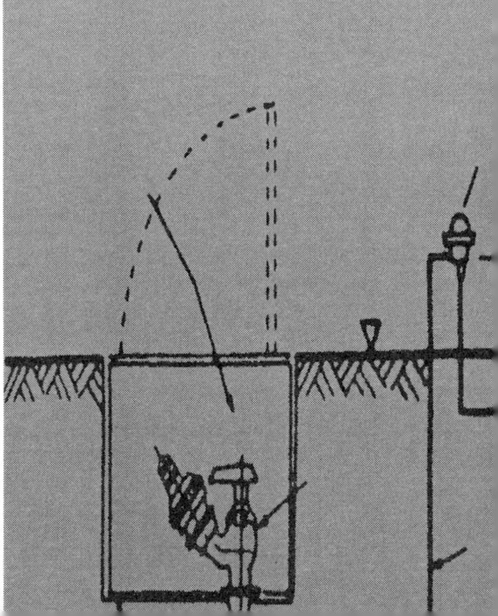

제1장 공기에 관한 일반적인 사항

1. 공기조화의 기초

(1) 공기조화의 의의와 목적

공기조화(air conditioning)란 주어진 실내의 온도(temperature), 습도(humidity), 환기(ventilating), 청정(cleanliness) 및 기류(distribution) 등을 함께 조절하여 실내의 사용 목적에 알맞는 상태를 유지시키는 것을 말한다.

※ 사용 목적에 따른 공기조화의 구분

① 안락용 공기조화(보건용 공기조화) : 실내에 있는 사람에게 쾌적한 공기를 공급함으로써 상쾌한 기분을 만들어 주는 것이며, 극장, 사무실 등의 공기조화를 말한다.

② 공장제품 조절용 공기조화(산업용 공기조화) : 방직공장에서 정전기 효과를 조절하고 섬유가 끊어지는 것을 방지하기 위하여 가습하는 것과 마찬가지로 생산공정이나 재료, 제품의 보관 등에 적합한 공기환경을 조성해 주는 것을 말한다.

(2) 열환경 평가와 쾌적지표

① 열환경의 4요소 : 온도, 습도, 기류, 복사열

② 유효온도(effective temperature) : 온도, 습도, 기류의 3요소가 체감에 미치는 종합 효과를 단일지표로 나타낸 것이다.

③ 작용온도(operative temperature) : 체감에 대한 기온과 주위벽의 복사열 및 기류의 영향을 조합시킨 지표로서, 습도의 영향을 고려하지 않는다.

④ 불쾌지수(Discomfort Index) : THI(Temperature Humidity Index)로 표시.

(E.C.Thom) : $THI = 0.72(td + tw) + 40.6$

td : 건구온도, tw : 습구온도

(J.F.Bosen) : $DI = 0.99t + 0.36td + 41.5$

td : 1일 평균 노점 온도, t : 1일 최고 기온

㉮ THI값이 70 이하일 때 전부 쾌적

㉯ THI값이 75 이하일 때 반쾌적

㉰ THI값이 80 이하일 때 전부 불쾌

㉣ THI값이 85 이상일 때 작업 불능

⑤ 보건용 공기조화의 기준

표 1-1 중앙관리 방식의 공기조화설비의 기능

1. 부유 분진량	공기 1m³당 0.15mg 이하	4. 온 도	17℃ 이상 28℃ 이하
2. CO 함유율	10ppm 이하	5. 상 대 습 도	40% 이상 70% 이하
3. CO_2 함유율	1,000ppm 이하	6. 기 류	0.5m/s 이하

(3) 실내 쾌적조건

재실자가 느끼는 쾌감의 척도로서 유효온도가 사용되며 유효온도란 실내의 건습구 온도와 인체에 미치는 기류의 영향을 종합적으로 나타낸 쾌감의 지표로서 포화공기온도를 말한다.

미국공기조화냉동학회(ASHRAE)가 사람에게 적합한 온습도를 구하기 위해 한 방에서 3시간 이상 의자에 앉아서 사무를 보는 것과 같은 경작업을 하는 사람들에 대한 방안 온습도의 변화체감을 물어서 다음과 같은 유효선도를 만들었다.

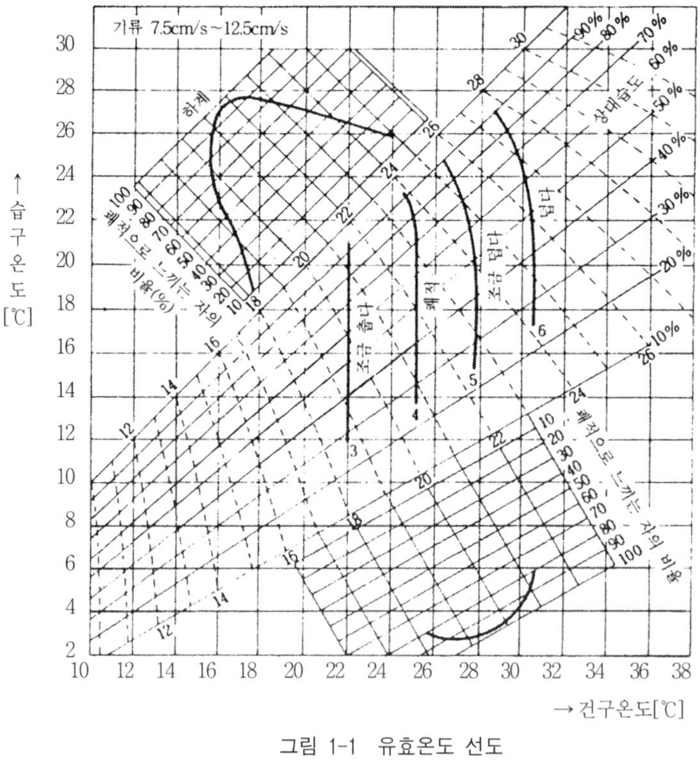

그림 1-1 유효온도 선도

표 1-2 쾌적공조의 온습도 조건

항 목	여 름		겨 울	
	DB	RH	DB	RH
외 기	32~33	60~70	−2~3	40 정도
실 내	25~27	50 정도	20~22	50 정도

(4) 공기조화 계획

공기 조화 계획이란, 대상이 되는 건물에 대해 그 건물의 특성, 입지 조건, 경제 사정, 에너지 사정, 그 밖의 주변 사정 등을 고려하여 가장 알맞은 공조시스템을 결정하여 건물의 기능적 성능을 충분히 발휘할 수 있도록 하는 것을 말한다.

그리고 공조 계획은 건축 계획의 초기 단계에서부터 건축 의장, 구조 및 건축 설비 등도 계획에 포함시켜 균형잡힌 건축물이 될 수 있도록 계획되어야 한다.

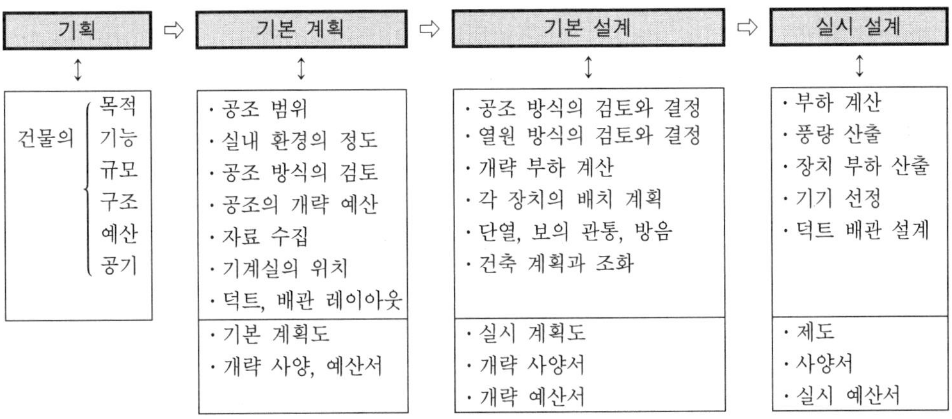

그림 1-2 공기조화 계획의 순서

(5) 공기조화의 설비

① 공기조화기

에어필터, 공기가열기, 공기냉각기 등을 말한다.

② 열운반장치

팬, 덕트 등으로 기계실에서 실내까지 열을 운반하는 장치이다.

③ 열원장치

보일러, 냉동기 등을 말한다.

④ 자동제어장치

실내 조건을 일정하게 유지하고 장치를 경제적으로 운전하기 위한 각종 제어장치를 말한다.

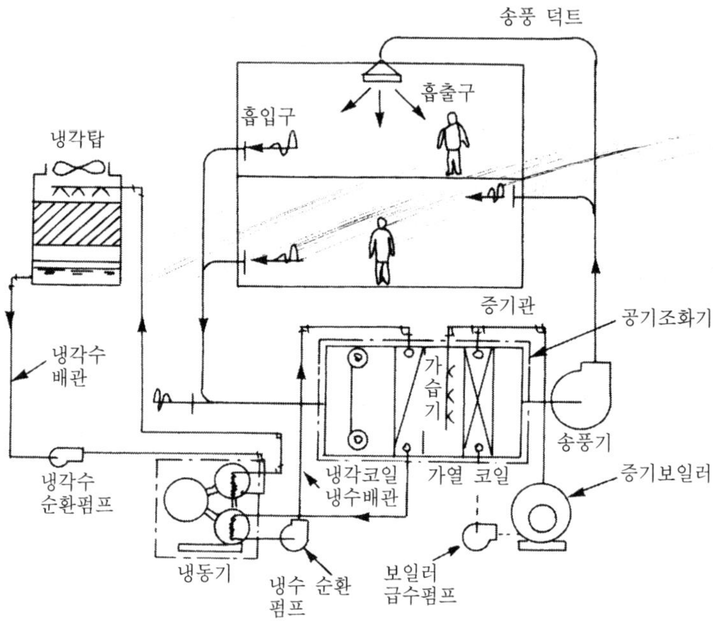

그림 1-3 공기조화설비의 계통

2. 습 공 기

(1) 습공기의 성질

공기는 질소, 산소, 아르곤, 탄산가스, 수증기 등의 혼합물로서 지상 부근의 대기의 성분 비율은 수증기를 제외하면 거의 일정하며, 표 1-3과 같은 조성으로 이루어지고 있다.

표 1-3 공기의 성분(지상 부근의 대기의 기준치)

성 분	N_2	O_2	Ar	CO_2
용적 조성[%]	78.09	20.95	0.93	0.03
중량 조성[%]	75.53	23.14	1.28	0.05

[주] 1. 위 성분 이외에 미량의 Ne, He 등이 있으나 생략한다.
2. 연소배기 등에 의하여 CO_2의 농도는 국부적으로 이 값보다 크게 나타나는 경우가 있다.
3. 실내의 공기는 인체의 대사에 의하여 CO_2 농도가 크게 나타난다.

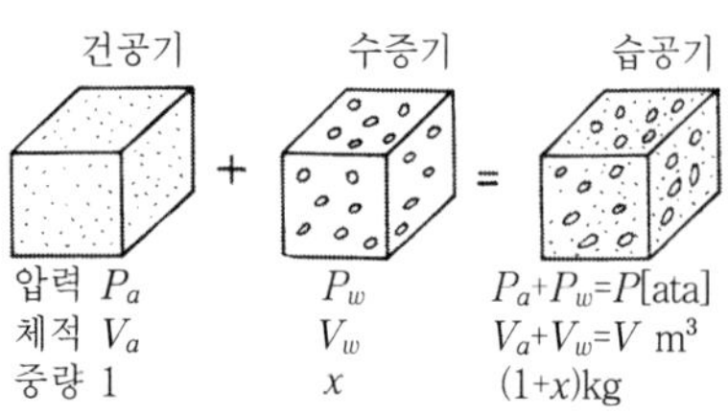

습공기의 조성

$$P_a + P_w = P \text{ (low of Do Hon's partial pressure)}$$

P_a : 건공기의 분압(partial pressure of dry air)
P_w : 수증기의 분압(partial pressure of wet air)
P : 습공기의 전압(total pressure of moist air)

수증기를 포함한 대기를 습공기(moist air, humid air)라 하고, 수증기를 포함하지 않은 공기를 건조공기(dry air)라 한다. 불포화 습공기를 서서히 냉각시키면 공기 속의 수분이 증기의 형태로만 존재할 수 없는 어느 한계에 도달하는데, 이 공기를 포화공기라고 한다.

습공기의 열량을 문제로 하는 공기조화에서는 공기중의 이 수증기량이 가장 중요한 문제가 된다. 수증기량은 온도에 따라 변화하고 온도가 높을수록 다량으로 함유할 수 있다. 이 수증기량의 함유 정도에 따라서 포화 (습)공기, 불포화 (습)공기라고 한다. 일반적으로 습공기라고 하면 불포화 습공기를 말한다.

(2) 습도의 표시방법

① 절대습도

이것은 공기 속에 함유하는 수증기의 양으로 습도를 표시하는 것으로, 건조공기를 기준으로 해 건조공기 1kg을 포함하는 습공기 속의 수증기량 x[kg]를 말하며, x[kg/kg(DA)] 또는 x [kg/kg′]로 표시한다. 여기서 DA는 건조공기(dry air)를 나타낸다. 습공기는 건조공기와 수증기가 혼합된 것이며, 습공기$(1+x)$[kg] 속에는 건조공기 1[kg]과 수증기 x[kg]이 함유된 것으로 된다.

표 1-4 습도의 표시법

구 분	기호	단 위	정 의
절대 습도	x	kg/kg(DA)	건조공기 1kg을 포함하는 습공기 중의 수증기량[kg]
수증기분압	h p	mmHg MPa	습공기 중의 수증기 분압
상대 습도	φ	%	수증기 분압 h(또는 p)와 동일한 온도의 포화공기의 수증기 분압 hs (또는 p_s)와의 비를 백분율로 나타낸 것. $\phi = 100\left(\frac{p}{p_s}\right) = 100\left(\frac{h}{h_s}\right)$
비교 습도	ψ	%	절대습도 x와 동일한 온도의 포화공기의 절대습도 x_s와의 비를 백분율로 표시한 것 $\psi = 100\left(\frac{x}{x_s}\right)$
습구 온도	t′	℃	습구 온도계에 나타나는 온도
노점 온도	t″	℃	습공기를 냉각하는 경우 포화상태로 되는 온도

② 수증기분압

혼합 기체에 있어서는 그 중 하나의 성분만으로 전 체적을 채워 놓았다고 가정하고 예상하는 압력을 분압이라고 하며, 각 성분의 분압의 합은 혼합 기체의 압력과 같아진다. 습공기는 건조공기와 수증기와의 혼합 기체라고 생각할 수 있기 때문에 수증기의 분압을 가정하여 h[mmHg] 또는 P_w[MPa]로 나타낸다.

이것과 절대습도 x와의 관계는 달톤의 분압의 법칙에 의하여 다음 식과 같이 유도된다.

$$x = \frac{R_a}{R_w} \cdot \frac{p}{P-p} = 0.622\ \frac{p_w}{P-p_w}$$

x : 절대습도[kg/kg′]
P : 습공기의 진압[MPa]
p : 수증기 분압[mmHg]
R_a : 건조공기의 가스정수(=29.27[kg · m/kg · k])
R_w : 수증기의 가스정수(=47.06[kg · m/kg · k])

③ 포화공기

공기 속에 함유되는 수증기의 양에는 한도가 있으며 이것은 온도 또는 압력에 따라서 다르다. 이러한 한도에 이르기까지 수증기를 함유한 상태의 공기를 포화공기(saturated air)라고 한다. 보일러에서 물을 가열하는 경우 증기드럼에 있어서 증기와 물이 평형상태를 유지하면서 증발을 계속하게 되면 증기압력과 온도와는 일정한 관계를 나타내는데 이 온도와 수증기 압력과의 관계를 포화증기압이라고 한다.

④ 상대습도

습공기의 수증기분압과 같은 온도에 있어서 포화공기의 수증기분압과의 비를 백분율로 나타낸 것을 상대습도(relative humidity)라고 하며, 감각적인 습도의 표시 등에 이용된다.
상대습도 ϕ[%]는 다음 식과 같이 표시된다.

$$\phi = \frac{\text{현재 수증기압}(P_w)}{\text{포화 수증기압}(P_s)} \times 100(\%)$$

따라서 건조공기의 상대습도는 0%이고 포화공기는 100%이다.

⑤ 비교습도

습공기의 절대습도와 동일한 온도에 있어서 포화공기의 절대습도와의 비를 백분율로 표시한 것을 비교습도(percentage humidity) 또는 포화도(saturation ratio)라고 한다.

⑥ 노점온도

온도가 높은 공기일수록 많은 수증기를 함유할 수가 있기 때문에 습공기의 온도를 낮추면 어떤 온도에서 포화상태가 되며 또다시 냉각시키면 수증기의 일부가 응축하여 이슬이 맺힌다. 이 온도를 노점온도(dew point temperature)라고 한다.

⑦ 습구온도

습구온도계는 감열부를 헝겊으로 감싸고 모세관 현상에 의하여 물을 빨아올려서 감열부를 적시게 되면 습구의 감열부 표면에서 물이 증발하면서 잠열을 빼앗아 주위 공기에서의 열전달과 균합된 상태의 온도를 나타내는데 이 온도를 습구온도(wet bulb temperature)라고 하며, 습구온도와 대비된 일반적인 공기온도를 건구온도(dry bulb temperature)라 한다.

예제 1.

건구온도 26℃, 공기의 포화 수증기량은 0.0214kg/kg′이고, 상대습도는 60%이다. 이 공기의 절대습도는?

해설 절대습도(SH) : 공기 1m³ 중에 포함된 수증기의 중량
상대습도(RH) : 어떤 온도에서 절대습도(P_w)와 포화절대습도(P_s)와의 백분율

즉, 상대습도 : $\phi = \frac{P_w}{P_s} \times 100$이므로, $60 = \frac{x}{0.0214} \times 100$

∴ 절대습도 : x=0.01284kg/m³이다.

예제 2.

건구온도 21℃, 상대습도 50%의 공기를 건구온도 30℃로 가열하였을 때 상대습도는?
(단, 21℃ 공기의 포화 수증기압은 18.7mmHg이고 30℃ 공기의 포화 수증기압은 31.7mmHg 이다.)

해설 $상대습도(RH) = \frac{현재\ 수증기압(P_w)}{포화\ 수증기압(P_s)} \times 100(\%)$

$50\% = \frac{x}{18.7} \times 100$

x(21℃ 공기의 수증기압)=18.7×0.5=9.35

∴ 30℃ 공기의 상대습도(RH)= $\frac{9.35}{31.7} \times 100(\%) = 29.49 = 29.5(\%)$

(3) 엔 탈 피

건조공기가 그 상태에서 가지고 있는 열량(현열)과 동일 온도에서 수증기가 갖고 있는 열량(잠열)과의 합.

① 현열 : 온도의 변화에 따라 출입하는 열. 온도측정 가능

② 잠열 : 상태의 변화에 따라 출입하는 열. 온도는 일정

③ 엔탈피 : 0℃일 때 건공기의 엔탈피를 0으로 하여 습공기 1kg이 지니고 있는 열량으로 나타낸다.

$$i = C_{pa} \cdot t + (\gamma_0 + C_{pw} \cdot t) \cdot x = 1.01t + (2{,}501 + 1.85t)x$$

I : 엔탈피[kcal/kg, kJ/kg(DA)]

t : 온도[℃]

x : 절대습도[kg/kg′]

C_{pa} : 건공기의 비열(0.24kcal/kg · ℃, 1.01kJ/kg · K)

C_{pw} : 수증기의 비열(0.44kcal/kg · ℃, 1.85kJ/kg · K)

γ_0 : 0℃ 포화수의 증발잠열(597kcal/kg, 2,501kJ/kg)

예제

건조공기 1kg의 습공기 속에 현열 및 잠열의 형태로 포함되는 열량을 엔탈피라 한다. 건구온도 30℃, 절대습도 0.005kg/kg(DA)인 공기의 엔탈피는?

해설 공기의 엔탈피(i)

엔탈피 : 0℃일 때 건공기의 엔탈피를 0으로 하여 습공기 1kg이 지니고 있는 열량으로 나타낸다.

$i = C_{pa} \cdot t + (\gamma_0 + C_{pw} \cdot t) \cdot x$ = $1.01t + (2{,}501 + 1.85t)x$

$\therefore\ i = 1.01t + (2{,}501 + 1.85t)x$ = $1.01 \times 30 + (2{,}501 + 1.85 \times 30) \times 0.005$ = 43.08kJ/kg(DA)

[주] ※ 공기의 정압비열(Cp) = 0.24kcal/kg · K×4.2kJ/kcal
= 1.008kJ/kg · K≒1.01kJ/kg · K

※ 공기의 정적비열(Cv) = 공기의 정압비열(Cp)×공기의 비중(γ)
= 1.01kJ/kg · K×1.2kg/m^3 ≒ 1.21kJ/m^3 · K

(4) 비체적과 비중량

① 비체적 : 건조한 공기 1kg(DA) 속에 포함되어 있는 습공기의 용적. 단위는 m^3/kg(DA)

② 비중량 : 습공기 1m^3 속에 포함되어 있는 건조한 공기의 중량. 단위는 kg(DA)/m^3

3. 습공기 선도

습공기의 상태는 압력, 온도, 습도, 엔탈피, 비체적 등으로 표시된다. 일반적으로 압력은 대기압하에서 사용되므로 일정하다고 하면, 다른 상태값은 이들 중 2가지를 구하면 다른 것은 따라서 결정되므로 2개의 변수를 좌표로 하는 선도로 표시할 수가 있다. 이와 같이 습공기의 상태를 나타내는 선도를 습공기 선도(psychrometric chart) 또는 간단히 공기 선도라고 한다.

요점정리

▶ **습공기 선도**(Mollier 선도 : $i-x$ 선도)
- 습공기 선도를 구성하는 요소들 : 건구온도, 습구온도, 노점온도, 절대습도, 상대습도, 수증기 분압, 비체적, 엔탈피, 현열비 등
- 습공기 선도를 구성하는 요소들 중 2가지만 알면 나머지 모든 요소들을 알아 낼 수 있다.
- 공기를 냉각 가열하여도 절대습도는 변하지 않는다.
- 공기를 냉각하면 상대습도는 높아지고 공기를 가열하면 상대습도는 낮아진다.
- 습구온도와 건구온도가 같다는 것은 상대습도가 100%인 포화공기임을 뜻한다.
- 습구온도가 건구온도보다 높을 수는 없다.

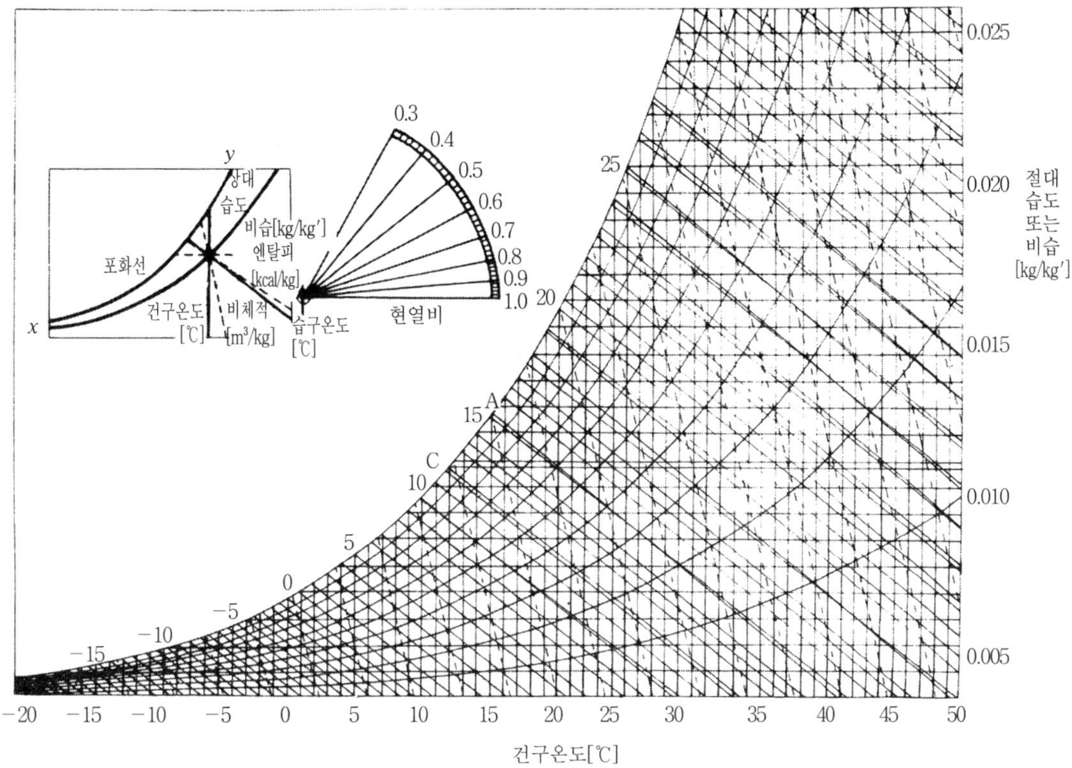

그림 1-4 습공기 선도

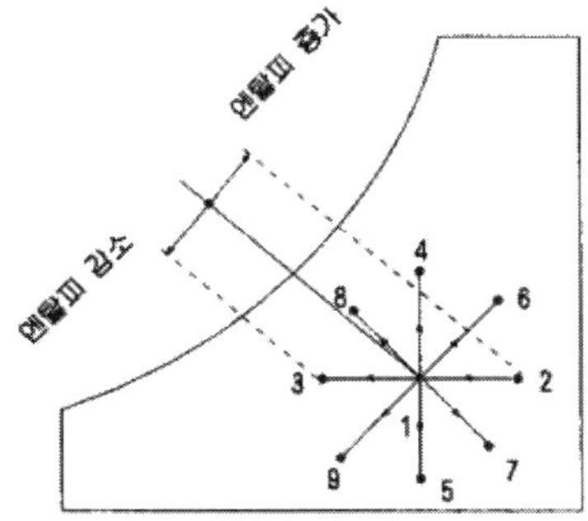

공기조화의 각 과정

1→2 : 현열 가열(sensible heating)
1→3 : 현열 냉각(sensible cooling)
1→4 : 잠열 가습(humidification)
1→5 : 잠열 감습(dehumidification)
1→6 : 가열 가습(heating and humidifying)
1→7 : 가열 감습(heating and dehumidifying)
1→8 : 냉각 가습(cooling and humidifying)
1→9 : 냉각 감습(cooling and dehumidifying)

(1) 습공기 선도의 구성

① 습공기의 현열을 증감할 때 절대습도는 변화하지 않고, 건구온도만이 현열(감열) 상승 또는 강하한다.

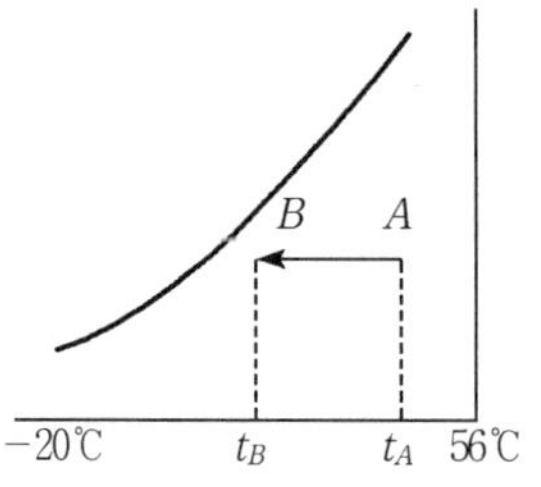

냉각(온도 강하)

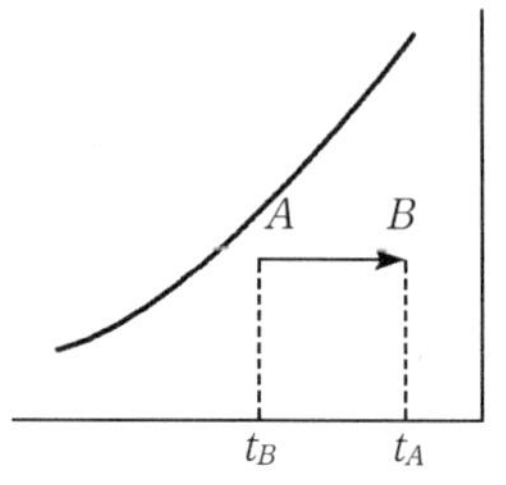

가열(온도 상승)

② 습공기의 잠열을 증감할 때 건구온도는 변화하지 않고, 절대습도만 변화하고 습공기는 가습 또는 감습된다.

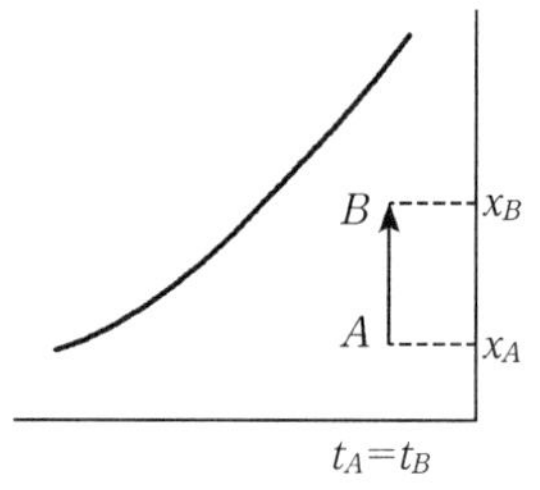

가습

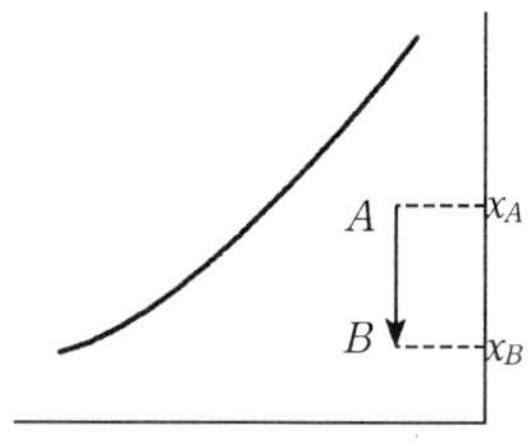

감습

t의 일정하의 변화는 x의 변화로서

x 증가 : 가습

x 감소 : 감습

③ 전열량(현열+잠열)을 증감할 때는 공기의 습구온도도 변화한다.

C는 가상점

㉮ $B-C$: 현열 증가 → 가열

㉯ $C-A$: 잠열 증가 → 가습

㉰ $B-A$: 전열 증가로서 가열 가습

㉱ $A-C$: 잠열 감소 → 감습

㉲ $C-B$: 현열 감소 → 냉각

㉳ $A-B$: 전열 감소 → 냉각 감습

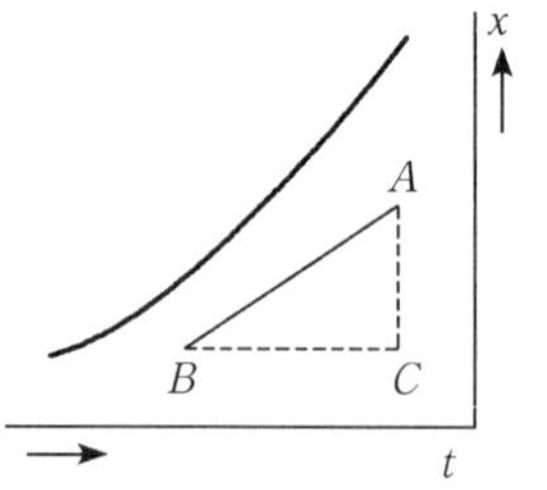

④ 습공기의 현열을 증가시키고 잠열을 감소시킬 때

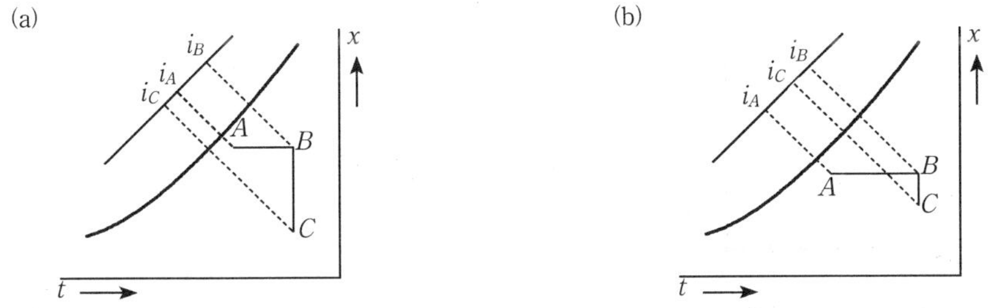

㉮ $\overrightarrow{AB}$: 현열 증가 → 엔탈피 $i_A \rightarrow i_B$ 증가

$\overrightarrow{BC}$: 잠열 감소 → 엔탈피 $i_B \rightarrow i_C$ 감소

이 경우 결과적으로 엔탈피는 $i_A \rightarrow i_C$로 감소(습공기는 결과적으로 냉각)

$(i_B - i_A) < (i_B - i_C)$이면 냉각

현열 < 잠열

㉯ $(i_B - i_C) < (i_B - i_A)$이면 엔탈피는 $i_A \rightarrow i_C$로 증가(습공기는 결과적으로 가열)

잠열 < 현열

(2) 공기 선도 사용법

1) 공기의 가열 또는 냉각

A로부터 냉각(현열 제거)하면 수평선을 따라 포화선 쪽으로 상태점이 이동한다.

t_B(건구온도)가 되면 이 공기는 포화상태가 되며, t_B가 예를 들어 12℃이면 이때의 습구온도 t_B'도 12℃를 가리킨다. 이 t_B(예로서 10℃)를 t_A의 노점(dewpoint)이라 한다.

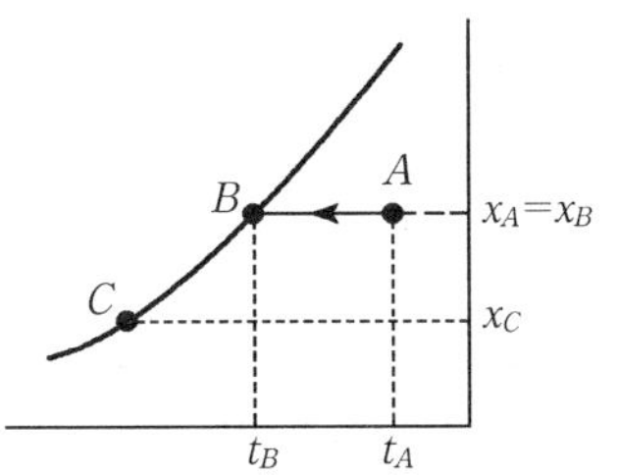

더욱 냉각시키면 상태점은 포화선을 따라 강하하며 C점과 같게 된다. 즉, A의 노점 B로부터 계속 냉각하면 절대습도 x로 계속 감소한다.

※ 현열가열과 현열냉각의 계산식

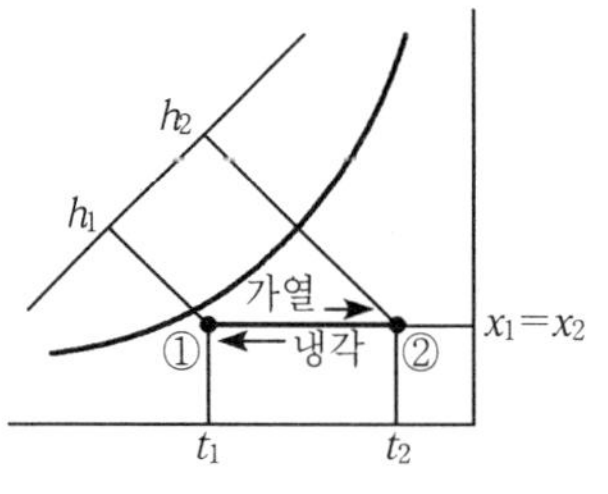

$$q_H(\text{or } q_C)=G(h_2-h_1)[\text{W}]$$

2) 공기의 가습 또는 감습

① 가습(x 증가)

그림 (a)와 같은 경우에는 건구온도가 일정하면 가습되는 경우로서, 이 습도는 포화습도이며 열량은 잠열량이다.

$$i_B-i_A=\gamma[\text{kJ/kg}]$$

그림 (b)와 같은 경우는 $\overrightarrow{AC}$와 $\overrightarrow{CB}$와 같은 가상적 변화를 생각한다.

즉, $\overrightarrow{AC}$: 가열로서 현열 증가

$\overrightarrow{CB}$: 가습으로서 잠열 증가

∴ 전열 증가이며 가습량은 (x_B-x_A) kg/kg′

$$\text{현열비}=\frac{\text{현열량}}{\text{전열량}}=\frac{i_C-i_A}{i_B-i_A}$$

② 감습(x 감소)

그림 (a)와 같은 경우 건구온도가 일정하고 감습되는 경우로서, 이 습도는 포화습도이며 열량은 잠열량이다.

$i_A - i_B = \gamma$[kJ/kg]

그림 (b)와 같은 경우는 $\overrightarrow{AB}$와 $\overrightarrow{BC}$와 같은 가상적 변화를 생각한다.

즉, $\overrightarrow{AB}$: 감습으로 잠열 감소

$\overrightarrow{BC}$: 냉각으로 현열 감소

∴ 전열 감소이며 감습량은 $(x_A - x_C)$kg/kg′

이와 같이 온도와 습도가 동시에 변화하는 경우

$$현열비 = \frac{현열량}{전열량} = \frac{i_B - i_C}{i_A - i_C}$$

※ 잠열가습과 잠열감습의 계산식

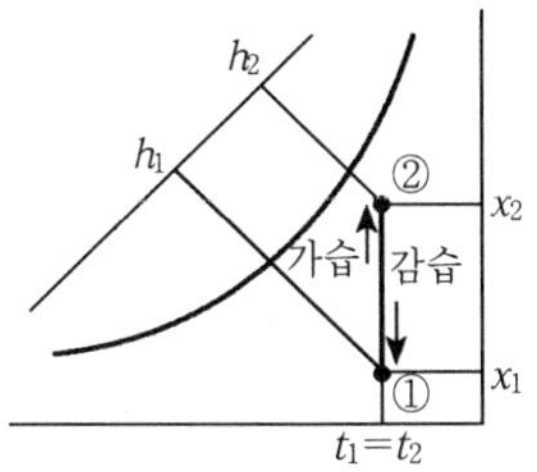

q_H(or q_C) $= G(h_2 - h_1) = 2{,}257G(x_2 - x_1)$ [W]
(0℃의 수증기의 증발잠열은 2,257kJ/kg임)
$L = G(x_2 - x_1)$
L : 수량[kg/h]

3) 공기의 혼합

① 상태 A : Wkg

② 상태 B : $w$kg

③ A, B의 2 상태 : 공기의 혼합은 A, B를 잇는 직선을 저울대로 보고, 이 저울에 균형을 주는 지지점(점 C)으로 정해진다.

즉, Σ Moment=0

$$\therefore\ BC \cdot w = \overline{AC} \cdot W$$

$$즉,\ \frac{\overline{AC}}{\overline{BC}} = \frac{w}{W}$$

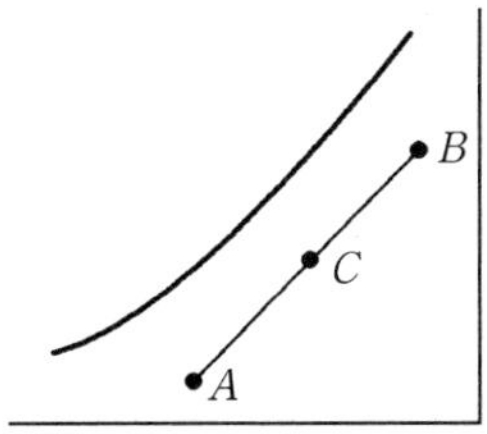

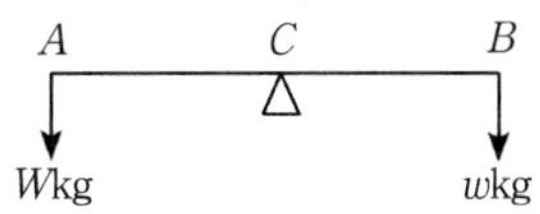

※ 혼합상태의 온도, 습도, 엔탈피 계산

상태 ①의 공기와 상태 ②의 공기를 $k:(1-k)$의 비율로 혼합할 경우

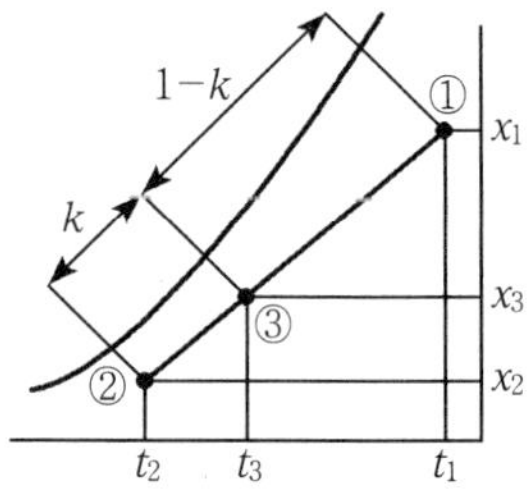

혼합온도 $t_3 = k\,t_1 + (1-k)t_2 = t_2 + (t_1 - t_2)k = \dfrac{G_1t_1 + G_2t_2}{G_1 + G_2}$

혼합절대습도 $x_3 = k\,x_1 + (1-k)x_2 = x_2 + (x_1 - x_2)k = \dfrac{G_1x_1 + G_2x_2}{G_1 + G_2}$

혼합엔탈피 $i_3 = k\,i_1 + (1-k)i_2 = i_2 + (i_1 - i_2)k = \dfrac{G_1i_1 + G_2i_2}{G_1 + G_2}$

예제

건구온도 35℃, 절대습도 0.022kg/kg인 외기와 건구온도 26℃, 절대습도 0.0105kg/kg 실내공기를 3:7로 혼합할 경우 혼합공기의 건구온도 및 절대습도는?

해설 단열혼합

① 혼합공기 온도 $t_m = \dfrac{G_1t_1 + G_2t_2}{G_1 + G_2} = \dfrac{3\times37 + 7\times26}{3+7} = 28.7℃$

② 혼합공기 절대습도

$$X_m = \frac{G_1x_1 + G_2x_2}{G_1 + G_2} = \frac{3\times0.022 + 7\times0.0105}{3+7} = 0.01395 = 0.014\text{kg/kg}'$$

※ 가열가습과 냉각감습의 계산식

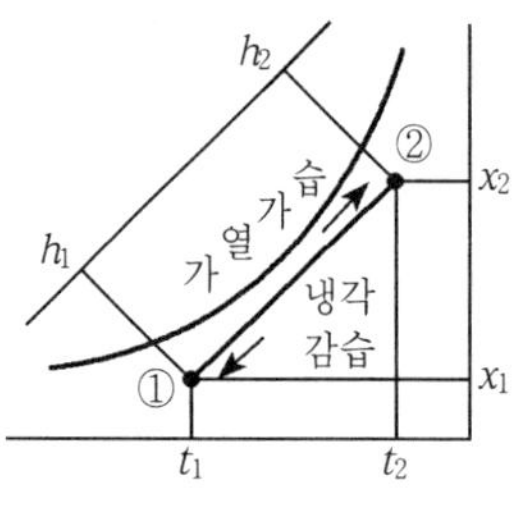

$q_H(\text{or } q_C) = G(h_2 - h_1)$ [W]

4) 송풍량과 송풍온도 결정

① 송풍량과 실의 현열부하(A)

$$q_s = GC_p(t_i - t_0)[\text{kJ/h}]$$

q_s : 실의 현열부하[kJ/h]

C_p : 공기의 정압비열[1.01kJ/kg · K]

G : 송풍량[kg/h]

t_i : 실내 공기온도[℃]

t_o : 송풍 공기온도[℃]

② 송풍량과 실의 현열부하(B)

$$q_s = \gamma Q C_p (t_i - t_o) = 0.34 Q(t_i - t_o)\,[\mathrm{W}]$$

q_s : 실의 현열부하[kJ/h]

C_p : 공기의 정압비열[1.01kJ/kg · K]

γ : 공기의 비중량[1.2kg/m³]

Q : 송풍량[m³/h]

t_i : 실내 공기온도[℃]

t_o : 송풍 공기온도[℃]

[주] G[kg/h]=γ[1.2kg/m³] · Q[m³/h]=1.2Q[kg/h]
1W=1J/s=3,600J/h=3.6kJ/h

③ 실내 온도를 일정하게 유지하기 위한 필요 송풍량

$$G = \frac{q_s}{0.24(t_i - t_0)}, \quad Q = \frac{q_s}{0.29(t_i - t_o)}$$

단위환산계수 0.34W · h/㎥ · K를 이용하면 $Q = \dfrac{q_s}{0.34(t_i - t_o)}$[㎥/h]

[주] 실내외 온도차(Δt) = ㉠ 난방시 :$(t_i - t_o)$ ㉡ 냉방시 :$(t_o - t_i)$

학습포인트

▸ **단위**

※ 0.34 = 공기의 비열×밀도×1,000(J/KJ)÷3,600(s/h)
= 1.01kJ/kg · K×1.2kg/m³×1,000(J/kJ)÷3,600(s/h)
= 0.336W · h/㎥ · K
≒ 0.34W · h/㎥ · K

예제 1.

다음 조건에서 외기(外氣) 3,000CMH가 실내로 인입될 때 외기에 의한 냉방현열부하량(W)은?

[조 건] 실내온도(t_i)=26℃DB, 외기온도(t_o)=31℃DB. 단, 공기의 정적비열(定積比熱) 값은 1.21kJ/㎥ · K이다.

해설 $q_s = 0.34Q(t_i - t_o)$[W]
$= 0.34 \times 3{,}000 \times (31-26) = 5{,}100$W

예제 2.

방의 취득 현열량이 37.21kW로 산출되었다. 실온을 26℃로 유지하기 위해 16℃의 공기를 취출하도록 계획되었다. 실내로의 송풍량은 몇 m^3/h가 되는가? (단, 공기의 단위체적당 정적 비열은 $1.21kJ/m^3 \cdot K$로 한다.)

해설 $Q = \dfrac{q_s}{0.34(t_i - t_o)}$에서 공기의 정적비열을 $1.21kJ/m^3 \cdot K$로 했으므로

$$Q = \frac{q_s}{0.34(t_i - t_o)} = \frac{37{,}210}{0.34(26-16)} = 10{,}944m^3/h$$

5) 열량 및 수분의 양 계산

공조장치에서 출입된 열량 및 물질(수분)의 양에 관한 계산식은 공조계산에 기초가 된다.

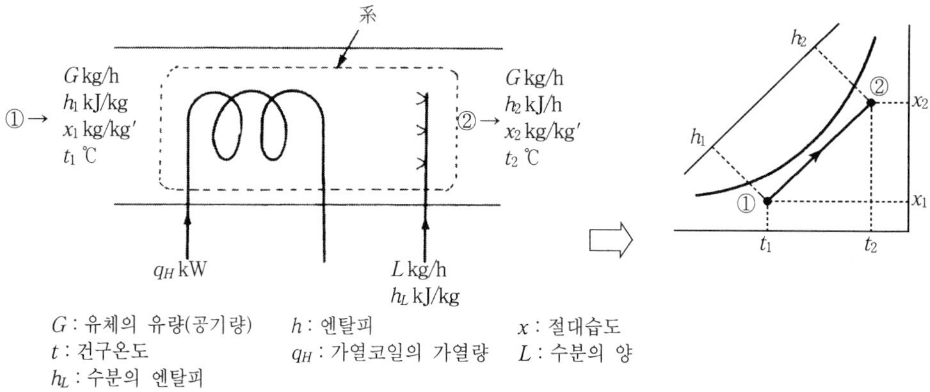

그림 1-5 난방장치의 습공기 선도상에서의 상태 변화 과정

① 열 평형식과 물질 평형식

㉮ 열 평형식

장치로 들어오는 총 열량 = 장치로부터 나가는 총 열량

즉, $Gh_1 + q_H + L\,h_L = Gh_2 \rightarrow G(h_2 - h_1) = q + L\,h_L$

㉯ 물질 평형식

장치로 들어오는 총 물질(수분)의 양 = 장치로부터 나가는 총 물질(수분)의 양

즉, $G\,x_1 + L = G\,x_2 \rightarrow L = G(x_2 - x_1)$

② 열수분비(U)

열 평형식과 물질 평형식에서 장치에 출입된 공기의 엔탈피 변화량($h_2 - h_1$)과 절대습도의 변화량($x_2 - x_1$)의 비율을 열수분비(U)라 한다.

$$U = \frac{h_2 - h_1}{x_2 - x_1} = \frac{q}{L} + h_L$$

③ 현열비(SHF)

현열변화량(q_s)에 대한 전열변화량($q_s + q_L$)의 비

$$SHF = \frac{q_s}{q_s + q_L}$$

예제 1.

공기량 G=1,020kg/h, 절대습도 x_1=0.03kg/kg인 공기를 x_2=0.046kg/kg′까지 가습하는 경우 공급 수분량은 얼마인가?

해설 $L = G(x_2 - x_1) = 1,020 \times (0.046 - 0.030) = 16.32$ kg/hr

예제 2.

건구온도 20℃, 상대습도 60%인 습공기 7,500kg/h를 27℃까지 가열하였을 경우 가열기의 가열량은 ?

해설 열량(Q) =질량×비열×온도차 = m · c · Δt [kJ]
m : 질량(kg/h) c : 공기의 비열(1.01kJ/kg · K) Δt : 온도차(℃)
∴ Q= 7,500kg/h×1.01×(27-20)=53,025kJ/h

예제 3.

어떤 실내의 취득열량 중 현열이 35,000W 이고, 잠열이 9,000W 였다. 실내의 공기조건을 25℃, 50%(RH)로 유지하기 위해서 취출온도 10℃로 송풍하고자 한다. 이 때 현열비는?

해설 현열비(SHF) : 현열 변화량에 대한 전열 변화량의 비

∴ 현열비(SHF) = $\frac{\text{현열부하}}{\text{현열부하} + \text{잠열부하}} = \frac{35,000}{35,000 + 9,000} = 0.795 \fallingdotseq 0.8$

6) By-pass Factor(BF)

냉각 또는 가열 코일과 접촉하지 않고 그대로 통과하는 공기의 비율을 말하며, 완전히 접촉하는 공기의 비율을 Contact Factor라고 한다.

$$BF = 1 - CF$$

냉각 또는 가열 코일을 통과한 공기는 포화상태로는 되지 않는다. 이상적으로 포화되었을 경우 s의 상태로 되나 실제로는 2의 상태로 된다.

$$BF = \frac{2-s}{1-s} \quad CF = \frac{1-2}{1-s} \qquad \therefore\ t_2 \fallingdotseq t_1 \times BF + t_s \times (1-BF)$$

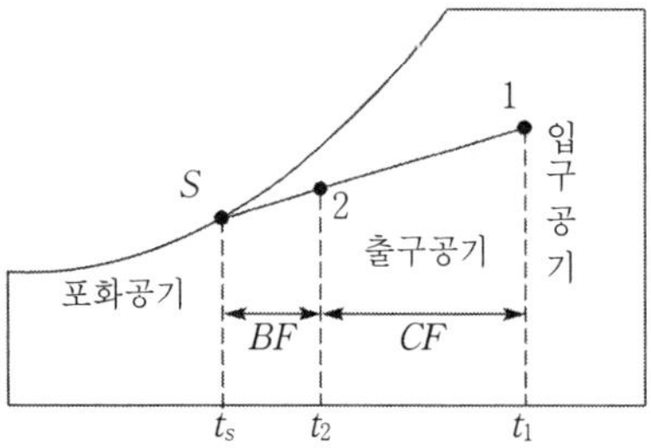

※ 계산식

$$\overline{ⓢ②} : \overline{②①} = BF : (1-BF)$$

$$\overline{ⓢ②} : \overline{ⓢ①} = BF : 1$$

$$BF = \frac{\textit{by-pass}\text{한 공기량}}{\text{코일을 통과한 공기량}} = \frac{t_2 - t_s}{t_1 - t_s} = \frac{h_2 - h_s}{h_1 - h_s} = \frac{x_2 - x_s}{x_1 - x_s}$$

$$\therefore\ t_2 = t_s + (t_1 - t_s)\ BF$$

(3) 냉·난방시의 공기상태 변화(예)

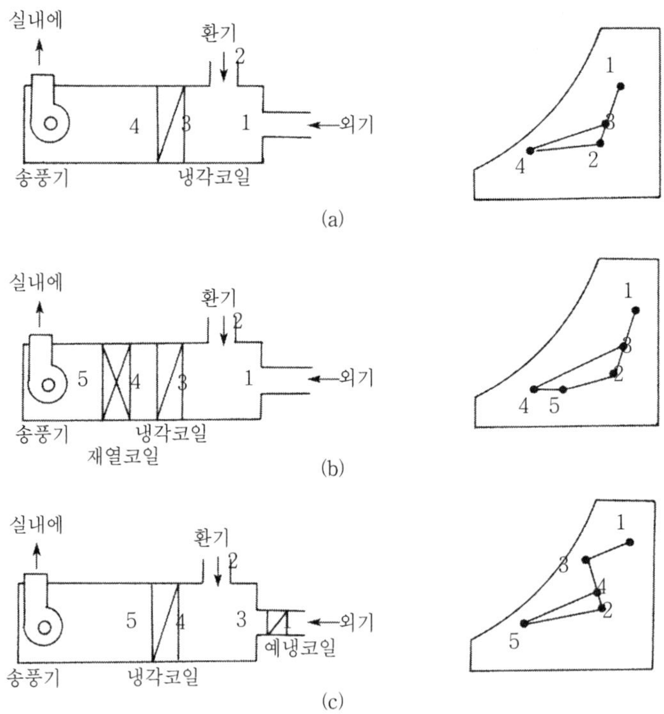

그림 1-6 냉방시의 공기상태 변화

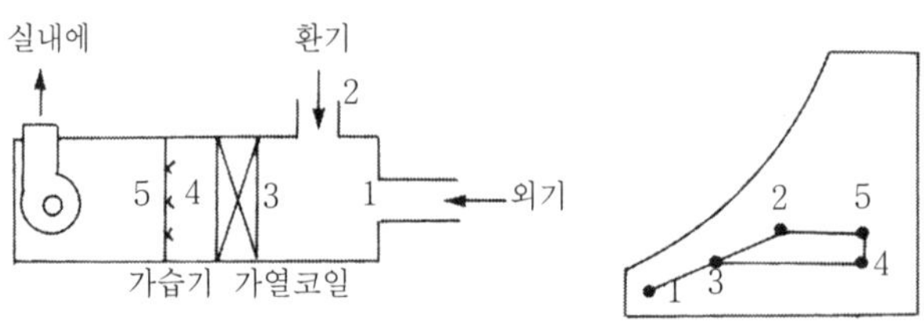

그림 1-7 난방시의 공기상태 변화

익 힘 문 제

1 실내에서 사람의 온열 감각에 영향을 미치는 4가지 요소는?

2 대기압 720mmHg, 건구온도 30℃, 상대습도가 70%일 때 절대습도는 얼마인가? (단, 30℃에서의 포화 수증기압 43.26mmHg이다.)

3 25℃의 포화공기의 수증기 분압은 0.05MPa이고 동일한 온도에서 불포화 수증기 분압은 0.03MPa라고 할 때 상대습도는?

4 습공기선도에서 h는 엔탈피, x는 절대습도, t는 건구온도라고 할 때 이론적인 해석을 하는데 가장 편리한 선도를 무엇이라고 하는가?

5 습공기의 건구온도와 습구온도를 알 때 습공기선도를 사용하여 알 수 있는 요소는 어떤 것이 있는가?

6 하기 공기조화에서 어떤 방의 취득현열량이 50,000W, 취득잠열량이 10,000W였다. 실내 온도를 27℃, 상대습도를 50%로 유지하고 취출공기의 온도를 16℃로 할 때 현열비(SHF)와 취출공기량 G[kg/h]를 구하시오.

7 난방시 실내 온도가 25℃, 현열량이 6,000W이고 풍량이 4,000W일 때, 코일 출구온도는 얼마인가?

8 어떤 냉방실을 온도 26℃, 습도 50%로 유지하려고 할 때 송풍량, 환기회수, 취출공기의 상태를 구하라. (단, 실의 현열부하 10,000W, 잠열부하 2,000W, 실의 용적 190m^{3}이다.)

9 바이패스 팩터(by-pass factor)란?

제2장 환기 및 배연 설비

1. 환기설비

온도차에 의한 압력과 건물 주위의 바람에 의한 압력으로 발생하는 자연 환기와, 자연 환기로는 항상 필요한 만큼의 환기를 기대할 수 없는 경우 기계적 힘을 이용하여 환기하는 강제 환기가 있다.

(1) 자연 환기

바람 및 실내외 온도차에 의한 실내외의 압력차로 환기하는 방식으로 환기량이 일정하지 않다. 중성대(neutral zone)는 실내외의 압력차가 0이 되어 공기의 유출입이 없는 면, 대개는 실이 중앙부에 위치하나 개구나 틈새가 많은 면으로 이동한다.

$$P_1 = P + hD_1, \quad P_2 = P + hD_2$$

여기서 $t_1 > t_2$, $D_1 < D_2$이므로

$$P_2 > P_1$$

따라서 $P_2 - P_1 = h(D_2 - D_1)$

t_1 : 실내 평균 기온[℃]
t_2 : 외기 온도[℃]
D_1 : 실내 공기의 밀도[kg/m³]
D_2 : 외기의 밀도[kg/m³]
P : 중성대의 평형 압력[kg/m²]
P_1 : 실내측의 압력[kg/m²]
P_2 : 실외측의 압력[kg/m²]

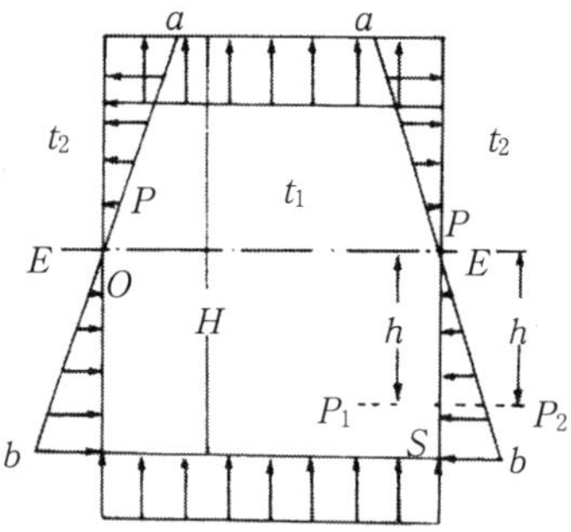

그림 2-1 중성대

즉, S점에서의 압력은 실외에서 실내로 향하며, 실내외의 압력차는 중성대에서의 거리에 비례하여 증대하며, floor면에서 최대가 된다.

중성대 상방에서의 압력은 실내에서 실외로 향한다.

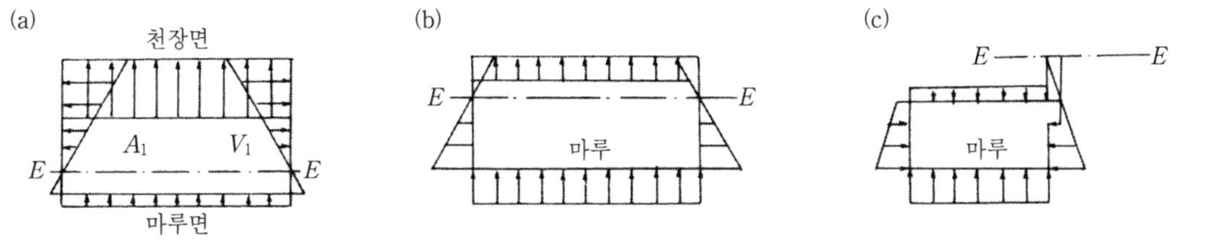

(a) $A_2 > A_1$, $V_2 < V_1$
- 기계 환기법에 효과
- 극장, 집회소

(b) $A_2 < A_1$, $V_2 > V_1$
- 환기 전용 창
- 환기통 등의 배기식 환기법 적당

(c)
- E-E면이 천장면보다 상방에 있으면 전부 실외에서 실내로 유입되어 상방에서 환기
- 취사장, 화장실, 냄새, 유해가스가 발생하는 공장에서 유해물이 다른 실에 미치지 않게 할 때 응용

그림 2-2

1) 풍압차에 의한 환기

바람에 의한 환기는 풍압에 의해 발생하므로 유입부의 풍압 계수를 C_1, 유출부의 풍압 계수를 C_2라 하면

유입압력

$$P_1 = C_1 \frac{\gamma}{2g} V^2 [\mathrm{kg/m^2}]$$

유출압력

$$P_2 = C_2 \frac{\gamma}{2g} V^2 [\mathrm{kg/m^2}]$$

$$\Delta P = P_1 - P_2 = (C_1 - C_2) \frac{\gamma}{2g} V^2 [\mathrm{kg/m^2}]$$

따라서 풍압차에 의한 환기량은

$$Q = \alpha \cdot A \sqrt{\frac{2g}{\gamma} \Delta P} [\mathrm{m^3/s}]$$

α : 통기율　　A : 개구 면적[m^2]
γ : 공기의 비중량[kg/m^3]　　g : 중력 가속도[9.8m/sec^2]
ΔP : 압력차[kg/m^2]

환기량은 풍속에 비례하므로 풍속에 의한 환기량은 다음과 같다.

$$Q = E \cdot A \cdot v$$

Q : 환기량[m^3/h]
A : 유입구 면적[m^2]
v : 풍속[m/s]
E : 개구부의 효율, 개구부에 직각으로 바람이 부는 경우 : 0.5~0.6
　　개구부에 45° 경사져서 부는 경우 : 위 값의 50%

2) 온도차에 의한 환기

실내 기온이 외기온보다 높으면 실내 공기 밀도가 외기 밀도보다 작게 된다. 또 실내에서는 천장 부분의 공기 밀도가 바닥 부분의 공기 밀도보다 작다. 이와 같이 온도차에 의한 압력차로 환기하는 것을 말한다.

$$Q = KA\sqrt{h \cdot \Delta t}\,[\mathrm{m^3/min/m^2}]$$

K : 개구부에 의한 저항에 관련된 상수(ASHRAE에서의 표준값=7.0)
A : 유입 개구부 면적[m²]
h : 두 개구부간의 수직거리[m]
Δt : 실내외의 온도차[℃]
Q : 개구부 단위 면적당 환기량(ventilation rate)

3) 보조 환기 장치

① 환기구

② 환기통 : 출입구의 고저차와 통 내외의 온도차에 의한 부력에 의해 환기한다.

③ 루프 벤틸레이터 : 바람의 흡인 작용에 의해 환기를 촉진시키며, 풍향에 좌우되지 않으므로 항상 부압되는 지붕 위쪽에 설치해야 한다.

④ 모니터 루프(monitor roof) : 채광이나 환기를 목적으로 보통 지붕보다 더 높게 설계한 지붕을 말한다.

4) 구 조

① 환기상 유효한 급기구 및 배기통이 있어야 한다.

② 급기구는 거실 천장 높이의 1/2 이하의 높이의 위치에 있어야 하며, 항상 외기에 개방되어 있어야 한다.

③ 배기구(배기통의 거실에 면한 개구부를 말함)는 거실의 천장 또는 천장 아래 80cm 이내의 높이에 위치해야 하며 항상 개방된 구조로 한다. 또한 배기통에 세워진 부분과 직접 연결해야 한다.

④ 배기통은 배기상 유효하게 세워진 부분을 갖고, 그 정부는 외기의 흐름에 의하여 배기가 방해받지 않는 구조로 한다. 또한 직접 외기에 개방해야 한다.

⑤ 배기통에는 그 맨 윗부분 및 배기구를 제외하고는 개구부를 설치하지 말아야 한다.

⑥ 급기구 및 배기구, 그리고 배기통의 윗부분에는 우수 또는 벌레, 먼지 등 위생상 유해한 것을 방지하기 위한 설비를 해야 한다.

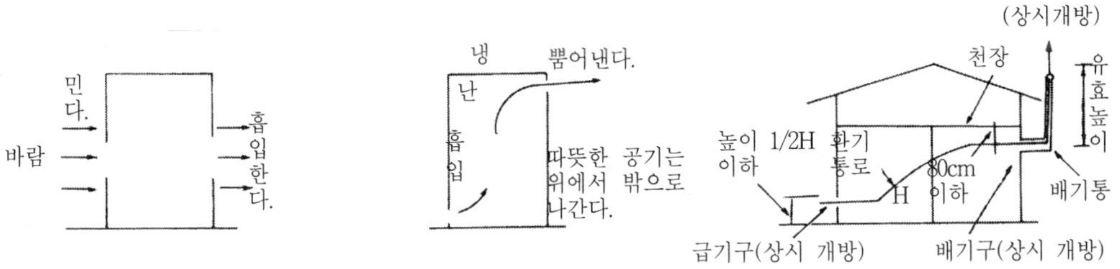

(a) 풍력에 의한 환기　(b) 내외 온도차에 의한 환기　(c) 자연 환기 설비의 설명도

그림 2-3 자연 환기의 원동력

※ 굴뚝 효과(연돌 효과)

실 외벽에 개구부가 있으면 실내 공기는 위쪽으로 나가고 실외 공기는 아래쪽으로 유입하는 현상이 생긴다. 이를 굴뚝 효과라 하며, 고층 건물의 엘리베이터실과 계단실에서는 천장이 높아 큰 압력차가 생겨 강한 바람이 분다.

(2) 기계 환기

기계 환기는 송풍 방식에 따라 중앙식과 개별식이 있다.

1) 송풍 방식

① 중앙식

㉮ 한 장소에서 환기 조작을 하여 외기 혹은 실내 공기의 일부를 통하여 각 실에 보내어 환기하는 것.

㉯ 분 류

㉠ 제1종 환기(병용식) : 기계 송풍+기계 배기

㉡ 제2종 환기(압입식) : 기계 송풍+자연 배기

㉢ 제3종 환기(흡출식) : 자연 급기+기계 배기

② 개별식

각 실에 개별적으로 설치한 소형 송풍기를 통하여 임의로 각 실의 환기를 하는 것.

명 칭	급 기	배 기	환 기 량	실 내 압	적용 대상 건물
제1종 환기	기 계	기 계	임의, 일정	임 의	병원의 수술실
제2종 환기	기 계	자 연	임의, 일정	정 압	무균실, 반도체 공장
제3종 환기	자 연	기 계	임의, 일정	부 압	변소, 욕실, 주방, 차고

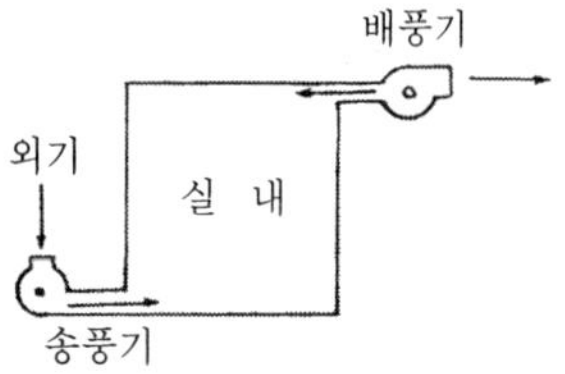

(a) 제1종 환기 방식

제1종 환기 방식 :
설비비, 운전비가 비싸다.
가장 안전한 환기.

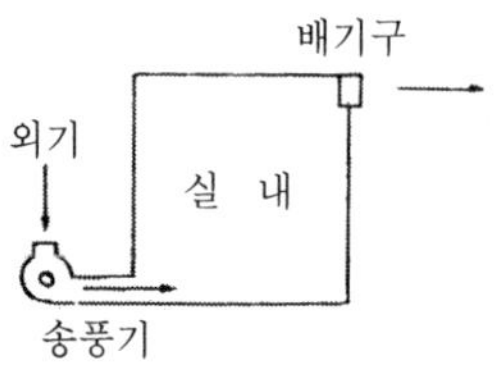

(b) 제2종 환기 방식

제2종 환기 방식 :
실내의 압력이 정(+)압, 다른 실에서의 공기 침입이 없다.

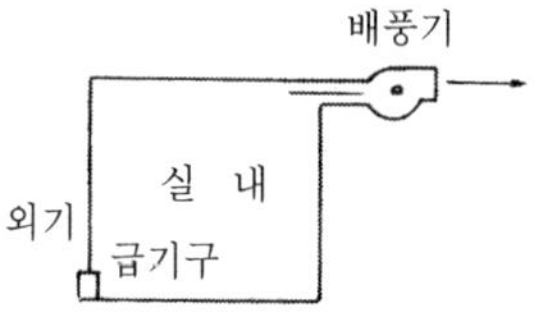

(c) 제3종 환기 방식

제3종 환기 방식 :
실내의 압력은 부(−)압, 실내의 냄새나 유해물질을 다른 실로 흘려 보내지 않는다. 주방, 화장실, 유해가스 발생 장소에 사용.

그림 2-4 기계 환기 방식

2) 급배기의 위치에 의한 환기 방식

① 상향 환기법

㉮ 흡기구를 방의 마루 혹은 벽면 하부에 만들어 놓고, 배기구는 천장이나 벽면 상부에 만들어 기류가 상향되게 만든 환기 방식이다.

㉯ 기류가 상향하면 마루 부근의 먼지 · 세균이 상승하여 오염된 공기를 호흡하게 되고, 냉방 시는 냉풍이 불쾌감을 조성하는 경우가 많다.

㉰ 흡기 공기의 속도를 작게 하여 환기만을 목적으로 하는 식당이라든가 다방 같은 곳에서 사용되고 있다.

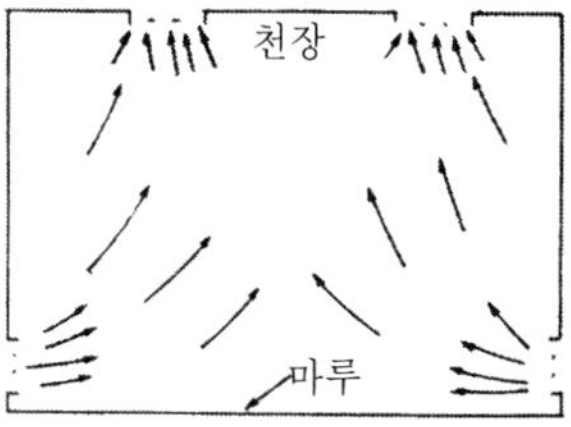

그림 2-5 상향 환기법

② 하향 환기법

㉮ 흡기구를 천장 혹은 벽면 상부에 만들어 공기를 보내게 하며, 배기구는 마루 혹은 하부에 만들어 기류 방향을 하향으로 한 환기 방식이다.

㉯ 집합소 · 학교 · 병원 · 공장 등에 이용되고 있다.

㉰ 냉방용에도 많이 사용되고 있다.

㉱ 하향식은 흡기구에서 나오는 공기의 방향에 따라 분산식 · 수평식이 있다.

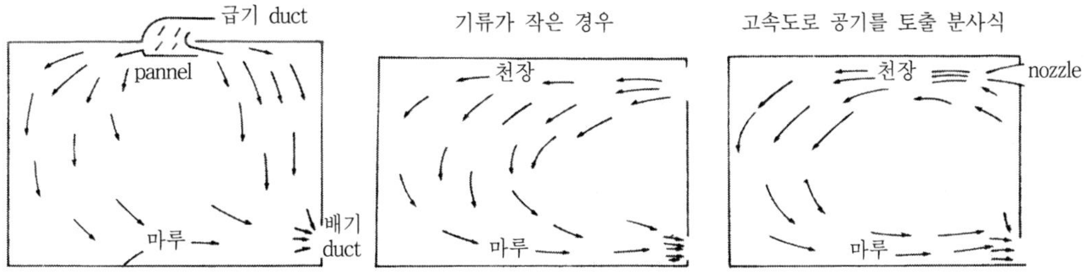

(a) 분산식 경우　(b) 보통의 토출 공기속도 경우　(c) 고속도로 토출되는 경우

그림 2-6 하향 환기법

③ 혼용 환기법

일부분은 상향, 일부분은 하향의 환기 방식이다.

(3) 환기량 산출 방법

각 조건에 따른 필요 환기량은 표 2-1과 같이 계산한다.

표 2-1 환기량 계산법

점검사항	점 검 내 용	산 출 방 법 (Q_f : 필요 환기량 m³/h)	비 고
발 열 량	① 인체로부터의 발열량 ② 실내 열원으로부터의 발열량	$Q_f = \frac{H_s}{C_p \cdot \gamma(t_i - t_o)}$ $= \frac{H_s}{0.34(t_i - t_o)}$	H_s : 발열량(현열)[W] C_p : 건공기의 비열(1.01kJ/kg · K) γ : 공기의 비중량(1.2kg/m³) t_i : 허용 실내 온도[℃] t_0 : 신선공기온도[℃] 0.34 : 단위환산계수
CO_2농도	① 인체의 호흡으로 배출되는 CO_2 발생량 ② 실내 연소물에 의한 CO_2 발생량	$Q_f = \frac{K}{P_i - P_o}$ (정상시)	K : 실내에서의 CO_2 발생량[m³/h] P_i : CO_2 허용 농도[m³/m³]. 사람뿐일 때 0.0015m³/m³, 실내 연소 기구가 있을 때 0.005m³/m³ P_o : 외기 CO_2 농도. 0.0003m³/m³
수증기량	① 인체로부터의 수증기 발생량 ② 실내 연소물로부터의 수증기 발생량 ③ 기타 취사 등에 의한 발생량	$Q_f = \frac{W}{\gamma(G_i - G_0)}$ $= \frac{W}{1.2(G_i - G_0)}$	W : 수증기 발생량[kg/h] γ : 공기의 비중량(1.2kg/m³) G_i : 허용 실내 절대습도[kg/kg 건공기] G_0 : 신선공기 절대습도[kg/kg 건공기]
유해가스	공장 등에서 발생하는 유해가스	$Q_f = \frac{K}{P_i - P_0}$	K : 유해가스 발생량[m³/h] P_i : 신선공기 중 농도 P_0 : 허용농도

점검사항	점 검 내 용	산 출 방 법 (Q_f : 필요환기량 m³/h)	비 고
끽 연 량	실내에서의 끽연량	$Q_f = \frac{M}{C_i} = \frac{M}{0.017}$	M : 끽연량[g/h] C_a : 1m³/h의 환기량에 대해 자극을 한계점 이하로 억제할 수 있는 허용 담배 연소량 0.017[g/h][m³/h]
진 애 (먼 지)	실내에서의 발진량	$Q_f = \frac{K}{(P_i - P_0)}$ 재순환 없음 $Q_f = \frac{Q_f\ P_i(q-1)+K}{q(P_i - P_0)}$ 재순환 있음	K : 진애 발생량[개/h] 또는 [mg/h] P_i : 허용 진애농도[개/m³] 또는 [mg/m³] P_0 : 신선공기 진애농도[개/m³] 또는 [mg/m³] Q_f : 배기량[m³/h] q : 여과기 진애 통과율

예제 1.

실내에 발생열량이 70W인 기기가 있을 때, 실온을 20℃로 유지하기 위해 필요한 환기량은? (단, 외기온도 10℃, 공기의 밀도 1.2kg/㎥, 공기의 정압비열 1.01kJ/kg · K)

해설 $Q = \frac{H}{0.34(t_i - t_0)} = \frac{0.86 \times 70}{0.34 \times (20-10)} = 17.7\text{㎥/h}$

- 공기의 정압비열(Cp) : 표준공기 1kg을 온도 1℃ 올리는데 필요한 열량 = 0.24kcal/kg℃=1.01kJ/kg · K
- 공기의 비중(밀도)(r) = 1.2kg/㎥

※ 1kW=1000W=860kcal/h이므로 1W=0.86kcal/h 이다.

예제 2.

다음과 같은 조건에서 실내 CO_2 허용 한도를 0.15%로 하려면 필요 환기량은?

1. 재실자 1인당 탄산가스 배출량 : 0.03m³/h
2. 외부 신선공기의 CO_2 함유량 : 0.02%
3. 실내 재실자 : 30명

해설 가스량에 의한 환기량 : $Q = \frac{K}{P_i - P_0}$ 이다.(Pettenkofer식)

가스량 : $K = 0.03\text{m}^3/\text{h} \times 30\text{명} = 0.9\text{m}^3/\text{h}$

실내 공기 중의 탄산가스 농도 : $P_i = 0.15\% = 0.0015\text{m}^3/\text{m}^3$

외부 공기의 탄산가스 농도 : $P_0 = 0.02\% = 0.0002\text{m}^3/\text{m}^3$이므로

$$Q = \frac{0.9}{0.0015 - 0.0002} = \frac{0.9}{0.0013} = 692.3\text{m}^3/\text{h}$$

예제 3.

어느 공연장의 관람객이 500명이고 1인당 CO_2 발생량이 50ℓ/h일 때 적절한 환기량[m^3/h]을 구하시오.(단, 실내 허용 CO_2 농도 : 600ppm, 외기 CO_2 농도 : 100ppm)

해설 $Q=\frac{K}{P_i-P_0}$ 에서

M : 발생 유해가스량[m^3/h]
P_i : 실내 허용 농도
P_0 : 신선공기 농도   1%=10^{-6}ppm, 1,000ℓ=$1m^3$

$$Q=\frac{500\times0.05}{0.0006-0.0001}=50,000\ m^3/h$$

예제 4.

150인이 있는 사무실에서 실내 CO_2 농도를 1,000ppm이라고 할 때, 신선공기 도입량은?(단, 재실자 1인당의 CO_2 발생량을 $0.02m^3$/h, 외기중의 CO_2 농도를 0.03%로 한다.

해설 $Q=\frac{k}{p_i-p_o}$ 에서

$$=\frac{0.02\times150}{(1000-300)\,ppm\times10^{-6}}$$
$$=\frac{0.02\times150\times10^6}{700}$$
$$=4,285(m^3/h)$$

2. 배연설비

(1) 배연계획

① 하나의 층을 2개 이상의 배연구획으로 구분한다.
② 하나의 배연구역 면적은 1,000m^2 이하로 한다. 다만, 건축물의 구조상 부득이한 경우에는 1,300m^2 이하로 할 수 있다.
③ 단순한 형상으로 하여 소화활동 및 피난상 지장을 가져오지 아니하도록 구획한다.
④ 하나의 배연구획에 1개 이상의 공기유입구를 설치한다.

(2) 배연방식

① 자연배연법 : 상부개구에서 옥외에 향하여 부력을 이용하여 배연
② 기계배연법 : 배연기와 배연풍도를 사용해서 외부에 연기를 배출
③ 스모크 타워 배연법 : 풍력에 의한 흡입효과와 부력을 이용한 배연탑을 사용해서 배연

(3) 배연설비

1) 방연벽

불연 재료로 만든 칸막이와 천장에서 50cm 이상 아래로 내린 내민 벽(또는 이와 동등하게 연기의 기동을 방해하는 것)이 있다.

2) 배연구

① 배연구에서는 상시 폐쇄형과 상시 개방형이 있는데, 후자는 1방연구획에 대해서 전용의 배연설비가 있을 때에만 사용된다.

② 배연구는 각기에 수동개폐장치를 부착시킬 필요가 있음과 동시에 하나의 배연구획 내에 다수의 배연구가 있을 경우, 하나의 개방구가 개방된 경우에는 다른 배연구도 동시에 개방하는 연동기구가 필요하다.

③ 배연구의 부착위치 : 가급적 높은 위치로서 수벽보다 높은 위치가 바람직하며, 일반적으로는 천장면에 부착되는 수가 많다.

④ 배연구의 위치 : 방연구획의 각 위치에서 수평거리로 30m 이하가 되도록 부착시키지 않으면 안 된다.

3) 배연기

① 하나의 배연구역에 대하여 배연성능이 1분당 120cm³ 이상인 것으로 한다. 다만, 하나의 배연기를 2 이상의 배연구역에 사용하는 경우에는 배연구역 중 최대인 것의 바닥면적 1m에 대하여 1분당 2cm³ 이상의 배연성능이 있는 것으로 한다.

② 공기유입구에서 배연구역으로의 평균 1초당 2m 이상인 것으로 한다.

③ 하나의 배연기를 2 이상의 배연구역에 사용하는 경우에는 각 배연구역마다 배연풍도·배연용 전환댐퍼를 설치한다.

④ 배연기·배연용 전환댐퍼의 전동기 등은 유효한 내열처리를 한다.

4) 배연 풍도

① 구조

불연 재료로 지붕 등에서는 가연물에서 15cm 이상 떨어지게 하며, 금속 이외의 단열재로 10cm 두께로 덮어야 한다.

② 재료 : 아연 강판

③ 풍도의 풍속 : 보통 10m/s 정도, 최대 30m/s

④ 방화댐퍼 방화벽 관통부의 덕트, 배연구 등은 두께 1.5mm 이상이 강판제로 하고, 가용편은 배연덕트에 280℃, 방화댐퍼에는 72℃의 것을 사용한다.

5) 배연 풍량

기계 배연에 있어서의 배연량은 방화 구획 $1m^2$당 m^3/min라고 규정되어 있으나 2개 이상의 방연 구획을 동일 배연기로 담당하는 경우는 그 속의 최대 바닥 면적에 $2m^3$/min를 곱한 값, 단 모든 바닥 면적이 $60m^2$ 이하일 때는 최종 배연구 후 덕트의 풍량은 $120m^3$/min로 한다.

6) 배연설비의 제어

배연설비의 제어에는 수동, 연동, 원격 3종의 조작, 제어방식이 있다.

① 수동조작 : 끈, 와이어, 로프, 체인 등을 당기고 래칫을 풀어서 개방

② 연동제어 : 연기감지기 등에 의해서 배연구를 작동시키는 방식

③ 원격제어 : 배연설비를 떨어진 장소에서 전기 또는 공기압 등에 의해서 제어하는 방식

익힘문제

1 고층 건물에서 외부의 압력과 실내의 압력이 동일한 위치는?

2 자연 환기의 유효한 개구부 총 면적이 주어졌을 때, 유출구와 유입구와의 비(比)가 얼마일 때 환기량이 최대가 되는가?

3 자연 환기설비의 구비 조건에 대하여 설명하라.

4 기계 환기방식을 분류하고 특징을 설명하라.

5 방적공장에서 기계 환기를 설치하는 경우에 오염 공기의 배기구 및 신선공기의 흡입구의 위치는?

6 2,000명을 수용하는 극장에서 실온을 20℃로 유지하자면 환기량[m^3/h]은?(단, 외기온도=10℃, 1인당 발열량(현열)=70W, 공기의 정적비열=1.21kJ/m^3·K)

7 어느 보일러실에서 발생열량이 28,000W일 때 보일러실 온도를 34℃로 유지하고자 할 때 환기량[m^3/h]은? (단, 외기 온도는 20℃이다.)

8 어느 변전실의 용량이 300kW이다. 발생열량이 변전 용량의 3%일 때 알맞은 환기량은?(단, 시내 허용온도 32℃, 외기 온도 22℃)

9 2,000명을 수용하는 강당의 CO_2량을 0.1%로 유지하기 위한 환기량[m^3/h]은?(단, 1인당 CO_2토출량 15ℓ/h이며, 외기 CO_2량은 0.04%이다.)

10 가스량에 의한 환기량은 $Q=\dfrac{K}{P_i-P_o}$ 이다. 900명을 수용하는 극장에서 CO_2량을 0.1%로 유지하자면 필요한 환기량[m^3/hr]은?(단, CO_2량=0.04%, 1인당 CO_2토출량=18ℓ/hr이다.)

11 실내 공기 오염을 평가하는 지표로서 탄산가스 농도를 사용하고 있는 데 그 이유는?

제3장

공기조화부하 계산

1. 공기조화의 부하 요소

공기조화부하란 실내에서 온도, 습도를 유지하기 위하여 공기의 상태에 따라 냉각, 가열, 감습, 가습 등을 하는 데 필요한 열량을 총칭하는 것으로, 이 중에서 가열하여야 할 부하를 난방부하(heating load), 냉각하여야 할 부하를 냉방부하(cooling load)라고 한다. 공기조화를 하는 건물에서는 1년간을 통해 대체로 두 부하 중 하나가 존재하고 경우에 따라서는 두 부하가 동시에 같은 건물 내에 생기는 경우도 있다.

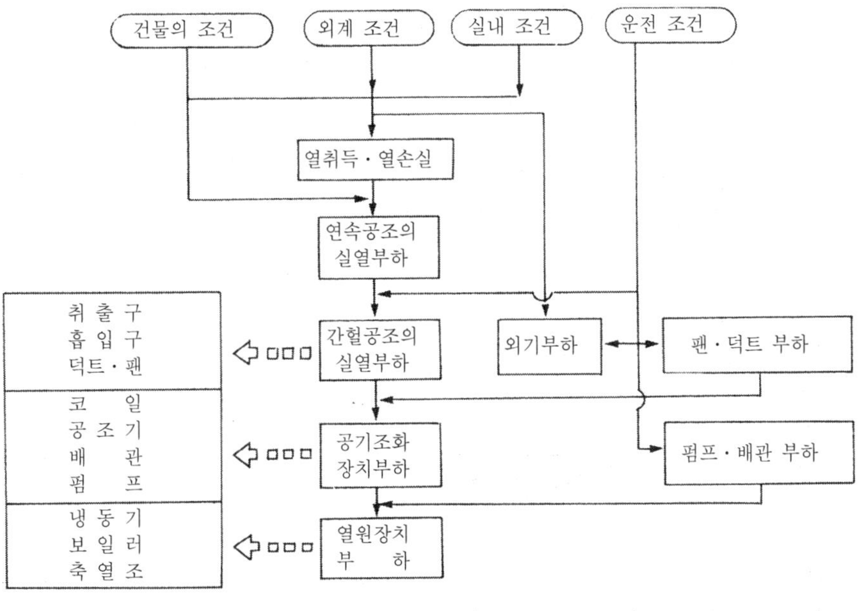

그림 3-1 공기조화부하의 계산

2. 냉방부하

(1) 냉방부하의 종류

여름에 실내의 온·습도를 설계치로 유지하려면 밖에서 침입해 들어오는 열량과 실내에서 발생하는 열량을 제거해야 하는데, 이 열량을 현열부하라 한다. 또 설계치 이상의 수분을 제거해야 하는데 이때 수분의 잠열부하를 합쳐 냉방부하로 한다. 냉방부하는 그림 3-2와 같이 분류한다.

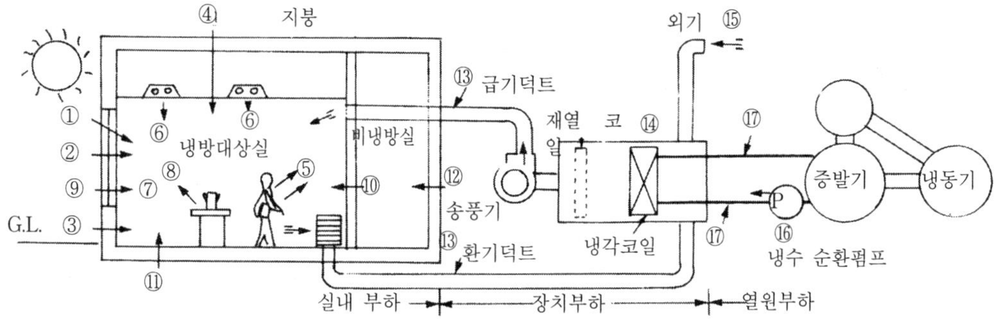

그림 3-2 냉방부하의 발생 요인

표 3-1 냉방부하의 종류와 발생 요인

구 분	부하의 발생 요인		현 열	잠 열	그림 3-2의 기호
실내취득열량	벽체로부터의 취득열량		○		③ ④ ⑩ ⑪
	유리로부터의 취득열량	직달일사에 의한 것	○		①
		전도대류에 의한 것	○		②
	극간풍에 의한 취득열량		○	○	⑨
	인체의 발생열량		○	○	⑤
	기구로부터의 발생열량		○	○	⑥ ⑦ ⑧
장치로부터의 취 득 열 량	송풍기에 의한 취득열량		○		⑫
	덕트로부터의 취득열량		○		⑬
재 열 부 하	재열기의 가열량(취득열량)		○		⑭
외 기 부 하	외기의 도입으로 인한 취득열량		○	○	⑮

참 고

▶ 냉방부하를 계산할 때 현열과 잠열을 동시에 계산해 주어야 할 부하 요소

① 극간풍에 의한 취득열량
② 인체의 발생열량
③ 기구로부터의 발생열량
④ 외기의 도입으로 인한 취득열량

(2) 냉방부하 계산의 설계 조건

① 실내 조건

냉방부하 계산에 있어서 실내 온습도는 매우 중요한 설계 조건의 하나이다. 왜냐하면 실의 사용 목적에 따라 그 조건이 각기 다르며, 또한 사람의 경우에 있어서도 쾌적온도의 범위가 서로 다르기 때문이다.

표 3-2 실내의 온습도 조건

조건 \ 계절	여름	겨울
온도	25~27℃	20~22℃
습도	50~55%	50~55%

② 외기 조건

최대 냉방부하는 가장 불리한 상태일 때의 조건으로 구한 부하로, 냉방장치 용량을 결정하는 데 도움을 주지만, 부하가 최대일 때를 위한 장치 용량이므로 매우 비경제적이 되기 쉽다. 그래서 ASHRAE의 TAC(Technical Advisory Committee)에서는 위험률 2.5~10% 범위 내에서 설계 조건을 삼을 것을 추천하고 있다. 위험률 2.5%의 의미는 어느 지역의 냉방시간이 2,000시간이라면, 이 기간 중 2.5%에 해당하는 50시간은 냉방 설계 외기 조건을 초과할 수 있다는 것을 의미한다.

(3) 냉방부하의 계산식

① 벽체로부터의 취득열량 q_w[W]

㉮ 일사의 영향을 무시할 때

$$q_w = K A \Delta t$$

Δt : 인접실과의 온도차[℃]

㉯ 일사의 영향을 고려할 때

$$q_w = K A\, ETD$$

K : 구조체의 열관류율[W/m² · K]
A : 구조체의 면적[m²]
ETD : 상당 온도차[℃]

※ ETD : Equivalent Temperature Difference : 상당 외기 온도차 $\Delta t_e = t_0 - t_r$
일사를 받는 외벽이나 지붕과 같이 열용량을 갖는 구조체를 통과하는 열량을 산출하기 위해 외기 온도나 일사량을 고려하여 정한 근사적인 외기 온도이다.

② 유리로부터의 일사에 의한 취득열량 q_G[W]

㉮ 유리로부터의 관류에 의한 취득열량

$$q_{GT} = K A_g \Delta t$$

A_g : 유리창의 면적(새시 포함)[m^2]
Δt : 실내외 온도차[℃]

㉯ 유리로부터 일사취득열량

$$q_{GR} = SSG\, k_s A_g$$

SSG : 유리를 통해 투과 및 흡수의 형식으로 취득되는 표준 일사취득열량[kcal/m^2·h]
k_s : 전차폐 계수

③ 극간풍(틈새바람)에 의한 취득열량 q_I[W]

㉠ 현열량

$$q_{IS} = 0.34Q(t_o - t_i)[W]$$

㉡ 잠열량

$$q_{IL} = 834Q(x_o - x_i)[W]$$

q_{IS} : 틈새바람에 의한 현열취득량[W]
q_{IL} : 틈새바람에 의한 잠열취득량[W]
GI, QI : 틈새바람의 양[kg/h, m^3/h]
t_0, t_i : 외기 및 실내 온도[℃]
x_0, x_i : 외기 및 실내의 절대습도[kg/kg′]
γ : 0℃에서 물의 증발잠열(2,501kJ/kg)

④ 인체로부터의 취득열량 q_H[W]

$$q_H = q_{HS} + q_{HL}$$

㉮ 현열량

$$q_{HS} = n H_s$$

㉯ 잠열량

$$q_{HL} = n H_L$$

n : 재실 인원수[명]
H_s : 1인당 인체 발생현열량[W·인]
H_L : 1인당 인체 발생잠열량[W·인]

⑤ 조명 및 기기로부터 취득열량 q_E[W]

⑥ 재열부하 q_R

$$q_R = 0.34Q(t_2 - t_1)$$

t_2, t_1 : 재열기 출구 및 입구 공기의 온도[℃]

⑦ 외기 부하 q_F[W]

$$q_F = q_{FS} + q_{FL}[W] = G_F(h_0 - h_r)$$

$$q_{FS} = 0.34 Q_F(t_0 - t_r)$$

$$q_{FL} = 834 Q_F(x_0 - x_r)$$

h_0, h_r : 실외, 실내의 엔탈피[kJ/kg]
t_0, t_r : 실외, 실내 온도[℃]
x_0, x_r : 실외, 실내의 절대습도[kg/kg′]
G_F, Q_F : 외기량[kg/h, m³/h]

⑧ 송풍기와 덕트로부터의 취득열량 q_B[W]

표 3-3 기기 내 열취득

송풍기에서의 열취득	실내 취득열량의 5~13%
덕트에서의 열량	실내 취득열량의 3~7%
합 계	8~20%

학습포인트

▸ **단위환산계수**

※ 0.34 : 단위환산계수
= 공기의 비열×밀도×1,000(J/KJ)÷3,600(s/h)
= 1.01kJ/kg · K×1.2kg/m³×1,000(J/KJ)÷3,600(s/h)
= 0.336W · h/㎥ · K
≒ 0.34W · h/㎥ · K

※ 834 : 단위환산계수(0℃에서 물의 증발잠열 γ = 2,501kJ/kg 적용)
= 1.2kg/m³×2,501kJ/kg×1,000(J/KJ)÷3,600(s/h)
≒ 834W · h/m³

▸ **열량의 단위 환산**

1kW=1,000W=860kcal/h
1W=0.86kcal/h
1W=1J/s=3,600J/h=3.6kJ/h
1kJ=0.24kcal=240cal

예제 1.

다음과 같은 조건하에서 실용적이 100㎥인 어떤 실의 여름철 틈새바람에 의한 취득열량은?

[조 건] · 환기회수 0.5회/h, 실온 26℃, 외기온 33℃,
· 실내 절대습도 0.0082 kg/kg,
· 외기 절대습도 0.0192 kg/kg,
· 공기의 정압비열 : 1.01kJ/kg · K, 비중량 1.2kg/㎥
· 0℃ 물의 증발잠열 2,501kJ/kg

해설 새바람(극간풍)에 의한 냉방부하(현열부하+잠열부하)

먼저, 환기량 Q=nV=0.5×100=50m³/h

㉠ 현열부하

q_{IS} = 0.34Q($t_o - t_i$)[W]

= 0.34×50×(33-26)=119[W]

㉡ 잠열부하

q_{IL} = 834Q($x_o - x_i$)[W]

= 834Q($x_o - x_i$) = 834×50×(0.0192-0.0082) = 458.7[W]

틈새바람(극간풍)에 의한 냉방부하 계산은 현열부하와 잠열부하의 합계이다.

∴ 취득열량 = ㉠+㉡ = 119+458.7 = 577.7 [W]

예제 2.

다음과 같은 조건에서 냉방시 외기(外氣) 3,000m³/h가 실내로 인입될 때 외기에 의한 현열부하는?

[조 건]	
· 실내온도 : 26℃	· 외기온도 : 31℃
· 공기의 밀도 : 1.2kg/m³	· 공기의 정압비열 : 1.01kJ/kg · K

해설 틈새바람(극간풍)에 의한 냉방부하=현열부하+잠열부하

현열량(현열부하) q_{IS}= 0.34Q($t_o - t_i$)[W]

=1.01kJ/kg · K×1.2kg/m³×Q×($t_o - t_i$)×1,000[J/kJ]÷3,600[s/h]

$$= \frac{1.01 \times 1.2 \times Q \times (to - ti) \times 1,000\,(J/kJ)}{3,600\,(s/h)}$$

$$= \frac{1.01 \times 1.2 \times 3,000 \times (31 - 26) \times 1,000}{3,600}$$

=5,050W

※ 1kW=1,000W=860kcal/h=1kJ/s=3600kJ/h

1W=1J/s=3,600J/h=3.6kJ/h

0.24kcal=1.01kJ≒1kJ

예제 3.

실내기온 26℃(절대습도 x_i=0.0107kg/kg′), 실외기온 33℃(절대습도 x_o=0.0184kg/kg′), 1시간당 침입공기량이 500m³일 때 침입외기에 의한 잠열부하는?

해설 새바람(극간풍)에 의한 냉방부하(현열부하+잠열부하)

㉠ 현열량

$q_{IS}=0.34Q(t_o-t_i)$[W]

㉡ 잠열량

$q_{IL}=834Q(x_o-x_i)$[W]

틈새바람(극간풍)에 의한 냉방부하 계산은 현열부하와 잠열부하의 합계이다.
여기에서는 잠열부하만을 구하는 것이므로

$\therefore\ q_{IL}=834\times500\times(0.0184-0.0107)=3210.9 \fallingdotseq 3{,}211$W

3. 난방부하

(1) 난방부하의 종류

난방부하의 요소들은 표 3-4와 같으며, 냉방부하의 발생 요인보다는 아주 간단하게 취급된다. 그 원인은 냉방부하 때에 고려한 일사(日射)의 영향이나 조명기구를 포함한 실내 기구, 재실(在室) 인원 등으로부터의 발생열량은 난방부하를 경감시키는 요인들이며, 일반적인 경우에는 부하 계산에 포함시키지 않기 때문이다.

표 3-4 난방부하의 종류와 발생 요인

종류	부하의 발생 요인	현열	잠열
실내손실열량	외벽, 창유리, 지붕, 내벽, 바닥	○	
	극간풍	○	○
기기손실열량	덕트	○	
외기부하	환기극간풍	○	○

(2) 난방부하의 계산식

① 벽체로부터의 손실열량 q_w[W]

$$q_w = K \cdot A(t_i - t_0)k$$

q_w : 구조체를 관류하는 열량[W]

K : 구조체를 통한 열관류율[W/m²·K]

A : 구조체 면적[m²]

t_i : 실내 온도[℃]

t_0 : 실외 온도[℃]

k : 방위 계수

※ 방위계수(k : 보정계수)

㉠ 일사와 바람의 영향을 고려 구조체의 방위와 위치에 따라 다르게 적용한다.

㉡ 구조체를 통한 열손실 계산시 곱해 주는 값

	남	북	동 · 서	남동 · 남서	지붕	바람이 센곳
방위계수	1.0	1.2	1.1	1.05	1.2	1.2

② 틈새바람(극간풍)에 의한 손실열량 q_I[W]

$$q_I = q_{IS} + q_{IL}$$

㉮ 현열부하 : $q_{IS} = 0.34Q(t_i - t_0)$

㉯ 잠열부하 : $q_{IL} = 834Q(x_i - x_0)$

$G,\ Q$: 극간풍량[kg/h, m³/h]

$t_i,\ t_0$: 실내 및 실외 공기의 온도[℃]

$x_i,\ x_0$: 실내 및 실외 공기의 절대습도[kg/kg′]

③ 외기부하에 의한 손실열량 q_F[W]

$$q_F = q_{FS} + q_{FL}$$

㉮ 현열부하 : $q_{FS} = 0.34Q(t_i - t_0)$

㉯ 잠열부하 : $q_{FL} = 834Q(x_i - x_0)$

④ 기기에서의 손실열량 q_B[W]

공조기의 체임버나 덕트의 외면 등으로부터의 손실부하와 여유 등을 총괄해서 계산한다.

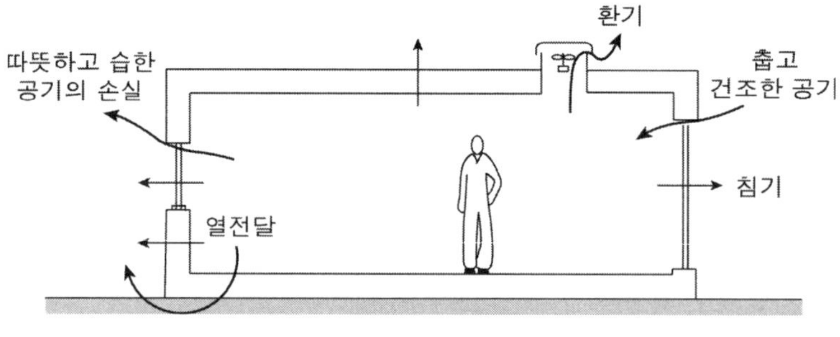

그림. 건물의 열손실

예제 1.

다음과 같은 조건에서 북측에 위치한 면적 12m^{2}인 콘크리트 외벽체를 통한 관류에 의한 손실 열량은?

[조 건] · 외기온도 = −1℃ , 실내온도 = 18℃
· 벽체의 열관류율 = 1.71W/m^2 · K
· 벽체의 방위계수 = 1.2

가. 383.7 W	나. 411.0 W
다. 429.0 W	라. 468.0 W

해설 관류에 의한 열손실 계산 [구조체를 통한 열관류열량(Q)]

$Q = K \cdot A \cdot (t_i - t_o) \cdot k$

여기서 K : 열관류율(W/m^2 · K)
A : 표면적(m^2)
$t_i - t_o$: 실내외 온도차(℃)
T : 시간(h)
k : 방위계수(보정계수)

$\therefore Q = K \cdot A \cdot (t_i - t_o) \cdot k = 1.71 \times 12 \times \{18-(-1)\} \times 1 \times 1.2 = 467.9 \fallingdotseq 468W$

예제 2.

난방시에 극간풍량이 1,200m^3/h에 대한 현열손실량 q_{IS}[W] 및 잠열손실량 q_{IL}[W]를 구하면? (단, 외기의 온도 및 습도는 t_0 : -2℃, x_0 : 0.002kg/kg′, 실내공기의 온도 및 습도는 t_i : 24℃, x_i =0.010kg/kg′이다.)

해설 ㉠ 현열부하 : $q_{IS} = 0.34Q(t_i - t_o) = 0.34 \times 1{,}200 \times \{24-(-2)\} = 10{,}608W$
㉡ 잠열부하 : $q_{IL} = 834Q(x_i - x_o) = 834 \times 1{,}200 \times (0.010-0.002) = 8006.4W$

4. 공기조화부하 계산 방법

(1) 최대 부하 계산 방법

정상 상태의 부하 계산 방법으로 어떤 건물의 실에 대하여 최대 냉방부하 또는 최대 난방부하를 계산하는 방법이다.

① 송풍량이나 장치 용량 산출(공조설비 용량 추정)
② 설계 외기 조건을 일정 기간 동안을 정상 주기로 가정하므로 겨울철 열용량이 있는 벽을 관류하는 열량으로 계산하는데 정상 상태에서만 성립하는 식을 쓸 수 있으며, 여름철에 대해서는 상당 외기 온도차를 도입하여 같은 식으로 계산이 가능하다.

(2) 기간 부하 계산 방법

비정상 상태(unsteady state)의 부하 계산 방법의 하나로, 1년간 또는 어떤 일정 기간에 걸쳐 시시각각으로 변하는 외기 및 실내 조건 등에 대응하여 정확한 부하 계산이 가능한 방법이다.

① 난방 도일법(heating degree day method)

주로 건물의 난방 기간 동안의 부하를 구하는 데 이용된다.

$$H_{SH}=t \cdot k \cdot HD[\text{kJ/기간}]$$

H_{SH} : 기간 난방부하[kJ/기간]
t : 1일 평균 난방시간[h/d]
k : 열관류율[W/m² · K]×면적 m²[W/K]
HD : 난방 도일[℃ · day/기간]

② 확장 도일법(extended degree day method)

㉮ 난방 도일법이 내외의 온도차만을 고려하여 계산한 데 비하여, 일사 및 내부 발생열 등을 고려하고 냉방을 포함한 연간 열부하 계산 방법이다.

㉯ 연간 열부하 H_r[kcal/년]는 기간난방부하 H_{SH}와 기간냉방부하 H_{SC}의 합으로 표시된다.

$$H_{SH}=24 \cdot k_H \cdot k \cdot HD[\text{kJ/기간}]$$

$$H_{SC}=24 \cdot k_c \cdot k \cdot CD\,[\text{kJ/기간}]$$

k_H, k_C : 지역별 보정 계수(사무실 건물 k_H=0.5~0.8, k_C=1.0)
CD : 냉방 도일[℃ · day/기간]

㉰ 연간 총 공조부하는 연간 열부하에 내부 발열부하와 기타 도입 외기부하 등을 합하면 된다.

참 고

▶ **공조설비의 평가지표**

① PAL(Perimeter Annual Load : 연간 열부하 계수) : 건물의 외피구조의 단열성능 평가의 지표.
② CEC(Coefficient of Energy Consumption : 공조에너지 소비 계수) : 공조설비의 에너지 이용효율 평가의 지표.

익 힘 문 제

1 냉방부하를 계산하는데 있어서 현열과 잠열을 동시에 계산해 주는 부하의 종류는?

2 어느 지역의 냉방시간이 2,000시간이라고 할 때 TAC 초과 확률(또는 위험률) 5%의 설계외기온이란 무엇을 의미하는가?

3 냉방부하 계산시 사용하는 일기의 영향을 고려한 외기온을 무엇이라 부르는가?

4 냉방시에 최대 현열부하가 q_S[W], 잠열부하가 q_L[W], 실내 공기와 취출공기의 온도차가 Δt[℃]일 때 송풍량 Q[m^3/h]는?

5 다음 조건에서 외기 3,000m^3/h가 실내로 인입할 때 외기에 의한 냉방 현열부하량[W]은?

【조 건】
실내온도(t_i)=26℃DB,　외기 온도(t_o)=31℃DB
(단, 공기의 정적 비열 값은 1.21kJ/m^3·K)

6 극간풍(틈새바람)량 또는 계산하는 방법을 들고 설명하라.

7 극간풍에 의한 침입 외기량이 2000m^3/h일 때, 현열부하와 잠열부하를 각각 구하라.
(단, 실내 온도 25℃, 절대습도 0.0179kg/kg′, 외기 온도 32℃, 절대습도 0.0209kg/kg′)

8 난방부하를 줄이는 방안은?

9 난방시 틈새바람 100kg/h에 대한 전열부하를 구하라.(단, 외기에 상태는 건구온도 5℃, 절대습도 0.002kg/kg′, 실내 공기는 건구온도 24℃, 절대습도 0.009kg/kg′이다.)

제4장 난방설비

1. 난방일반

(1) 전열 이론

열은 고온측에서 저온측으로 이동하며 전도, 대류, 복사에 의해 전달되며, 건물 내에서의 전열 과정은 전달, 전도, 관류로 나타난다.

① 열전달(heat transfer) : 유체(공기)와 벽체와의 전열 상황(전도, 대류, 복사가 조합된 상태)이다.(고체와 유체사이의 열교환)

$$Q_1 = \alpha(t_i - t_0)F \cdot T$$

F : 표면적[m²]
t_0 : 고체 표면온도[℃]
t_i : 유체 온도[℃]
T : 시간[h]
α : 열전달율[W/m² · K]

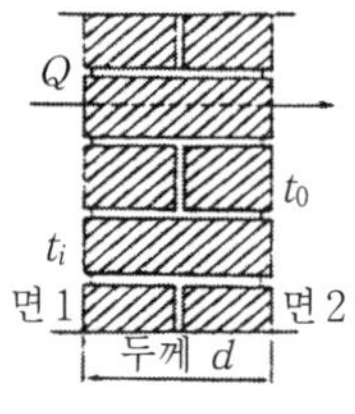

단층벽

※ 열전달율 [W/m² · K]

- 벽 표면과 유체 간의 열의 이동 정도를 표시.
- 벽 표면적 1m², 벽과 공기의 온도차 1℃일 때 단위 시간 동안에 흐르는 열량.

② 열전도(heat conduction) : 열전도에 있어서 온도차를 $\theta_1 > \theta_2$로 하면 정상 상태의 경우 평행한 등질의 평면벽에 직각으로 흐르는 경우의 열량이다.(고체 자체 내에서의 열이동)

$$Q_2 = \lambda \frac{\theta_1 - \theta_2}{d} F \cdot T = \lambda \frac{t_1 - t_2}{d} \cdot A$$

θ_1, θ_2 : 재료의 표면온도[℃]
λ : 열전도율[W/m · K]
d : 재료의 두께[m]

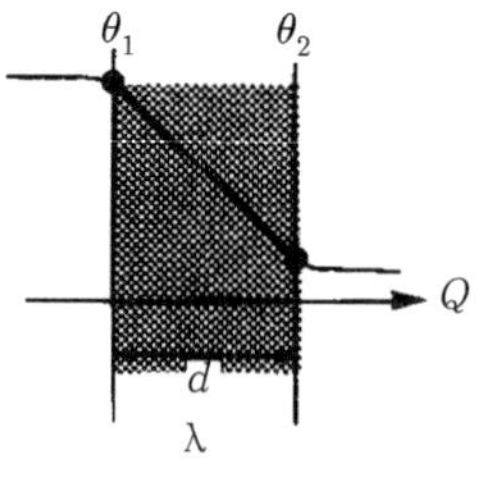

※ 열전도율 λ[W/m · K]

- 물체의 고유 성질로서 전도에 의한 열의 이동 정도를 표시.
- 두께 1m의 재료 양쪽 온도차가 1℃일 때 단위 시간 동안에 흐르는 열량.

③ 열관류(heat transmission) : 전달+전도+전달이 동시에 복합적으로 일어나는 현상

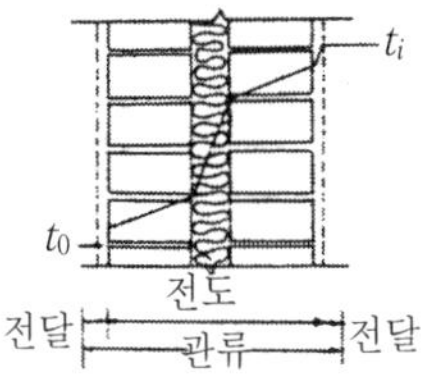

벽체의 열관류

$$Q=K(t_i-t_o)F\cdot T\,(t_i>t_o)$$

K : 열관류율[W/m² · K]

열관류 저항 : $\frac{1}{K}=\frac{1}{\alpha_1}+\frac{d}{\lambda}+\frac{1}{\alpha_2}$

※ 열관류율 K[W/m² · K]

- 전달+전도+전달이 동시에 복합적으로 일어나는 열의 이동 정도를 표시
- 벽 표면적 1m², 단위 시간당 1℃의 온도차가 있을 때 흐르는 열량

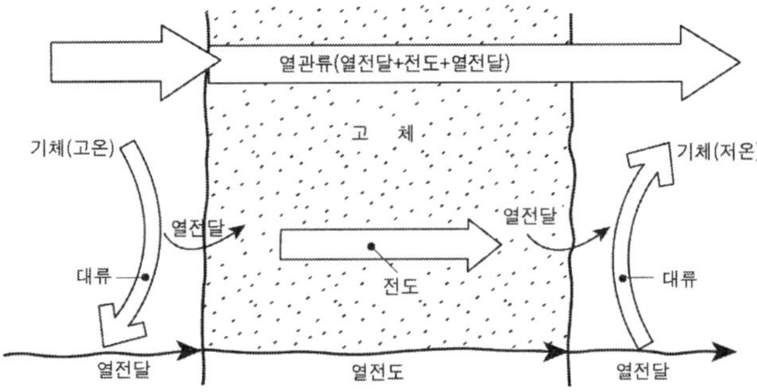

참 고

▸ **용어와 단위**

① 열전달율(α) : W/m² · K(kcal/m²h℃)
② 열전도율(λ) : W/m · K(kcal/mh℃)
③ 열관류율(K) : W/m² · K(kcal/m²h℃)
④ 난방도일 : ℃ day
⑤ 비 열 : kJ/kg · K(kcal/kg℃)
⑥ 절대습도 : kg/kg′ 또는 kg/kg[DA]
⑦ 상대습도 : %
⑧ 비교습도 : %
⑨ 엔 탈 피 : kJ/kg(kcal/kg)
⑩ 수증기압 : mmHg

예제 1.

다음과 같은 조건에서 벽체의 열관류율은?(단, 열전도율[W/m · K]은 모르타르 : 1.2, 콘크리트 : 1.4, 표면의 열전달율[W/m² · K]은 외부 : 20, 내부 : 8)

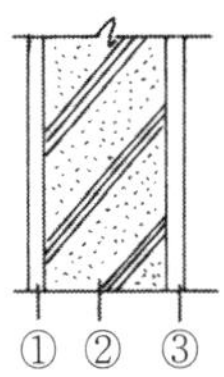

① 모르타르(24mm)
② 콘크리트(140mm)
③ 모르타르(24mm)

해설 열관류율이 K일 때 $\frac{1}{K}=\frac{1}{\alpha_1}+\frac{d}{\lambda}+\frac{1}{\alpha_2}$이므로

$$\frac{1}{K}=\frac{1}{20}+\frac{0.024}{1.2}+\frac{0.14}{1.4}+\frac{0.024}{1.2}+\frac{1}{8}$$

$$\therefore\ K=\frac{1}{0.315}=3.174\,\text{W/m}^2\cdot\text{K}$$

예제 2.

콘크리트 두께 20cm, 내면은 플라스터 5cm의 외벽을 통해 들어오는 열량은 얼마인가?(단, 구성재료의 열전도율은 각각 콘크리트 : 1.4, 플라스터 : 0.5(W/m · K)이며, 벽체의 열전달율은 외측 : 20, 내측 : 7(W/m² · K)이며, 또한 외벽의 면적은 45m², 상당외기온도 32℃, 실내온도 24℃이다.)

해설 열관류율 $\frac{1}{K} = \frac{1}{\alpha_1} + \frac{d}{\lambda} + \frac{1}{\alpha_2}$

$$= \frac{1}{7} + \frac{0.2}{1.4} + \frac{0.05}{0.5} + \frac{1}{20} \quad \therefore K \fallingdotseq 2.3\text{W/m}^2 \cdot \text{K}$$

관류열량 $Q = K \cdot A \cdot (t_i - t_o) = 2.3 \times 45 \times (32 - 24) = 962.8\text{W}$

(2) 결로(condensation)

결로는 공기 중의 수증기에 의해 발생되는 일종의 습윤 상태를 말하며, 불투습성 재료는 표면에 물방울이 맺히고 투습성 재료는 습기가 차서 곰팡이류, 각종 균의 번식으로 인한 손상 및 불쾌한 냄새와 변형 등으로 건물재료와 구조체에 해를 끼친다.

① 결로의 원인

㉮ 실내외의 온도차

㉯ 실내 습기의 과다 발생

㉰ 생활습관에 의한 환기 부족

㉱ 구조재의 열적 특성

㉲ 시공 불량

㉳ 시공 직후 미건조 상태에 따른 결로

② 결로의 발생

㉮ 표면 결로 : 건물의 표면온도가 접촉하고 있는 공기의 포화온도(노점온도)보다 낮을 때 그 표면에 발생한다.

㉯ 내부 결로 : 실내가 외부보다 습도가 높고 벽체가 투습력이 있으면 벽체 내에 수증기압 구배가 생기고, 또한 외부 온도가 내부 온도보다 낮으면 온도 구배가 발생한다. 벽체 내부의 수증기압이 포화 수증기압보다 높을 때, 그리고 벽체 내부의 노점온도가 건구온도보다 높을 때 내부 결로가 발생한다.

※ 열전달율, 열전도율, 열관류율이 클수록 결로 현상은 심하다.

③ 결로의 방지계획

㉮ 실내 습기 방지책 : 실내 공기의 수증기압이 포화 수증기압보다 작도록 계획한다.(환기, 수증기 발생 제한, 실내 발생 수증기 억제)

㉯ 벽체의 열관류 저항을 크게 할 것

㉢ 열교 현상이 일어나지 않도록 단열 계획 및 시공을 완벽히 할 것
㉣ 실내측 벽의 표면온도를 실내 공기의 노점온도보다 높게 설계할 것
㉤ 벽에 방습층을 둘 것.(방습층을 설치할 경우 고온측인 실내측에 가깝게 시공한다.)

2. 난방부하

난방의 대상이 되는 실에 공급해야 하는 열량으로서 방에서 손실되는 열량과 같다.

(1) 관류에 의한 열손실

벽, 천장, 바닥, 창호 등 구조체에서 관류에 의한 열의 이동이 발생하며, 이동은 구조체 내외의 온도가 높은 곳에서 낮은 곳으로 행하여진다. 즉, 더운 여름철은 실외에서 실내로 열이 이동하여 열의 취득이 생기고, 추운 겨울철에는 실내에서 실외로 열이 이동하여 열의 손실이 생긴다.

관류에 의한 손실열량은

$$H_1 = K \cdot A(t_i - t_o)[\mathrm{W}]$$

K : 열관류율[W/㎡·K]
A : 구조체의 면적[m^2]
t_i : 실온[℃]
t_o : 외기온[℃]

(2) 환기에 의한 열손실

문, 창 등의 틈이나 개폐에 의해 실내는 상당량의 환기가 행해지며 환기에 의한 열손실이 생긴다. 환기에 의한 손실열량은 다음과 같다.

$$H_2 = 0.34 \cdot Q \cdot (t_i - t_o) = 0.34 \cdot n \cdot V \cdot (t_i - t_o)[\mathrm{W}]$$

0.34 : 공기의 정적 비열[W·h/m^3·K]
Q : 환기량[㎥/h]
n : 환기회수[회/h]
V : 실용적[m^3]

(3) 실내 발생열량

재실자, 전기기구 등에서 많은 열이 발생하는데 극장, 영화관 등은 실내 발열량을 난방부하에 고려하고, 보통의 경우는 실내 발열량을 무시하여 계산한다.

(4) 전 손실열량

방의 전(全) 손실열량은 다음과 같다.

$$H = H_1 + H_2 + H_3[\mathrm{W}]$$

H_1 : 관류에 의한 손실열량
H_2 : 환기에 의한 손실열량
H_3 : 실내 발생열량

표 4-1 난방부하의 종류와 발생 요인

종 류	부하의 발생 요인	현 열	잠 열
실 내 손 실 열 량	외벽, 창유리, 지붕, 내벽, 바닥	○	
	극 간 풍	○	○
기 기 손 실 열 량	덕 트	○	
외 기 부 하	환 기 극 간 풍	○	○

[주] 현열 : 온도의 변화에 따라 발생하는 열. 온도 측정 가능 → 현열량 : 온도의 상승이나 강하의 요인이 되는 열량
잠열 : 상태의 변화에 따라 발생하는 열. 온도 일정 → 잠열량 : 습도의 변화를 주는 열량

예제 1.

벽면적이 $10m^2$, 열관류율 $3W/m^2 \cdot K$, 실내 온도 18℃, 외기 온도 -12℃일 때 관류에 의한 열손실은?

해설 관류에 의한 손실열량[W]

$q_w = K \cdot A(t_i - t_o)$[W]

$\therefore\ q_w = 3 \times \{18-(-12)\} \times 10 = 900W$

예제 2.

실내공기온도 20℃, 외기온도 0℃, 1시간당 침입공기량 $500m^3$일 때 침입외기에 의한 손실열량은? (단, 공기의 밀도 $1.2kg/m^3$, 공기의 정압비열 1.01kJ/kg · K)

해설 환기에 의한 손실열량[W]

$H = 0.34 \cdot Q \cdot (t_i - t_o)$ [W] $= 0.34 \cdot n \cdot V \cdot (t_i - t_o)$[W]

0.34 : 공기의 정적 비열($W \cdot h/m^3 \cdot K$)

Q : 환기량(m^3/h)

$t_i - t_o$: 실내외 온도차(℃)

$\therefore\ H = 0.34 \cdot Q \cdot (t_i - t_o)$

$= 0.34 \times 500 \times (20-0) = 3,400W$

(5) 난방부하 계산의 설계 조건

① 실내 온도 조건

표 4-2는 난방시 실내 온도 조건을 나타낸다. 실내 온도 측정 위치는 보통 바닥 위 1.5m의 높이에서 외벽으로부터 1m 이상 떨어진 곳을 기준으로 삼고 있다. 특히 천장의 높이가 3m 이상이 되는 경우의 실내 온도는 다음과 같이 정한다.

$$t_m = 0.05t(h-3) + t$$

t_m : 실내 평균 온도[℃]
t : 호흡선(바닥면상 1.5m)에서의 온도[℃]
h : 천장 높이[m]

표 4-2 난방시 실내 온도 조건

종　　　류	온　　도[℃]	종　　　류	온　　도[℃]
주 택 거 실	16~24	병 원 일 반	21~23
침　　　실	12~14	수　술　실	21~35
학 교 교 실	21~23	신 생 아 실	24~37
극　　　장	20~22	호　　　텔	21~24
기 계 공 장	15~18	주 물 공 장	10~15

② 외기 온도 조건

난방부하 계산에서 가장 중요한 요소는 시시각각으로 변하는 외기 온도 기준을 어떻게 삼을 것이냐 하는 것이다. 물론 가장 불리한 조건을 설계 기준으로 삼는 것이 가장 안전하다고 할 수 있겠으나, 이것을 실제 설계용으로 취할 경우에는 필요 이상의 난방설비 용량의 증대를 가져오게 될 것이다.

난방장치 용량을 계산하기 위한 외기 설계 조건은 전 난방기간(12월~3월)에 위험률※ 2.5% (TAC※의 추천)을 기준으로 표 4-3을 적용한다.

※ 위험률 : 실제 외기는 가장 추운 달의 외기 평균 온도보다 더 추워지는 정도가 2.5% 더 강하할 수 있다는 뜻이다.
※ TAC : ASHRAE(미국공기조화냉동공학회)의 기술지도위원회(Technical Advisory Committee)

표 4-3 난방 설계용 외기 조건

구 분 / 지 명	건구온도 [℃]	상대습도 [%]	구 분 / 지 명	건구온도 [℃]	상대습도 [%]
서　울	−11.9	69	광　주	− 7.4	73
부　산	− 5.8	66	수　원	−12.8	74
대　구	− 8.2	68			

3. 보 일 러

(1) 보일러의 종류

① 주철제 보일러 : 주철제의 부재(section)를 조합하여 관체를 구성한 보일러.

㉮ 사용압력

㉠ 증기의 경우 : 0.1MPa 이하

㉡ 온수의 경우 : 0.3MPa(수두 30m) 이하

㉯ 특 징

㉠ 소규모 건축

㉡ 조립식

㉢ 운반 반입 편리(현장 조립 가능)

㉣ 섹션의 증감에 의해 보일러의 능력 변경 가능

㉤ 가격이 싸다.

㉥ 재질이 약하여 고압으로는 부적당하며, 용량도 적고 내부 청소가 곤란하다.

㉦ 증기 보일러 : 최고 사용압력의 1.5~3배의 눈금을 가진 압력계를 사용

㉧ 온수 보일러 : 최고 사용압력의 1.5배의 눈금을 가진 수고계를 사용

② 노통 연관식 보일러

강판제 보일러의 일종으로 강판으로 된 원통 속에 연소실이 있고, 연소가스는 수중이 연관을 2~3회 흐름 방향을 바꾸어 통과하여 물에 열을 주고 연돌로 흐른다.

㉮ 특 징

㉠ 대규모 건축(공조 및 급탕 겸용)

㉡ 고압·고효율 보일러

㉢ 공장 제품을 그대로 운반 설치(현장 조립 불가능)

㉣ 수명이 짧고, 고가이며, 예열시간이 길다.

㉤ 보유수량이 많으므로 부하 변동에도 안전하다.

③ 수관식 보일러

드럼과 여러 개의 수관으로 구성된 보일러로서, 종류에는 자연 순환 보일러, 강제 순환 보일러, 관류 보일러 등이 있다.

㉮ 사용압력 : 증기압력 1MPa 이상

㉯ 특 징

㉠ 대규모 건물의 공조용

㉡ 대용량

㉢ 열효율이 좋고 보유수량이 적으므로 증기 발생이 빠르다.

㉣ 설치 면적이 넓고, 고가이며, 급수 처리가 까다롭다.

④ 입형 보일러

㉮ 규모가 작은 건물이나 일반 가정용 난방

㉯ 소용량용

㉰ 설치 면적이 작고, 취급이 용이하다.

㉱ 물처리가 불필요하다.

(2) 보일러의 효율과 능력

보일러의 효율은 구조, 크기, 연료의 종류, 연소 방법, 보일러의 취급 방법 등에 따라서 크게 달라진다. 보일러의 능력을 표현하는 데는 보통 다음의 요소를 사용한다.

① 화상면적(grate area)
연료를 연소하는 화격자(fire grate)의 면적

② 전열면적
보일러의 연소실에서 연료의 연소로 발생하는 열에 의해 보일러를 형성하는 판 또는 관의 면이 한쪽은 가열되고, 그 반대쪽은 열을 물에 전하는 면적[m^2]

③ 연소율
고체 연료를 사용할 경우 화상 면적 $1m^2$당 1시간의 연소량, 또한 액체 연료의 경우에는 전열면적 $1m^2$당 1시간의 연소량을 그 보일러에 대한 연소율이라 한다.

④ 증발량
단위시간에 발생하는 증기량[kg/h]

㉮ 상당 증발량(G_e)
실제 증발량이 흡수한 전열량을 가지고 100℃의 온수에서 같은 온도의 증기로 할 수 있는 증발량

$$G_e = \frac{G(h_2 - h_1)}{2,257} [\text{kg/h}]$$

G : 실제 증발량[kJ/kg]
h_1 : 급수의 엔탈피[kJ/kg]
h_2 : 발생증기의 엔탈피[kJ/kg]
2,257 : 100℃ 물의 증발잠열[kJ/kg]

㉯ 실제 증발량(G)
단위시간에 발생하는 증기량[kg/h]

예제

보일러의 실제 증발량이 1,000kg/h이고, 발생증기의 엔탈피는 660.8kJ/kg, 보일러에 보급되는 급수의 엔탈피는 80kJ/kg이다. 이때 보일러의 상당 증발량(또는 환산 증발량)은?

해설 $G_e = \frac{G(h_2 - h_1)}{2257} = \frac{1,000(660.8-80)}{2257} = 257.3\text{kg/h}$

⑤ 유효 열량
보일러에서 단위시간에 발생하는 증기 또는 온수의 보유 열량[kJ/h]

⑥ 보일러마력
1시간에 100℃의 물 15.65kg을 전부 증기로 증발시키는 증발 능력을 1보일러마력이라 한다.

㉮ 1마력의 상당 증발량은 15.65kg/h

㉯ 15.65[kg/h]×2,257[kJ/kg]=35,322[kJ/h]=9.8kW

㉰ 전열면적 : $0.929m^2$

㉱ 방열면적 : $13m^2$(9.8kW÷0.756kW/㎡)

⑦ 레이팅

상당 방열면적(equivalent direct radiation)으로서, 난방에 있어서는 방열기의 방열면적으로 보일러의 능력을 표시한다.

⑧ 난방 도일(度日 : heating degree days : H.D.)

추운 날의 정도를 나타내는 것으로서, 연료 소비량을 추정 평가하는 데 사용된다. 실내의 평균 온도와 외기의 평균 기온과의 차(差)에 일(日 : days)을 곱한 것이다.

$$H.D = \Sigma(t_i - t_o) \times \text{days}\,[℃ \cdot \text{days}]$$

t_i : 실내 평균 온도[℃]

t_0 : 실외 평균 온도[℃]

days : 난방 기간

㉮ 특 징

㉠ 추운 정도의 지표가 된다.

㉡ 값이 크면 난방 연료 소비량이 많다.

㉢ 각 지역마다 값이 다르다.

(3) 연소장치

① stocker : 고체연료

㉮ 상입식 : 고체연료를 위에서 쏟아 넣음－대규모(고압용)

㉯ 하입식 : 고체연료를 밑에서 쏟아 넣음－소규모(저압용)

② oil burner : 액체 연료

preheater : 중유, 벙커C유 등의 점성을 줄여 버너에 공급하기 위한 장치

(4) 급수장치

① 저압용 보일러 : 응축수 펌프, 환수용 진공 펌프

② 고압용 보일러

㉮ 전동 급수 펌프 : 모터를 동력으로 한 펌프

㉯ 워싱턴 펌프 : 보일러의 증기를 동력으로 한 펌프

㉰ 인젝터(injector) : 보일러의 증기관과 급수관을 연결하여 증기압을 동력으로 하여 급수하는 장치

③ return tank : 보일러의 급수장치에 사용

보일러에는 경도가 높은 물을 사용해서는 안되며, 급수펌프로는 보통 워싱턴 펌프와 터빈 펌프가 주로 사용된다. 난방장치의 특수 펌프로는 컨덴세이션 펌프 등이 사용된다.

㉮ 펌프 급수량

$$Q = 2W[\text{m}^3/\text{h}]$$

㉯ 펌프 양정

$$H = (H_p + H_w + H_f) \times 1.2$$

W : 보일러 증발량[kg/h]
H_p : 보일러 압력에 해당하는 수두[m]
H_w : 펌프에서 보일러 수면까지 높이[m]
H_f : 배관의 마찰손실수두[m]

(5) 보일러 설치 기준

① 보일러 전면에서 벽까지 거리
㉮ 주철 보일러 stocker : 3m
㉯ 주철 보일러 burner : 1.2m

② 보일러 뒤쪽에서 벽까지의 거리 : 1m 이상

③ 보일러 상면에서 천장까지의 거리 : 1.2m 이상

④ 보일러 측면에서 벽까지의 거리 : 0.45m 이상

(6) 보일러용 굴뚝 크기

$$Q \leqq (147A - 27\sqrt{A})\sqrt{H}$$

Q : 연료의 소비량[kg/h]
A : 굴뚝의 최소 단면적[m²]
H : 보일러 화상면에서부터 굴뚝 최상부까지의 높이[m]

(7) 보일러실의 조건과 관리

① 구조는 내화구조로 하고 천장높이가 보일러 최상부에서 1.2m 이상 되게 하며, 보일러 외벽까지의 거리는 45cm 이상 되도록 해야 한다.

② 보일러실의 위치는 건물 중앙부, 즉 난방부하의 중심에 있도록 하는 것이 좋다.

③ 보일러는 매년 1회 이상 성능 검사를 받도록 하고, 수면계 · 압력계 · 안전밸브 등을 수시로 점검하여야 한다.

④ 온수보일러를 가동하지 않을 때는 물을 채워 부식을 막도록 하고, 증기보일러는 물을 빼고 건조시켜 두도록 한다.

(8) 보일러의 부하

$$H = H_R + H_W + H_P + H_E$$

H : 보일러의 부하[kW]

H_R : 난방부하[kW]－실의 손실열량

H_W : 급탕, 급기 부하[kW]－주방, 욕실 등의 급탕에 필요한 열량(kJ/ℓ·h)

H_P : 배관부하[kW]－배관에서의 손실열량. 보통 H_R+H_W의 15~25% 정도

H_E : 예열부하[kW]－보일러에 여력을 준 값. H_R, H_W, H_P에 대한 값

① 보일러 능력 표시법

㉮ 정격출력$=H_R+H_W+H_P+H_E$

㉯ 상용출력$=H_R+H_W+H_P$

㉰ 방열기 용량$=H_R+H_W$

② 보일러의 효율$=\dfrac{\text{환산 증발량}\times 2,257}{\text{연료 소비량}\times\text{연료의 저발열량}}\times 100\%$

$=\dfrac{\text{실제 발열량(발생증기의 엔탈피}-\text{급수 엔탈피)}}{\text{연료 소비량}\times\text{연료의 저발열량}}\times 100\%$

예제 1.

증기난방설비에서 방열기의 소요 방열면적이 $100m^2$ EDR, 매시 급탕량의 최대가 600ℓ/h, 배관 및 여유부피가 35%인 경우 보일러의 소요 출력은?(단, 급탕의 온도는 가열 전의 물을 65℃ 높인 것으로 한다.)

해설 • 보일러 출력(정격출력)=난방부하+급탕부하+배관부하+예열부하

① 방열부하$=100m^2\times0.756kW/m^2=75.6kW$

② 급탕부하$=\dfrac{600kg/h\times4.2kJ/kg\cdot K\times60℃}{3600s/h}=42kW$

③ 배관부하+예열부하=배관 및 여유부피가 35%

∴ 보일러출력(정격출력)$=(75.6+42)\times1.35=158kW$

※ 1ℓ=1kg, 물의 비열=4.2kJ/kg·K

※ 급탕부하$=\dfrac{\text{급탕량}m(kg/h)\times\text{비열}c(kJ/kg\cdot K)\times\text{온도차}\Delta t(K)}{3,600(s/h)}$[kW]

예제 2.

온수난방에서 상당방열면적이 400㎡이고, 한시간의 최대급탕량이 700ℓ/h일 때 보일러의 방열기용량은?(단, 급탕온도차는 60℃를 기준으로 함.)

해설 방열기용량 = 난방부하(H_R)+급탕부하(H_W)

① 난방부하= 400㎡×0.523kW≒209kW

② 급탕부하= $\dfrac{700kg/h \times 4.2kJ/kg \cdot K \times 60℃}{3600s/h}$ = 49kW

∴ 방열기용량 = ①+②이므로 209+49=258kW

4. 방열기(radiator)

(1) 방열기 종류

① 주철제 방열기 : 주철제 중공의 섹션을 조립하여 내부에 증기 또는 온수를 통해서 방열량의 1/3은 복사, 2/3는 대류에 의해 방열하며, 외벽측의 창 밑에 설치한다.

② 강판제 방열기 : 강판제를 프레스로 가공하여 용접으로 2매를 맞붙여 온수를 통해 복사와 대류에 의해 방열하며, 주택, 소규모 건물에서 사용된다.

③ 대류 방열기(convector) : 경량 방열기라고도 하며, 효율 및 외관이 좋아 널리 사용되며 실내 공기는 하부의 입구에서 유입되어 엘리먼트를 통과한 후 상부의 출구로 방열한다. 외벽측의 창 밑에 설치한다.

④ 걸레받이 방열기(base board convector) : 실내의 하부걸레받이 부분에 설치하는 일종의 대류 방열기로서 주택, 학교, 소규모 건축에서 사용한다.

⑤ 팬 컨벡터 : 강제 대류형 방열기라고도 하며, 상하·수평 온도차가 적다. 팬, 전동기, 코일, 에어필터를 일체로 짜넣은 구조로서, 객실, 응접실 등에서 사용한다.

⑥ 관 방열기 : 강관을 가공하여 고압증기, 고온수에 견딜 수 있는 구조로서, 길드 방열기의 대용으로 온실, 건조실, 공장 등에서 사용한다.

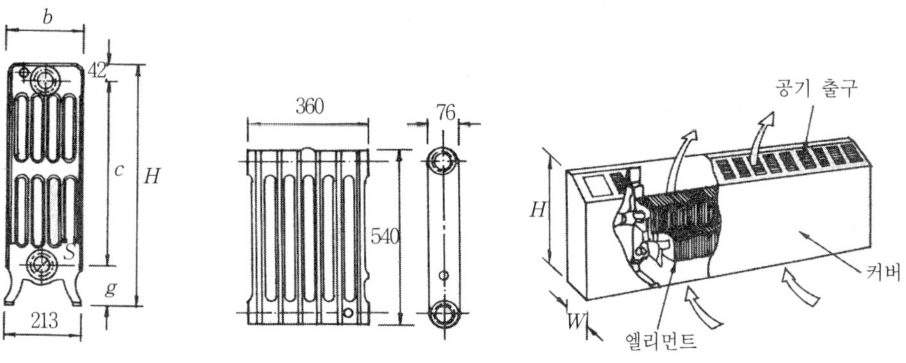

(a) 주형 방열기(5 세주) (b) 벽걸이 방열기(종형) (c) 베이스 보드 방열기

그림 4-1 방열기의 종류

(2) 표준 방열량

표준 방열량

열매의 종류	표준 방열량[kW/m²]	표준 상태에 있어서의 온도	
		열매의 온도	실 온
증 기	0.756	102℃	18.5℃
온 수	0.523	80℃	18.5℃

(3) 표준 방열면적(E.D.R)

표준 방열량을 방출하는 방열기의 표면적[m²]

① 증기난방

$$E.D.R = \frac{\text{방열기의 전 방열량[kW]}}{0.756[\text{kW/m}^2]}$$

② 온수난방

$$E.D.R = \frac{\text{방열기의 전 방열량[kW]}}{0.523[\text{kW/m}^2]}$$

(4) 소요 방열기(section 수) 계산

① 증기난방

$$N_s = \frac{\text{손실열량}(H_L)[\text{kW}]}{0.756[\text{kW/m}^2] \times \text{방열기의 방열면적}(a_0)}$$

② 온수난방

$$N_W = \frac{\text{손실열량}(H_L)[\text{kW}]}{0.523[\text{kW/m}^2] \times \text{방열기의 방열면적}(a_0)}$$

예제 1.

어느 방의 손실열량이 11.6kW이고, 환기에 의한 손실열량이 3.5kW이다. 이 방에 증기난방에 의한 방열기를 설치할 경우 상당방열면적은? (열매온도와 실내온도가 표준상태일 경우)

해설 상당방열면적(EDR)

$$EDR = \frac{손실부하(난방부하)}{표준방열량}$$ 이므로

$$\therefore EDR = \frac{손실부하(난방부하)}{표준방열량} = \frac{11.6+3.5}{0.756} = 20m^2$$

※ 1kW=1,000W

예제 2.

증기난방을 하는 어떤 방의 난방부하가 7560W일 때 상당방열면적 및 필요한 방열기의 섹션(절)수는?(단, 1W=0.860kcal/h, 섹션 1개의 방열면적은 0.15㎡로 한다.)

해설 ① 상당방열면적(EDR)

$$EDR = \frac{손실부하(난방부하)}{표준방열량}$$

$$\therefore EDR = \frac{7.56[kW]}{0.756[kW/m^2]} = 10m^2$$

② 방열기의 절수(section) 산정

$$N_S = \frac{손실열량(H_L)[kW]}{0.756[kW/m^2] \times 방열기의\ 방열면적(a_0)}$$

$$\therefore N_S = \frac{7.56[kW]}{0.756[kW/m^2] \times 0.15} = 66.6 ≒ 67절$$

(5) 방열기의 위치

외벽에 면한 열손실이 가장 큰 곳인 창문 아래에 설치하고, 벽과의 거리는 50~60mm 정도이다.

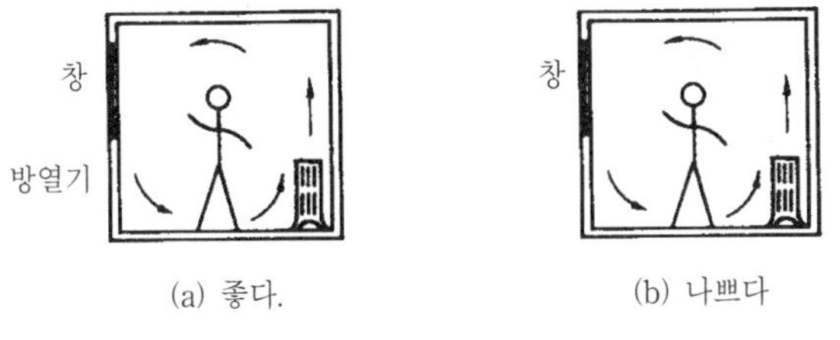

그림 4-2 방열기의 위치

(6) 방열기 호칭법

① 주형 방열기 : 로마 숫자로 표기, 2주－Ⅱ, 3주－Ⅲ

② 세주형 방열기 : 아라비아 숫자로 표기, 3세주－3, 5세주－5

③ 벽걸이 방열기

W ┌ 횡형 : H(Horizontal)
  └ 종형 : V(Vertical)

④ 도면상의 표시법

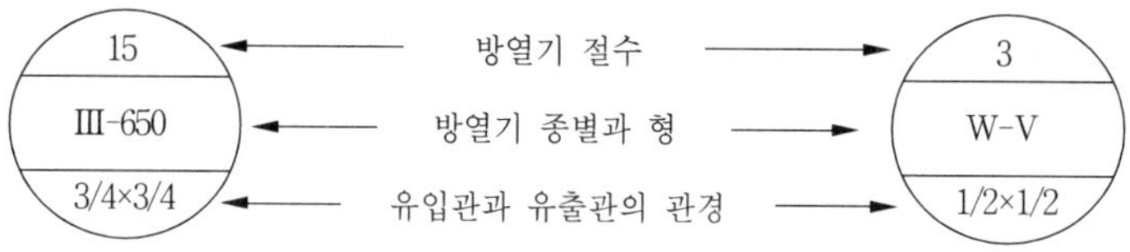

그림 4-3 방열기 도시법

5. 난방 방식

(1) 난방 방식의 분류

난방 방식에는 개별식 난방과 중앙식 난방이 있으며, 화로나 스토브(stove) 등과 같이 난방하는 실에서 직접 불을 사용 하는 것을 개별 난방이라 하며, 보일러, 온풍도 등을 기계실에 설치하고 여기에서 발생되는 증기, 온수, 온풍 등을 여러 실에 공급이나 배분하는 것을 중앙 난방이라 한다.

열원 기기에서 가열된 증기, 온수 등의 열매를 직접 실내의 방열 장치에 공급하여 난방하는 방식을 직접난방이라 하고, 열원 장치에서 가열된 열매가 공기 조화기, 배관, 덕트(duct) 등을 지나서 실내로 공급되어 난방하는 방식을 간접 난방이라고 한다.

직접 난방은 간접 난방에 비해 설비가 비교적 간단하고 취급이나 유지 관리가 용이하지만, 일반적으로 실내 습도의 조절이나 공기의 청정도 유지가 곤란하다.

중앙 난방을 분류하면 증기 난방, 온수 난방, 복사 난방, 온풍 난방 등이 있는데, 특히 중앙 난방의 대규모 방식으로는 도시의 일정 구역의 다수 건물에 대한 1개소의 보일러(plant)로부터 고압 증기 또는 고온수를 공급하는 방식의 지역 난방이 있다.

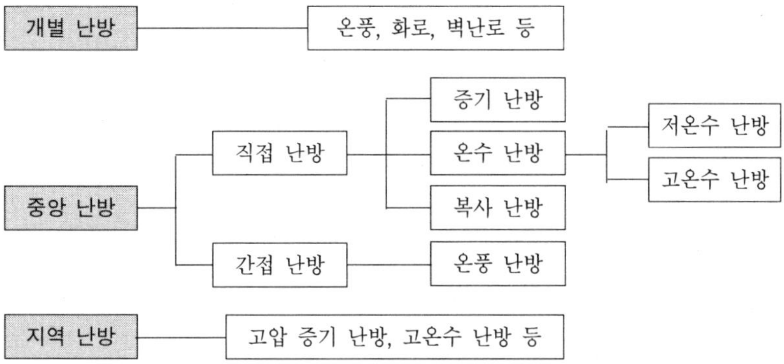

그림 4-4 난방 방식의 분류

표 4-5 각종 난방 방식의 비교

구 분		증기 난방	온수 난방	복사 난방	온풍 난방
열매·사용온도		증기 100~110℃	온수 70~90℃	온수 40~60℃	공기 30~50℃
열원		보일러	보일러 또는 열교환기		온풍기
방열제		방열기	방열기	패널	없음
순환동력기계		진공급수펌프	온수 순환 펌프		송풍기
설비비	대규모	소	중	대	중
	중소 규모	소	중	대	소
연료비		대	중	소	소
유지관리의 난이		약간 곤란	용이	용이	약간 곤란
자동제어의 난이		곤란	용이	약간 곤란	용이
많이 적용되는 건물		대규모의 사무소, 공장	주택, 아파트, 병원, 중규모의 사무소	주택, 은행의 영업실, 교회	사무소, 공장

(2) 증기난방

증기난방(steam heating)은 보일러에서 물을 가열하여 발생된 증기를 각 실에 설치된 방열기로 보내어 이 수증기의 증발잠열로 난방을 하는 방식이다. 방열기 내에서 수증기는 증발잠열을 빼앗기므로 응축이 되며, 이 응축수는 트랩에서 증기와 분리되어 환수관을 통하여 보일러에 환수된다.

1) 증기난방의 장단점

① 장 점

㉮ 방열기의 크기가 온수난방보다 작다.

㉯ 예열시간이 짧다.

㉰ 방열기 및 배관 내에 물이 거의 없으므로 동결에 의한 파손의 위험이 적다.

㉱ 시설비와 유지비가 싸다.

② 단 점

㉮ 방열기 제어가 힘들다.

㉯ 방열기의 표면온도가 높아 쾌적성은 온수난방보다 못하다.

㉰ 난방 개시할 때 소음이 난다.

㉱ 응축수 배관이 부식되기 쉽다.

㉲ 보일러 맨이 필요하다.

2) 증기난방 방식의 분류

① 응축수의 환수 방식에 따른 분류

㉮ 중력 환수식 증기난방법

열을 방산한 후 증기는 응축수로 바뀌는데 이 응축수를 중력 작용에 의해 보일러로 유입시키는 난방 방식이다.

㉠ 저압보일러에 사용한다.

㉡ 방열기 설치 위치에 제한을 받는다.

㉢ 단관식일 경우 방열기 밸브는 반드시 하부 태핑에 달아야 한다. 응축수와 증기가 역류하므로 관경을 크게 할 필요가 있다.

㉣ 각 방열기마다 공기 빼기 밸브를 부착한다.(방열기 높이의 2/3 정도)

㉯ 진공 환수식 증기난방법

환수 주관 말단의 보일러 바로 앞에 진공펌프를 접속시켜 환수관 중의 응축수와 공기를 흡인하는 방식이다.

㉠ 증기의 순환이 가장 빠른 방식이다.

㉡ 배관 도중의 공기 빼기 밸브는 필요없다.

㉢ 방열기 설치 위치에 제한을 받지 않는다.

㉣ 환수관 내가 진공이 되므로 증기압이 배관 저항보다 더 커서 순환이 빨라지고 균일한 난방을 행할 수 있다.

㉤ 환수관의 관경이 작아도 된다.

㉰ 기계 환수식 증기난방법

환수관 말단의 수수탱크에 응축수를 모아 왕복펌프를 통하여 보일러에 환수시키는 방식이다.

㉠ 보일러의 위치는 방열기와 동일한 바닥면 또는 높은 위치가 되어도 지장이 없다.

㉡ 방열기의 설치를 보일러의 높이와 동일한 위치까지 설치할 수 있다.

㉢ 방열기 개폐도를 조정하여 방열량을 조절할 수 있다.

㉣ 각 방열기마다 공기 빼기 밸브를 부착할 필요가 없다.

② 증기압력에 의한 분류

㉮ 저압 증기난방 : 0.1MPa 이하(0.015~0.035MPa)

㈏ 고압 증기난방 : 0.1MPa 이상

표 4-6 증기 난방법의 분류 및 종류

분 류	종 류
응 축 수 환 수 방 식	① 중력 환수식 ② 진공 환수식 ③ 기계 환수식
증 기 압 력	고압식, 저압식
배 관 방 식	① 상향식, 하향식 ② 상하향 혼용식
환 수 배 관 방 식	① 습식 환수 배관 ② 건식 환수 배관

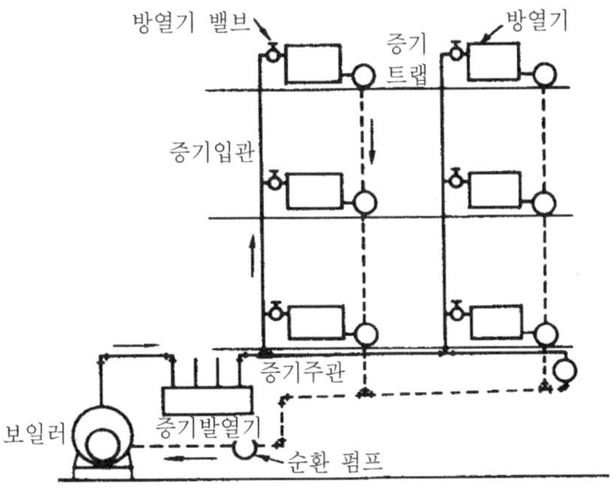

그림 4-5 증기 난방 배관 예

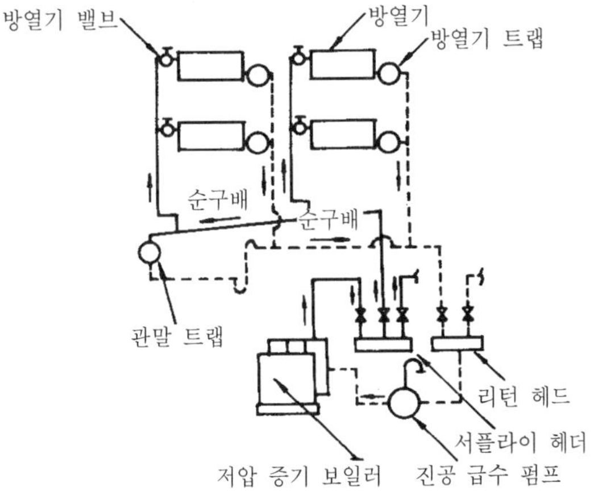

그림 4-6 저압 증기 난방 방식

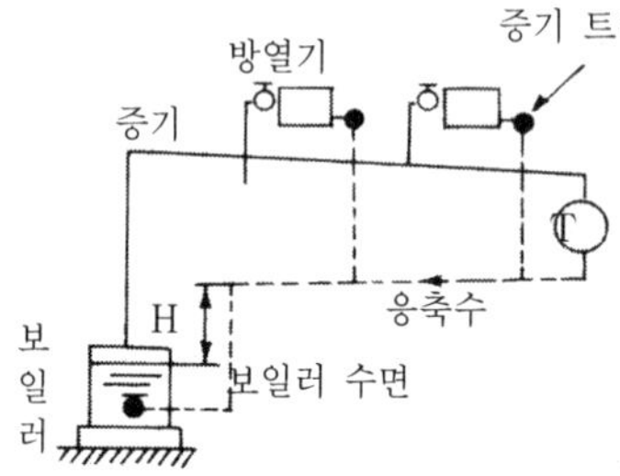

(a) 건식 환수 배관

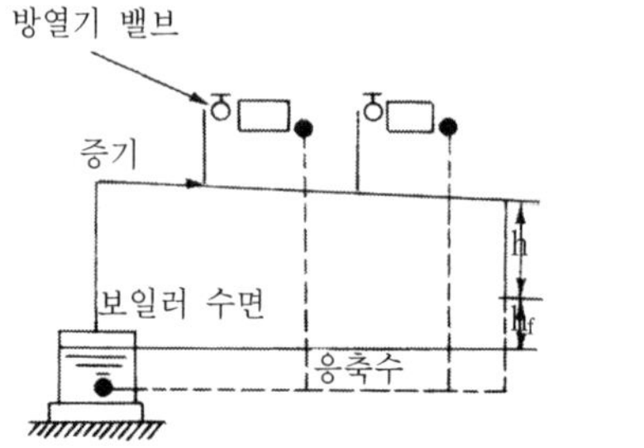

(b) 습식 환수 배관

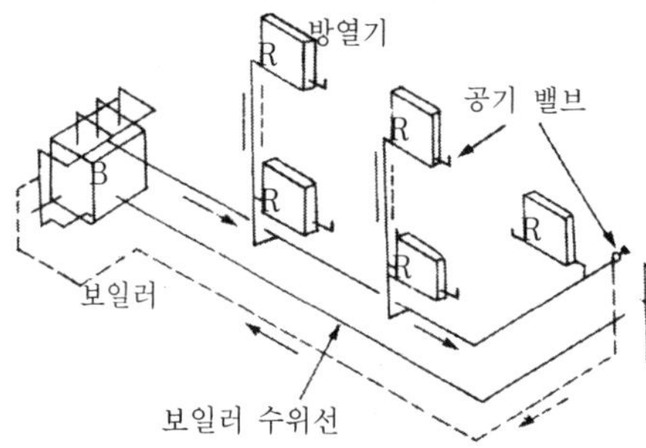

(c) 단관식 배관

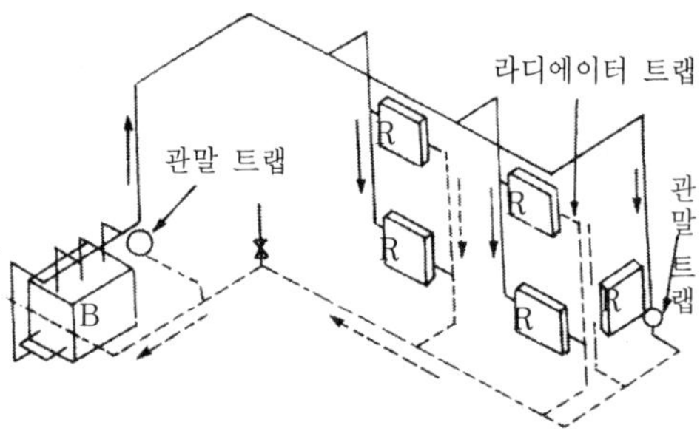

(d) 복관식 배관

그림 4-7 중력 환수식

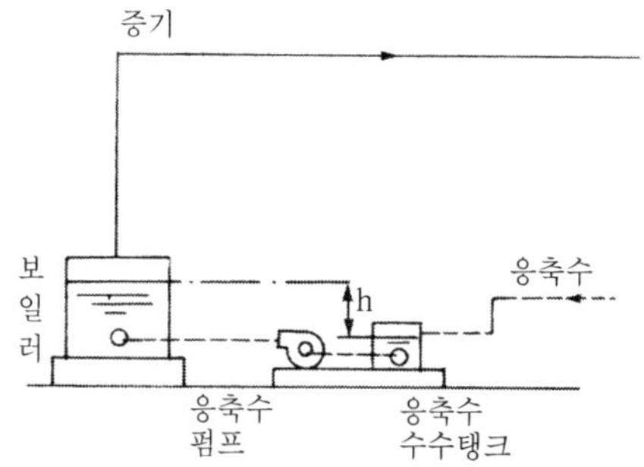

(a) 기계 환수식

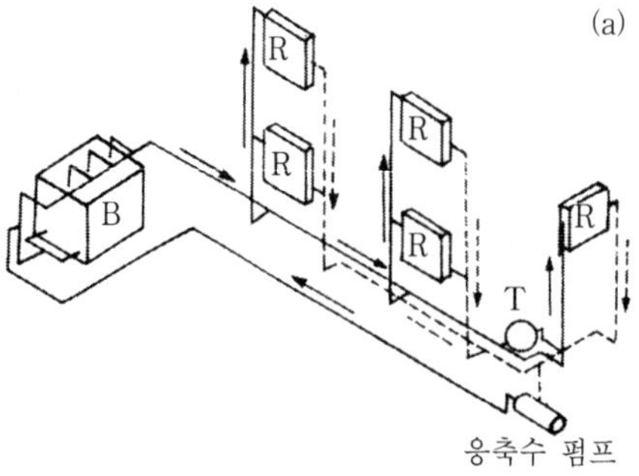

(b) 기계 환수식 증기난방

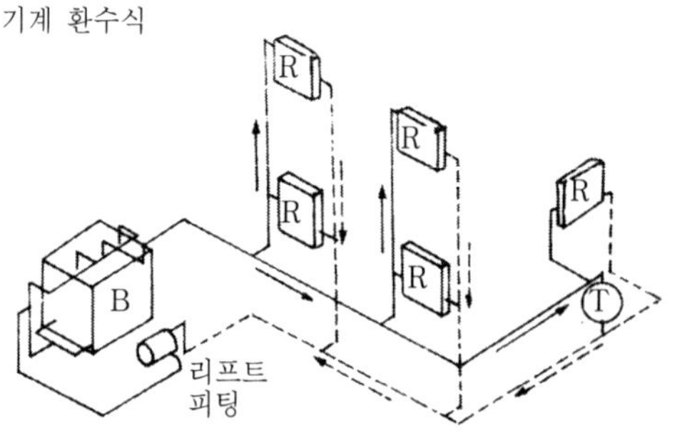

(c) 진공 환수식 증기난방

그림 4-8 강제 환수식

③ 증기 배관 방식에 의한 분류

㉮ 상향식 : 단관식, 복관식

㉯ 하향식 : 단관식, 복관식

㉰ 상하 혼용식 : 대규모 건물의 불합리한 온도차를 줄인다.

④ 환수 배관 방식에 의한 분류

㉮ 습식 : 보일러의 수면보다 환수주관이 낮은 위치에 있을 때

㉯ 건식 : 보일러의 수면보다 환수주관이 높은 위치에 있을 때

3) 증기난방 배관 · 부속기기

※ 증기난방에 사용되는 증기의 경로
boiler → steam header → 주증기관 → 감압밸브 → 방열기 → 환수관 → lift joint → return tank → pump →boiler로 반복 순환

① 주증기관 : 증기 진행 방향으로 1/200~1/300의 하향 구배(순구배)

② 횡인관 : 주관 쪽으로 1/100의 역구배를 잡아 응축수를 주관으로 모은다.

③ 환수 주관 : 환수 주관으로 1/200~1/300의 하향 구배

④ 감압밸브 : 고압증기난방시는 주증기관의 도중에 감압밸브를 설치하여 증기를 감압공급, 증기관 내의 밸브는 유체의 저항을 줄이기 위해서 슬루스 밸브(sluice valve)를 사용한다.

⑤ 증기 트랩(steam trap) : 방열기의 환수부(하부 태핑) 또는 증기 배관의 최말단 등에 부착하여 증기관 내에 생긴 응축수만을 보일러 등에 환수시키기 위해 사용하는 장치이다.

㉮ 방열기 트랩(radiator trap : 열동 트랩, 실로폰 트랩)

㉯ 버킷 트랩(burcket trap) : 주로 고압증기의 관말 트랩이나 증기 사용 세탁기, 증기 탕비기 등에 많이 쓰인다.

㉰ 플로트 트랩(float trap) : 저압증기용 기기 부속 트랩으로 다량의 응축수를 처리하기 위해 사용하며 열교환기 등에 많이 쓰인다.

⑥ 방열기 밸브 : 방열기 입구에 설치해서 증기나 온수의 유량을 조절한다.

⑦ 관말 트랩 : 주관의 관말에 트랩을 장치한다.

⑧ 방열기 지관 : 열팽창에 의한 응력을 고려하여 루프상으로 배관한다.

⑨ expansion joint

㉮ bellows형

㉯ sleeve형

㉰ loop형

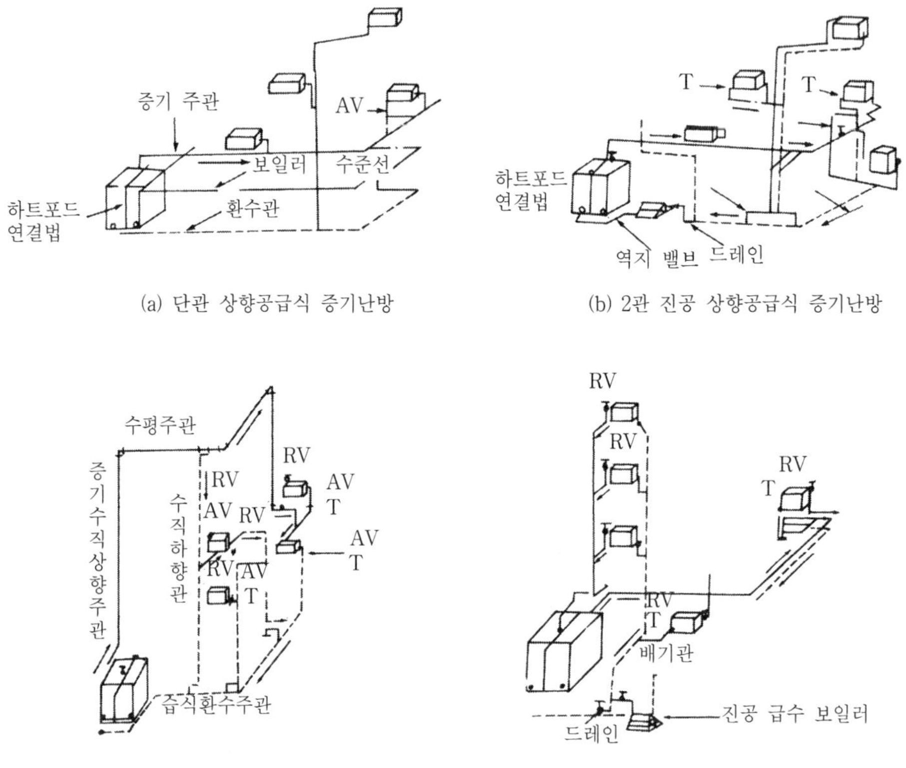

(a) 단관 상향공급식 증기난방

(b) 2관 진공 상향공급식 증기난방

(c) 2관 중력 하향공급식 증기난방

(d) 2관 기계환수 상향공급식 증기난방

※ AV : 공기 빼기 밸브 RV : 방열기 밸브 T : 트랩 CL : 냉각 레그

그림 4-9 증기난방 배관

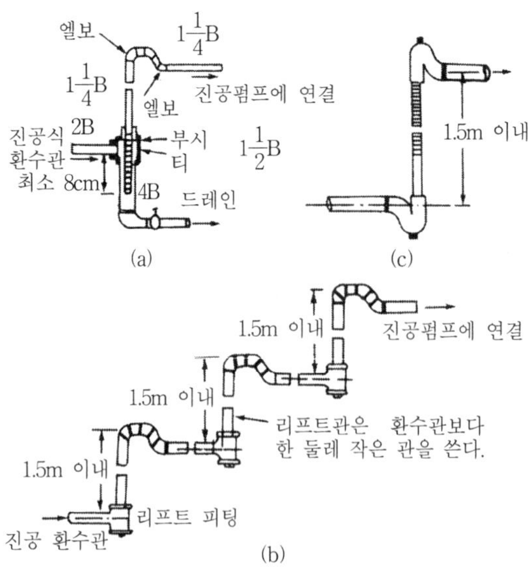

그림 4-10 리프트 이음 배관

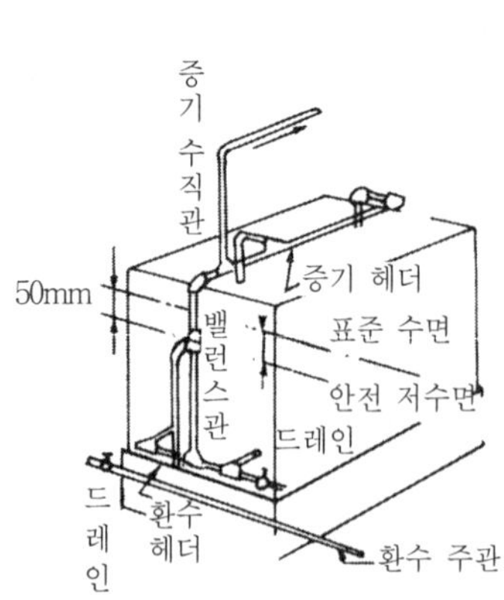

그림 4-11 하트포드 접속법

⑩ unit heater, heating coil

⑪ lift joint : 진공 환수식 난방장치에서

㉮ 방열기보다 높은 곳에 환수관을 배관하지 않으면 안될 때

㉯ 환수 주관보다 높은 위치에 진공펌프를 설치할 때

lift joint를 설치하여 환수관의 응축수를 끌어올릴 수 있다.

㉠ 저압인 경우 : 1단에 1.5m 이내

㉡ 고압인 경우 : 증기관과 환수관의 압력차 0.1MPa(1kg/cm²)에 대해 5m 정도 끌어올린다.

⑫ 하트포드 연결법 : 저압증기난방장치에서

㉮ 보일러 내의 수면이 안전 수위 아래로 내려가고

㉯ 환수관의 일부가 파손되어 물이 샐 때

→ 밸런스관을 달고 안전 저수면보다 높은 위치에 환수관을 접속하는 연결법

⑬ 냉각 레그

㉮ 관말트랩의 응축수를 냉각하기 위한 배관이다.

㉯ 관경은 증기 주관보다 한 치수 적게 한다.

㉰ 냉각 레그와 환수관 사이에 트랩을 설치한다.

㉱ 보온 피복할 필요 없다.

⑭ 인젝터(injector)

증기의 응축수를 보일러 내에 공급할 때 사용되며, 각종 노즐의 혼합으로 구성되어 있다.

⑮ 2중 서비스 밸브

하향식 증기난방에서 응축수의 동결방지용으로써 한랭지 배관에서 주로 사용한다.

⑯ 스팀 헤더(steam header)

증기를 각 계통별로 고르게 송기하기 위하여 설치한 장치이다.

(3) 온수난방

온수를 방열기에 보내 온수의 현열을 이용한 난방으로 보일러에서 가열된 온수를 단관식 또는 복관식의 배관을 통하여 방열기에 공급하여 난방하는 방식이다.

1) 온수난방 난방의 장단점

① 장 점

㉮ 난방부하에 의해 방열량을 조절할 수 있다.

㉯ 열용량이 크고 운전이 정지하여도 여열이 있다.

㉰ 난방에 대한 실내 쾌적도가 좋다.

㉱ 연료 소비량이 적다.

㉲ 고장이 적고, water hammer가 없으므로 소음이 없다.

㉥ 보일러맨이 필요없다.

② 단 점

㉮ 방열기가 증기난방보다 크다.

㉯ 예열시간이 길다.

㉰ 추운 지방에서는 난방이 정지할 때 동결할 염려가 있다.

㉱ 시설비가 비싸다.

2) 온수난방 방식의 분류

표 4-7 온수난방 방식의 분류

분 류	명 칭	개 요
공 급 방 식	상 향 식	• 보일러에서 나온 온수 주관을 최하층 천장에 배관하고, 여기에서 상층에 있는 방열기에 입관을 배관하는 방식
	하 향 식	• 온수주관을 최상층까지 끌어올려 여기에서 하향으로 각 방열기에 배관하는 방식
순 환 방 식	중 력 식	• 온수의 밀도차를 이용해서 순환시키는 방식 • 방열기는 항상 보일러보다 높은 장소에 설치 • 주택 등 소규모 건물에 적합
	강 제 식	• 순환펌프를 이용해서 온수를 순환시키는 것 • 최근에는 펌프의 가격이 싸져서 전체의 설비비는 중력식보다 싸게 되고, 난방 효과가 좋기 때문에 주로 이 방식이 널리 사용되고 있다.(대규모 건축)
배 관 방 식	단 관 식	• 온수 공급관과 환수관을 공용으로 배관
	복 관 식	• 온수 공급관과 환수관을 각각 계통별로 배관
	역 환 수 식	• 보일러에서 방열기까지의 온수 공급관과 방열기에서 보일러까지의 환수관의 길이를 같게 하는 방법으로, 냉온수가 평균적으로 흐름.
팽창 수조형	개 방 식	• 옥상에 둔다. • 최상층 방열기보다 순환압력 이상의 높은 곳에 위치.
	밀 폐 식	• 보일러실 내에 둔다. • 개방식보다 용량이 2~3배 크다.
온 수 온 도	저 온 수 식 (보통온수식)	• 온수온도 100℃ 미만(보통 80℃ 전후)의 온수를 사용하는 것 • 건축의 난방용으로 가장 널리 사용되고 있다.
	고 온 수 식	• 온수온도가 100℃ 이상(보통 100~150℃)을 쓰며 온도차를 20~60℃로 높여 온수 유량을 크게 줄임으로써 관경을 작게 한다. • 지역 난방에 적합하다.

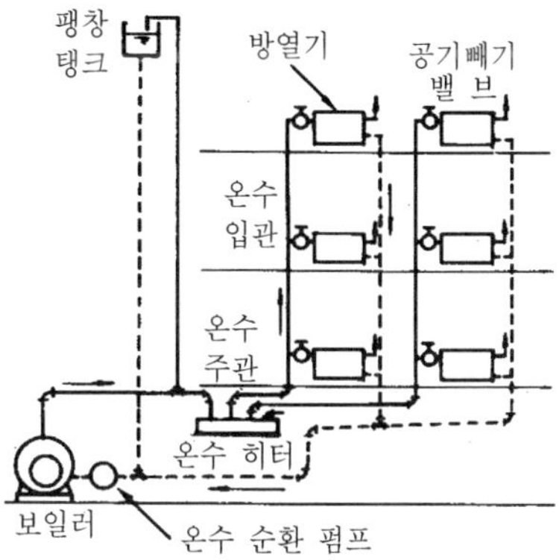

그림 4-12 온수 난방 배관 예

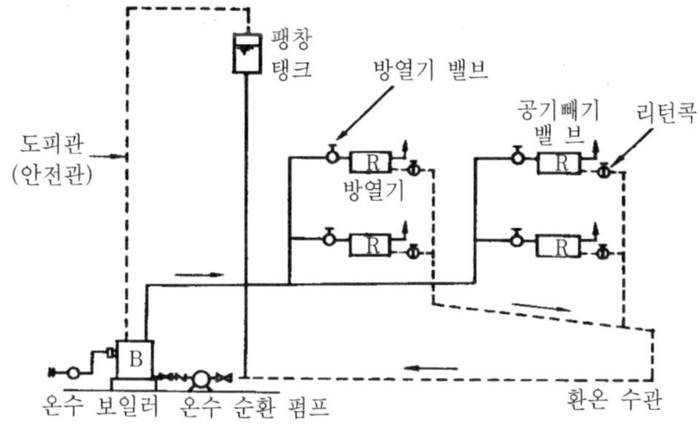

그림 4-13 강제 순환식 온수 난방 방식

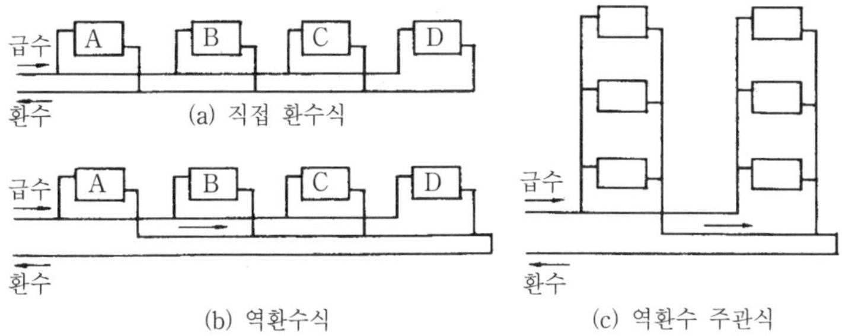

그림 4-14 직접 환수식과 역환수식

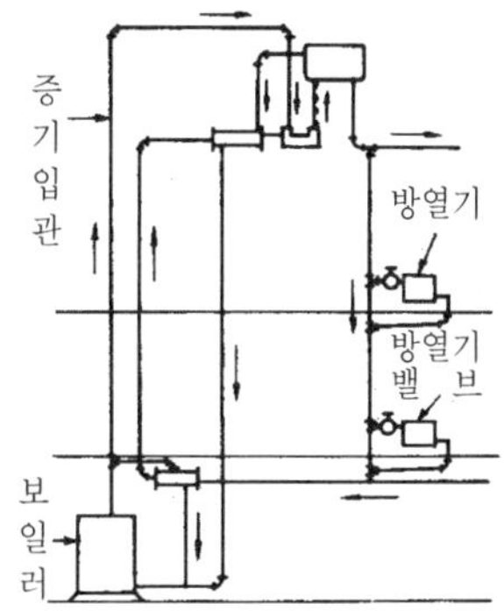

그림 4-15 고온수 난방 배관

3) 온수난방 배관 · 부속기기

※ 온수난방에서 사용되는 온수의 경로

보일러 → supply header → supply pipe → radiator → return pipe → return header → circulation pump(순환펌프) → 보일러로 반복 순환

① 배관은 1/200의 선상향 구배로 한다.

② 수리나 난방 정지시를 고려하여 배관의 가장 낮은 곳에 배수용 밸브를 설치한다.

③ 방열기에는 반드시 수동식 air vent를 단다.

④ 배관은 수평 구배로 공기가 말단에 모이도록 해서 air vent로 배출하거나 expansion tank로 보내도록 한다.

⑤ 보일러에서 E.T.에 이르는 익스팬션 파이프(E.P.)에는 절대로 밸브를 달지 말 것.

⑥ 팽창탱크(expansion tank) : 물의 온도 변화에 따라 온수의 용적이 증감하는데 팽창량은 4℃의 물을 100℃까지 높였을 경우 팽창 체적 비율이 약 4.3%에 이른다. 따라서 항상 이 정도의 팽창에 대한 여유를 갖기 위해서 설치하는 것이 팽창탱크이다.

온수의 온도 변화에 의한 물의 체적팽창과 수축량의 계산

$$\Delta v = \left(\frac{1}{\rho_2} - \frac{1}{\rho_1} \right) v$$

Δv : 온수의 팽창과 수축량[ℓ]
ρ_1 : 불 때기 시작한 때의 물의 비중[kg/ℓ]
ρ_2 : 가열한 온수의 비중[kg/ℓ]
v : 난방장치 내의 전 수량[ℓ]

㉮ 개방식(보통 온수난방)
  ㉠ 온수 팽창량의 2~2.5배
  ㉡ 방열기보다 높은 위치에 설치한다.
  ㉢ 배관 최고부에서 팽창탱크까지의 높이는 1m 이상으로 한다.

㉯ 밀폐식(고온수 난방) : 안전밸브를 달아 보일러 내부가 제한 압력 이상으로 상승하면 자동적으로 밸브를 열어서 과잉수를 배출한다.

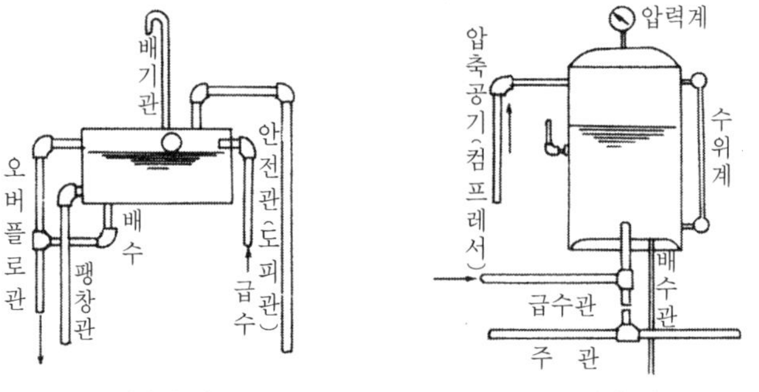

(a) 개방식 탱크 (b) 밀폐식 탱크

그림 4-16 팽창탱크

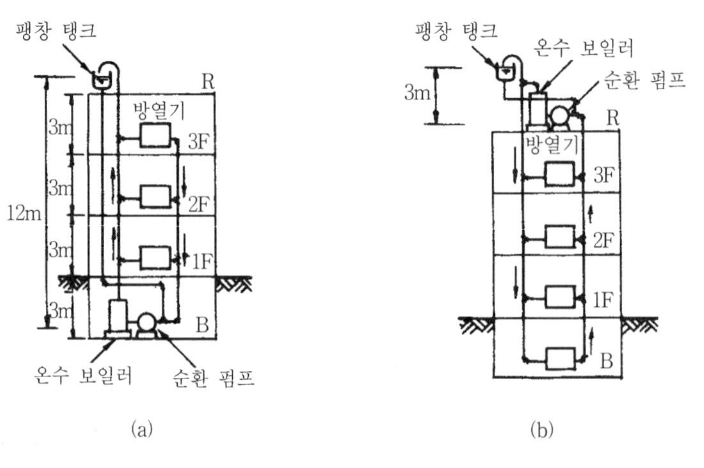

그림 4-17 팽창 탱크 위치

예제

온수난방장치 내의 전체 체적은 1,200ℓ이다. 이 장치의 온수 운전조건을 최저 5℃(밀도 0.9999kg/ℓ)와 80℃(밀도 0.97183kg/ℓ) 사이로 제한할 때 개방식 팽창탱크의 필요 체적은 얼마인가?(단, 팽창탱크의 용량은 온수 팽창량의 2배로 한다.)

해설 $\Delta V = \left(\frac{\rho_1}{\rho_2} - 1\right) \cdot V$

$= \left(\frac{0.9999}{0.97183} - 1\right) \times 1,200$

$= 34.66 = 34.7\ell$

$V' = 2 \times \Delta V = 2 \times 34.7 = 69.5\ell$

ΔV : 온수 팽창량[ℓ]

V : 전체 유량[ℓ]

ρ_1, ρ_2 : 온도변화 전·후의 밀도[kg/ℓ]

V' : 팽창탱크의 용량

⑦ 팽창관 : 팽창수조에 이르는 관으로서 체적팽창에 대한 위험을 막는다.

⑧ 온수난방의 방열량과 순환수량과의 관계

$$H = C_1 L (t_1 - t_2)$$

H : 방열량[W]

C_1 : 물의 평균 비열[4.2kJ/kg℃]

L : 순환수량[kg/h]

t_1 : 공급온수온도[℃]

t_2 : 환수온도[℃]

예제

다음과 같은 조건에서 난방부하가 3,500W인 실을 온수난방으로 할 때 방열기의 온수 순환수량은 얼마인가?

- 방열기의 입구 수온: 90℃
- 방열기의 출구 수온: 85℃
- 물의 비열: 4.19kJ/kg·K

해설 온수난방의 방열량과 온수 순환량과의 관계

$H = C_1 L (t_1 - t_2)$

여기서 H : 방열량[kcal/h, W] C_1 : 물의 평균 비열[1kcal/kg℃, 4.2kJ/kg℃]

L : 순환수량[kg/h] t_1 : 공급온수온도[℃] t_2 : 환수온도[℃]

먼저, 난방부하=3,500W×3.6kJ/h=12,600kJ/h이므로

12,600=4.19×L×(90−85) ∴ L=601[kg/h]≒600[kg/h]

※ 1kW=1kJ/s=3,600kJ/h이므로 1W=3.6kJ/h

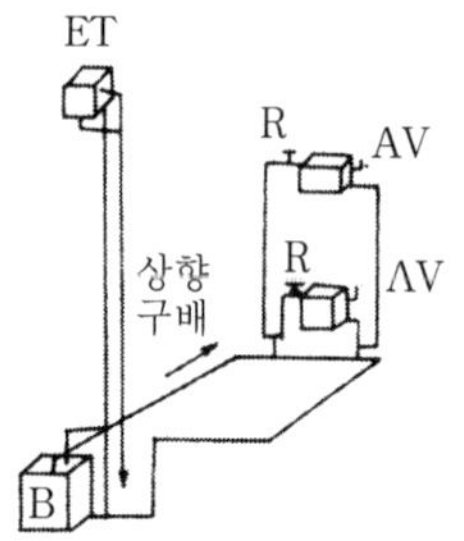

(a) 단관 중력 상향공급식 온수난방

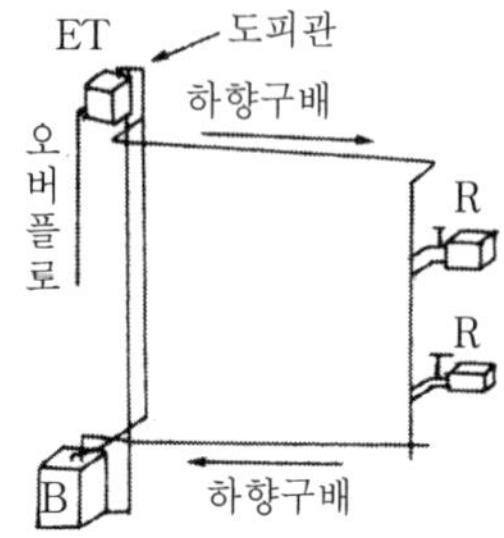

(b) 단관 중력 하향공급식 온수난방

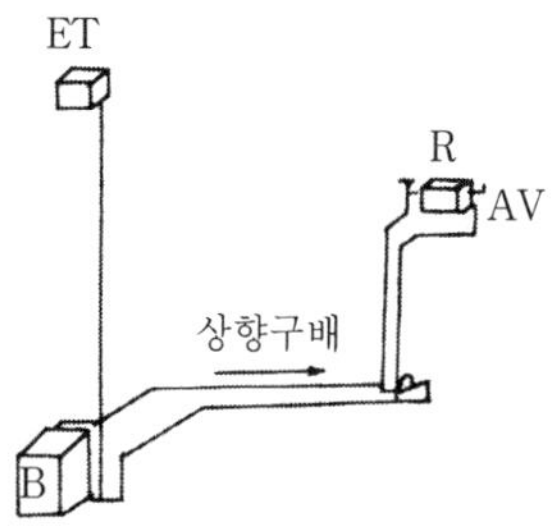

(c) 2관 중력 상향공급식 온수난방

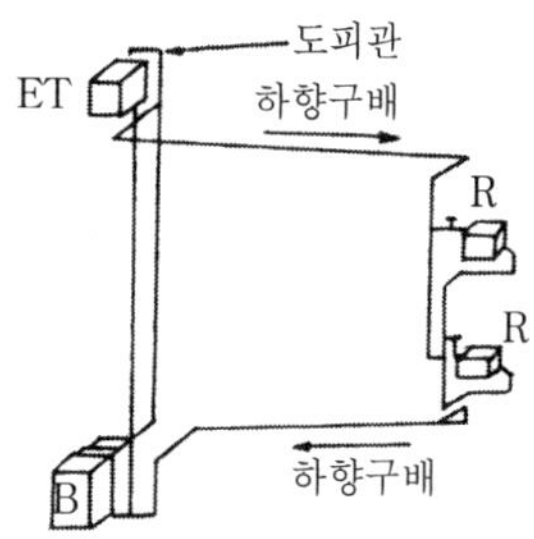

(d) 2관 중력 하향공급식 온수난방

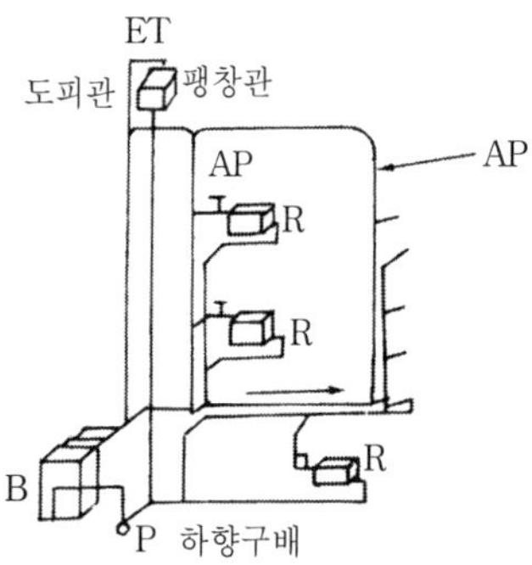

(e) 2관 강제순환 상향공급식 온수난방

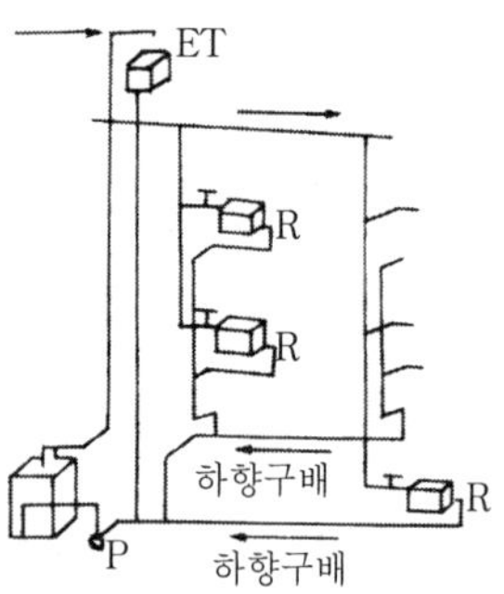

(f) 2관 강제순환 하향공급식 온수난방

B : 보일러 R : 방열기 AV : 공기 빼기 밸브 ET : 팽창탱크 B : 순환펌프

그림 4-18 온수 배관 방식

⑨ 리턴 콕(return cock) : 온수의 유량을 조절하는 밸브로서 주로 온수 방열기의 환수 밸브로 사용된다.

요점정리

▶ **증기난방과 온수난방의 비교**

구 분	증 기	온 수
이 용 열	잠열	현열
표준방열량	0.756kW/m²	0.523kW/m²
열매온도	102℃ 증기	85~90℃(보통온수) 100~150℃(고온수)
방열기 면적	작다	크다
예열시간	짧다	길다
관 경	작다	크다
설치 유지비	싸다	비싸다
쾌 감 도	작다	크다
온도 조절(방열량 조절)	어렵다	쉽다
고유설비	방열기 트랩 (증기트랩, 열동트랩)	팽창탱크 · 개방식 : 보통온수 · 밀폐식 : 고온수
공통설비	공기 빼기 밸브, 방열기 밸브	

▸ **난방 방식 비교**

- 예열시간 : 온풍(짧다) < 증기 < 온수 < 복사(길다)
- 방열량 조절 : 온풍(쉽다) > 온수 > 증기 > 복사(어렵다)
- 쾌감도 : 복사(가장 우수) > 온수 > 증기 > 온풍
- 설치비 : 복사(많다) > 온수 > 증기 > 온풍(작다)

(4) 복사난방

건축 구조체(천장, 벽, 바닥 등)에 동관, 강관, 폴리에틸렌관 등의 코일(coil)을 매설하여 여기에 온수나 증기를 보내어 가열면의 온도를 높여 복사열에 의해서 난방하는 방식이다.

1) 복사난방의 장단점

① 장 점

㉮ 실내의 온도 분포가 균등하여 쾌감도가 높다.

㉯ 방의 바닥면 이용도가 높다.

㉰ 개방 상태의 방도 난방 효과가 있다.

㉱ 대류가 적으므로 바닥면의 먼지가 상승하지 않는다.

㉲ 저온복사난방시 비교적 실온이 낮아도 난방 효과가 있다.

㉳ 고온복사난방시 천장이 높은 방의 난방도가 가능하다.

② 단 점

㉮ 외기의 급변에 따른 방열량 조절이 곤란하다.

㉯ 시공이 어렵고 수리비, 설비비가 비싸다.(대류난방에 비해 40% 비싸다.)
㉰ 매입 배관이므로 고장난 곳을 발견하기 어렵다.
㉱ 열손실을 막기 위한 단열층이 필요하다.

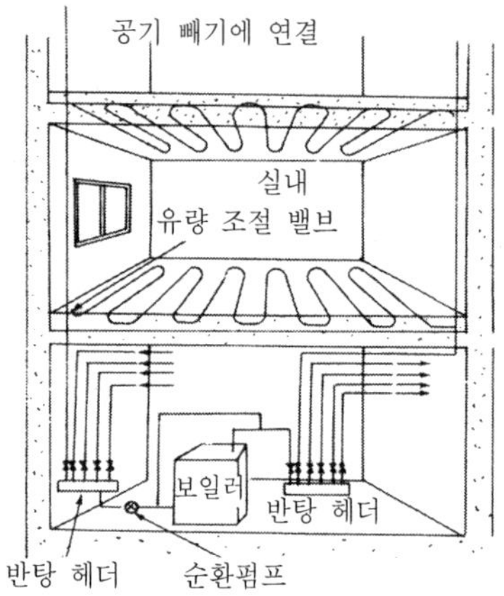

그림 4-19 복사난방 계통도

2) 패널(panel)의 종류

① 바닥, 천장, 벽의 3가지 패널로 구분되나 일반적으로 바닥 패널만 사용한다.

㉮ 바닥 패널

바닥면을 가열면으로 하는 것으로 가열면의 온도를 너무 높게 할 수 없으므로(30℃ 이하) 열량 손실이 큰 방에 있어서는 바닥면만으로는 방열량이 부족할 때가 있다. 시공은 비교적 용이하다.

㉯ 천장 패널

천장면의 시공이 어려운 것이 단점이다. 가열면의 온도를 50℃ 정도까지 올릴 수 있으므로 열량 손실이 큰 방에도 적합하며, 천장이 높은 공회당이나 극장 등에는 부적합하다.

㉰ 벽 패널

시공상 특수한 벽체 구조로 하지 않으면 실외에의 열손실이 크고, 실내에 있어서는 가구 등에 의해 방열이 방해되는 율이 높다. 바닥 도는 천장 패널의 보조로서 창틀 부근 등에 설치한다.

② 파이프 코일

㉮ 그리드 코일식

온수의 유량을 균등하게 분배하기가 어렵다. 공장 등의 넓은 바닥면적에 사용한다.

㉯ 밴드 코일식

흐름이 끝으로 갈수록 온수의 온도가 저하되므로 온도 분포가 균등하게 되지 않는다. 바닥

코일의 경우 온수 공급 온도는 45℃, 환수온도는 35℃(차이 10℃), 바닥면의 온도는 30℃ 정도 된다.

② 평균 복사온도(MRT : Mean Radiant Temperature)

㉮ 실내의 각 표면온도를 평균한 것.

㉯ 인체에 대한 쾌감 상태를 나타내는 기준이 되는 온도.

③ 코일의 간격(pitch)

㉮ 관경이 25A일 때는 30cm, 20A일 때는 25cm 정도로 하고, 방의 용도에 따라 다소 변경하기도 한다. 주택의 경우 침실은 좁게, 거실은 다소 넓게 설치한다.

㉯ 배관 1개의 길이가 10m를 넘으면 별도의 분기 헤드를 설치하여 나눈다.

㉰ 일반적으로 바닥은 25A 강관이나 16A의 동관을 사용하고, 강관은 나사접합(소켓접합)을, 동관은 용접(welding)을 주로 한다.

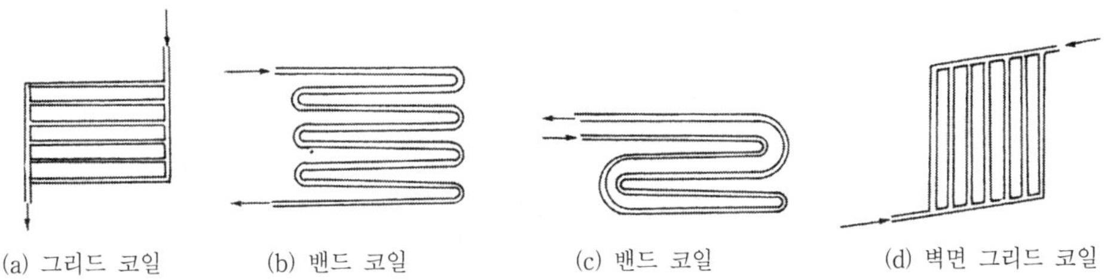

그림 4-20 파이프 코일

3) 패널의 시공

① 패널에는 주로 강관·동관이 쓰인다. 강관은 부식에 약한 결점이 있어 동관이 좋다. 또한 플라스틱관(폴리에틸렌관)도 많이 사용한다.

② 일반적 아파트에서는 바닥은 코일을 깔고(복사난방), 화장실이나 거실에는 방열기(대류난방)를 설치하며 2가지 난방방식을 사용한다.

③ 신더 콘크리트(cinder concrete : 일종의 경량 콘크리트) 내에는 강관을 매설하는 것을 피해야 한다. 골재로 쓰이는 광재는 유황분을 함유하고 있으므로 수분과 작용해서 산을 만들어 관을 부식시키므로 부식에 대한 대책을 세워야 한다.

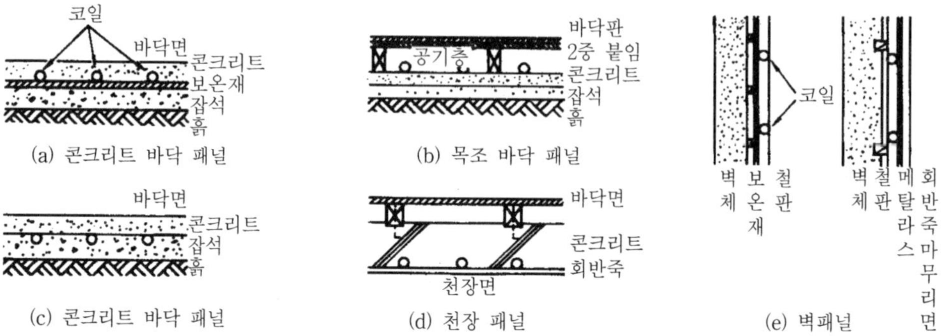

그림 4-21 패널의 구조

(5) 온풍난방

온풍로 난방은 노 내에서 연료를 직접 태워 연소가스에 의해 직접 가열한 공기를 실내로 공급하여 난방하는 방식으로, 증기, 온수난방방식에 비해 열원장치, 열매 반송설비, 열매 등 설비 전체의 열용량이 적고 예열 소요 시간이 매우 짧다. 또 운전이나 보수하기가 쉽다.

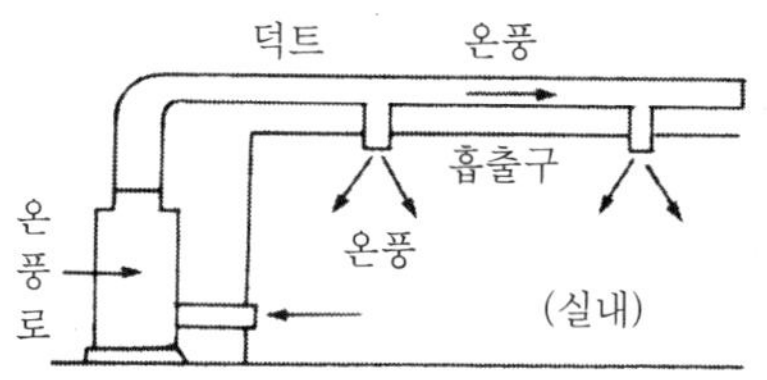

그림 4-22 온풍난방

연소열에 의하여 공기를 직접 가열하는 온기로식 난방과 보일러에서 가열하여 만든 증기, 열탕 등을 유닛 히터나 공기 가열 코일을 통해 간접적으로 공기를 가열하는 가열 코일식 난방이 있다.

1) 난방의 종류

① 가열 코일식 : 보통 냉·난방을 겸용하는 건물에 설치하는 것으로, 보일러에서 증기나 온수를 보내 온풍을 만드는 방식

② 온기로식 : 온기로에서 불을 때서 직접 공기를 가열하는 방식

㉮ 특 징

㉠ 온습도 조정이 쉽다.

㉡ 열효율이 좋아 연료비가 적게 든다.

㉢ 증기, 온수난방에 비해 설비비가 저렴하다.

㉣ 기계실의 면적이 적어진다.

㉤ 공사 시공이 간단하고 장치의 조작이 간편하다.

㉥ 예열시간이 짧으며 누수나 동결의 우려가 적다.

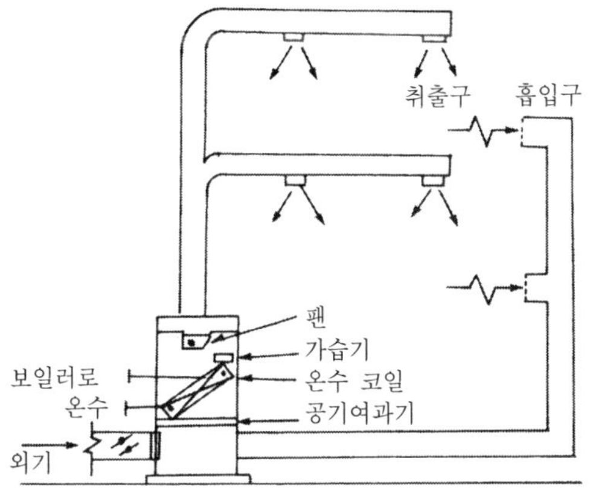

그림 4-23 가열코일식 온풍난방기

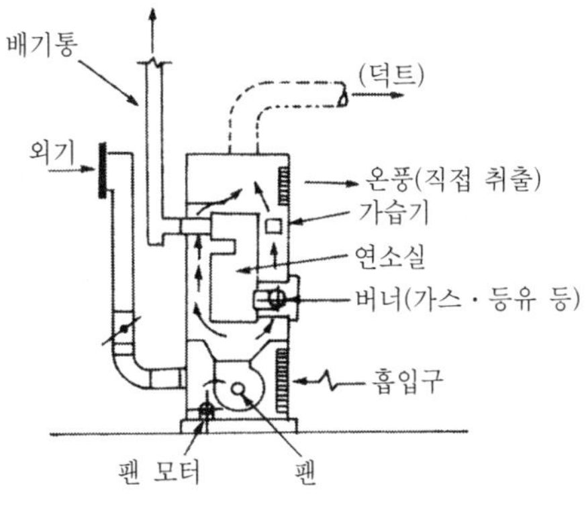

그림 4-24 온풍로

㈏ 온기로 방식의 종류

㉠ 직접 취출식 : 사무실, 공장 등에서 난방할 장소에 온기로를 설치하여 덕트 없이 직접 실내 공기를 흡입해서 온풍을 만들어 공급하는 방식

㉡ 덕트식 : 기계실에 온기로를 설치하고, 덕트를 통해 각 실에 온풍을 보내 난방하는 방식

㉢ 열풍식 : 공장 등 큰 실의 난방시 덕트 스페이스를 적게 할 때 이용하는 방식

(6) 지역난방

중앙식 난방 방식의 하나이며, 중앙식 보일러실에서 어떤 지역내의 여러 건물에 증기 또는 고온수를 보내서 난방하는 방식이다. 그 규모는 일정한 주택 단지에서 시가지 전역으로 공급하는 것도 있다. 지역 난방의 배관은 사용하는 열매에 따라, 증기의 경우에는 보통 0.1~1.5MPa)이며, 온수인 경우에는 100℃ 이상의 고온수를 열매로 사용한다.

1) 장 점

① 대규모 설비이므로 관리가 용이하고 열효율면에서 유리하다.

② 연료비와 인건비가 절감된다.

③ 각 건물에서는 위험물을 취급하지 않으므로 화재의 위험이 적다.

④ 건물 내의 유효면적이 증대된다.

⑤ 설비의 고도화에 따라 도시의 대기오염 방지에 도움이 된다.

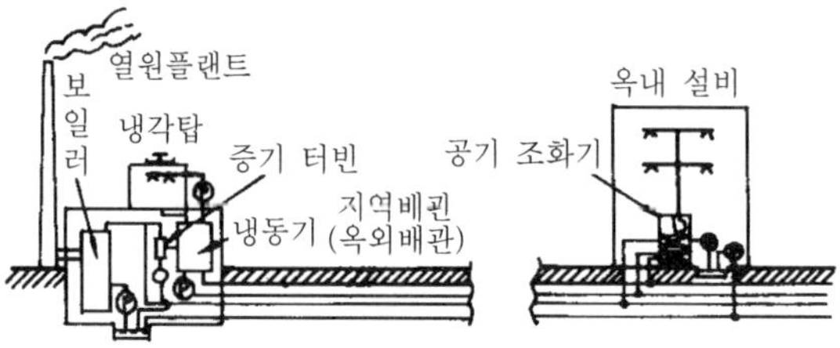

그림 4-25 지역 난방의 배관 방식

2) 단 점

① 초기 시설 투자비가 많아진다.

② 열원기기의 용량 제어가 힘들다.

③ 배관에서의 열손실이 많다.

④ 고도의 숙련된 기술자가 필요하다.

⑤ 요금의 분배가 어렵다.

⑥ 저부하시 조절이 곤란하다

⑦ 지역 배관을 위한 도시계획상의 사전계획이 필요하다.

(7) 열병합 발전 설비(co-generation system)

열병합 발전 방식이란 발전 전용 설비에서 버리는 에너지를 회수하여 냉난방 또는 급탕용 등의 저온부 에너지로 이용하는 방식으로, 열병합 발전 설비 또는 co-generation system, 경우에 따라서는 total energy system이라고도 한다. co-generation system은 발전 설비가 주체이고 부수적으로 열회수 설비를 갖추는 것인 반면, total energy system은 열회수를 위주로 하고 부수적으로 발전하는 방식이라고 구분할 수 있다.

1) 열병합 발전 계통도

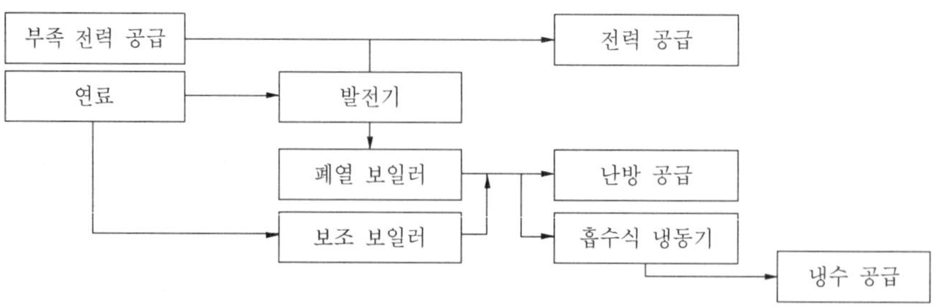

2) 열병합 발전 설비의 시스템 방식

① 증기 터빈 시스템 : 증기 터빈 시스템은 보일러에서 고압증기를 발생시키고, 배기를 냉난방 및 급탕용 열원으로 이용하거나 추기 복수 터빈의 추기(抽氣)를 이용한다. 우리나라에서도 목

동 지역난방 열병합 발전 설비 및 공업 단지 열병합 발전 설비 또는 산업체 자가용 열병합 발전 설비 등에서 많이 채용되고 있는 방식이다.

② 가스 터빈 : 가스 터빈 시스템은 가스, 석유류 등의 연료로써 가스 터빈을 구동하여 발전하고 배기를 폐열 회수 보일러에 유도하여 저압증기 또는 온수의 형태로 열을 회수하여 냉난방 또는 급탕 수요에 충당한다. 가스 터빈은 발전 효율이 낮고 정격출력의 90% 이하의 부분 부하시에는 회수되는 열이 극단적으로 감소하기 때문에 전력수요의 변동이 심한 일반 건축물용에는 적합하지 않다.

③ 디젤 엔진 : 디젤 엔진에서의 배기가스는 폐열 회수 보일러에서 증기 또는 온수를 회수하고 실린더 재킷의 냉각수는 열교환기를 거쳐서 온수로 회수하여 냉난방 및 급탕용으로 이용된다. 터빈 발전기에 비하여 발전 효율이 높고 부하 추종성도 좋기 때문에 co-generation system의 발전 설비로서 널리 사용되고 있다.

④ 가스 엔진 시스템 : 시스템 구성은 디젤 엔진 시스템과 거의 비슷하며 발전 효율은 30% 정도이지만 열수지는 디젤 엔진과 달라서 냉각수에서의 방열이 많다. 배기가스량은 디젤 엔진보다 적지만 온도 수준이 높아서 160℃ 정도까지 회수되므로 이용 가능 열량은 디젤 엔진과 거의 같다.

3) 종합 열효율의 비교

① 화력발전소의 경우 : 약 35%

② 열병합 발전 system의 경우 : 배기가스와 냉각수에서 폐열을 회수하여 약 70~80%로 화력발전의 약 2배 정도

4) 특 징

① 발전시의 폐열 이용에 따른 energy를 절감할 수 있다.

② 사장되었던 설비의 활용으로 투자비를 절감할 수 있다.

③ 에너지 소비량 감소에 따른 환경 오염 물질의 발생이 감소된다.

④ 전력 수요의 peak 해소의 요인으로서는, 주사용 시간에 별도의 냉난방까지 겹쳐 전력 수요의 peak를 이루는 데 반해 동시 해결이 가능하므로 전력 수요의 절감으로 인한 화력 발전 건설비의 절감을 가져오게 된다.

⑤ 연료의 다원화에 따른 에너지 수급 계획의 합리화와 에너지 가격의 절감 효과가 있다.

⑥ 화재 등의 위험이 없다.

⑦ 24시간 가동하므로 실내 온도에 변화가 없다.

⑧ 각 건물의 기계실 면적 감소 및 기기소음을 줄일 수 있다.

참 고

▶ **지역난방의 열원 방식**(system)

① 전용 열원 방식(열전용 plant 방식)

② 병용 열원 방식

㉠ 열병합 발전소(열발전 병용 plant 방식) : 화력발전소

㉡ 소각열 이용방식

㉢ 공업용 보일러(터보 냉동기, 히트 펌프 등)

㉣ 원자력 이용방식 : 원자력발전소

(8) 태양열 시스템

태양열 시스템이란 태양에너지를 건축물의 난방 혹은 냉방에 이용하는 방법으로 크게 집열부(집열창, 집열반사판 등), 축열부(벽돌, 콘크리트, 물, 상변화물질 등), 이용부(실내공간)의 3가지로 구성되며, 각 구성부 간의 에너지 전달방법이 자연순환, 즉 전도, 대류, 복사 등의 현상에 의한 것으로 특별한 기계장치 없이 태양에너지를 자연적인 방법으로 집열·저장하여 이용할 수 있도록 한 것이 자연형 태양열 시스템(passive solar system)이다. 따라서, 경제성이 높은 것은 물론 고장이 잘 나지 않아 오래 쓸 수 있으며, 관리가 쉽다는 장점이 있다.

반면에, Fan, Pump 등의 기계를 이용하여 태양에너지를 강제순환 시키면 설비형 태양열 시스템(active solar system) 이 된다.

1) 자연형 태양열 시스템

자연형 태양열 시스템은 설비형과 비교할 때, 다음과 같은 특성을 갖고 있다.

∘ 시스템 설치비가 저렴하다.
∘ 작동 방법이 간편하다.
∘ 높은 신뢰도를 가진다.
∘ 열적인 환경(환경의 쾌적성) 우수하다.
∘ 특별한 장치가 불필요하다.
∘ 기존 건축물에 대한 개수(改修)가 용이하다.
∘ 좋은 외관미를 가진다.

① 적용 방법상의 분류

자연형 태양열 시스템은 태양열을 집열, 저장, 이용(분배)하는 방식에 따라 기본적으로 직접획득형, 간접획득형, 분리획득형의 3가지로 분류된다.

㉮ 직접획득형(direct gain system)

남향면의 집열창을 통하여 겨울철에 많은 양의 햇빛이 실내로 유입되도록 하여 얻어진 태양에너지를 바닥이나 실내 벽에 열에너지로서 저장하여 야간이나 흐린 날 난방에 이용할 수 있도록 한다.

㉯ 간접획득형(indirect gain system)

태양에너지를 석벽, 벽돌벽 또는 물벽 등에 집열하여 열전도, 복사 및 대류와 같은 자연 현상에 의하여 실내 난방효과를 얻을 수 있도록 하는 것이다. 태양과 실내난방공간 사이에 집열창과 축열벽을 두어 주간에 집열된 태양열이 야간이나 흐린 날 서서히 방출되도록 하는 것이다. 간접획득형으로서 축열벽형(trombe wall system)과 축열지붕형(roof pond system) 등이 있다.

㉰ 분리획득형(isolated gain system)

집열 및 축열부와 이용부(실내난방공간)를 격리시킨 형태를 말한다. 이 방식은 실내와 단열되거나 떨어져 있는 부분에 태양에너지를 저장할 수 있는 집열부를 두어 실내난방 필요시 독립된 대류작용에 의하여 그 효과를 얻을 수 있다. 즉, 태양열의 집열과 축열이 실내 난방공간과 분리되어 있어 난방효과가 독립적으로 나타날 수 있다는 점이 특징이다. 분리획득형으로서는 부착온실형, 자연대류형, 2중외피 구조형 등이 있다.

이러한 시스템들은 실제 적용시 적당히 조합하여 이용하는 경우가 대부분이다.

② 구조 형태상의 분류

물리적 구조 형상의 분류에는 직접획득형, 축열벽형, 축열지붕형, 부착온실형, 자연대류형, 2중 외피 구조형으로 분류된다.

㉮ 직접획득형

기본원리는 기본적인 분류상의 직접획득형과 동일하다. 냉방효과를 위하여 실내의 환기를 원활히 할 수 있도록 환기창을 둔 축열은 별도의 축열조보다 거주 공간의 자체를 축열체로 이용한다.

㉠ 장점

ㄱ. 일반화되고 비교적 설치비가 저렴하다.

ㄴ. 계획 및 시공이 용이하다.

ㄷ. 창의 재배치도 가능하다.

ㄹ. 투과체는 다양한 기능을 할 수 있다.(자연채광, 조망 등)

ㅁ. 축열조가 없어도 된다.

㉡ 단점

ㄱ. 유리창이 넓으므로 실내가 외부에 노출된다.

ㄴ. 주간에 많은 현휘현상을 초래한다.

ㄷ.자외선에 의한 건축물과 사진의 퇴화 현상이 발생한다.

ㄹ. 축열체가 구조적인 역할을 겸하지 못하며 시공비가 비싼 편이다.

ㅁ. 과열난방이 초래되기 쉽다.

ㅂ. 야간 단열재를 안하면 열손실이 많다.

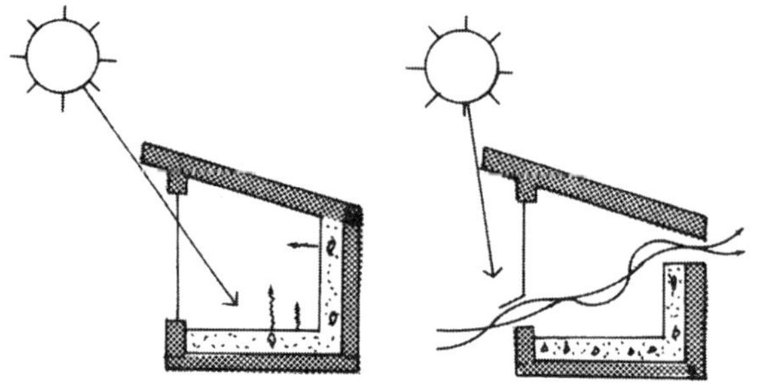

(a) 난 방　　　　(b) 냉 방

그림 4-26 직접 획득형의 냉난방 개념도

㉯ 축열벽형(trombe wall : TW)

축열벽형은 일종의 간접획득형으로서 열을 주간에 모았다가 야간에 이용하는 것이다. 사용되는 축열재의 재료에 따라 조적조 방식 및 물벽형으로 구분된다.

㉠ 조적조(콘크리트, 벽돌) 방식 : 집열과 축열은 실내 공간으로부터 분리되지만 열적으로는 상호 연결되어 벽을 통한 전도에 의해 에너지가 전달되며 복사에 의해 실내공간으로 전달된다. 주간의 대류에 의한 난방을 위해서 축열벽 상, 하부에 환기구를 둘 수 있다. 이때는 야간의 역류를 방지하기 위한 댐퍼를 두어야 한다.

㉡ 물벽형(water wall : WW) : 난방개념 및 원리는 조적조 방식과 동일하며 축열재료로서 물을 사용한다는 점만 다르다. 일반적으로 물은 조적조에 비해 축열성능이 매우 우수하다. 물벽 방식은 불투명한 재료인 조적조에 비해 자연채광 효과를 충분히 이용할 수 있는 장점이 있다.

ㄱ. 장점

- 현휘와 자외선에 의한 퇴화현상이 생기지 않는다.
- 거주 공간내의 온도변화가 적다.
- 축열된 복사 에너지는 야간에 방출하야 난방시킨다.
- 여러 방식 중 가장 많이 개발된 방식이다.
- 비교적 추운 기후에 유리하다.

ㄴ. 단점

- 남측벽의 일면은 투과체로, 다른 면은 축열체로 된 이중면이어야 한다.
- 벽의 부피가 크고 고가이며, 조망에 다소 장해가 있다.
- 축열벽은 건축물 내 유효공간을 점유한다.
- 추운 기후에서는 야간에 투과체를 단열하지 않으면 열 손실이 많다.
- 가동식 야간 단열막은 고가이며, 아직은 기술상태가 미비하다.

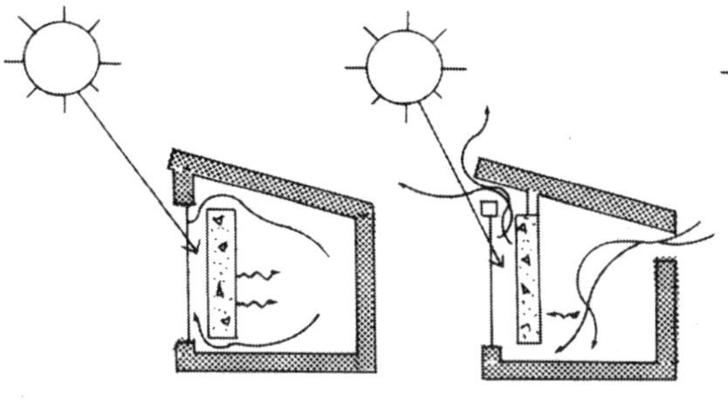

그림 4-27 축열벽형(조적도)의 냉난방 개념도

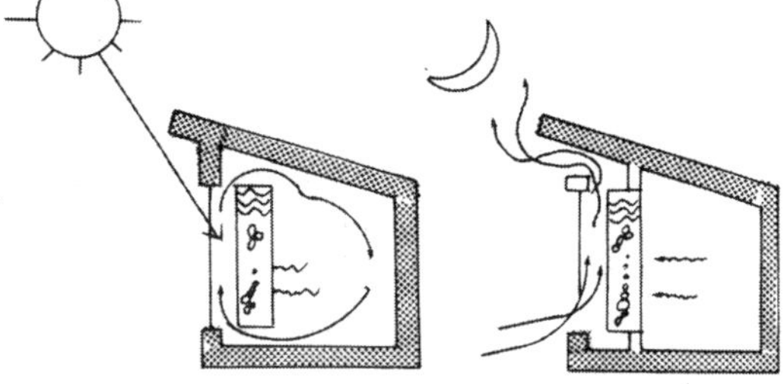

그림 4-28 축열벽형(물벽)의 냉난방 개념도

㉰ 축열지붕형(roof pond : RP)

축열지붕형은 축열체인 액체가 지붕에 설치된다. 난방기간의 주간에는 단열패널을 열어 축열체가 태양열을 받도록 하며, 야간에는 저장된 에너지가 건축물의 실내로 복사되도록 열패널이 축열체 위를 덮어 씌우도록 되어 있다. 냉방기간에는 이러한 과정이 반대가 되는데, 주간에는 실내의 열이 지붕 축열체에 흡수되고 강한 여름 태양열은 차단된다. 야간에는 축열체가 천공으로 열을 복사하도록 단열패널을 열어둔다. 수조의 깊이는 15~30cm가 적당하다.

㉠ 장점

ㄱ. 냉난방 효과를 건축물 전체에 골고루 분해할 수 있다.

ㄴ. 건축물 내 온도변화가 적다.

ㄷ. 현휘나 자외선에 의한 퇴화현상이 생기지 않는다.

ㄹ. 냉. 난방에 모두 효과적이다.

㉡ 단점

ㄱ. 천장 위의 무거운 축열체가 심리적으로 부담스럽게 느껴진다.

ㄴ. 축열지붕의 면적은 최소한 바닥면적의 50% 가 필요하다.

ㄷ. 건축물 디자인을 보다 세련되게 할 필요가 있다.

ㄹ. 무거운 축열체를 구조적으로 처리하는 데 비용이 많이 든다.

ㅁ. 일사의 방향과 동결의 위험으로 북위 36도 이하의 낮은 위도에서만 가능하다.

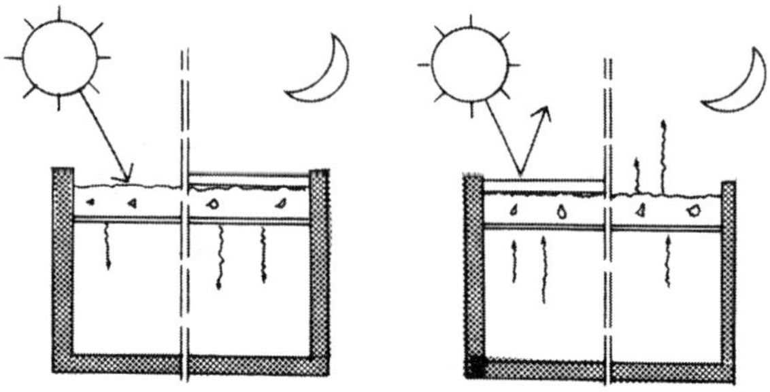

(a) 난 방 (b) 냉 방

그림 4-29 축열 지붕형의 냉난방 개념도

㉣ 부착온실형(attached sun space : GH)

부착온실형은 집열창과 기본적인 축열체가 주거공간과 분리된다. 즉, 태양열 시스템이 건축물의 난방공간과는 독립적으로 작용하게 되어 있어 분리획득형의 일종이라는 점이다. 온실은 주로 대류열 유도하며 하절기의 과열을 방지하기 위하여 적절한 차양장치가 필요하다.

㉠ 장점

ㄱ. 인접된 주거공간의 온도변화가 적다.

ㄴ. 채소나 다른 식물을 키울 수 있는 공간이 확보된다.

ㄷ. 완충지대의 역할을 하며 건축물의 열손실을 줄인다.

ㄹ. 자연과 가까이 할 수 있다.

ㅁ. 기존 건축물에 쉽게 적용할 수 있다.

ㅂ. 온실이 확보되므로 건축물 디자인은 자연을 도입할 장식적인 공간이 형성된다.

㉡ 단점

ㄱ. 디자인에 따라 열성능이 크게 다르다.

ㄴ. 상업적인 가치가 있도록 잘 시공하려면 시공비가 비싸다.

ㄷ. 여름에 과열의 우려가 있다.

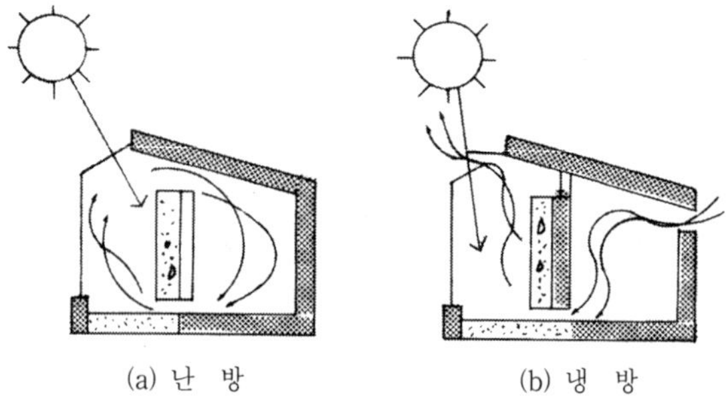

(a) 난 방 (b) 냉 방

그림 4-30 부착 온실형의 냉난방 개념도

㉣ 자연대류형(thermo-siphon 방식)

자연대류방식은 공기가 데워지고 차가워짐에 따라 자연적으로 일어나는 공기의 대류에 의한 유동 현상을 이용한 것이다. 태양이 집열판 표면을 가열함에 따라 공기가 데워져서 상승하고 동시에 축열체 밑에서 차가운 공기가 상승하여 자연 대류가 일어난다. 이 시스템은 별도로 집열면적을 증가시킬 수 있고 열손실이 적으며 기존 건축물에 쉽게 이용할 수 있다. 그러나 축열체의 위치 등을 고려하여 대류가 잘 이루어지도록 계획해야 한다.

㉠ 장점

ㄱ. 현휘나 자외선에 의한 퇴화현상이 생기지 않는다.

ㄴ. 가장 저렴한 방식이다.

ㄷ. 기존 건축물에 쉽게 적용될 수 있다.

ㄹ. 열손실이 가장 적은 방식이다.

ㅁ. 집열판의 부착이 가능하다.

㉡ 단점

ㄱ. 세심한 시공과 기술이 필요하다.

ㄴ. 축열체의 축열이 직접 이루어지지 못하고 대류 공기에 의하여 이루어짐으로써 축열이 다른 방식보다 나쁘다.

ㄷ. 건축물 및 축열조의 위치를 고려하여 집열기는 하부에 설치하여야 한다.−남향 경사지가 유리하다.

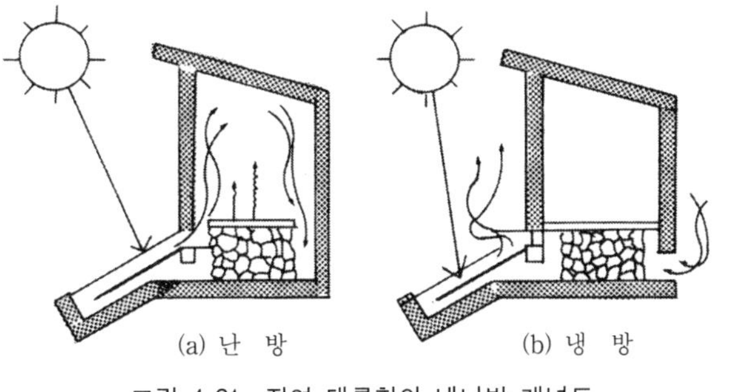

그림 4-31 자연 대류형의 냉난방 개념도

㉤ 2중외피 구조형

건물을 2중 외피구조로 하여 그 사이로 공기가 순환되도록 하는 형식을 말하며 일반적으로 지붕 및 북측벽 면적의 1/2이상을 2중 외피구조로 한다. 남측 면에는 부착온실, 바닥밑에는 크롤페이스, 반지하실 등의 공간이 있어 2중 외피의 공기통로와 연결된다.

주간에는 부착온실에서 가열된 공기가 2중 외피 사이를 순환하며 바닥 밑의 축열체를 가열하고 야간에는 역류현상이 일어나 축열체에서 가열된 공기가 북측 벽과 지붕을 가열하여 열손실을 막는다.

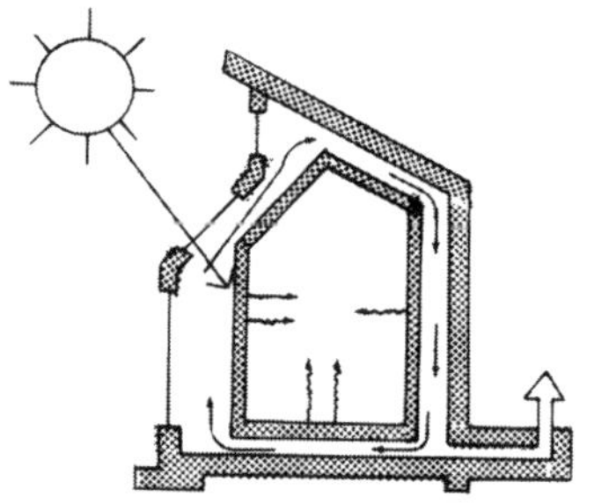

그림 4-32 2중 외피 구조형 개념도

2) 설비형 태양열 난방방식

설비형 태양열 난방방식은 집열기에서 물(액체) 또는 공기를 열매체로 하여 태양열을 집열하고 열을 실내 공기 가열에 사용하는 것으로 집열부, 축열부, 이용부와 순환시설, 보조열원 및 제어장치로 구성되어 있다.

일반적으로 집열기로 얻는 열량과 건물의 난방부하는 항상 평형상태를 이루지 못하므로 적절히 조절하기 위한 기계적인 제어장치가 필요하며 다음과 같이 작동되도록 한다.

- 태양열의 집열이 가능하고 건물 난방이 필요하지 않을 때는 집열된 열은 축열조에 보낸다.
- 태양열의 집열이 가능하고 건물의 난방이 필요할 때는 집열기에서 얻는 열을 건물로 공급한다.
- 날씨가 흐려 태양열의 집열이 불가능하고 건물난방에 열이 필요할 때에는 축열된 열을 건물에 공급한다.
- 위의 경우 축열조에 열이 없으면 보조열원을 작동시켜 건물에 열을 공급한다.

① 태양열 시스템 구성

㉮ 집열장치

㉯ 축열장치

㉰ 급열장치

㉱ 열원보조장치

㉲ 제어장치

② 열전달 매체에 의한 분류

㉮ 공기식 : 자갈, 돌

㉯ 액체식 : 물, 부동액

익 힘 문 제

1 고체 벽을 사이에 두고 한쪽 유체가 지닌 열이 고체 벽을 통하여 반대쪽의 유체로 전열되는 현상을 무엇이라 하는가?

2 실내의 결로 현상의 원인과 대책에 대하여 설명하라.

3 주철제 보일러의 특징을 설명하라.

4 실내 난방시 실내 온도의 일반적인 측정 위치는?

5 수관 보일러의 특징을 설명하라.

6 난방 도일에 관하여 설명하라.

7 보일러에 경수를 사용했을 경우 일어나는 현상에 대하여 설명하라.

8 보일러의 수압 시험을 하는 가장 중요한 목적은?

9 잠열을 이용한 난방방식은?

10 증기난방의 장단점을 설명하라.

11 증기난방의 보일러 주변 배관에서 증기 헤더(steam header)를 거쳐서 증기 주관을 배관하는 이유는?

12 증기보일러 주변 배관방식에서 하트포드 접속방식을 채택하는 이유는?

13 온수난방이 가장 적당한 건물은?

14 온수난방의 장단점을 설명하라.

15 난방설비에서 오일러 출구에 서플라이 헤더를 설치하는 이유는?

16 온수난방에서 복관식 배관에 역환수 방식(reverse returm)을 채택하는 이유는?

17 복사난방의 특징을 설명하라.

18 자연형 태양열시스템을 설비형 태양열시스템과 비교하여 설명하라.

19 지역난방의 일종인 열병합발전(co-generation system)에 관하여 설명하라.

20 일반 화력발전소에서 발전에 사용되고 버려지는 열을 회수하여 주변 지역의 냉난방에 이용하는 열 이용 방식을 무엇이라고 하는가?

제5장 공기조화 방식

1. 공기조화 방식의 분류

표 5-1 공기조화 방식의 분류

<table>
<tr><th>구분</th><th>열운반방식</th><th colspan="2">공 기 조 화 방 식</th><th>대 상 건 축 물</th></tr>
<tr><td rowspan="9">중앙식</td><td rowspan="4">공 기 식</td><td rowspan="2">단일 덕트 방식</td><td>정풍량 방식(CAV)</td><td>저속 : 일반 건축물</td></tr>
<tr><td>변풍량 방식(VAV)</td><td>고속 : 고층 건축물</td></tr>
<tr><td colspan="2">이중 덕트 방식</td><td>고층 건축물(고급 사무소)</td></tr>
<tr><td colspan="2">멀티존 유닛 방식</td><td>중규모 건축물</td></tr>
<tr><td rowspan="4">공기 · 물식</td><td colspan="2">각 층 유닛 방식</td><td>중 · 고층의 건축물</td></tr>
<tr><td colspan="2">유인 유닛 방식</td><td>중간 규모 이상의 방이 많은 건물
(사무실, 호텔, 아파트, 병원)</td></tr>
<tr><td colspan="2">팬 코일 유닛 방식(외기 덕트 병용)</td><td>사무소, 호텔, 병원 등</td></tr>
<tr><td colspan="2">복사 냉난방 방식(외기 덕트 병용 패널제어 방식)</td><td>고층 건축물(고급 사무소 등)</td></tr>
<tr><td rowspan="2">물 식</td><td colspan="2">팬 코일 유닛 방식</td><td>호텔의 객실, 병실, 아파트, 주택, 사무실</td></tr>
<tr><td colspan="2">복사 냉난방 방식</td><td>고층 사무소(고급 사무소 등)</td></tr>
<tr><td rowspan="2">개별식</td><td rowspan="2">냉 매 식</td><td colspan="2">패키지형 공조 방식</td><td>연면적 3,000m^2 이하의 중 · 소 건축물
(레스토랑, 다방, 점포)</td></tr>
<tr><td colspan="2">세퍼레이트형 공조 방식</td><td>소건축물(주택 등)</td></tr>
</table>

참 고

▶ **공조의 조닝**(zoning)

① 조닝(zoning) : 공조설비에 있어서 건물 내를 몇 개의 구역으로 나누어 각각의 계통별로 공조기와 덕트를 설치하는 것.

② 종류 : 부하별, 용도별, 시간별, 방위별

③ 특징 : ㉠ 에너지 절약에 유리 ㉡ 효율적인 운전관리
㉢ 부하변동에 쉽게 대응 ㉣ 실내 열환경 조절에 유리
㉤ 구역의 세분화로 설비비 증가

▶ **공조설비의 에너지 절약 방안**

① 건물의 조닝(zoning) ② 공기조화 방식 : VAV방식

③ 열회수장치 : 전열교환기, heat pipe, heat pump system

④ 외기냉방(econmizer cycle) : 중간기에 환기만으로 냉방

2. 열운반 방식(열매)에 따른 분류와 특징

열운반방식	공기조화방식	장 점	단 점
전공기 방식 (all air system)	· 단일덕트방식 · 이중덕트방식 · 멀티존유닛방식	· 실내공기오염이 적다. · 외기냉방이 가능하다. · 실내유효면적 증가 · 실내에 배관으로 인한 누수의 염려가 없다.	· 큰 덕트 스페이스가 필요 · 팬의 동력(반송동력)이 크다. · 공조실이 넓어야 한다.
공기-수 방식 (air-water system)	· 각층유닛방식 · 유인유닛방식 · 팬코일유닛방식(외기덕트병용) · 복사냉난방방식(외기덕트병용)	· 덕트 스페이스가 작다. · 죤의 구성이 용이하다. · 수동으로 각 실의 온도제어를 쉽게 할 수 있다. · 열운반 동력이 전공기 방식에 비해 작다.	· 실내공기 오염 (전공기 방식에 비하여) · 실내배관의 누수 염려 · 유닛의 방음 방진에 유의 · 유닛의 실내 설치로 인한 건축계획상의 지장
전수방식 (all water system)	· FCU(Fan Coil Unit) 방식 · 복사냉난방방식	· 덕트 스페이스가 필요 없다. · 열운반 동력이 작다. · 개별제어가 쉽다.	· 실내공기의 오염 (실내 공기의 재순환) · 실내 배관에 의한 누수 염려 · 유닛의 방음, 방진에 유의 · 유닛의 실내설치로 인한 건축계획상 지장

3. 공기조화 방식의 특징

(1) 단일 덕트 방식(single duct system)

건물 전체의 공조를 1대의 공기조화기와 1계통의 덕트를 써서 냉풍 또는 온풍을 송풍하는 방식으로, 풍속에 따라 고속(16~25m/sec)과 저속(15m/sec 이하)으로 분류한다.

항상 일정량의 풍량을 보내는 정풍량 방식(CAV 방식)과 열부하에 따라 송풍량을 변화시킴으로써 실내의 온·습도를 조절하는 변풍량 방식(VAV 방식)이 있으며, 바닥면적이 크고 천장이 높은 곳에 적합하다.

1) 정풍량 방식(constant air volume system)

공조기에서 1개의 주덕트를 통하여 냉·온풍을 각 실로 보낼 때 송풍량은 항상 일정하며, 열부하에 따라서 송풍 온·습도만을 변화시켜 실내의 온·습도를 조절하는 가장 기본적인 공조 방식이다.

① 특 징

㉮ 장 점

㉠ 실내에 송풍량이 가장 많이 취해져 외기의 취입이나 중간기의 환기에 적합하다.

㉡ 설치비가 싸고 보수 관리도 용이하다.

㉢ 운전 관리가 용이하고 효율이 좋은 필터를 설치하여 쾌적한 실내 환경을 만들 수 있다.

㉯ 단 점

㉠ 큰 덕트가 필요해 천장 속에 충분한 덕트 공간이 요구된다.

㉡ 각 실에서의 온도 조절이 곤란하다.

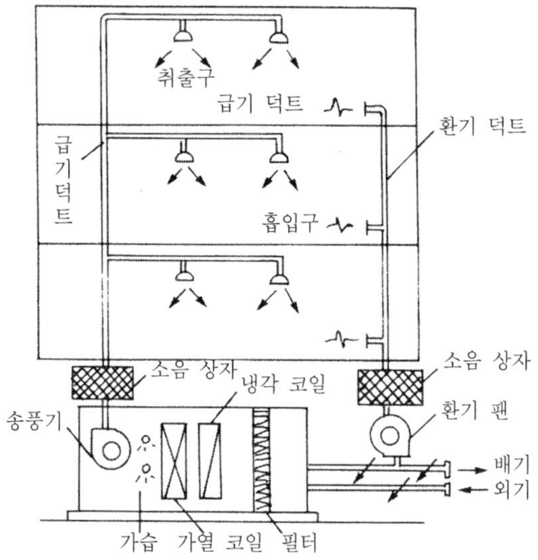

그림 5-1 정풍량 단일 덕트 방식

② 용 도

바닥면적이 크고 천장이 높은 곳에 적합하다.(중·소규모 건물, 극장, 공장 등)

2) 가변 풍량 방식(variable air volume system)

단일 덕트로 공조를 하는 경우에 덕트의 관말에 가깝게 터미널 유닛을 삽입하여 송입 공기온도를 일정하게 하고, 송풍량을 실내 부하의 변동에 따라서 변화시키는 방식으로, 에너지 절약형이다.

① 특 징

㉮ 장 점

㉠ 부하 변동을 정확히 파악하여 실온을 유지하기 때문에 에너지 손실이 적다.

㉡ 저부하시 풍량이 감소되어 송풍기를 제어함으로써 동력을 절약할 수 있다.

㉢ 전폐형 유닛을 사용함으로써 사용하지 않는 실의 송풍을 정지할 수 있다.

㉣ 개별 제어가 가능하다.

㉯ 단 점

㉠ 환기량 확보 문제와 송풍량을 변화시키기 위한 기계적인 문제점이 있다.

㉡ 가변 풍량 유닛의 단말장치, 덕트 압력 조정을 위한 설비비가 고가이다.

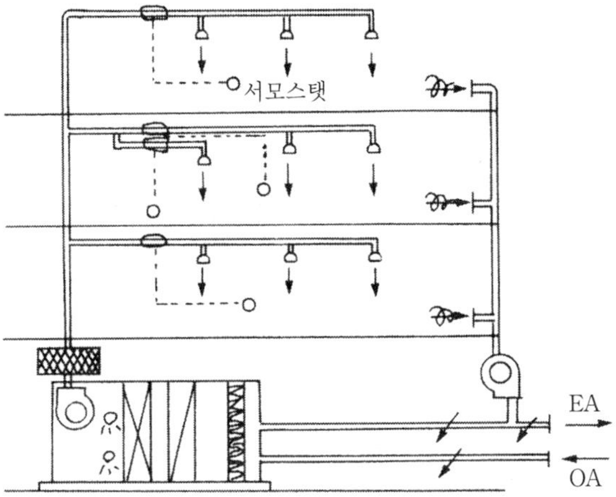

(2) 이중 덕트 방식(double duct system)

냉·온풍 2개의 덕트를 설비하여 말단에 혼합 유닛으로 실온을 조절하는 방식이다.

① 장 점

㉮ 개별 조절이 가능하다.

㉯ 냉·난방을 동시에 할 수 있으므로 계절마다 냉·난방의 전환이 불필요하다.

㉰ 전공기 방식이므로 냉·온수관이나 전기 배선을 실내에 설치하지 않아도 된다.

㉱ 공조기가 중앙에 설치되므로 운전 보수가 용이하다.

㉲ 칸막이나 공사 계획의 증감에 따라 환기 계획의 융통성이 있다.

㉳ 중간기나 겨울철에도 외기에 따라 조절이 가능하다.

② 단 점

㉮ 설비비, 운전비가 많이 든다.

㉯ 덕트가 이중이므로 덕트의 차지 면적이 넓다.

㉰ 습도의 완전한 조절이 어렵다.

㉱ 혼합 상자가 고가이다.

③ 용 도

㉮ 개별 제어가 필요한 건물

㉯ 냉·난방 부하 분포가 복잡한 건물

㉰ 전풍량 환기가 필요한 곳

㉱ 장래 대폭적인 변경 가능성이 많은 건물

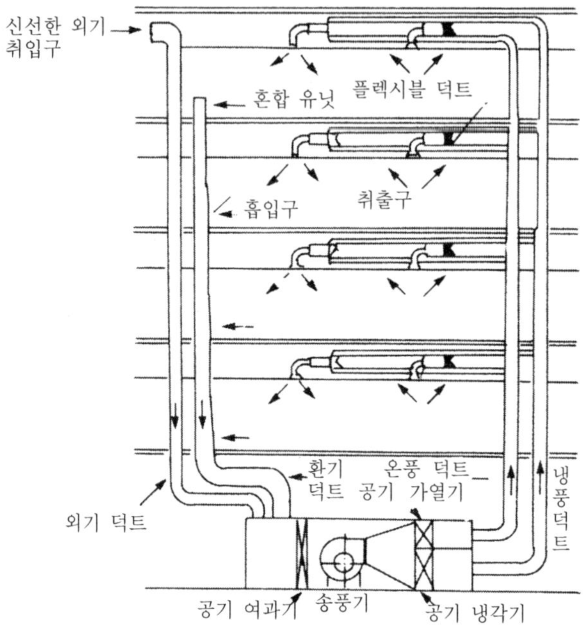

그림 5-3 2중 덕트 방식

(3) 멀티존 유닛 방식(multi zone unit system)

공조기 내에 가열 코일과 냉각 코일을 병렬로 설치하고, 이들이 만든 별도의 온풍과 냉풍을 출구의 혼합 댐퍼로 혼합시킨 후, 이것과 각기 접촉하는 여러 덕트를 통해 각 구역으로 혼합공기를 공급하는 방식이다.

① 특 징

㉮ 장 점

여름, 겨울의 냉·난방시 에너지 혼합 손실이 적다.

㉯ 단 점

㉠ 중간기에 혼합 손실이 생겨 에너지 손실이 크다.

㉡ 풍향의 밸런스가 깨어지는 결점이 있다.

② 용 도

비교적 작은 규모(2,000m^2 이하)의 공조 면적을 더욱 작은 존으로 나누는 장소.

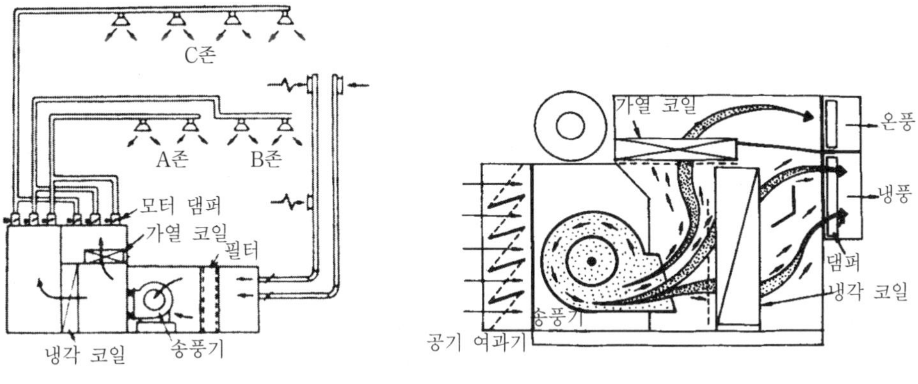

(a) (b)

그림 5-4 멀티존 유닛 방식

(4) 각층 유닛 방식

각층에 1대 혹은 여러 대의 공조기를 배치하는 방법으로, 단일 덕트의 정풍량 또는 변풍량 방식, 2중 덕트 방식 등에 응용할 수 있다. 즉, 1, 2차 공조기를 별도로 설치하여 1차 조화기(중앙 유닛)를 건물의 옥상, 지하 등의 기계실에 설비하고, 실내의 소요 신선 공기(1차 공기)만을 취입시켜 온습도를 조정한 후, 고속 또는 저속 덕트에 의해 건물의 존마다 마련된 2차 조화기(각 층 유닛)로 보낸다. 2차 조화기에서는 각 존마다 재순환 공기를 1차 공기와 혼합 분출한다.

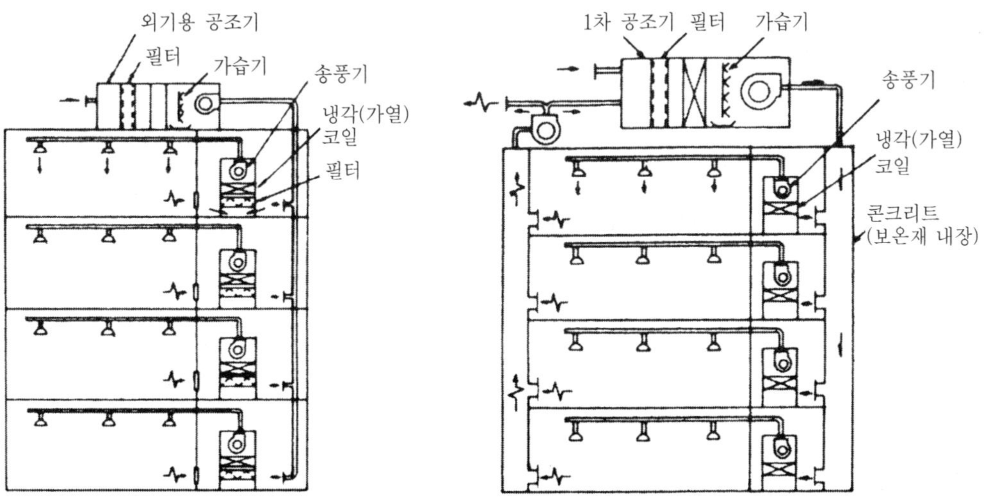

(a) (b)

그림 5-5 각층 유닛 방식

① 특 징

㉮ 각 층마다 부하 및 운전 시간이 다른 경우 적합하며, 층별 및 존 제어가 가능하다.

㉯ 큰 덕트를 설치할 필요가 없다.

㉰ 공조기가 분산 배치되므로 보수 관리가 복잡하다.

㉱ 공조기 수가 많이 들며 설비비가 크다.

② 용도 : 방송국, 신문사, 백화점 등의 대형 건물

(5) 유인 유닛 방식(induction unit system)

1차 공기는 중앙 유닛(1차 공기조화기)에서 냉각 감습되고, 고속 덕트 또는 저속 덕트에 의하여 각 실에 마련된 유인 유닛에 보내고, 여기서 유닛으로부터 분출되는 기류에 의하여 실내 공기를 유인하고 유닛의 코일을 통과시키는 방식이다.

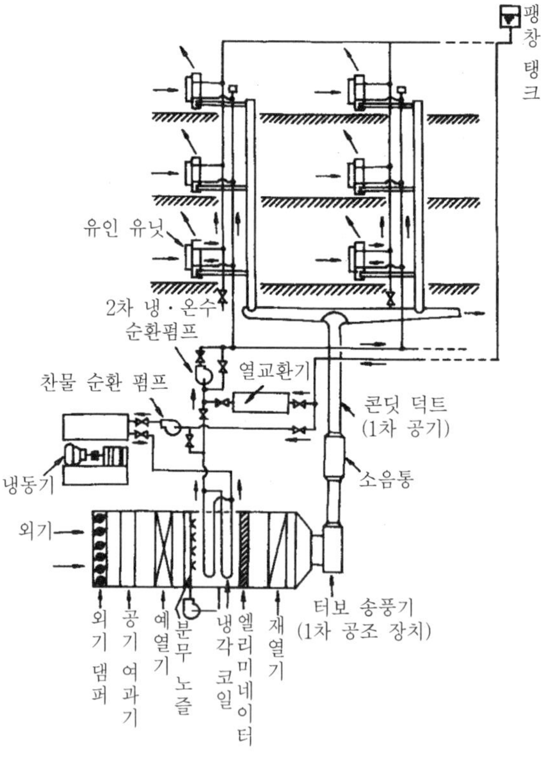

그림 5-6 유인 유닛 방식

① 특징 : 덕트 면적을 절감할 수 있다.

② 용도 : 중간 규모 이상의 방이 많은 사무실, 호텔, 아파트, 병원 등 고층 건물에 적합하다.

(6) 팬코일 유닛 방식(fan coil unit system)

팬코일이라고 불리는 소형 공조기를 각 실내에 여러 개 설치하고, 냉온수 배관을 접속시킨 다음, 여름에는 냉수, 겨울에는 온수를 공급하여 실내에 대류시킴으로써 냉·난방하는 방식이다.

① 특 징

㉮ 장 점

㉠ 실별 조절이 가능하다.

㉡ 덕트 면적이 작다.

㉢ 장래의 부하 증가에 대처할 수 있다.

㉣ 동력비가 적게 들고 기계실 덕트 공간도 적게 소요된다.

㉯ 단 점

㉠ 외기 공급의 장치를 별도로 설비한다.

㉡ 계획적인 면에서 실내 유닛에 대한 고려가 필요하다.

㉢ 보수 관리가 어렵다.

㉣ 중간기나 겨울철의 외기 냉방이 힘들다.

㉤ 송풍 능력이 적으므로 고도의 공기 처리는 불가능하다.

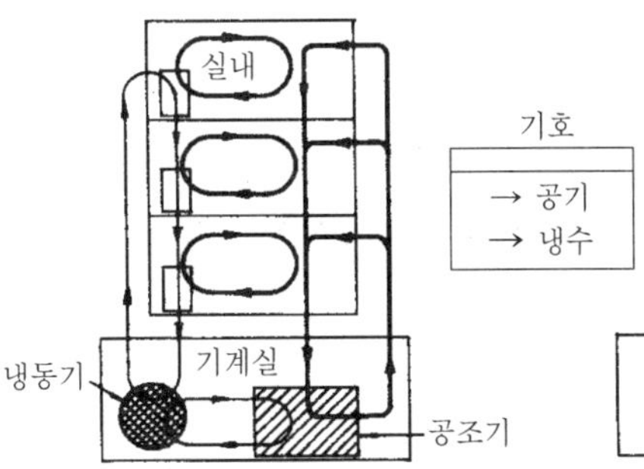

그림 5-7 팬 코일 유닛 덕트 병용 방식

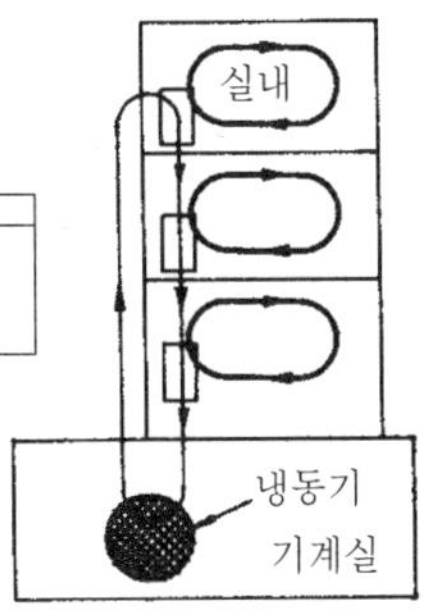

그림 5-8 팬 코일 유닛 방식

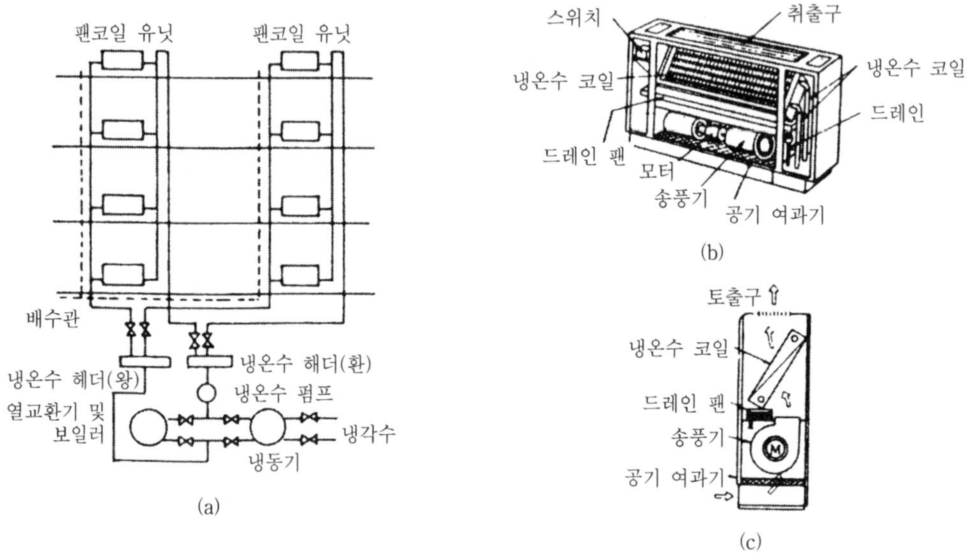

그림 5-9 팬코일 유닛 방식

② 용 도

주택, 아파트, 사무실, 호텔의 객실에 사용.(극장, 스튜디오에는 부적당)

(7) 복사 패널 방식(panel air system)

바닥 또는 천장 안에 설치한 파이프 코일 속으로 온수 또는 냉수를 보내는 넓은 면의 복사로서, 냉·난방하는 방식으로 외기 도입을 위한 덕트 방식과 병용시키는 것이 일반적이다.

① 특 징

㉮ 장 점

㉠ 여름과 겨울 구별 없이 모두 쾌감도가 높다.

㉡ 유닛을 배치할 필요가 없으므로 바닥의 이용도가 높다.

㉢ 전기 발열과 같은 현열부하가 많은 경우에 유리하다.

㉯ 단 점

㉠ 설비비가 많이 든다.

㉡ 중간기의 냉동기 운전을 필요로 한다.

㉢ 가동시간이 길고 물 배관 설비가 많기 때문에 누수의 위험과 수리가 곤란하다.

② 용 도

고층 건축물의 고급 사무실

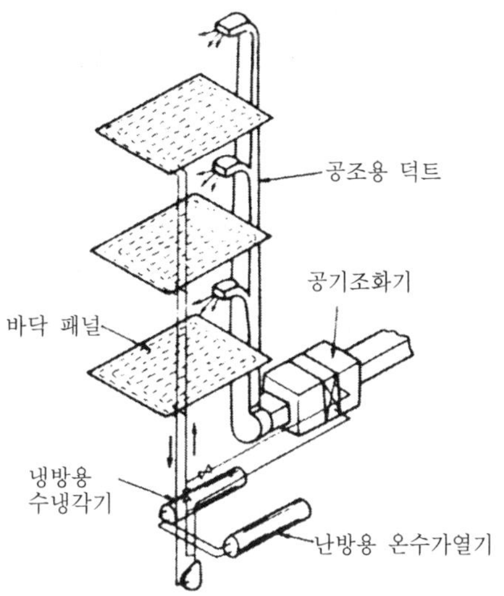

그림 5-10 복사 패널 덕트 병용 방식

(8) 패키지 방식(packaged unit system)

냉동기를 내장한 공기조화기를 패키지형 공조기라 하며, 이것을 실내에 설치한 방식이다.

① 장 점

㉮ 시공과 취급이 간단하고 대량 생산으로 원가가 절감된다.

㉯ 현장 설치가 간단하고 공사기간도 짧아 설비비가 저렴하다.

㉰ 국부 냉방에 유리하다.

㉱ 자동 조작으로 간편하다.

② 단 점

㉮ 대용량에는 부적당하다.

㉯ 소음이 크다.

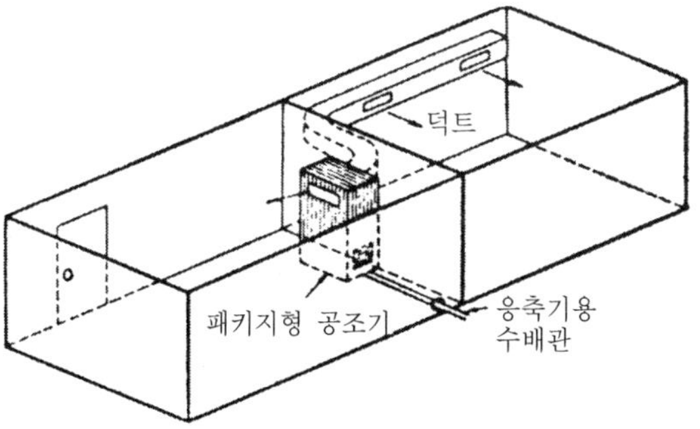

(a)

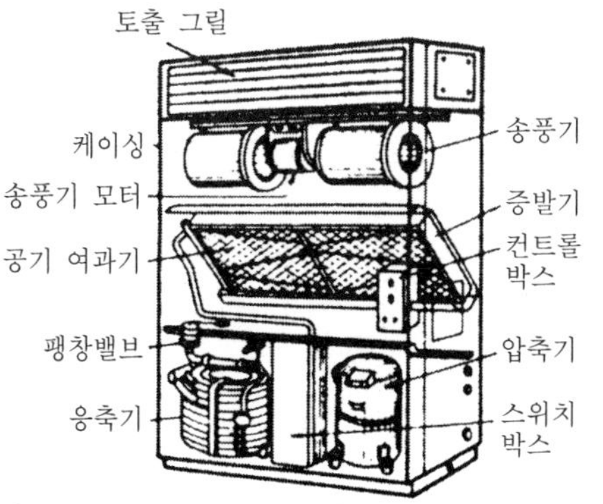

(b)

그림 5-11 패키지형 공기조화 방식

익 힘 문 제

1 공기조화방식에서 전공기 방식(all air system)은?

2 전공기(全空氣) 방식과 수공기(水空氣) 방식의 비교 설명하라.

3 건물의 공기조화 계획시 조닝(zoning)에 대하여 설명하라.

4 공조설비의 에너지절약방안에 대하여 설명하라.

5 변풍량방식(variable air volume system)의 공기조화 시스템에 대하여 설명하라.

6 공기조화방식 중 에너지의 혼합손실이 가장 많은 방식은?

7 공기조화방식 중 팬코일 유닛(fan coil unit) 방식에 대하여 설명하라.

8 팬코일 유닛(fan coil unit) 방식의 적용 장소는?

9 유인유닛방식에서 유인비(K)란 무엇인가?

10 다음 건물에 적당한 공조방식은?
① 백화점
② 극장의 관람석
③ 병원의 병실
④ 사무소

제6장

공기조화용 기기

1. 공기조화기의 구성

공기조화기는 공조 시스템의 기본 구성 요소의 하나로, 공기를 여과, 가열, 냉각, 가습, 감습 등 정화 처리하여 공조 공간으로 보내기 위한 장치를 말한다.

① 공기 여과기(air filter, AF) : 점착식, 건식, 습식, 전기집진기

② 공기 가열기(air heater, AH) : 온수 코일, 증기 코일

③ 공기 냉각기(air cooler, AC) : 공기 코일(냉수형, 직접 팽창형)

④ 공기 가습기(air humidifier, AH) : 증기 분사, 물 분무, 공기 세정기(air washer), 가습팬

⑤ 공기 감습기(air dehumidifier, AD) : 공기 세정기(air washer), 공기 코일(냉수형, 직접 팽창형)

⑥ 송풍기(blower)

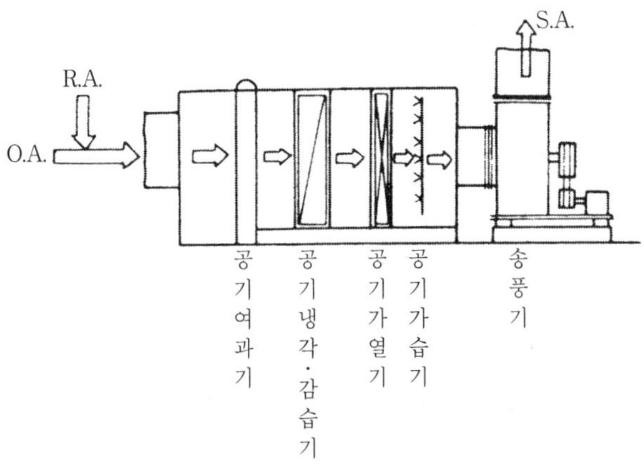

그림 6-1 공기조화기의 기본 구성

2. 공기조화용 기기

(1) 공기 여과기(air filter)

① 점착식

㉮ 비교적 거친 여과재이다.

㉯ 유지성 먼지의 제거에 효과적이고, 통과 풍속은 1~2m/s이다.

㉰ 식품 관계 공조용으로는 부적당하다.

② 건　식

㉮ 섬유질의 먼지를 제거하는 데 효과적이고, 통과 풍속은 1m/s 이하이다.

㉯ 점착식에 비해 작으므로 통과 면적이 큰 것이 필요하다.

③ 습　식

공기 세정기라고 하며, 물방울과 공기를 접촉시켜 통과 여과하는 방식이다.

④ 전기 집진기

㉮ 가장 우수한 집진 효과가 있다.

㉯ 먼지의 제거 효율이 높고 미세한 먼지·세균 제거도 가능하다.

㉰ 병원의 수술실, 정밀 기계 공장, 고급 빌딩에 이용된다.

(2) 공기 세정기(air washer)

① 아주 작은 물방울과 공기를 직접 접촉시킴으로써 공기를 냉각하거나 또는 감습·가습을 하기 위해 사용된다.

② 구조는 일리미네이터(eliminator), 스프레이 헤더(spray header), 스프레이 노즐(spray nozzle), 플러싱 노즐(flushing nozzle) 등으로 구성되어 있다.

③ 유속은 2.5~3.5m/s이다.

(3) 공기 냉각기(air cooler)

① 보통 사용되는 냉각기는 플레이트 핀 쿨러와 에어 핀 쿨러가 있다.

② 냉매의 통과 속도는 1m/s 정도이고, 통과 공기 풍속은 2~3m/s이다.

(4) 공기 가열기(air heater)

플레이트 핀 히터와 에어 핀 히터가 있으며, 통과 공기 풍속은 4m/s 정도이나 보통 3m/s가 적당하다.

(5) 가습기

겨울철 난방시 실내 공기의 절대습도를 높이기 위해 사용된다.

(6) 감습기

여름철 냉방시 잠열 부하를 제거하기 위한 감습장치로 사용되는 기기이다.

(7) 덕트(duct)

① 배치 방식에 따른 분류

㉮ 간선 덕트 방식

㉠ 가장 간단한 방법.

㉡ 설비비가 싸고 덕트 스페이스가 작다.

㉯ 개별 덕트 방식

㉠ 취출구마다 덕트를 단독으로 설치하는 방식.

㉡ 풍량 조절이 용이.

㉰ 환상 덕트 방식

㉠ 덕트를 연결하여 루프를 만드는 형식.

㉡ 말단 취출구의 압력 조절이 용이.

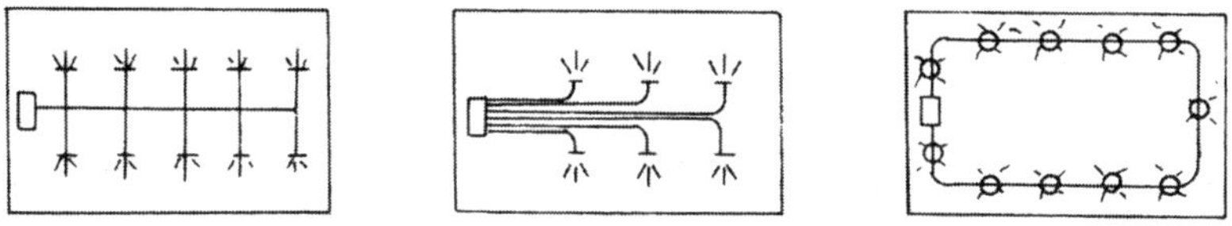

(a) 간선 덕트 방식 (b) 개별 덕트 방식 (c) 환상 덕트 방식

그림 6-2 덕트 배치 방식

② 속도에 따른 분류

㉮ 저속 덕트 : 15m/s 이하

㉯ 고속 덕트 : 16m/s 이상

③ 덕트의 형상과 구조

㉮ 장방형 : 형상을 조절할 수 있어 편리하나 강도 면에서는 약하다.

㉯ 원형 : 고속형, 강도 면에서 우수하며 점유 면적에 제한을 받는다.

㉰ 스파이럴 원형 : 강도가 약해 고압 덕트로는 부적당하다.

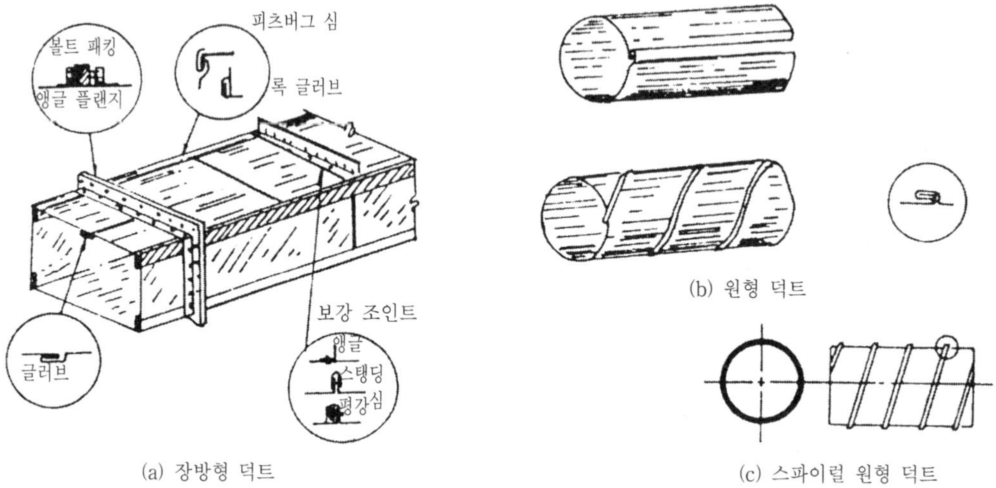

그림 6-3 덕트의 형상

④ 덕트의 이음

㉮ 피츠버그 심(pittsburgh seam) : 종래 공법

㉯ 버튼 펀치 스냅 심(button punch snap seam) : 신공법

㉰ 버튼 펀치 심(button punch seam) : 조립이 용이하며 가장 많이 사용한다. 글러브 심(glove seam) 철판을 이을 때 사용한다.

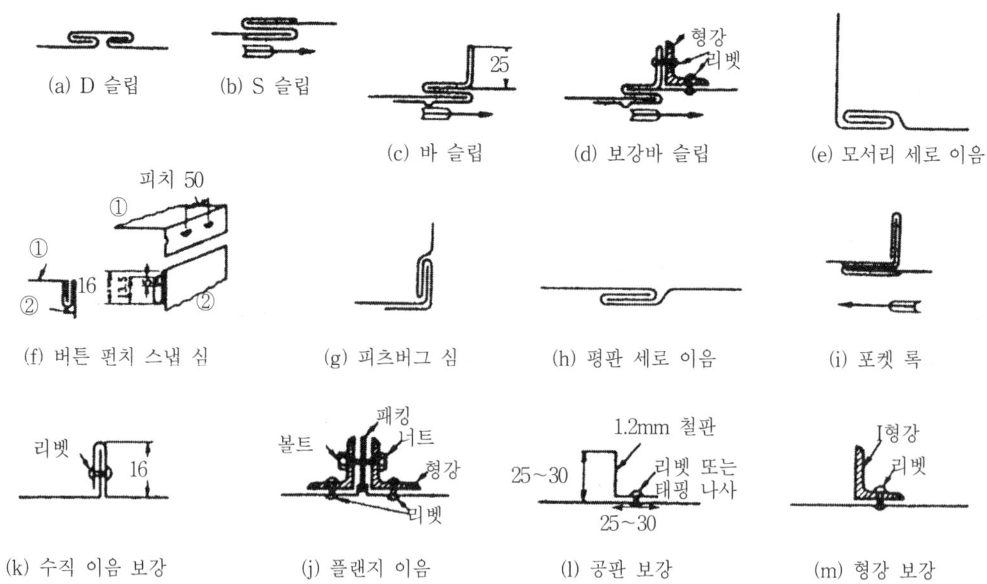

그림 6-4 덕트의 이음

⑤ 덕트의 부속품

㉮ 풍량 조절 댐퍼(volume damper)

㉠ 단익 댐퍼(버터플라이 댐퍼) : 소형 덕트용.

㉡ 다익 댐퍼(루버 댐퍼) : 2개 이상의 날개로서 대형 덕트용.

㉢ 스플릿 댐퍼(split damper) : 덕트 분기점에서의 풍량 조절용.

㉣ 슬라이드 댐퍼(slide damper) : 전체의 개폐를 목적으로 사용.

㉤ 클로스 댐퍼(cloths damper) : 기류의 발생음을 줄이고 기류의 방향을 조절하는 데 사용.

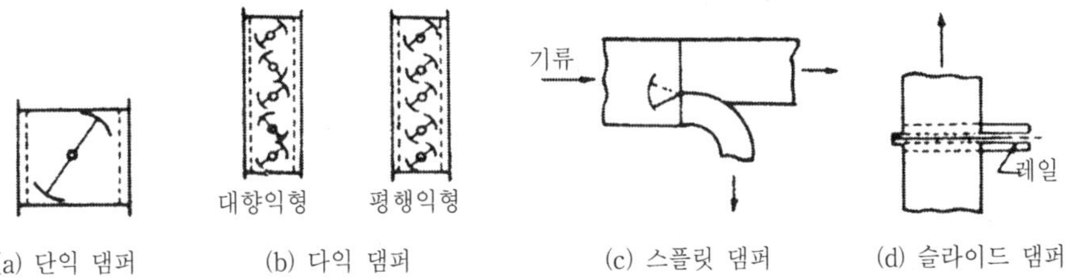

그림 6-5 풍량 조절 댐퍼

㉯ 방화 댐퍼(fire damper)

덕트 내의 공기의 온도가 72℃ 이상이면 댐퍼 날개를 지지하고 있던 가용편이 녹아서 자동적으로 댐퍼가 닫혀 다른 실로의 연소를 방지하기 위한 댐퍼.

㉰ 가이드 베인(guide vane)

덕트 내의 굴곡된 부분의 기류를 안정시켜 저항을 줄이기 위한 설비로, 곡부의 내측에 조밀하게 붙이는 것이 효과적이다.

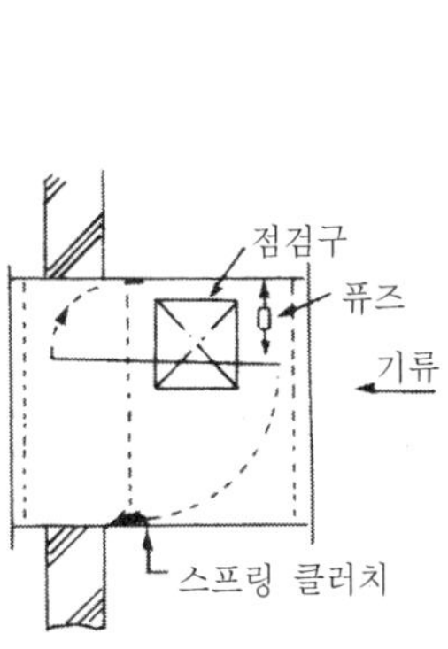

그림 6-6 방화 댐퍼

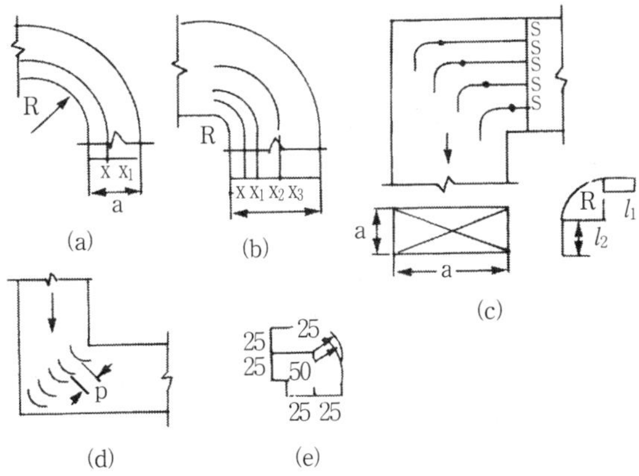

그림 6-7 가이드 베인

⑥ 덕트의 소음 방지

㉮ 덕트의 도중에 흡음재를 부착한다.

㉯ 송풍기 출구 부근에 플리넘 체임버를 장치한다.

㉰ 덕트의 적당한 장소에 소음을 위한 흡음장치(셀형 · 플레이트형)를 설치한다.

㉱ 댐퍼 취출구에 흡음재를 부착한다.

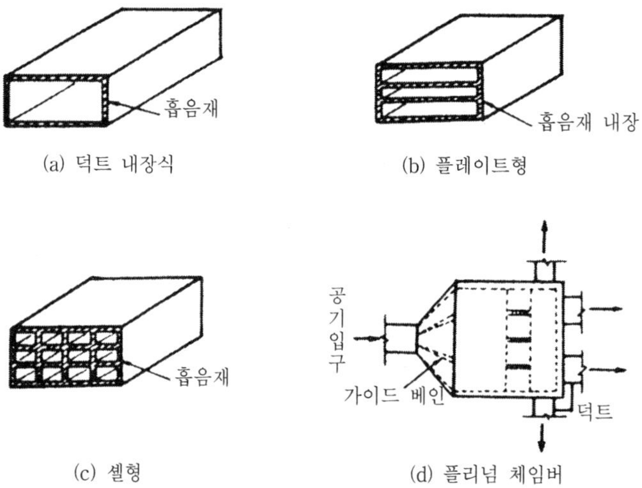

그림 6-8 흡음장치

⑦ 덕트 설계 방법

㉮ 등속법(정속법)

덕트 내의 공기 속도를 가정하고 공기량을 이용하여 마찰저항과 덕트 크기를 결정하는 방법이다. 주로 분진이나 산업용 분말 등을 배출시키기 위한 배기 덕트의 설계법으로 적당하다.

㉯ 등압법(등마찰법, 마찰저항법)

덕트의 단위길이당의 마찰저항의 값을 일정하게 하여 덕트의 단면을 결정하는 방법으로, 가장 많이 사용되는 설계법이다.

㉰ 전압법(정압 재취득법, 압력 보상법)

덕트 각 부의 국부 저항은 전압 기준에 의해 손실 계수를 이용하여 구하고, 각 취출구까지의 전압력 손실이 같아지도록 덕트 단면을 결정하는 방법이다.

⑧ 공기 취출구와 흡입구

㉮ 그릴(grilles)형 : 풍량 조절이 불가능하며, 저속의 환기용 취출구나 흡입구에 사용한다.

㉯ 유니버설 그릴형 : 그릴형에 가동식 날개를 부착한 것으로, 취출구에 사용한다.

㉰ 레지스터형 : 그릴형에 셔터나 댐퍼를 부착한 것으로, 풍량 조절이 가능하다.
㉱ 아네모스탯(anemostat)형 : 천장 부착용 취출에 가장 좋다.
㉲ 매시 룸(mash room)형 : 바닥 밑에 배기용 덕트를 유도하여 직접 바닥에서 배기하는 경우에 사용한다.

참 고

▶ **클린 룸**(clean room)

공기 청정실(clean room)은 부유먼지, 유해가스, 미생물 등과 같은 오염물질을 규제하여 기준 이하로 제어하는 청정공간으로, 실내의 기류, 속도, 압력, 온·습도를 어떤 범위 내로 제어하는 특수 건축물을 말한다.

㉮ 종류
- ㉠ industrial clean room(ICR) : 먼지 미립자가 규제 대상
- ㉡ bio clean room(BCR) : 세균, 곰팡이 등의 미생물 입자가 규제 대상

㉯ 필요 분야
- ㉠ industrial clean room : 정밀 기기, 전자 기기의 제작, 방적 공업, 전기 공업, 우주 공학, 사진 공업, 정밀 공업 등
- ㉡ bio clean room : 무균 수술실, 제약 공장, 식품 가공, 동물 실험, 양조 공업, bio hazard 대책 등

㉰ 평가 기준
- ㉠ 미국 연방 규격에서는 입경 0.5μm 이상의 부유 미립자 농도가 기준임.
- ㉡ $1ft^3$ 안의 미립자 개수에 의해 class를 표시.
- ㉢ super clean room에서는 0.3μm, 0.1μm의 미립자를 기준으로 하고 있음.

㉱ clean room의 기본 방식
- ㉠ 비정류(nonunidirectional flow) 방식 : 일반적인 공조 설비에 HEPA 필터 또는 ULPA 필터를 사용.(class 1,000~100,000)
- ㉡ 정류(unidirectional flow) 방식 : 천장 또는 벽면 전체에 HEPA 필터 또는 ULPA 필터를 설치하고 공기를 바닥면 또는 반대편 벽면으로 이동시킴(class 1~100)
- ㉢ 병용 방식 : 경제적인 비정류 방식과 높은 청정도를 얻을 수 있는 정류 방식을 조합한 것.(작업 대상에서는 class 100~1을 유지하는 것이 가능함.)

[주] 고성능 필터의 종류

- ㉠ HEPA 필터(high efficiency particle air filter) : 0.3㎛의 입자 포집률이 99.97% 이상 → 클린룸, 병원의 수술실, 방사성물질 취급시설, 바이오 클린룸 등에 사용
- ㉡ ULPA 필터(ultra low penetration air filter) : 0.1 ㎛의 부유 미립자를 제거할 수 있는 것 → 최근 반도체 공장의 초청정 클린룸에서 사용

㉲ clean room의 관리상의 문제점
- ㉠ 설비 코스트(cost)와 운전 코스트의 절감 문제
- ㉡ layout 변경에 대한 가변성 증대화와 간단한 설비
- ㉢ leak의 발생 관리 처리 문제
- ㉣ system ceiling의 문제점 등

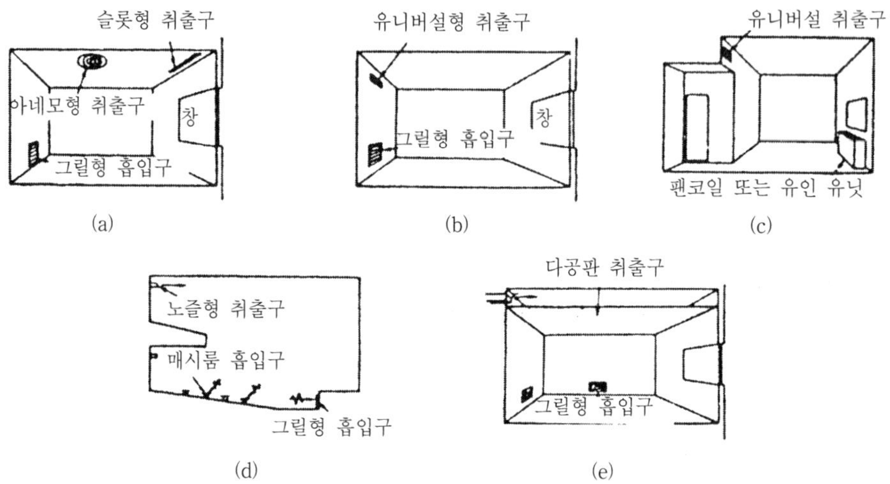

그림 6-9 취출구와 흡입구

(8) 송풍기(blower)

① 송풍기의 종류

표 6-1 공조 및 냉동기에 사용되는 송풍기

종류		풍량[m³/min]	압력(수주mm)	용도
원심송풍기	다익송풍기	10~2,900	10~125	국소통풍 · 저속덕트 · 에어커튼용
	리밋로드송풍기	20~3,200	10~150	공업용 · 배풍용
	사일런트송풍기	60~900	125~250	고속덕트용
	익형송풍기	60~3,000	125~250	고속덕트용 · 냉각탑용냉각팬
축류형송풍기		15~10,000	0~55	급속동결실용

표 6-2 송풍기 날개의 형상

종류	원심송풍기					축류형 송풍기 (프로펠러팬)
	터보팬		익형 송풍기 (에어필팬)	리밋로드팬	다익 선풍기 (시로코팬)	
	보통	사일런트팬				
날개의 형상	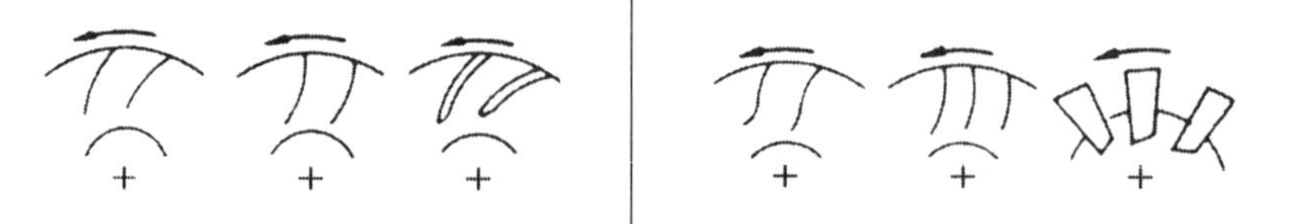					
정압[mmAq]	30~1,000	100~250	100~250	10~150	10~150	0~50
효율[%]	60~70	70~85	70~85	55~65	45~60	50~85

② 송풍기 계산식

㉮ 크기(No)

㉠ 원심 송풍기의 경우

$$No = \frac{\text{회전 날개의 지름(mm)}}{150(\text{mm})} (\#)$$

㉡ 축류 송풍기의 경우

$$No = \frac{\text{회전 날개의 지름(mm)}}{100(\text{mm})} (\#)$$

㉯ 소요 동력(kW)

$$\text{kW} = \frac{Q \times P_t}{102\eta^t \times 3,600}$$

㉰ 축마력(BHP)

$$\text{BHP} = \frac{Q \times P_t}{\eta^t \times 3,600}$$

$$P_t = P_S + \left(\frac{V_p}{4.05}\right)^2$$

Q : 풍량(m^3/h)
P_t : 전압(mmAq)
P_S : 정압(mmAq)
V_p : 토출 풍속(m/s)
η^t : 전압 효율

③ 송풍기의 법칙

㉮ 공기 비중이 일정하고 같은 덕트 장치에 사용할 때

㉠ 회전 속도 $N_1 \to N_2$(비중=일정)

ⓐ $Q_2 = \frac{N_2}{N_1} Q_1$

ⓑ $P_2 = \left(\frac{N_2}{N_1}\right)^2 P_1$

ⓒ $L_2 = \left(\frac{N_2}{N}\right)^3 L_1$

㉡ 송풍기의 크기 $D_1 \to D_2$(N=일정)

ⓐ $Q_2 = \left(\frac{D_2}{D_1}\right)^3 Q_1$

ⓑ $P_2 = \left(\frac{D_2}{D_1}\right)^2 P_1$

ⓒ $L_2 = \left(\frac{D_2}{D}\right)^5 L_1$

Q : 송풍량(m^3/min)
N : 임펠러의 회전수(rpm)
P : 송풍기에 의해 생긴 정압 또는 전압(mmAq)
L : 송풍기의 소요 동력(kW, PS)
D : 송풍기 날개의 직경(mm)

④ 송풍기의 특성 곡선

송풍기의 특성 곡선은 풍량(Q)의 변동에 대하여 전압(P_t), 정압(P_s), 효율[%], 축동력(L)을 나타낸다.

㉮ 서징(surging) 영역 : 정압 곡선에서 좌하향 곡선 부분의 송풍기 동작이 불안전한 현상.

㉯ 오버 로드 : 풍향이 어느 한계 이상이 되면 축동력은 급증하고, 압력과 효율은 낮아지는 현상.

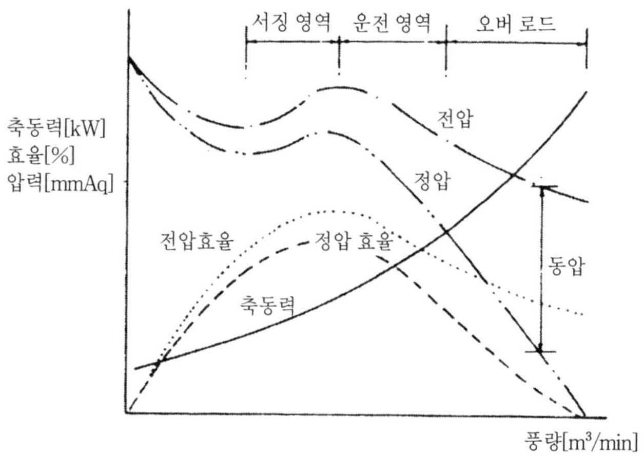

그림 6-10 송풍기의 특성 곡선(다익형의 경우)

(9) 펌 프

① 펌프의 분류

㉮ 회전 펌프 : 원심 펌프, 사류 펌프, 축류 펌프, 기어 펌프

㉯ 왕복 펌프 : 플런저 펌프, 피스톤 펌프

② 양 정

㉮ 전양정(H)

$$H = H_a + H_f + H_w\,[\text{m}] = H_a + H_f \text{ (속도수두를 무시할 경우)}$$

H_a : 실양정[흡입측 실양정(H_{as})+송출측 실양정(H_{ad})][mAq]
H_f : 배관 마찰수두[흡입측 손실수두(H_{fs})+송출측 손실수두(H_{fd})][mAq]
H_w : 토출구 속도수두 $\left(\dfrac{v^2}{2g}\right)$[mAq]

㉯ 실양정(H_a)

$$H_a = H_{as} + H_{ad} \text{ [mAq]}$$

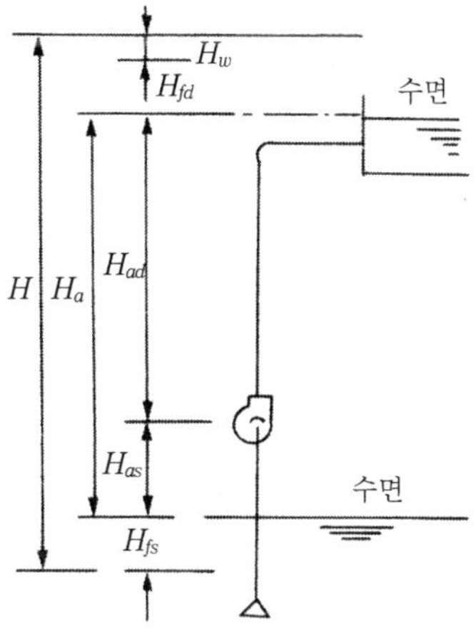

그림 6-11 펌프의 양정

③ 펌프의 특성

㉮ 특성 곡선

펌프가 어느 일정한 속도로 물을 양수할 때 토출량의 변화에 따라 양정[m], 축동력(PS, kW), 효율[%]의 변화를 선도로 표시한 것을 말한다.

이와 같은 특성 곡선의 보양은 펌프의 종류에 따라 다르게 나타나며, 이 곡선에 의해 운전 조건에 따른 성능을 예측할 수 있다.

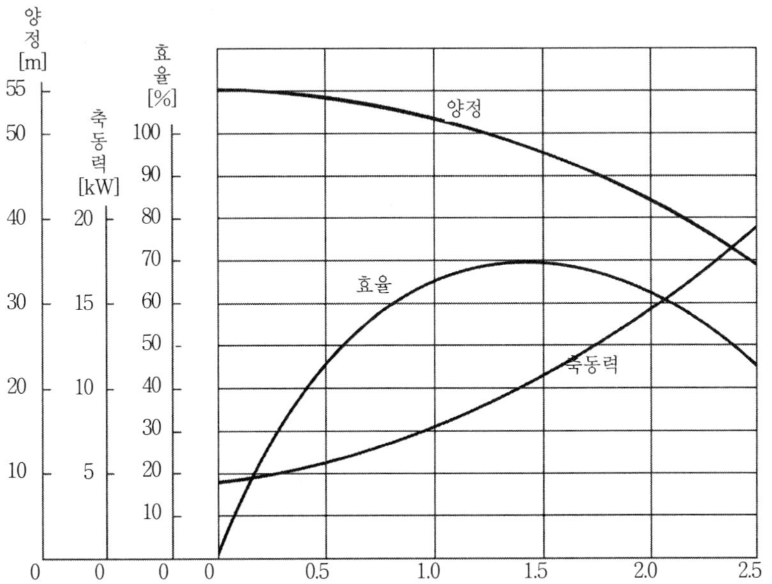

그림 6-12 펌프의 특성 곡선

㉯ 회전수의 변화에 따른 유량(Q), 양정(H), 축동력(L)의 변화

펌프의 특성 곡선은 회전수를 일정하게 한 상태에서 얻어진 것이다. 회전수를 변화시키면 양수량은 회전수에 비례하고, 양정은 회전수의 제곱에 비례하며, 축동력은 회전수의 3승에 비례한다.

토 출 량[m³/min]	양 정[m]	축 동 력[kW]
$Q_2 = Q_1 \frac{N_2}{N_1}$	$H_2 = H_1 \left(\frac{N_2}{N_1}\right)^2$	$L_2 = L_1 \left(\frac{N_2}{N_1}\right)^3$

Q_1, H_1, L_1 : 회전수 N_1[rpm]일 때의 토출량[m³/min], 양정[m], 축동력[kW]
Q_2, H_2, L_2 : 회전수 N_2[rpm]일 때의 토출량[m³/min], 양정[m], 축동력[kW]

㉰ 캐비테이션과 NPSH

㉠ 캐비테이션(cavitation)

ⓐ 급수의 압력이 갑자기 높아져서 급수 속의 공기가 기포로 분리되는 현상으로서, 흡입양정에서 발생한다.

ⓑ 소음, 진동, 관 부식, 심하면 흡상 불능(펌프의 공회전)의 원인이 된다.

ⓒ 펌프 흡입구의 압력은 항상 흡입구에서의 포화 증기 압력 이상으로 유지되어야 캐비테이션이 일어나지 않는다.

㉡ NPSH(Net Positive Suction Head : 유효 흡입양정)

ⓐ 캐비테이션이 일어나지 않는 유효 흡입양정을 수주로 표시한 것이다.

ⓑ 펌프의 설치 상태 및 유체의 온도 등에 따라 다르다.

ⓒ 설치에서 얻어지는 NPSH는 펌프 자체가 필요로 하는 NPSH보다 커야 캐비테이션이 일어나지 않는다.

따라서 캐비테이션이 발생하지 않을 경우는

$$H_{sv} \geq h_{sv}$$

여기에 여유율 a(일반적으로는 30%를 취함)를 고려하면, 펌프의 설치조건은

$$H_{sv} \geq (1+a) \cdot h_{sv} = 1.3 \cdot h_{sv}$$

그림 6-13에서 보면 유량증가와 함께 펌프의 필요 NPSH는 증가하지만, 시스템에 의하여 결정되는 유효 NPSH는 유량에 따라 감소하게 된다. 또 어느 유량에서 2개의 NPSH곡선이 교차하게 되고, 교점의 좌측이 사용가능한 범위, 우측이 캐비테이션 발생영역으로 사용이 불가능하게 되는 범위가 된다.

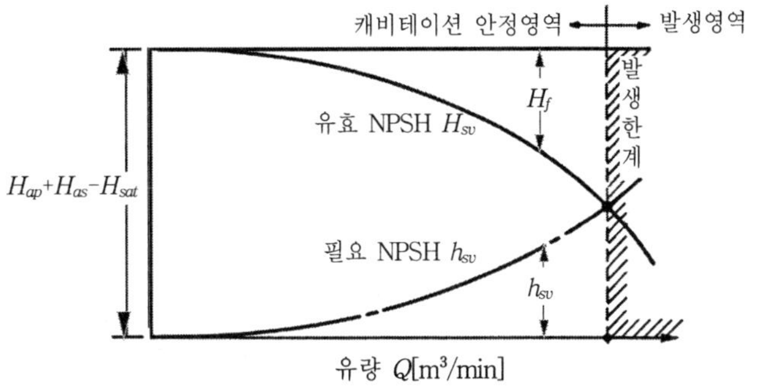

그림 6-13 캐비테이션 발생 조건

익 힘 문 제

1 일반적인 공기조화기(AHU)의 내부 구성을 공기의 흐름 순서에 대하여 설명하라.

2 공기조화기기용 필터에서 병원의 수술실에 적합한 것은?

3 무균실에 적용되는 필터의 종류는?

4 다음 그림에서 양정은 몇 mAq인가?(단, 배관 마찰손실수두는 30mAq, 기기저항수두는 10mAq일 때 속도수두는 무시한다.)

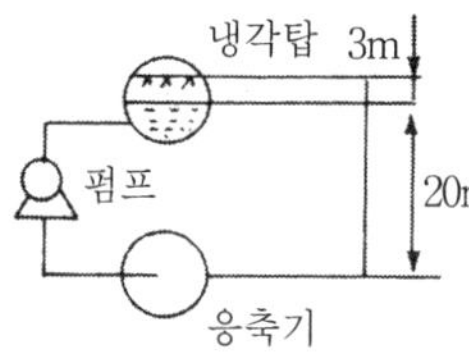

5 펌프의 설치시에 흡입측 실양정 H_{as}, 송출측 실양정 H_{ad}, 흡입측 배관 손실수두 H_{fs}, 송출측 배관 손실수두 H_{fd}, 속도수두는 무시할 때 전양정 H는?

6 덕트 치수 결정법에 대하여 설명하라.

7 덕트의 치수 결정법 중에서 각 구간마다 압력손실이 다르고, 송풍기 용량을 구하기 위해 전체구간의 압력손실을 구해야 하며, 주로 분진이나 산업용 분말 등의 이송에 적당한 덕트 설계 방법은?

8 클린 룸(clean room)에 대하여 설명하라.

9 펌프설비에서 캐비테이션(cavitation)이 일어날 수 있는 조건은?

10 펌프의 NPSH(유효 흡입양정)에 대하여 설명하라.

제7장 냉동설비

1. 냉동기

(1) 냉동 원리

① 냉동 사이클

물체를 대기 온도 이하로 냉각하는 것을 냉동이라고 하며, 그 냉동 사이클은 그림 7-1과 같다. 먼저 압축기는 증발기로부터 흡입된 저온 · 저압의 냉매가스를 고온 · 고압의 과열증기로 만들어 응축기로 보내면 응축기에서는 물 또는 공기로부터 냉각되어 응축열을 버리고 가스체에서 다시 액화한다. 이 고압의 냉매액은 팽창밸브를 지나 감압되어 일부는 증발하여 가스가 되고, 대부분은 저온 · 저압의 액체가 되어 증발기로 들어와 주위로부터 전달되는 열에 의하여 증발되므로 냉동 목적을 달성할 수 있다.

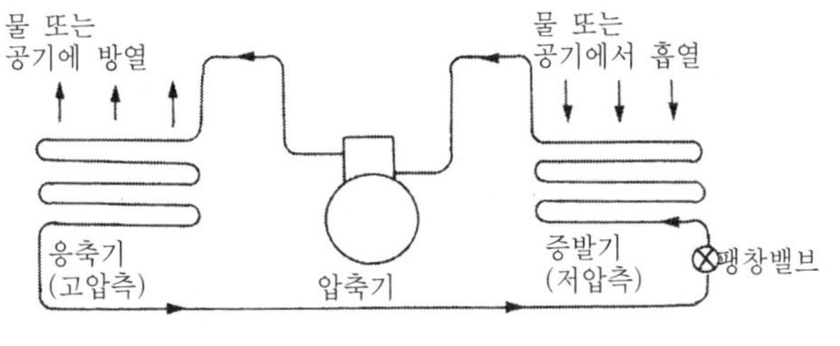

그림 7-1 냉동 사이클(압축식)

② 몰리에르 선도($P-i$ 선도)

㉮ 과정 ④~①

냉동 효과를 나타내는 과정. 주위의 냉각 물체에서 열량 q를 흡수하며, 저온체에서 흡수한 열량

$$q = i_1 - i_4 = i_1 - i_3$$

㉯ 과정 ①~②

①의 증기를 압축기에서 압축하는 과정. 압축일, 즉 선도상의 AL에 해당

$$AL = i_2 - i_1$$

㈐ 과정 ②~③

저온 열원에서 흡수한 열량과 외부로부터 받은 일을 방출하는 과정

$$q + AL = i_2 - i_3$$

㈑ 과정 ③~④

③의 고압 액체가 팽창밸브를 통과하는 동안 단열팽창을 하여 ④의 낮은 온도 및 압력 상태로 변화하는 과정

$$Q = q + AL$$

냉동의 성적을 표시하는 척도로 쓰여지는 성적 계수 또는 동작 계수(COP : Coefficient of Performance)

㉠ 냉동기의 성적 계수

$$\varepsilon_r = \frac{\text{저온체로부터의 흡수 열량(냉동 효과)}}{\text{압 축 일}} = \frac{q}{AL}$$

㉡ 열 펌프의 성적 계수

$$\varepsilon_h = \frac{\text{응축기의 방출 열량}}{\text{압 축 일}} = \frac{q + AL}{AL} = \frac{q}{AL} + 1$$

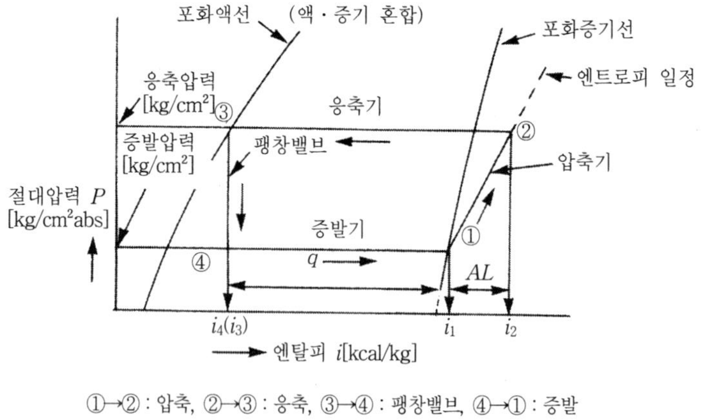

①→② : 압축, ②→③ : 응축, ③→④ : 팽창밸브, ④→① : 증발

그림 7-2 몰리에르 선도상의 냉동 사이클(R-12)

③ 냉동 능력

냉동기의 능력을 냉동톤으로 표시하며, 1냉동톤은 0℃의 물 1톤을 24시간 동안 0℃의 얼음으로 만드는 능력을 말한다.

㉮ 1냉동톤$=\dfrac{1,000\text{kg}\times 79.7\text{kcal/kg}}{24\text{h}}=3,320\text{kcal/h}$ = 3,860W = 3.86kW

㉠ 미국식인 경우 : 3,516W(3,024kcal/h)

㉡ 일본식인 경우 : 3,860W(3,320kcal/h)

㉢ 영국식인 경우 : 4,186W(3,600kcal/h)

㉯ $1\text{USRT}=\dfrac{2,0001\text{b}\times 144\text{BTU/1b}}{24\text{h}}=12,000\text{BTU/h}$

$1\text{USRT}=\dfrac{12,000\text{BTU/h}\times 1.055\text{kJ/BTU}}{3.600\text{s/h}}$ =3,516W=3.516kW

예제 1.

다음 그림의 압축 냉동 사이클(몰리에르 선도)에서 성적 계수는?

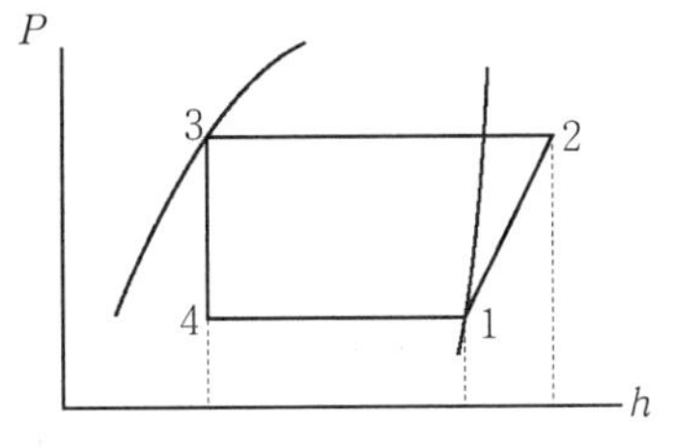

해설 $COP=\dfrac{\text{냉동 효과}(q)}{\text{압축일}(AL)}$ 이므로 $\dfrac{h_1-h_4}{h_2-h_1}$ 이다.

예제 2.

다음 그림과 같은 P-i 선도와 같은 냉동 사이클로 운전될 때 냉동 효과와 압축기 열당량은?

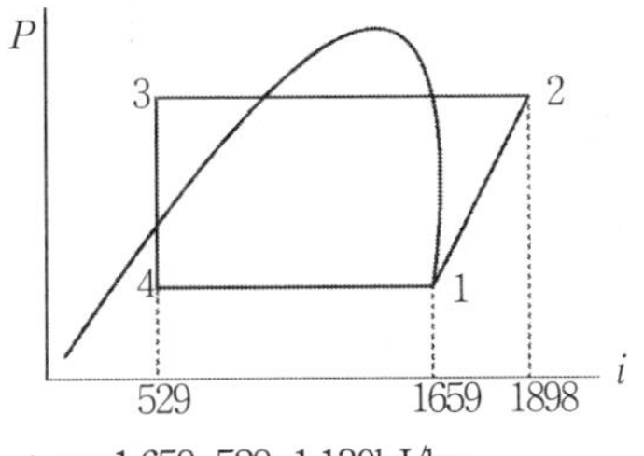

해설 냉동 효과(qe)$=i_1-i_4=$=1,659-529=1,130kJ/kg

압축기 열당량(Aw)$=i_2-i_1$=1,898-1,659=239kJ/kg

(2) 냉동기의 종류

현재 공조용 등 냉열원 기기로 사용되는 냉동기의 종류는 표 7−1과 같다.

표 7-1 냉동기의 종류

방 식	종 류		냉 매	용 량	용 도
증기압축식	왕복동식 냉동기 (reciprocating 냉동기)		R−12, R−22 R−500, R−502	1∼400kW	룸 에어컨(소용량) 냉동용
	원심식 냉동기 (turbo 냉동기)		R−11, R−12 R−113	밀폐형 : 80∼1,600USR1	일반 공조용
				개방형 : 600∼10,000USR1	지역 냉방용
	회전식	로터리식 냉동기	R−12, R−22 R−21, R−114	0.4∼150kW	룸 에어컨(소용량) 선박용
		스크루식 냉동기	R−12, R−22	5∼1,500kW	냉동용, 히트 펌프용
	증기 분사식 냉동기		H_2O	25∼100USR1	냉수 제조용
흡 수 식	흡수식 냉동기		H_2O LiBr(흡수액)	50∼2,000USR1	일반 공조용 폐열, 태양열 이용

① 압축식 냉동기의 구성

압축식 냉동기의 주요 구성은 압축기 · 응축기 · 팽창밸브 · 증발기로 이루어져 있다. 증발기 내에서 주위의 증발 잠열을 흡수함으로써 냉각 작용이 이루어진다.

이와 같이 압축 냉동 사이클에 의해 냉각 작용을 하는 냉동기를 압축식 냉동기라고 한다.

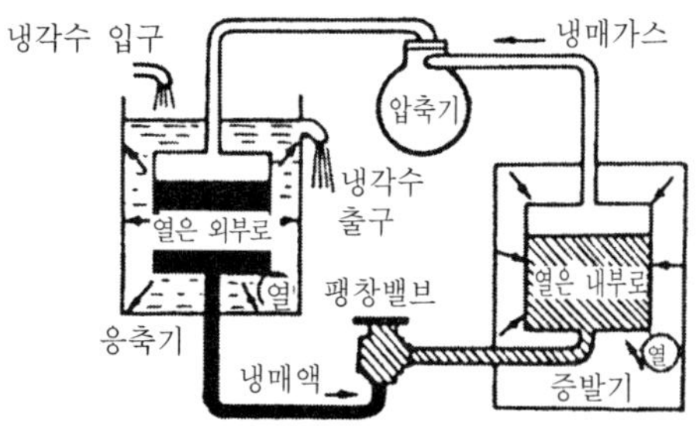

그림 7-3 압축 냉동 사이클

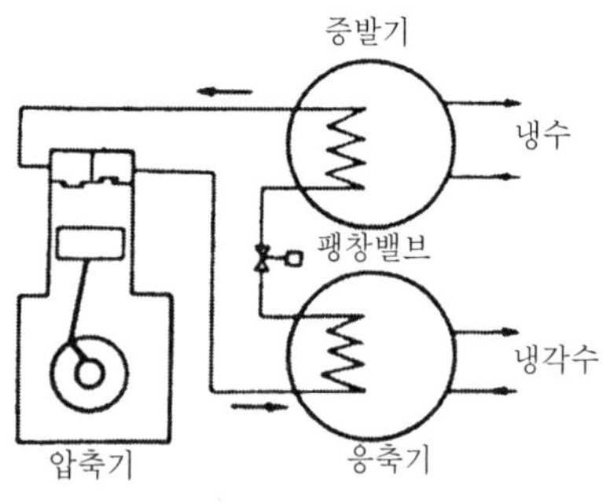

그림 7-4 왕복동식 냉동기

② 흡수식 냉동기의 구성

흡수식 냉동기는 증발기 · 흡수기 · 발생기(재생기) · 응축기의 4개 부분으로 구성되어 있으며, 물질의 용해 농도의 차를 이용하여 가스 압축에 해당하는 일을 대신한다. 암모니아(NH_3)는 저온수에 잘 용해하며 고온의 물에는 용해하기 어려운 성질을 이용한 것으로서, 암모니아와 물을 사용한 흡수식 냉동기의 경우에는 암모니아가 냉매, 물이 흡수제 역할을 한다.

※ 냉동 사이클의 작용 방법

① 증발기 내에서 냉수로부터 열을 흡수, 물은 증발하여 수증기가 되어 흡수기로 들어간다.

② 흡수기 내에서 수증기는 염수 용액에 흡수되며, 희석 용액은 발열 때문에 냉각수에 의해 냉각되어 발생기에 보내진다.

③ 발생기 내에서 고온수나 고압 증기에 의해 가열되어 희석 용액 중 수증기는 응축기로 보내어지고 진한 용액은 흡수기로 되돌아간다.

④ 발생기로부터 유입된 수증기는 저압의 응축기에서 응축되어 물이 되며 증발기로 들어간다.

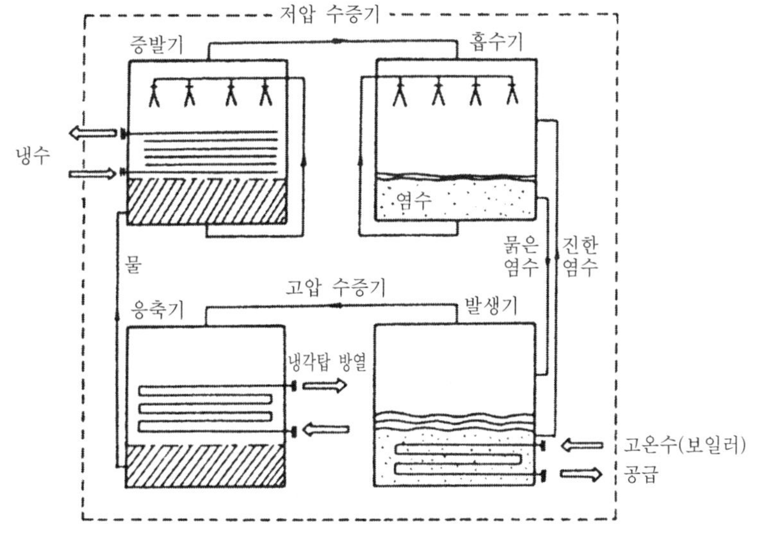

그림 7-5 흡수식 냉동 사이클

(3) 냉매와 브라인(brine)

1) 냉 매

냉매란 냉각해야 할 물체에서 열을 빼앗아 소요온도로 강하시키는 화학적 약품으로서, 열의 매개물을 말한다. 그러므로 냉매는 냉동장치에 있어서 물질을 냉각하기 위하여 열을 일정한 장소에서 다른 장소로 운반하는 액체이다.

또한 냉매는 항상 액체 또는 가스 상태로 존재하며, 냉동 사이클 중에서는 액화하기 쉬운 가스체이다. 현재 가장 많이 사용하고 있는 대표적인 냉매는 암모니아(NH_3), 탄산가스(CO_2), 불화 탄산수소계(freon)이다.

공조용 냉동기에서는 R_{113}, R_{11}, R_{114}, R_{12}, R_{500}, R_{22} 등의 프레온계 냉매가 안전하기 때문에 주로 사용되고 있다. R_{113}, R_{11}, R_{114}는 터보 냉동기에 R_{12}, R_{502}, R_{22}는 주로 왕복동 냉동기에 사용된다. 그러나 터보 냉동기에서도 1,300US RT 이상의 것에는 R_{12}, R_{502}, R_{22} 등이 사용된다.

① 냉매의 일반적인 조건

㉮ 물리적 조건

㉠ 증발 압력과 응축 압력이 적당할 것

㉡ 임계 온도는 상온보다 가급적 높을 것

㉢ 응고점이 낮을 것

㉣ 증발열과 증기의 비열은 크고 액체의 비열은 작을 것

㉤ 증기의 비체적이 작을 것

㉥ 같은 냉동 능력에 대하여 소요 능력이 적을 것

㉦ 점성 계수가 작고 열전도 계수가 클 것

㉯ 화학적 조건

㉠ 금속을 부식하는 성질이 없을 것

㉡ 안전성이 있을 것

㉢ 인체에 해가 없고 독성이 없을 것

㉣ 인화나 폭발의 위험성이 없을 것

㉤ 증기 액체의 점성이 작을 것

㉥ 냉동기 구성체를 부식하지 않을 것

㉦ 가능한 한 윤활유에 녹지 않을 것

㉰ 기 타

㉠ 값이 저렴할 것

㉡ 누설되기 어렵고 누설을 발견하기가 용이할 것

② 냉매의 종류

㉮ 암모니아(NH_3) : 산업용으로 가장 많이 쓰이고 있으나, 자극성이 있고 공기중에서 16~25%의 용적을 차지하면 폭발성이 있으므로, 공기조화용으로는 쓰이지 않는다. 이것이 산업용으로 많이 쓰이는 이유는 숨은 열이 대단히 많고, 비등점이 낮은(−33℃) 등 열역학적 특성이 좋기 때문이다.

㉯ 프레온 12 : 메탄의 수소 원자를 2개의 염소 원자(Cl_2)와 2개의 플루오르 원자(F_2)로 치환한 것으로, 분자식은 Cl_2F_2(dichloro difluoro methane)이다.

무색, 무취로서 독성이 거의 없으며, 물이 전혀 없을 때에는 금속에 대한 침식성이 없다. 증발의 숨은 열은 크지 않으나 암모니아보다 고압측 압력이 많이 낮으며, 저압측은 공기조화용으로 하면 0.2MPa 정도로서 알맞고, 비등점(−29.8℃)도 비교적 낮아서 용도가 다양하다. 증기의 비체적이 적어서 왕복동 압축기에 많이 쓰이고 있다.

㉰ 프레온 11 : 프레온 11은 비등점(23.7℃)이 높은 저압 냉매이다. 그러나 저압 증기의 비체적이 커서 원심 압축기에 적합한 공기조화용 냉매이다.

윤활유에 잘 용해되므로 이에 대한 대책이 필요하고, 상온의 대기압에서 액체 상태이므로 취급이 쉽다. 독성이 적고, 다른 프레온계 냉매처럼 무색, 무취이고, 가연성도 없다.

㉣ 프레온 113 : 프레온 11과 같이 원심 압축기에 쓰이는 저압 냉매로서, 독성 및 가연성이 없다. 이것은 소형의 밀폐 터보 냉동기에 사용되고 있다.

㉤ 프레온 12 : 가장 일반적인 냉매로서 압력은 중위이고 가정용 냉동기에서부터 대형 왕복동식 압축기에 사용되고 있다.

㉥ 프레온 22 : 근래 R−12 대신에 이 냉매 사용이 눈에 띠게 나타나고 있다. 압력, 냉동능력은 대개 암모니아와 같고 R−12에 비해 같은 냉동기로 60% 정도 능력이 증가한다(단, 모터 응축기는 그만큼 크게 된다). 또한 응고점이 낮기 때문에 −80℃ 정도의 저온을 얻을 수 있다.

㉦ 프레온 500 : R−12와 R−52와의 공불비합물로서 R−12보다는 약 20% 정도 능력이 크기 때문에 밀폐식 냉동기의 50Hz용으로 사용하면, R−12를 냉매로 한 60Hz용의 용량을 발휘할 수가 있다. 또한 압력은 R−12와 R−22와의 중간이므로 공냉식 콘덴서를 사용하는 냉동기에도 사용하고 있다.

표 7-2 현재 사용되는 주요 냉매의 종류 및 용도

명 칭	화 학 기 호	사용 온도 범위	냉동기의 종류	용 도
R−11	CCl_3F	고	터보식	냉방용
R−12	CCl_2F_2	고·중·저	왕복식·터보식	냉방·냉장·화학공업용, 기타
R−22	$CHClF_2$	고·중·저·초저	왕복식	일반냉방·냉장·화학공업용, 기타
R−113	$C_2Cl_3F_3$	고	터보식	일반 냉방용
R−114	$C_3Cl_3F_4$	고·중	터보식·왕복식	냉방·화학공업용
R−500	CCl_2F_2(73.8%) CH_3CHF_2(26.2%)	고·중	왕복식	냉방·냉장용
암모니아	NH_3	중·저	왕복식·흡수식	제빙·냉장·화학공업용
물	H_2O	고	흡수식·증기분사식	냉방·화학공업용

[주] : 고 : 0℃ 이상, 중 : 0∼−20℃, 저 : −20∼−60℃, 극저 : −60℃ 이하 번호가 작을수록 특성이 크다.

2) 브라인(brine)

냉동기의 증발기에서 생긴 저온을 냉장품 등의 피냉각물(被冷却物)에 전하는 2차 냉매인 부동액을 브라인이라 한다.

① 브라인의 필요 조건

㉠ 동결점(凍結點)이 낮은 액체일 것

㉡ 비열이 클 것

㉢ 접촉 재료를 잘 부식시키지 않을 것

㉣ 열전도가 좋을 것

㉤ 점도가 낮을 것

② 브라인의 종류와 성질

브라인은 식염 브라인, 염화칼슘 브라인, 염화마그네슘 브라인, 염화나트륨 브라인, 메틸렌 클로라이드, 알콜, 에틸렌클리콜, 글리세린 용액 등이 있으며, 보통은 염화칼슘($CaCl_2$)을 물에 용해시킨 브라인이 사용되고, 최저 응고점은 농도 29.9%일 때 −55℃로 극히 낮으므로 냉장용이나 제빙용 등 저온 공업용에 널리 사용되고 있다.

(4) 열펌프 시스템(heat pump system)

그림 7-6은 냉·난방을 위한 열펌프의 구성도이다. 이것은 트랜스퍼 밸브를 작동시켜 냉·난방의 전환이 가능하도록 되어 있다. 겨울에는 외부 교환기(outside heat exchanger)는 증발기가 되고 내부 열교환기(inside heat exchanger)는 응축기가 되어 실내에 공기를 공급하여 난방을 하고, 여름에는 그 반대가 된다. 보통 열펌프는 냉동 사이클과 마찬가지로 열기관의 역(逆)사이클이며, 고온측에 열을 전하는 것이 주목적이다.

그림 7-7은 물을 작동유체로 하는 열펌프 구성도로서 난방을 목적으로 하는 것이다.

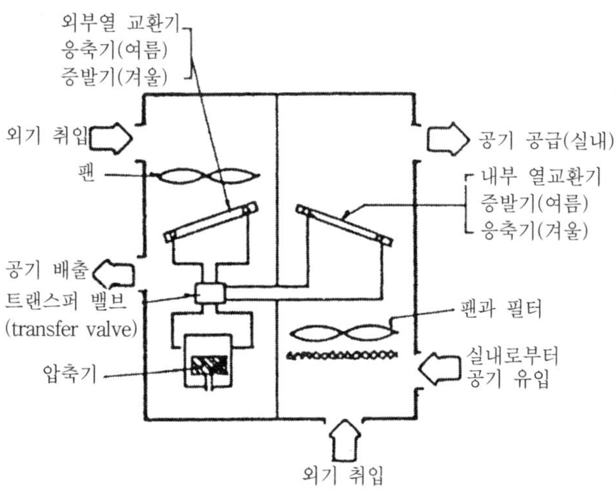

그림 7-6 냉·난방 열펌프 구성도

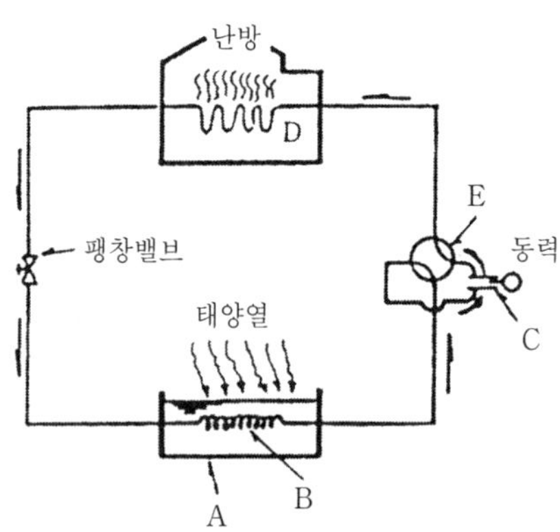

그림 7-7 난방용 열펌프 구성도

태양열에 의해 일정 온도 이상으로 유지되어 물탱크 A를 저열원으로 하고, 펌프 C로서 증발기 B 내의 물이 증발한 증기를 압축하여 응축기 D로 응축시켜서 방열하게 한다. D는 난방용 방열기이며, 이때의 열원 A는 인공적인 태양열 집열판 등을 이용하는 경우와 지열(地熱)을 이용하는 경우가 있다.

그림에서 사방밸브(four way valve) E를 조절하여 흐름의 방향을 역으로 하면 D는 증발기, B는 응축기가 되며, 열 이동 방향은 역으로 되어 D는 난방용 방열기가 된다.

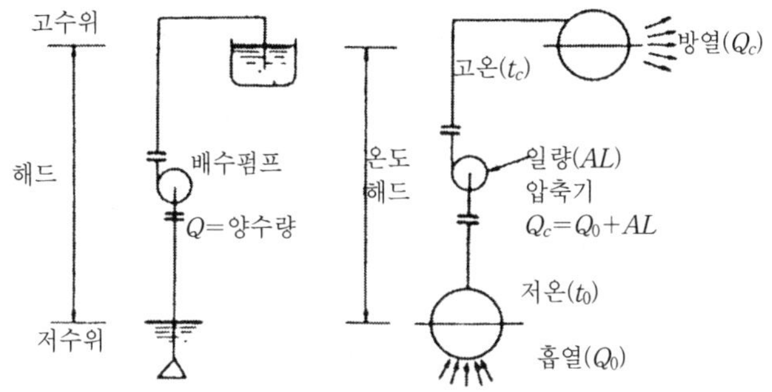

그림 7-8 물펌프와 히트펌프(冷凍機)

참 고

▶ 빙축열 시스템

1. 개 념

야간의 값싼 심야전력을 이용하여 전기에너지를 얼음 형태의 열에너지로 저장했다가 주간의 냉방용으로 사용하는 시스템으로, 주로 얼음의 융해열(335kJ/kg)을 이용한 것이다. 주야간의 전력 불균형을 해소하고 적은 비용으로 쾌적한 환경을 조성할 수 있다.

2. 특 징

① 냉동기 및 열원설비 용량을 줄일 수 있다.
② 수전설비 용량 축소 및 계약 전력이 감소된다.
③ 심야전력 이용으로 전력 운전비가 감소된다.
④ 전력 부하 균형에 기여한다.
⑤ 축열로 열공급이 안정적이다.
⑥ 열원기기(냉동기)를 고효율로 운전할 수 있다.

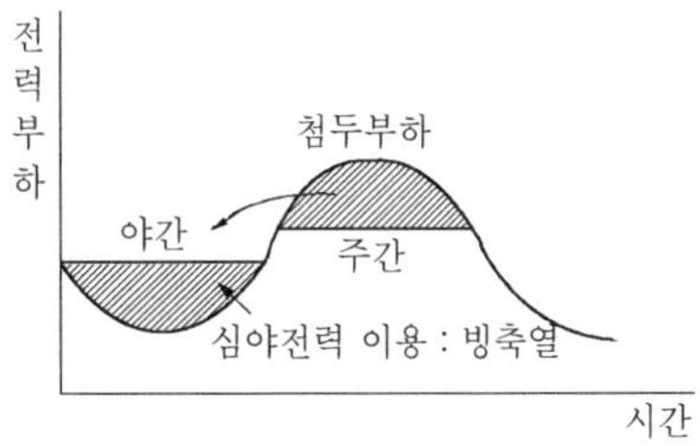

2. 냉각탑(cooling tower)

(1) 냉각탑의 종류

- 냉각탑
  - 개방식 냉각탑
    - 대기식 냉각탑
    - 자연 통풍식 냉각탑
    - 기계 통풍식 냉각탑
      - 평행류형
      - 직교류형
      - 역류형
  - 밀폐식 냉각탑

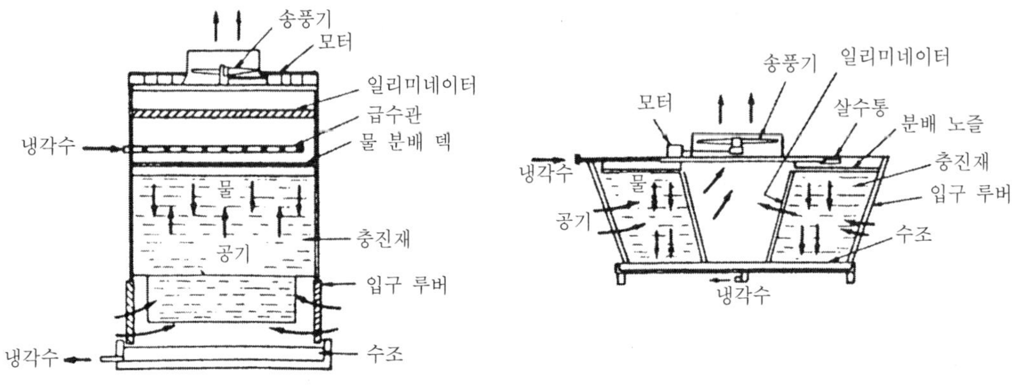

(a) 향류식　　　　(b) 직교류식

그림 7-9 냉각탑

① 개방식 : 냉각수가 냉각탑 내에서 대기에 노출되는 개방 회로 방식으로, 공기조화에서는 대부분 이 방식이 사용된다.

② 밀폐식 : 냉각수 배관이 밀폐된 것으로서, 폐회로 수열원 열펌프 방식과 같이 냉각수 배관의 길이가 길고, 건축 내에 널리 분포되어 있는 경우에 사용된다.

(2) 냉각탑의 설치 장소

① 충분한 통풍이 확보될 수 있는 장소로 냉각탑의 급기와 배기가 혼합되지 않도록 계획한다.

② 연돌의 배기, 주방의 배기 등으로 냉각수가 오염되지 않는 장소에 계획한다.

③ 기계 통풍 냉각탑은 소음이 발생하므로 주변의 영향을 고려한다.

④ 냉각탑으로부터 흩어지는 물방울이 주위에 낙하하므로 사람이 모이는 곳으로부터 거리와 풍향을 고려한다.

⑤ 주위의 조형물과의 관계를 고려하여 결정한다.

(3) 냉각 능력

① 압축식 냉동기에서의 1R・T당 냉각탑에서 방출하는 열량은 약 3,900kcal/h・RT이며, 이것을 냉각탑의 공칭 능력으로 1냉각톤이라 한다.

② 흡수식 냉동기에서는 1냉동톤당 냉각탑에서 방출하는 열량은 약 2~2.5배로 한다.

(4) 냉각탑의 용량

① 냉각 열량 H_{CT}[W]

㉮ 증기 압축식 냉동기의 경우

$$H_{CT} = H_E + H_C + H_P \fallingdotseq H_E + H_C \text{[W]}$$

H_E : 냉동열량[W]
H_C : 압축 동력의 열당량[W]
H_P : 펌프 동력의 열당량[W]

㉯ 흡수식 냉동기의 경우

$$H_{CT} = H_E + H_R + H_P \fallingdotseq H_E + H_R[\mathrm{W}]$$

H_R : 재생기 가열용량[W]

일반적으로 증기 압축식 냉동기에 대한 냉각탑 용량은 냉동열량의 1.2~1.3배, 흡수식 냉동기에 대한 냉각탑 용량은 냉동열량의 2.5배이다.

※ 어프로치(approach)
냉각탑에 의해 냉각되는 물의 출구 온도는 외기 입구의 습구(濕球) 온도에 따라 바뀌는데, 이때의 물 온도와 외기의 습구 온도차를 말하며, 냉각탑의 설계에 따라 크게 영향을 받는 값으로, 너무 작게 잡으면 냉각탑이 크게 되어 건설비, 운전비 등이 늘어나 비경제적이므로 보통 4~6℃(5℃) 부근으로 한다.

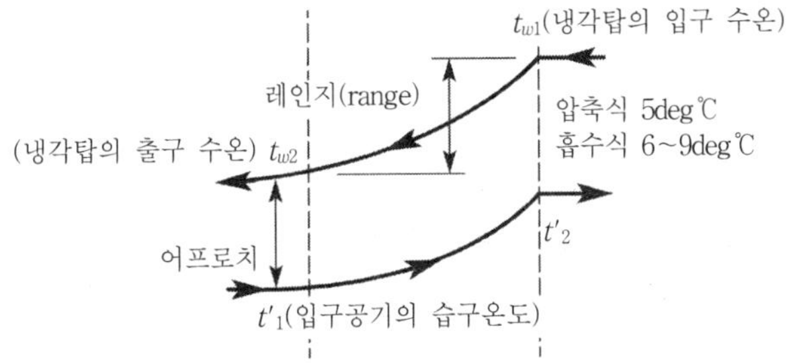

그림 7-10 냉각탑 내의 온도 변화(수온과 습공기온도의 변화)

② 순환수량 Q_W[ℓ/min]

$$Q_W = \frac{H_{CT}}{60C\Delta t}[\ell/\mathrm{min}] = \frac{H_{CT}}{C\Delta t}[\ell/\mathrm{s}]$$

H_{CT} : 냉각탑 용량(냉동기 용량)[kJ/h]
C : 비열(4.19kJ/kg·K)
Δt : 냉각수의 냉각탑의 출입구 온도차(℃)

③ 보급수량 Q_M[ℓ/min]

$$Q_M = Q_E + Q_C$$

Q_E : 증발하는 수량. $H_{CT}/(539\times60)$[ℓ/min]
Q_C : 비산(飛散)하는 양. 순환수량의 0.5~1.0%[ℓ/min]

일반적으로 보급수량은 순환수량의 2~3%를 보급하면 된다.

예제 1.

냉각탑의 냉각능력이 42kW이고 냉각수 입・출구 온도차이가 5℃일 때 냉각수 순환량(ℓ/min)은? (단, 물의 밀도는 1kg/ℓ, 비열은 4.2kJ/kg・K이다.)

해설 순환수량(Q_w)[ℓ/min]

$$Q_W = \frac{H_{CT}}{60C\Delta t}[\ell/\text{min}] = \frac{H_{CT}}{C\Delta t}[\ell/\text{s}]$$

H_{CT} : 냉각탑 용량(냉동기 용량)[kJ/h]

C : 비열(4.19kJ/kg・K)

Δt : 냉각수의 냉각탑의 출입구 온도차(℃)

※ 1kW=1,000W=860kcal/h=1kJ/s=3600kJ/h
42kW=42×3600kJ/h=151200kJ/h

$$Q_W = \frac{H_{CT}}{60C\Delta t}[\ell/\text{min}] = \frac{H_{CT}}{60C\Delta t} = \frac{151200}{60\times4.2\times5} = 120[\ell/\text{min}]$$

예제 2.

다음과 같은 냉각수 배관계통에서 냉각수 펌프의 전양정(mAq)은? (단, 냉각수 배관 전길이는 200m, 마찰저항은 40mmAq/m, 배관계 국부저항은 배관저항의 30%로 하고 냉동기 응축기 저항 8mAq, 냉각탑 살수압력은 40kPa, 1kPa은 0.1mAq로 한다.)

해설 펌프의 전양정(H)=실양정+배관마찰손실수두+기기저항수두+살수압력수두
=3+(200×0.04×1.3)+8+(40×0.1)=25.5mAq

※ 40mmAq=0.04mAq

익힘문제

1 냉동기의 순환원리에서 냉매의 순환 순서는?

2 냉동기의 성적계수(일명 동작계수, coefficient of performance)는 무엇을 말하는가?

3 공기조화용 냉동기의 용량표시에 사용되는 1냉동톤에 대하여 설명하라.

4 흡수식 냉동기에서 팽창밸브로부터 냉매의 순환 경로는?

5 브라인의 필요조건에 대하여 설명하라.

6 냉매의 물리. 화학적 성질이 갖추어야 할 조건에 대하여 설명하라.

7 heat pump의 채열원은?

8 빙축열 시스템에 대하여 설명하라.

9 냉각탑은 어디에 설치하는 것이 좋은가?

10 고층 건물의 경우에 보일러와 냉동기를 지하실에 배치하는 경우와 최상층에 배치하는 경우를 비교할 때 최상층에 배치하는 경우의 잇점은 무엇인가?

11 흡수식 냉동기의 냉각탑 용량은 일반적으로 냉동열량의 몇 배 정도인가?

제 3 편

전기설비

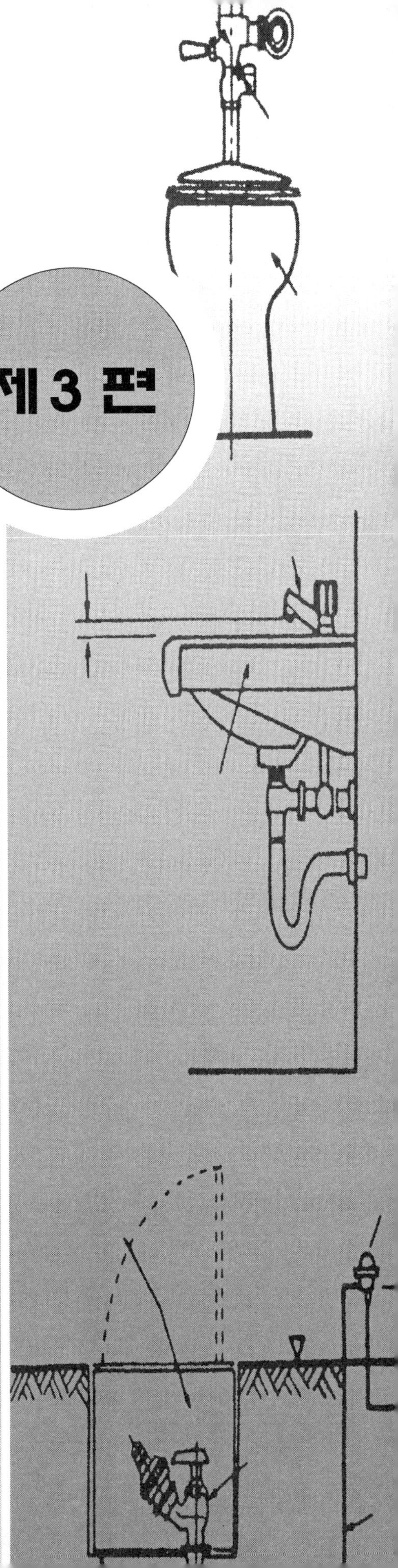

제1장 전기에 관한 일반적인 사항

1. 건축과 전기설비

건축전기설비를 분류하면 다음과 같다.

① 조명설비(강전) : 전기를 빛으로 이용하는 설비

② 동력설비(강전) : 공기조화 및 급배수 설비에 사용되는 송풍기 펌프 등의 동력, 주방의 전기기기, 엘리베이터, 에스컬레이터의 수송설비 등과 같이 전기를 동력에너지로 이용하는 설비

③ 전원설비(강전) : 수변전 설비, 자가용 발전설비, 축전지 설비 등

④ 정보설비(약전) : 전화설비, 신호표시장치, 인터폰 설비, 전기시계설비, 안테나 설비, 방송설비 등

⑤ 방재전기설비 : 피뢰침 설비, 소방전기설비, 항공 장애등 설비 등

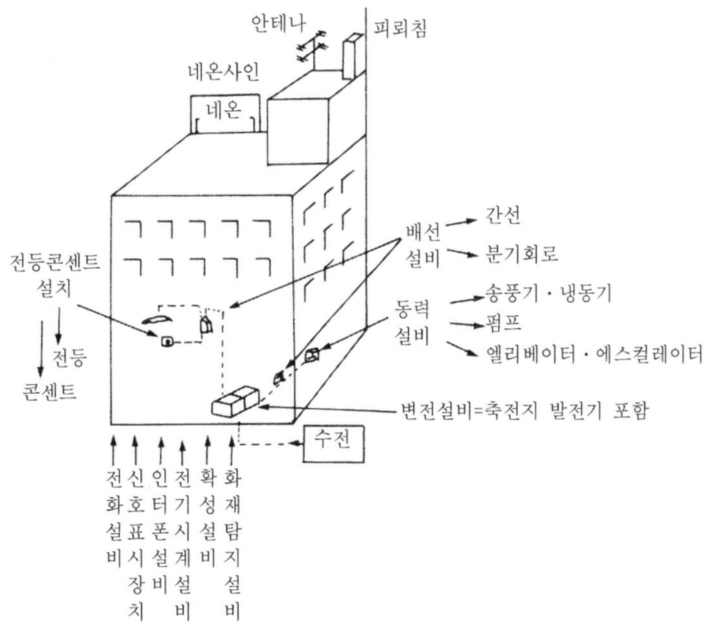

그림 1-1 건축관계 전기설비

2. 전기설비의 계획

전기설비의 계획시 검토해야 할 내용은 다음과 같다.

① 전기설비의 종류와 규모 : 건물의 용도, 규모 등에 의하여 결정한다.

② 설비비와 경상비의 관련성 : 건물의 용도, 규모에 따라 다르나 유지관리상 가장 기능적이며 신뢰성이 있어야 한다.

③ 건물의 구조, 의장과의 관계 : 건축설계의 기본설계 단계에서 전기설비의 시스템 구성을 검토해야 한다.

④ 다른 설비와의 관련 : 기계설비 등 다른 설비의 종류와 규모 등에 의하여 영향을 받는다.

⑤ 장래의 증축 계획 : 면적, 배선은 여유있게 준비하며 부하 증설에 대한 대비책을 세워야 한다.

3. 전기설비의 기초 사항

(1) 전 압

전기가 흐르기 위한 높이차(도체를 통해 흐르는 전류는 높은 곳에서 낮은 곳으로 흐른다)를 전위차 또는 전압이라 한다. 전압의 표시 기호는 V, 단위는 볼트(volt, V)를 사용한다.

표 1-1 전압의 종류

구분 \ 종류	저 압	고 압	특 별 고 압
직 류	750V 이하	750~7,000V	7,000V 초과
교 류	600V 이하	600~7,000V	7,000V 초과

(2) 전 류

전자의 이동을 전류라 하며 "I"로 표시한다. 단위는 암페어([A] : ampare)이다.

① 직류 전류

직류 전류란 전류가 항상 일정한 방향으로 일정량이 흐르는 경우를 말하며, 전화・전기시계 등 통신설비나 고급 엘리베이터의 전원에 쓰인다.

$$I[\mathrm{A}] = \frac{\mathrm{V}\,[\mathrm{V}]}{\mathrm{R}\,[\Omega]}$$

I : 전류[A]
V : 전압[V]
R : 저항[Ω]

② 교류 전류

전류가 순간순간 그 흐르는 방향과 흐르는 양이 변화하는 것으로, 일반 건축의 전등, 전열,

동력 등 대부분의 전기설비에 이용된다.

$$I[\mathrm{A}] = \frac{\mathrm{V}\,[\mathrm{V}]}{\sqrt{\mathrm{R}^2[\Omega]+\mathrm{R}^2[\Omega]}}$$

I : 전류[A]
V : 전압[V]
R : 저항[Ω]
R : 리액턴스[Ω]

리액턴스는 전선의 구조, 배선의 방법에 의하여 결정되며, 저항과 닮은 성질의 것으로 단위는 옴[Ω]으로 표시한다.

※ 전류와 전압의 관계 : 전류와 전압과의 관계는 물의 경우와 같이 회로에 있어서는 전압이 높을수록 전류가 많이 흐르며, 전류는 전압에 정비례한다. 전압이 일정할 때는 전선이 굵을수록, 즉 전선의 저항이 적을수록 많은 전류가 흐르므로 전류는 저항에 반비례한다. 이를 옴(ohm)의 법칙이라 한다.

(3) 저 항

R로 표시하며 단위는 옴(Ω : ohm)이다. 전선의 저항은 그 전선의 굵기, 즉 단면적에 반비례하고 전선의 길이에 비례한다. 또한 전선은 재료의 가공방법에 따라 상이한 값을 가지고 있는데, 이 값을 전선의 비저항이라고 한다. 비저항은 [Ω/cm^2]로 표시되고 통상 사용되고 있는 전선의 비저항은 20℃에 있어서 1.72×10^{-6}[ohm · cm/cm^2]이다. 전선의 치수와 저항과의 사이에는 다음과 같은 관계가 있다.

$$R = \rho\frac{l}{S}$$

R : 저항[Ω]
ρ : 도선의 고유 저항(도선의 비저항)
l : 도선의 길이[cm]
S : 도선의 단면적[cm^2]

(4) 전류와 전압과의 관계(옴의 법칙)

① 전력 : P = IV

② 전압 : V=IR

$$\mathrm{I} = \frac{V}{R} \qquad \mathrm{R} = \frac{V}{I}$$

P : 전력[W] I : 전류[A] V : 전압[V] R : 저항[Ω]

※ 저항의 계산

㉠ 직렬저항 : $R = R_1+R_2+R_3$ · · ·

㉡ 병렬저항 : $\frac{1}{R} = \frac{1}{R_1}+\frac{1}{R_2}+\frac{1}{R_3}$ · · ·

※ 1kW=1,000W=860kcal/h

예제 1.

저항 20[Ω]의 전열기에 5[A]의 전류가 흐를 때의 전력은?

해설 전력 P = IV

옴의 법칙에서 V=IR I= $\frac{V}{R}$ R= $\frac{V}{I}$ 이다.

(P : 전력[W] V : 전압[V] I : 전류[A] R : 저항[Ω])

∴ 전력 P = IV = I2R = 55×20 = 500W

예제 2.

저항 5[Ω], 7[Ω], 8[Ω]을 직렬로 접속된 회로에 5[A]의 전류가 흐르려면 가해준 전압[V]은?

해설 전압(V)=전류(I)×저항(R)

V=IR에서

∴ 직렬저항 V = 5×(5+7+8) = 100V

(5) 전 력

전력의 단위는 W(watt) 또는 kW(kilowatt)로 나타내는데, 전기가 하는 일의 양을 전력량이라 하고 W/h 또는 kW/h로 표시하며, 1kW의 전력량은 860kcal/h이다.

① 직류의 경우

$$W= VI$$

② 단상 교류의 경우

$$W= VI\times \text{역률}(\text{power factor})$$

③ 3상 교류의 경우

$$W= VI\times\sqrt{3}\ \text{역률}$$

※ P.F.=Power Factor(역률)

㉮ 교류 전원의 경우 전압・전류는 그 크기와 방향이 자주 변하므로, 전류가 전압보다 위상이 뒤진 경우와 앞선 경우가 있다. 이러한 위상차를 역률이라 한다. 역률은 항상 1보다 작고, 역률의 값이 작을수록 나쁘다.

㉯ 교류의 전력은 위상차에 의해 전력손실과 전압강하가 이루어지므로 이를 개선하기 위해 콘덴서(condenser)를 설치한다.

(6) 주파수(frequency)

교류에 있어 전류가 어떤 상태에서 출발하여 차츰 변화되어서 최초의 상태로 돌아올 때까지의 행정을 사이클(cycle)이라 하고, 1초간 사이클 수를 주파수(frequency)라 한다. 우리나라는 60사이클을 사용하고 있다.

제2장

강전 설비

1. 배전 및 배선 설비

(1) 배전 방식

1) 전압의 종류

① 저압 : 직류는 750V 이하, 교류는 600V 이하이다.

② 고압 : 직류는 750~7,000V 이하, 교류는 600~7,000V이다.

③ 특별 고압 : 7,000V 초과의 전압이다.

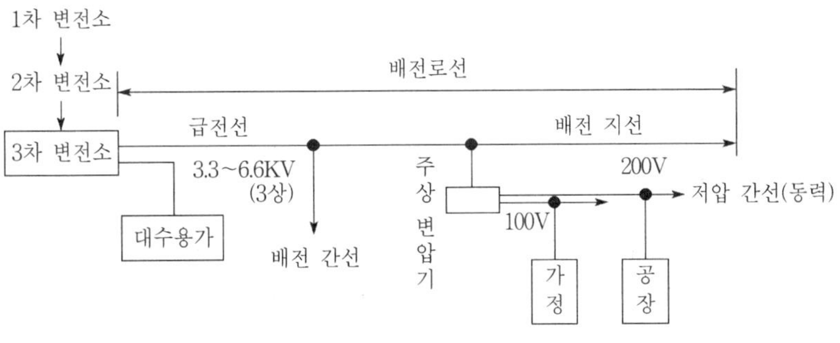

그림 2-1 배 전

2) 배전 방식

① 100V 단상 2선식

주로 일반 주택에서 간선으로 사용되며, 100V 전원은 모든 건물에서 필요하고, 최대 사용전력은 30kW 정도의 배전선에 사용된다.

② 200/100V 단상 3선식

회로 전압을 200V로 하고, 한편에서는 100V의 전원도 할 수 있게 한 것으로, 30kW 이상 50kW 정도의 배전선에 사용한다. 이 방식은 전등, 전열 병용의 인입선이나 분전반의 간선으로 채택하면 전선의 양이 많이 절약된다.

③ 200V 3상 3선식

일반 빌딩이나 공장에 시설되는 기계의 전동기, 동력 전원으로 많이 사용된다.

④ 208/120V 3상 4선식

208/120V, 460/265V, 220/380V의 3종이 있으며, 3상 동력과 단상 전동 부하에 전력을 공급한다. 220/380V는 전등 전압 220V, 동력용 전압 380V로서 우리 나라의 승압계획에 따라 점차적으로 이 방식으로 되어가고 있다.

⑤ 6kV(3kV) 3상 3선식

400V급 배전방식에서는 100V전원을 얻으려는 부하 가까이에 변압기를 설치할 필요가 있는데, 이 방식을 확대한 것이며, 수용장소 가까이에 설치한 변압기의 1차에 6kV를 공급한다. 이 방식은 각 층마다 부하가 100kVA를 넘고 20층 이상인 대규모의 빌딩에 적당하다.

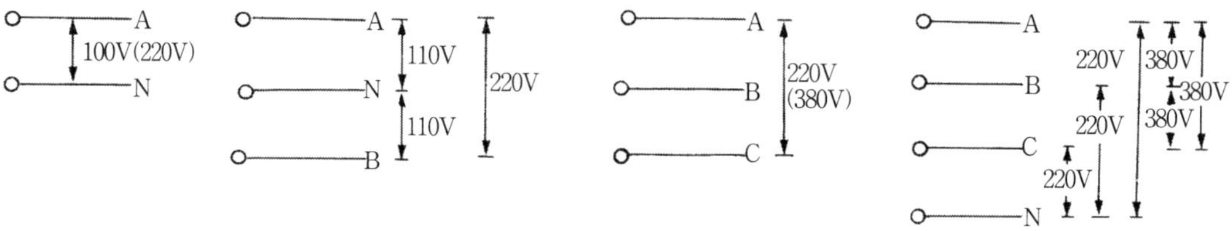

(a) 단상 2선식 (b) 단상 3선식 (c) 3상 3선식 (d) 3상 4선식

그림 2-2 간선의 배선 방식

3) 간선의 배전 방식

간선이란 인입개폐기로부터 분기점에 설치된 분기개폐기까지의 배선을 말한다.

① 수지상식

한 개의 간선이 각각의 분전반을 거쳐가며, 부하가 감소함에 따라 전선의 굵기도 감소하지만, 굵기가 변하는 접속점에는 보안장치가 요구된다. 전동기가 넓은 곳에 분산되어 있을 때, 소규모 건물에 적당하다.

② 평행식

큰 용량의 부하, 분산되어 있는 부하에 대하여 단독 회선으로 배선하는 방식으로서, 전압 강하가 평균화되고, 사고의 경우 파급 범위가 좁으며, 배선의 혼잡과 설비비가 많아질 우려는 있으나 대규모 건물에 적당하다.

③ 병용식

집중된 부하의 중심 부근에 분전반을 설치하고, 분전반에서 각 부하에 배선하는 방식으로, 가장 많이 쓰인다.

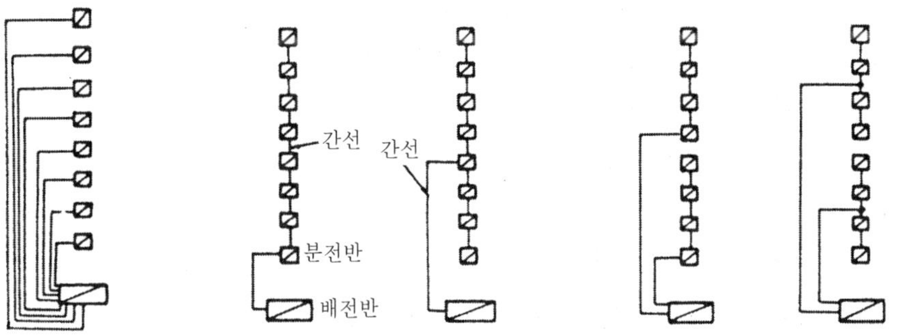

(a) 평행식 (b) 나뭇가지식 (c) 병용식

그림 2-3 간선의 배전 방식

4) 간선 설계 순서

① 부하 용량 결정

② 전기 방식 및 배선 방식 결정

③ 배선 방법 결정

④ 전선 및 전선관 굵기 결정

5) 분기 회로

분기 회로는 간선으로부터 분기하여 분기 과전류 보호기를 거쳐 전등 또는 콘센트와 같은 부하에 이르는 배선을 말하는 것으로, 분기 회로마다 자동 차단기를 설치하면 사고가 발생했을 때 그 회로만을 차단할 수 있으므로 다른 회로에 영향을 주지 않아 수리가 용이하다.

① 콘센트(concent)

보통 벽에 설치(사무실의 경우는 5m 정도 간격)하나 바닥면적이 큰 경우에는 floor concent 또는 under floor duct 설치한다.

② 스위치

③ 분전반

배전반(switch board)으로부터의 각 간선에서 소요의 부하에 배선을 분기하는 개소에 설치하는 것.

㉮ 용량 : 20회선 이하마다 1개 분기 회로의 용량은 보통 200A로 한다.

㉯ 설치간격 : 분기 회로의 길이가 30m 이하가 되도록 설치

㉰ 분기 개폐기수 : 예비 회로(처음 사용 회로의 30%)를 포함하여 40회로

㉱ 분전반 1개의 공급 범위 : 1,000m^2 정도

㉲ 위치

㉠ 가능한 한 부하의 중심

㉡ 조작이 편리하고 안전한 곳

㉢ 간선 인입 및 분기 회로의 오르내림에 지장이 없는 곳

㉣ 고층 빌딩은 가능한 한 pipe shaft 부근일 것.

㉤ 가능한 한 매층에 설치

㉥ 전화용 단자함이나 소화전 박스와의 조화를 고려할 것.

6) 분기 회로 결정의 고려사항

① 건물의 방 배치와 구조를 고려해서 배선하기 좋도록 회로를 가른다.

② 동일 실 혹은 동일 방향의 아우트렛은 가능하면 동일 회로로 만들어 배선이 교차하지 않도록 한다.

③ 계단등, 복도등은 동일 회로로 한다.

④ 습기 있는 곳의 아우트렛은 다른 것과 별개 회로로 한다.

⑤ 간선의 전기 방식이 단상 3선식 혹은 3상 4선식일 때는 중성선(neutral line) 이외의 간선의 부하가 같도록 분기 회로의 부하를 밸런스시킨다.

⑥ 전등 및 콘센트 회로는 15A 분기 회로로 한다.(특별히 용량이 큰 전기 기기는 전용 회로로 해서 용량에 따라 20A, 30A 혹은 50A 회로로 한다.)

표 2-1 분기 회로의 종류

분기 회로의 종류	과전류 보호기의 정격 전류(A)	부하 전류의 최대치(A)	접속할 수 있는 전동 수구 수	접속할 수 있는 콘센트 정격 전류(A)	직접 접속할 수 있는 전기기구 합계 용량
15A 분기 회로	15A 이하	15A	제한 없음	10A	12A까지
20A 분기 회로	20A 이하	20A	대형뿐	20A	20A까지
30A 분기 회로	30A 이하	30A	대형뿐	30A	30A까지
50A 분기 회로	50A 이하	50A	대형뿐	50A	50A까지
50A 초과 분기 회로	전기 사용 기구의 정격 전류를 초과하지 않는 정격 전류의 자동 차단기로 충분히 보호될 수 있는 것.				

표 2-2 분기 회로의 전선 굵기

<table>
<tr><th rowspan="2">분기 회로의 종류</th><th colspan="3">분기 회로 일반</th></tr>
<tr><th colspan="2">종 별</th><th>전선 굵기(mm 이상)</th></tr>
<tr><td rowspan="4">15A 분기 회로</td><td colspan="2">전선 길이 20m 이하 전 회로</td><td>지름 1.6</td></tr>
<tr><td rowspan="2">전선 길이 20m 초과 30m 이하</td><td>최초의 수구 또는 수구에 이르는 분기점까지</td><td>지름 2.0</td></tr>
<tr><td>기 타</td><td>지름 1.6</td></tr>
<tr><td>전선 길이 30m 초과</td><td>수구 1개에 이르는 경우 제외</td><td>지름 2</td></tr>
<tr><td>20A 분기 회로</td><td colspan="2">10m 이하(10m 초과)</td><td>지름 2(2.6)</td></tr>
<tr><td>30A 분기 회로</td><td colspan="2">10m 이하(10m 초과)</td><td>지름 2.6(3.2)</td></tr>
<tr><td>50A 분기 회로</td><td colspan="2">–</td><td>단면적 14mm² 이상</td></tr>
<tr><td>50A 초과 분기 회로</td><td colspan="2">–</td><td>최대 사용 전류 이상의 허용 전류를 가지는 전선</td></tr>
</table>

표 2-3 분기 회로의 최대 수구 수

분기 회로의 종류	종별	분기 회로의 최대 수구 수	
		주택 · 아파트	기타
15A 분기 회로	전등 수구 전용	제한 없음	제한 없음
	전등 수구와 콘센트 수구 병용	제한 업음	전등 제한 없음, 콘센트 6
	콘센트 전용	제한 업음	10[1]
20A, 30A, 50A 분기 회로	대형 전등 수구 전용	제한 업음	
	콘센트 전용	1	
50A 초과 분기 회로	1개의 정격 전류가 50A를 초과하는 전기 사용 기계 · 기구 전용으로한 개만 시설		

[주] (1) 영업용 기기를 사용하는 점포 내 콘센트 2개 이하로 다른 방과의 병용이 불가

(2) 배 선

1) 재 료

국내 배선에 사용되는 절연전선에는 면 절연전선, 고무 절연전선, 비닐 절연전선 등이 있으며, 보통 사용되는 절연전선은 600V 고무 절연전선, 600V 비닐 절연전선, 옥외용 비닐 절연전선, 인입용 비닐 절연 전선 등이 있다.

코드에는 옥내 코드, 기구용 비닐 코드(vinyle cord), 캡타이어 케이블(cabtire cable), 전열용 코드 등이 있으며, 구조에 따라 분류하면 단심 코드, 2개 꼬임 코드, 비닐 코드 등이 있다.

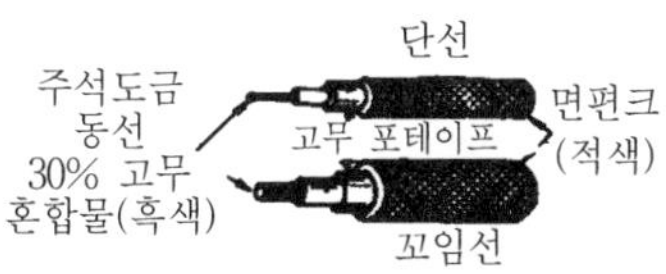

(a) 600V 고무 절연 전선

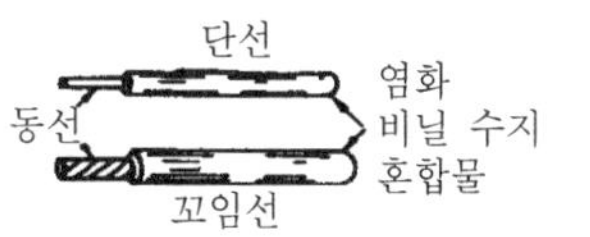

(b) 600V 비닐 절연 전선

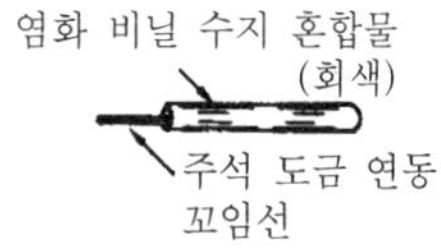

(c) 1000V 형광등 전선

(d) 옥외용 비닐 절연 전선

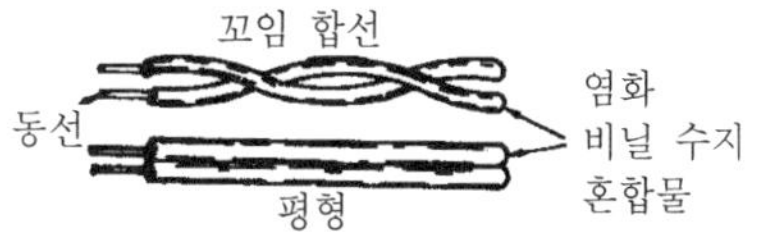

(e) 인입용 비닐 절연 전선

그림 2-4 절연 전선

2) 전선의 종류

① 절연성

㉮ 제1종 절연전선 : 경동선에 목면 피복－옥내용

㉯ 제2종 절연전선 : 경동선에 2중으로 피복－옥내 공사중 점검 가능

㉰ 제3종 절연전선 : 경동선에 고무로 싸고 목면 피복－옥내 공사중 점검 불가능

㉣ 제4종 절연전선 : 경동선에 2중의 고무로 싸고 목면 피복-금속관 공사

② 나전선 : 피뢰침

③ 고압선 : 고압용 제4종 절연전선을 사용

3) code의 종류

① 제1종 code : 건조한 장소, 고정

② 제2종 code : 건조한 장소, 이동

③ 제3종 갑 code : 습기 있는 장소, 고정

④ 제3종 을 code : 습기 있는 장소, 이동

4) 전선관

전선의 매입 공사시 전선을 보호하기 위해 사용한다.

① 금속관

㉮ 강제 후관 : 콘크리트 구조체를 통과할 때(콘크리트 내 매입 배선 공사에 사용)

㉯ 강제 박관 : 목조 구조체를 통과할 때(목조 건축 내 은폐 배선 공사 사용)

② 비닐관 : 경질 비닐관-콘크리트 구조, 목조

5) 애자 : 건축물과 전선의 절연

① 노브 애자

② 클리트(cleat)

③ 애관

6) 스위치(switch) : 회로를 개폐하는 것

① knife switch

대리석 또는 도기로 된 절연재 위에 칼받이와 칼을 결합해서 칼의 안쪽 끝을 절연 고정하고, 다른 한쪽 끝에는 방수 도료를 칠한 절연성 손잡이를 부착한 것

② cut-out switch

스위치와 보안장치를 겸비한 소용량의 보안 개폐기

③ tumbler switch

노출형과 매입형이 있다. 손잡이를 상하로 또는 좌우로 젖혀서 점멸시키는 것

④ push-butten switch

두 개의 버튼 중에서 하나를 누르면 켜지고, 다른 하나를 누르면 소등이 되는 것

⑤ canopy switch

전등 기구의 플랜지 내부에 끈을 설치해서 끈으로 점멸시키는 스위치

⑥ rotary switch

손잡이를 시계방향으로 회전시켜 점멸하는 것

그림 2-5 스위치의 종류

⑦ 서킷 브레이커(circuit breaker)

전선에 과전류(과부하)가 흐르면 자동적으로 회로를 차단시켜 안전을 도모하는 스위치로서, 다시 원상태로 복귀하여 재사용할 수 있으므로 노 퓨즈 브레이커(no fuse breaker)라고도 한다.

⑧ 3로 스위치

계단의 점등 또는 점멸 스위치로서 아래층과 위층 상하에서 점멸시킬 수 있는 스위치

7) 접속기

① 로제트(rossette) : 천장에 붙여 전등 코드를 접속

② 코드 커넥터(cord connector) : 코드와 코드의 접속

③ 소켓(socket), 분기 소켓 : 전구와 코드의 접속

④ 리셉터클(receptacle) : 옥내 배선과 전등의 접속. 벽・천장 등에 직접 붙여 전구를 끼움.

⑤ 아우트렛(outlet)과 플러그(plug) : 보통 사무실에는 벽 길이 5m마다 한 개의 비율로 콘센트를 설치하며, 설치 높이는 바닥에서 약 30cm로 한다.

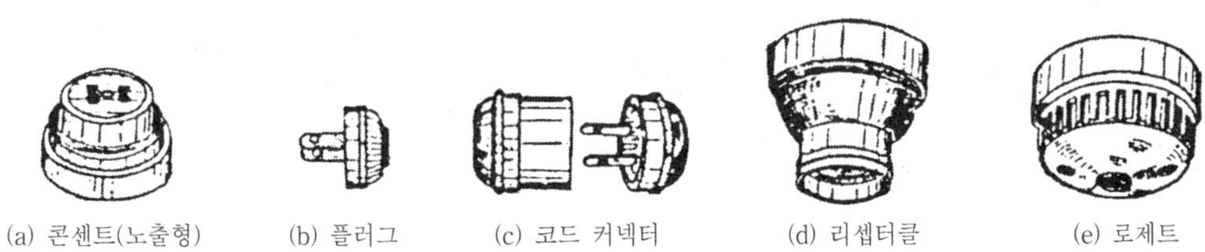

그림 2-6 접속 기구

8) 전선 콘듀이트 튜브 굵기

① 전선의 굵기 선정의 3가지 조건

㉮ 안전 전류 : 전선에 과전류가 흐르면 열이 발생

㉯ 전압 강하 : 부하에 걸리는 전압이 전원 전압보다 낮아지는 현상으로, 한도는 인입선 1%, 간선 1%, 분기 회로 2%

㉰ 기계적 강도 : 보안상, 시공상 어느 정도의 강도 필요. 일반적으로 1.6mm 이상의 연동선을 사용

② 콘듀이트 튜브의 굵기 : 전선의 굵기가 정해지면 이것에 의한 콘듀이트 튜브의 크기를 결정한다.

㉮ 피복을 포함한 전 단면적과 튜브 내 단면적과의 관계

㉯ 한 개의 튜브 속에 넣은 전선 수는 10선 이하로 한다.

표 2-4 단면적과의 관계

전 선	내 단 면 적
1선	53% 이하
2선	52% 이하
3선	42% 이하
4선 이상	40% 이하

(3) 배선 공사의 방법

1) 애자 사용 노출 공사

절연전선을 애자로 지지하여 천장 표면, 벽면 등 눈에 보이는 장소에 가설하는 공사로, 전선 상호 간격은 6cm 이상, 전선과 건축물과의 거리는 300V 이하인 경우 2.5cm 이상, 300V 이상인 경우 4.5cm 이상을 격리시킨다.

2) 애자 사용 은폐 공사

절연전선을 놉애자 또는 핀애자로 써서 은폐된 곳에 가설하는 공사

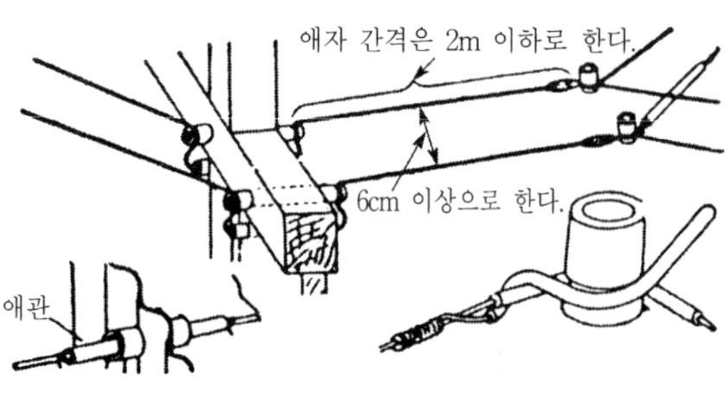

그림 2-7 애자용 노출 배선(200V 이하)

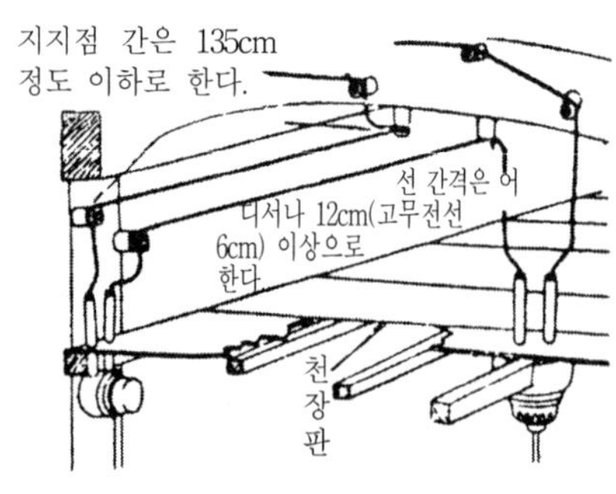

그림 2-8 애자 사용 은폐 배선(300V 이하)

3) 목재 몰드 공사

목재의 홈에 절연전선을 넣고 뚜껑을 덮는 방식으로 가설하는 공사

4) 경질 비닐관 공사

내식성이 우수하므로 부식성 가스 또는 용액을 발산하는 특수 화학 공장이나 연구실 등의 배선에 적합하다.

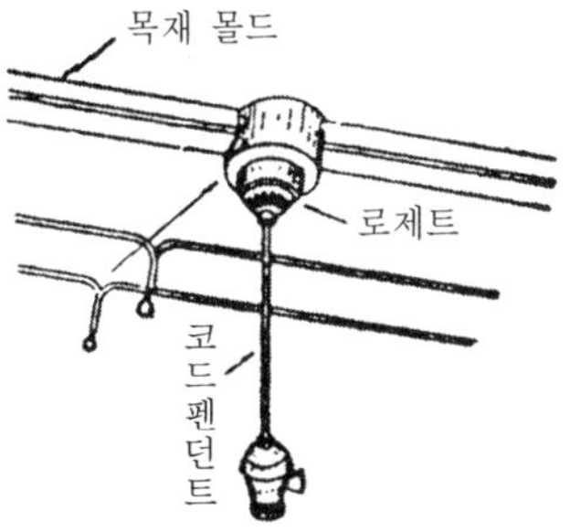

그림 2-9 목재 몰드 공사

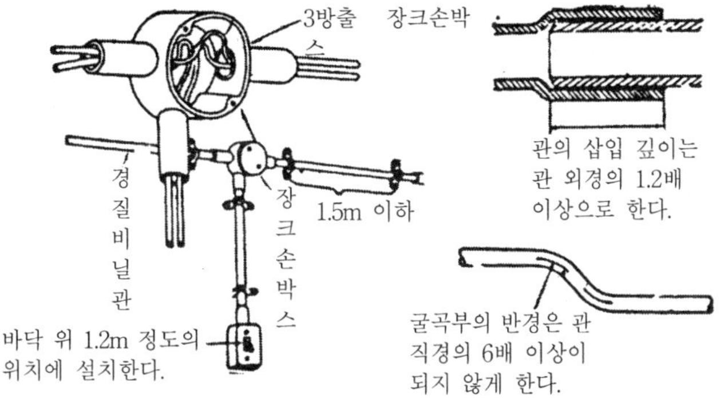

그림 2-10 경질 비닐관 공사

5) 금속관 공사

건물의 종류와 장소에 구애됨이 없이 시공이 가능한 공사방법으로 주로 철근콘크리트 건물의 매입 배선 등에 사용된다.

※특 징

㉮ 금속관이 불연성이므로 전선의 과열에도 화재의 우려가 적다.

㉯ 기계적 외력에 대하여 전선이 보호된다.

㉰ 전선의 인입, 교체가 용이하다.

6) 금속 몰드 공사

전선을 금속 몰드 속에 넣고 가설하는 공사로서, 주로 철근콘크리트 건물 등의 기존 금속관 공사로부터 증설 배관하는 경우에 사용한다.

금속 몰드 공사에는 접속점이 없는 절연전선을 사용하고, 접속은 기계적, 전기적으로 완전히 접속되어야 한다.

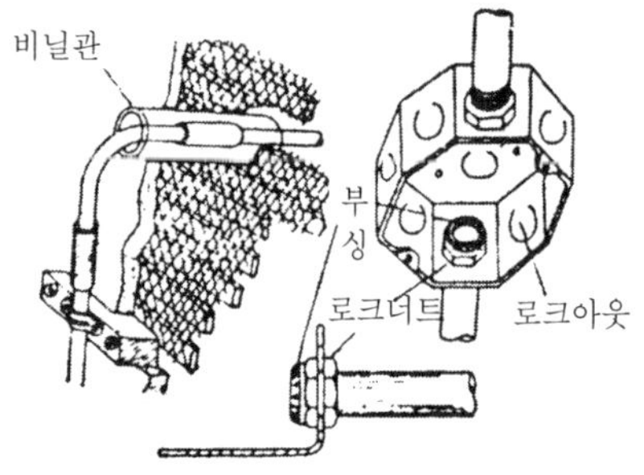

그림 2-11 금속관 공사

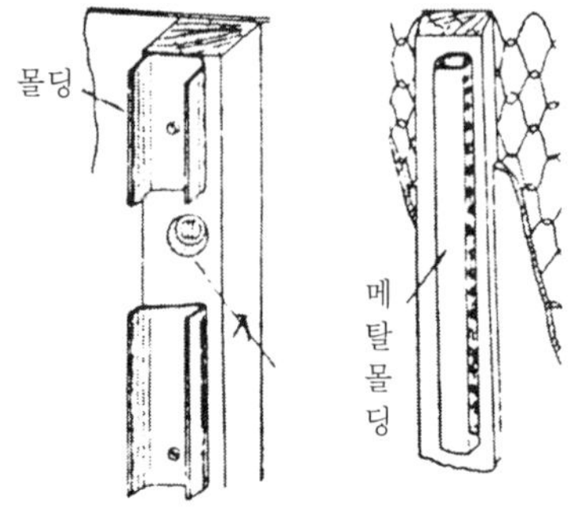

그림 2-12 금속관 몰드 공사(300V 이하)

7) 플렉시블 콘듀 공사(가요 전선관 공사)

전선을 플렉시블 콘듀 속에 넣어 시공하는 공사법으로서, 구부리기 쉬우므로 공장 등의 전동기에 이르는 짧은 배선이나 엘리베이터의 배선, 증설공사, 기차나 전차 내의 배선에 사용된다.

8) 금속 덕트 공사

전선을 금속 덕트 속에 넣고 가설하는 공사로서, 큰 공장·빌딩이나 수전용 배전실 부근의 간선 등에 사용되며, 천장·벽면에 노출시켜서 설치한다.

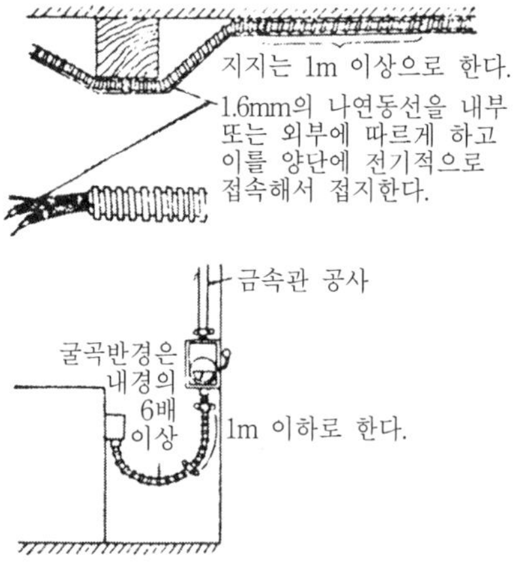

그림 2-13 플렉시블 콘듀 공사

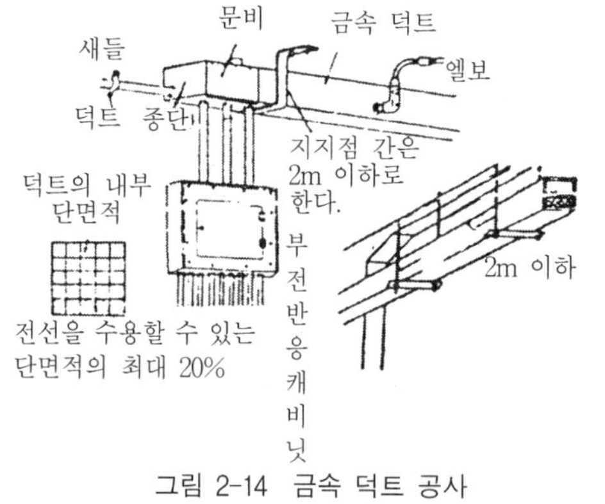

그림 2-14 금속 덕트 공사

9) 버스 덕트 공사

공장, 빌딩 등에 있어서 큰 전류의 저압 배선반 부근의 간선 공사에 사용되며, 동력 배선 전용의 공사법이다.

10) 플로어 덕트 공사

콘크리트 바닥 속에 플로어 덕트를 설치하여 어느 곳에서나 콘센트를 쓸 수 있도록 시설한 공사로서, 넓은 사무실, 백화점 등에서 책상이나 매장의 위치를 때때로 변경하는 경우에 적당하다.

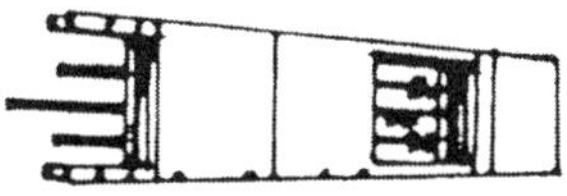

그림 2-15 버스 덕트 공사

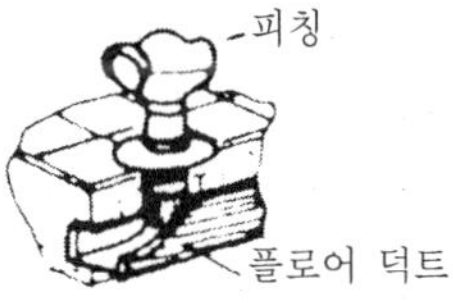

그림 2-16 플로어 덕트 공사

11) 캡타이어 케이블 공사

전선의 이동에 쓸 수 있도록 만들어진 것으로서, 마모·충격·굴곡에 대한 저항력이 강하다. 300V 이하일 경우의 광산, 이동용 전기기구, 습기 있는 곳에 적당하다.

표 2-5 시설 장소와 공사 방법

시설 장소 / 사용 전압 / 공사 종류	전개된 장소		점검할 수 있는 은폐 장소		점검할 수 없는 은폐 장소	
	400V 이하	400V 초과	400V 이하	400V 초과	400V 이하	400V 초과
애자 사용 공사	○	○	○	○	△	△
목재 몰드 공사	△	×	△	×	×	×
합성수지몰드공사	△	×	△	×	×	×
합성 수지관 공사	○	○	○	○	○	○
금속관 공사	○	○	○	○	○	○
금속 몰드 공사	△	×	△	×	×	×
가요 전선관 공사	○	○	○	○	○	○
금속 덕트 공사	○	△	△	△	×	×
버스 덕트 공사	△	△	△	△	×	×
라이닝 덕트 공사	△	×	△	×	×	×
플로어 덕트 공사	×	×	×	×	△	×
케이블 공사	○	○	○	○	○	○

[주] ○ : 시설할 수 있음.
△ : 시설 장소가 건조할 경우 시설할 수 있음.
× : 시설할 수 없음.

2. 변전설비

(1) 기본 계획

건물의 규모, 용도 및 건설 장소 등이 확정되면 그 다음으로 변전실의 위치 및 소요 면적을 결정하여야 한다. 따라서, 전기 설비를 설계하고자 하는 사람은 먼저 수전 전력을 추정하여 수전전압을 결정하고, 전기실의 면적이나 위치 등에 관하여 건축 설계자와 충분한 검토와 협의를 하고 건축 설계 계획이 수립되어야 한다.

변전 설비의 기본 계획에서부터 공사 시행시까지 검토하여야 할 사항은 다음과 같다.

① 설비 용량을 각 부하별(전등, 일반 동력, 냉방 동력, 전력)로 산출한다.
② 최대 수용 전력에 따라 수변전 설비 용량을 산출한다(변압기 용량).
③ 계약 전력과 수전 전압을 결정한다.
④ 인입 방식과 배선 방식을 결정한다.
⑤ 주회로의 결선도를 작성한다.
⑥ 변전 설비의 형식을 선정한다.
⑦ 제어 방식을 결정한다.
⑧ 변전실의 위치와 면적을 결정한다.
⑨ 기기의 배치를 결정한다.

(2) 설비 용량 추정

변전설비의 기본 계획에서 가장 먼저 산출해야 할 사항이다.

$$부하설비\ 용량=부하밀도[VA/m^2]\times 연면적[m^2]$$

1) 부하밀도

① 각종 건물의 부하밀도(전등, 일반 동력, 냉방 능력을 포함한 부하설비 용량의 일반적인 평균치)
㉮ 사무실 : 약 $100VA/m^2$
㉯ 백화점, 점포 : 약 $125VA/m^2$
㉰ 호텔 : 약 $100VA/m^2$
㉱ 주택 : 약 $60VA/m^2$

표 2-6 각종 건물의 부하 용량

부하 종별 \ 건물	사 무 실	점포, 백화점	호 텔	주택, 아파트
전 등 부 하	20~35	40~80	25~30	15~30
동 력 부 하	35~60	25~60	15~40	10~35
냉 동 부 하	25~45	30~35	35~40	20~40
합 계	80~140	95~175	75~110	45~95

② 일반 건축에서의 부하밀도
㉮ 전등설비 : 50W/평
㉯ 전등+동력 : 100W/평
㉰ 전관 냉방 : 300~400W/평

(3) 수전설비 용량의 결정

부하설비 용량이 추정된 수전 용량은 너무 과다한 설비가 되기 때문에 수용률, 부등률, 부하율을 고려해서 최대 수용 전력을 산출한다.

① 수용률(수요율)$=\frac{\text{최대수용전력}}{\text{부하설비용량}}\times 100(\%)$ ⇒ 일반 건물 60~70%

② 부등률$=\frac{\text{각부하의최대수용전력의합계}}{\text{최대수용전력}}\times 100(\%)$ ⇒ 1보다 크다(1.1~1.5)

③ 부하율$=\frac{\text{평균수용전력}}{\text{최대수용전력}}\times 100(\%)$ ⇒ 1보다 작다(0.25~0.6)

④ 수용률, 부등률, 부하율의 관계

㉮ 수용률 : 0.4~1.0(보통 0.6~0.7)

㉯ 부등률 : 1.1~1.5(1보다 크다)

㉰ 부하율 : 0.25~0.6(1보다 작다)

예제

전기 설비 용량이 각각 80kW, 90kW, 100kW의 부하설비가 있다. 그 수요율이 70인 경우 최대 수용전력은?

해설 수요율 $=\frac{\text{최대 수용전력[kW]}}{\text{설비 용량[kW]}}\times 100(\%)$이므로

$$70=\frac{\text{최대 수용전력}}{270}\times 100$$

$$\text{최대 수용전력}=\frac{70\times 270\,\text{kW}}{100}=189\text{ kW}\fallingdotseq 190\text{kW}$$

(4) 변전실

1) 크기

$$\text{변전실 면적[평]}\fallingdotseq\sqrt{\text{설비 용량[kW]}}$$

$$\text{변전실 면적[m}^2\text{]}\fallingdotseq 3.3\sqrt{\text{설비 용량[kW]}}$$

① 특별 고압에서 고압으로 변성하는 수변전실

$$A=1.7W^{0.7}$$

② 특별 고압에서 저압으로 변성하는 수변전실

$$A=1.4W^{0.7}$$

③ 고압에서 저압으로 변성하는 수변전실

$$A=0.98W^{0.7}\text{ 또는 }3.3\sqrt{W}$$

A : 변전실 최소 면적[m²]

W : 변압기 용량[kVA]

표 2-7 변전실의 면적(m^2)

건축 연면적(m^2)	변압기 용량(kVA)	변전실 크기(m^2)
2,000	200	46
5,000	550	76
10,000	1,100	109
20,000	2,500	165

2) 위치

① 건물 전체의 부하의 중심 부근

② 통풍·채광이 양호할 것

③ 습기·먼지가 적은 곳

④ 기기의 반출입이 용이할 것

⑤ 전원 인입 및 접지선의 접속이 편리할 것

⑥ 침수 등의 염려가 없는 곳

3) 구조

① 내화구조일 것

② 바닥의 하중을 고려할 것

③ 기기 출입이 용이할 것

④ 천장 높이

㉮ 고압 : 3.6m 이상

㉯ 특별 고압 : 4.5m 이상(폐쇄형 : 3.6m 이상)

⑤ 출입문 : 갑종 또는 을종 방화문

4) 변전설비용 기기

① 변압기 : 수변전설비의 가장 중요한 기기로서 전압을 전환하는 것으로, 부하의 종류, 총 용량에 따라 대수가 정해진다.

② 차단기 : 회로 상태의 이상시 자동적으로 전로를 차단할 수 있는 장치.

③ 콘덴서 : 전압을 저장하는 장치로, 역률 개선에 사용한다.

④ 배전반 : 대리석, 강판 등으로 만들어지고, 개폐기, 자동 차단기, 계전기 등을 부착한다.

㉮ 개방형 : 비교적 간단한 회로에 쓰이며, 파이프 프레임에 조립한다.

㉯ 큐비클형 : 폐쇄된 철판 통 내에 설치하며, 설치의 면적, 유지비가 절약된다.

㉰ 벤치 보드형 : 전력 용량이 커서, 회로가 복잡하고 계기류가 많은 곳에 적합하다.

⑤ 보호장치

① 보호 계전기 : 회로에 이상이 있을 경우에 차단기를 작동하는 장치이다.

문자기호	명 칭	문자기호에 대응하는 외국어
GR	지락 계전기	Ground Relay
OCR	과전류 계전기	Overcurrent Relay
OVR	과전압 계전기	Overvoltage Relay
TR	온도 계전기	Thearmal Relay
UVR	저전압 계전기	Under-Voltage Relay
SGR	방향성 접지 계전기	Selecting Ground Relay
Diff R	비율차동 계전기	Differential Relay

② 접지 계전기 : 접지 사고시 작동하는 장치이다.

③ 검루기 : 회로의 지단 사고의 정도를 지시하는 장치이다.

④ 피뢰기 : 낙뢰로 수반되는 과대한 전류를 대지로 방류시키는 장치이다.

5) 접지 공사

접지 공사는 4가지 종류로 구별된다.

① 제1종 접지 공사 : 접지저항 10Ω 이하

② 제2종 접지 공사 : 고압쪽 전로의 Ampare 수를 150으로 나눈 값 이하의 수. $R=\frac{150}{I}$

③ 제3종 접지 공사 : 접지저항 100Ω 이하

④ 제4종 접지 공사 : 접지저항 10Ω 이하

표 2-8 접지 공사(누전류의 감전 방지)

접지종별	접 지 저 항 값	접지선의 굵기	적 용 장 소
제 1 종	10Ω 이하	2.6mm 이상	• 피뢰기 공사 • 수전용 변압기의 외함 • 고압 축전지의 외함
제 2 종	150/IΩ 이하(1선 지략전류). 단, 특고압→300V 이하 저압의 경우는 10Ω 이하, 특고압→300V를 넘는 저압의 경우는 5Ω 이하	고압→저압의 경우 : 2.6mm 이상 특고압→저압의 경우 : 4.0mm 이상	• 수전용 변압기의 2차측(저압측)
제 3 종	100Ω 이하 (저압 전로에서 당해 전로에 접지가 생긴 경우 0.5초 이내에 자동적으로 전로를 차단하는 장치를 시설할 때는 500Ω 이하)	1.6mm 이상	• 유입개폐기 · 유입차단기 · 계기용 변성기의 외함 또는 철심 • 배전반의 금속틀(분전반) • 계기용 변압기와 변류기의 2차선
특별제3종	10Ω 이하 (저압 전로에서 당해 전로에 접지가 생긴 경우에 있어서 0.5초 이내에 자동적으로 전로를 차단하는 장치를 시설할 때는 500Ω 이하)	1.6mm 이상	• 전압 전로에 설치하는 기계기구의 철대 및 외함

3. 예비 전원 설비

예비 전원 설비에는 자가 발전 설비, 축전지 설비, 비상 전용 수전 설비 등이 있다.

(1) 예비 전원을 필요로 하는 설비

표 2-9 예비 전원을 필요로 하는 부하

목적		보안상 필요한 부하 대상	영업용 부하 대상
자위상	조명용	상시등 정전의 경우 운전 조작에 필요한 장소의 전원	필요한 영업장소
	공조·환기용	자가용 발전장치실, 중앙감시실, 중앙관리실(방재센터), 환기용 전원	필요한 영업장소
	승강기용	정전일 때 긴급 강제 착상용 전원	필요한 영업장소
	위생용	급수펌프·배수펌프 전원	
	제어용	중앙감시반, 기타 감시제어장치 전원	
	보안·방재용	항공장애등·셔터·자가발전장치용 보조기기 전원	
	기타	소화설비 중 손해보험료의 할인 적용을 받는 부하(외국의 경우)	영업상 필요한 설비 기기용
법령상의 규제 때문에		건축법에 따른 설비용, 소방법에 의한 설비용 전원	

표 2-10 관계 법규의 규제에 의한 설비

설비의 종류	내용
배연설비 (건축법 시행령 제94조)	배연설비에는 항상 비상 전원을 부설하여야 한다.
비상용 승강기 설비 (건축법 시행령 제90조)	예비 전원에 의하여 가동할 수 있는 장치와 조명설비를 할 것.
피난계단 및 특별피난계단 (건축법 시행령 제35조)	예비 전원을 가진 조명설비를 할 것.

(2) 예비 전원이 갖추어야 할 조건

① 자가발전 설비

정전 후 10초 이내에 가동하여 규정 전압을 유지하여 30분 이상 전력공급이 가능할 것(승강기 등)

② 축전지 설비

정전 후 충전하지 않고 30분 이상 방전할 수 있을 것(약전, 소규모)

③ 자가발전설비와 축전지 병용

자가발전설비는 정전 후 45초 이내에 기동하여 30분 이상 유지하여야 하며 축전지는 충전하지 않고 20분 이상을 방전할 수 있을 것(방송실, 수술실, 전산실 등)

(3) 자가 발전 설비

예비 전원 설비로서의 자가 발전 설비는 전력 회화로부터 공급받는 상용 전원의 정전 등 돌발 사고를 미연에 방지하기 위하여 자위상 최소한의 보안 전력을 확보하기 위한 설비를 말한다. 규모가 작은 경우에는 축전지의 설치로도 어느 정도의 시간을 지탱할 수 있으나, 오랜 시간 또는 용량이 큰 건물의 경우에는 비상용 자가 발전 설비 설치가 요망된다.

1) 발전기의 용량

① 발전기 : 디젤 기관에 의하여 구동되는 3상 교류 발전기

② 발전기 용량은 건물의 종류와 규모에 따라 결정하며, 특히 정전시에 송전을 필요로 하는 부하를 그 용량으로 한다.

③ 보통 수전설비 용량의 10~30% 정도로 한다.

④ 엔진출력[PS] $\geq \dfrac{\text{발전기의 용량[kVA]} \times \text{역률[\%]}}{\text{발전기 효율[\%]} \times 0.736}$

2) 발전기실의 위치

① 기기의 반출입 및 운전, 보수 면에서 편리한 위치

② 배기 배출구와 급배수가 용이한 곳

③ 변전실에 가까운 곳

3) 구조

① 내화구조 또는 준내화구조

② 방음, 방진 구조

③ 발전기의 기초는 발전기 중량의 5배 정도의 콘크리트를 방의 바닥면과 절연시키고 방진재료를 패킹한다.

4) 크기

① $S > 1.7\sqrt{P}[\mathrm{m}^2]$

② 추장치

$$S \geq 3\sqrt{P}[\mathrm{m}^2]$$

S : 발전기실의 소요 면적[m^2]

P : 기관의 마력[PS]

③ 비상용 자가 발전실의 넓이

$$A = 2.5\sqrt{\frac{K \times 1.2W}{0.8}}$$

W : 수변전압기 용량

K : 일반 빌딩은 0.2~0.25, 병원 건물은 0.3

(4) 축전지 설비

축전지 설비는 축전지, 충전 장치, 보안 장치, 제어 장치 등으로 구성된다. 축전지는 순수한 직류 전원이며 경제적이고 보수가 용이한 특성을 가지고 있다. 축전지 설비는 예비 전원으로서 상용전원이 불시에 정전되었을 때 자가 발전 설비를 가동시켜 정격 전압으로 확보될 때까지의 예비 전원으로 사용되는 경우가 많이 있다.

1) 종류

표 2-11 축전지의 성능 비교

구 분	연 축 전 지	알칼리 축전지
기 전 력	2.05~2.08[V]	1.32[V]
공 칭 전 압	2.0[V]	1.2[V]
공 칭 용 량	10시간율[Ah]	5시간율[Ah]
전 기 적 강 도	과충, 방전에 약하다	과충, 방전에 강하다
기 계 적 강 도	약하다	강하다
충 전 시 간	길 다	짧 다
온 도 특 성	뒤떨어진다	우수하다
수 명	10~20년	30년 이상
가 격	싸 다	비싸다
자 가 방 전	보 통	약간 적은 편이다

[주] 축전지 용량은 보통 암페어시[Ah] 용량이 사용되고 있다.

2) 용량

방전 전류[A]×방전 시간[h]

3) 수명

정격 용량의 80% 용량으로 감소되었을 때를 전지의 수명으로 한다.

4) 축전기실의 배치

① 축전지와 벽면과의 간격 : 1m 이상
② 축전지와 보수하지 않은 쪽의 벽면과의 간격 : 0.1m 이상
③ 축전지와 부속 기기 사이의 간격 : 1m 이상
④ 축전지와 입구 사이의 간격 : 1.0m 이상
⑤ 천장 높이 : 2.6m 이상

5) 축전지실에 관한 주의사항

① 충전기는 가급적 부하에 가까운 곳에 설치한다.
② 통풍이 양호하고 암모니아, 염소가스 혹은 진애(특히 금속분)가 비산하지 않는 장소일 것
③ 채광 및 조명이 양호하고 진동이 없는 장소일 것
④ 기온은 외기에 좌우되지 않아야 하고 5~25℃ 정도의 장소일 것

⑤ 벽, 바닥은 내산 재료(耐酸材料)로 할 것

⑥ 바닥은 충분히 중량에 저항하고 또한 방수 마감으로 하여 그 상면에 수mm 두께의 연판을 깔고, 벽면은 50cm의 높이까지 연판을 칠 것

⑦ 실내에는 될 수 있는 한 금속 제품을 놓지 않고, 부득이한 경우에는 내산(耐酸) 도료를 칠하고, 전동 기구 등은 방수형으로 할 것

4. 전 동 기

(1) 전동기의 종류

전동기는 대규모 건물에 설비되는 공조시설 · 급배수 · 엘리베이터 · 에스컬레이터 등에 필요한 전력을 공급하기 위해서 필요하다. 전동기는 다음과 같이 분류한다.

- 전동기
  - 교류용 전동기
    - 3상 교류용 전동기
      - 보통 농형 유도 전동기
      - 동기 전동기
      - 권선형 유도 전동기
    - 단상 교류용 전동기
      - 분상 기동 유도 전동기
      - 반발 기동 유도 전동기
      - 콘덴서 분상 유도 전동기
  - 직류용 전동기－직권 · 복권 · 분권 전동기

표 2-12 전동기의 종류

분류	형	식	특 징
교류	단상교류용	분상 기동형	• 큰 시동 토크가 필요치 않는 얕은 우물 펌프나 세탁기용
		반발 기동형	• 큰 시동 토크를 필요로 하는 깊은 우물 펌프용
		콘덴서형	• 역률과 효율이 양호하여 많이 사용. 전기 냉장고
	3상 교류용	유도 전동기 (농형 · 권선형)	• 취급이 매우 간단하고, 기계적으로도 견고하며, 가격이 싸다.
		동기 전동기	• 구조 · 취급이 복잡하며, 시동 · 정지가 빈번한 용도에는 부적합 • 대형 공기 압축기, 송풍기 등에 사용
		정류자 전동기	• 송풍기 방적용
직류	직권 전동기		• 속도 조절이 간단하고 시동 토크가 크므로 고도의 속도 제어가 요구되는 장소에 사용 • 큰 시동 토크를 필요로 하는 엘리베이터, 전차 등에 사용 • 가격이 비싸다.
	복권 전동기		
	분권 전동기		

(2) 교류 전동기

① 가격이 저렴하고 구조가 간단하여 일반적으로 이용된다.

② 소형은 단상 전동기, 중형 이상은 3상 유도 전동기가 많이 쓰인다.

(3) 직류 전동기

① 속도 조절이 간단하고 시동 토크가 크므로 고도의 속도 제어가 요구되는 장소에 적당하다.

② 큰 시동 토크를 필요로 하는 엘리베이터·전차 등에 사용된다.

③ 전원이 교류이므로 교류를 직류로 바꾸는 장치가 필요하다.

④ 가격이 비싼 것이 단점이다.

(4) 전동기 회전수

$$N = \frac{120f}{P}$$

N : 회전수[rpm]
f : 주파수
P : 극수

5. 감시제어반

일반 동력설비, 공기조화설비, 약전설비, 수송설비 등의 작동 상태를 확인하는 것은 운전조작뿐만 아니라 보수 관리의 면에서도 대단히 중요하다.

건물 내의 동력설비 감시방법은 표 2-13과 같은 것을 들 수 있다.

표 2-13 제어의 종류와 목적

제어의 종별	목 적	작동 및 표시법
전원 표시	전원이 살아 있는지의 유무	백색 램프
운전 표시	작동 상태를 표시	적색 램프
정지 표시	정지 상태를 표시	녹색 램프
고장 표시	고장의 유무를 표시	오렌지색 램프(버저 및 벨이 울림)
경보 표시	경보 신호가 목적	백색 램프(버저 및 벨이 울림)

① 제어반 종류

수직 자립형, 벤치형, 데스크형, 컨트롤 데스크형, 그래픽 패널형(데스크형+수직 자립형)

② 위치

항상 수평을 유지하고 진동 등이 없는 장소

6. 배선설비의 도시기호

KSC 0301에 따른 전기 배선용 심벌(symbol)은 표 2-14와 같다.

표 2-14 옥내 배선용 도시기호와 일반 전기용 심벌

명 칭	기 호	명 칭	기 호
천 장 등		천 장 은 폐 배 선	────────
형 광 등(F40 W2)	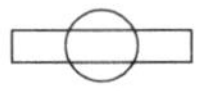	노 출 배 선	───
형 광 등(F40 W3)		바 닥 은 폐 배 선	── ── ──
코 드 펜 던 트		전 선 접 속 표 시	
리 셉 터 클	(R)	점 검 구	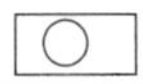
실 링 라 이 트	(CL)	수 전 점	
체 인 펜 던 트	(CP)	접 지	
파 이 프 펜 던 트	(P)	텔 리 비 전 테 나	
샹 들 리 에	(CH)	축 전 지	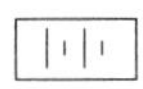
매 입 기 구		개 폐 기	[S]
비 상 용 조 명 등		압 력 스 위 치	
유 도 등		전 열 기	(H)
콘 센 트		발 전 기	(G)
콘 센 트(3극)		선 풍 기	(∞)
콘 센 트(방수용)		누 전 차 단 기	[F]
비 상 콘 센 트	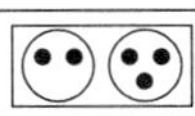	컷 아 웃 스 위 치	[C]
스 위 치		전 산 전 력 계	(WH)
파일럿 램프 스위치		전 화 기(자동)	(T) C
풀 스 위 치		부 시 계	
배전반 또는 분전반		경 보 벨	
배전반 또는 분전반(전등용)		경 보 버 저	[A]
배전반 또는 분전반(동력용)		건 전 지	

익 힘 문 제

1 소규모 건물의 배전 순서는?

2 빌딩과 같은 일반 건물에서 많이 채용될 수 있는 전기방식은?

3 간선의 배선 방식에 대하여 설명하라.

4 간선의 설계 순서에 대하여 설명하라.

5 분전반은 분기회로의 길이가 얼마 이하가 되도록 설치하여야 하는가?

6 1개의 분전반에 넣을 수 있는 분기 개폐기의 수는 예비회로를 포함하여 얼마 정도로 하는가?

7 전선에 과전류가 흐르면 자동적으로 회로를 차단시켜 안전을 도모하는 스위치는?

8 전로에 과전류가 흐르면 자동적으로 전로를 차단하는 자동 차단기는 정격전류의 몇 %에서 끊어지게 되는가?

9 전력설비에서 분기회로의 전선 굵기 선정의 3가지 조건에 대하여 설명하라.

10 배선 파이프에 전선을 배선할 때 전선 단면적의 합계는 파이프 내 단면적의 몇 % 이하로 하는 것이 적당한가?

11 전기 배선공사에서 금속관 공사에 대하여 설명하라.

12 특수 화학 공장 또는 연구실 등의 전기 배선공사는?

13 콘크리트 바닥 속에 설치해서 커튼 월(curtain wall)의 설치시나 선풍기, 전화기, 전열기 등의 이용에 편리하도록 한 옥내 배선공사는?

14 공장 등의 전동기에 이르는 짧은 배선이나 승강기 배선에 사용되는 공사로 구부리기 쉬운 배선공사는?

15 공장과 같은 곳의 동력 배선에 많이 이용되는 전기 공사는?

16 최대 수용전력을 구하는 식은?

17 전력 부하 산정에서 수요율이란?

18 수변전설비의 설계 순서는?

19 분전함의 접지 방식은?

20 예비 전원이 필요한 곳은?

21 축전지 전원이 필요한 곳은?

22 구조가 간단하고 가격이 싸므로 건축설비에서 가장 많이 사용되는 전동기는?

23 예비전원설비가 갖추어야 할 조건에 대하여 설명하라.

24 직류용 엘리베이터에 이용되는 전동기는?

25 감시제어반에 있어서 감시를 위한 표시법에 대하여 설명하라.

제3장

조명설비

1. 조명에 관한 용어와 단위

(1) 광속(光速 : luminous flux, F)

광원으로부터 발산되는 빛의 양. 단위는 루멘(lumen, lm)

(2) 광도(光度 : luminous intensity, I)

광원에서 빛의 세기. 단위는 칸델라(candela, cd)

(3) 조도(照度 : illuminstion, E)

단위 평면 위에 입사하는 빛의 양. 즉, 1 lumen이 $1m^2$에 도달하는 빛의 양으로서 단위는 룩스(lux)

1) 조도의 법칙

① 역제곱의 법칙

광원으로부터 목표면까지의 거리가 증가되면 같은 양의 빛이 보다 너른 면으로 배분되기 때문에 조도는 거리 제곱에 반비례하게 된다.

$$E=\frac{I}{R^2}=\frac{cp}{R^2}$$

E : 조도
I : 광도
R : 거리
cp : candla power

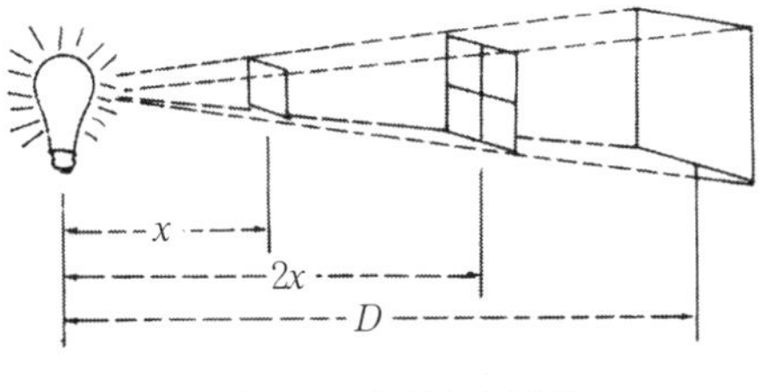

$$I=\frac{1}{x^2} \quad E=\frac{1}{(2x)^2} \quad E=\frac{1}{D^2}$$

그림 3-1 역제곱의 법칙

② 코사인 법칙

광선과 수직을 이루지 않는 표면에 도달하는 빛은 아래 그림 설명과 같이 보다 너른 표면에 배분된다.

$$B(\text{면적}) = \frac{A(\text{면적})}{\cos \alpha}$$

따라서 $E_2 = E_1 \cos \alpha$

E : 조도

α : 입사 각도

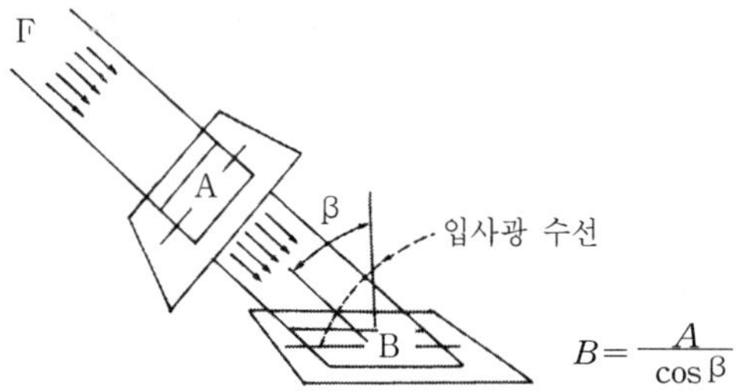

그림 3-2 코사인 법칙

예제 1.

그림과 같은 광도가 1[cd]인 점광원에서 1m와 2m 떨어진 a, b 수직 면상의 조도는?

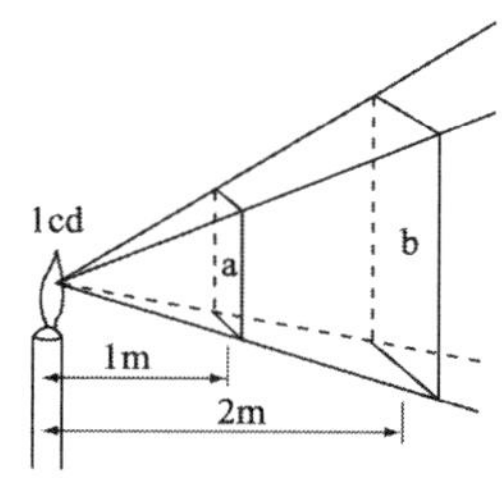

해설 조도 = 광도/(거리)²

㉠ a면= $\frac{1cd}{1^2}$ = 1[lx] ㉡ b면= $\frac{1cd}{2^2} = \frac{1}{4}$[lx]

예제 2.

50[cd]의 광원점에서 2m의 거리에 있는 직각의 면과 30° 경사된 평면상의 조도는?

해설 조도의 코사인 법칙

$$E = \frac{I}{d^2} \cdot \cos\theta = \frac{50}{20^2} \times \cos 30° = \frac{50}{2^2} \times \frac{\sqrt{3}}{2} = 10.8\text{lx}$$

※ $\sin 30° = \frac{1}{2}$, $\cos 30° = \frac{\sqrt{3}}{2}$

(4) 휘도(輝度 : brightness, B)

빛을 방사(emission)할 때의 표면 밝기의 척도.

① 단위 : cd/m²(보조단위 : apostilb)

② 휘도 레벨 : 표면 반사율과 조도 레벨에 좌우

(5) 광속 발산도(luminous radiance, R)

어떤 물체의 표면으로부터 방사되는 광속 밀도를 그 점의 광속 발산도라 한다.

$$R = \frac{dF}{ds} \text{ [rlx]}$$

$ds[m^2]$: 발광면의 면적
1 rlx : 1 lm/m^2

단위 : lm/m^2는 dF를 lm, ds를 m^2로 한 경우이다.

표 3-1 조명에 관한 용어와 단위

용어		기호	정의와 정의식	단 위	단위약호	차 원
빛 의 양	광 속	F	단위시간당 흐르는 빛의 에너지량	lumen	lm	lm
발산광속의 입체각밀도	광 도	I	점광원부터의 단위입체각당의 발산 광속	candela	cd	$\frac{lm}{sr}$
광 속 의 면 적 밀 도	조 도	E	단위면적당의 입사 광속	lux	lx	$\frac{lm}{m^2}$
	광 속 발산도	R	단위면적당의 발산 광속	radlux	rlx	$\frac{lm}{m^2}$
광도의투영 면 적 밀 도	휘 도	B	발산면의 단위투영면적당 단위입체각당의 발산 광속	$\frac{candela}{m^2}$	$\frac{cd}{m^2}$(nt)	$\frac{lm}{m^2 \cdot sr}$

2. 광 원

(1) 백열전구

① 구조

백열전구는 유리구 속에 텅스텐 필라멘트를 넣어 만든 것이다. 텅스텐은 최고의 융점(3,400℃)을 갖는 금속으로서, 전류가 통하면 필라멘트는 약 3,000℃의 고온으로 가열되면서 온도복사에 의해 빛을 발한다. 필라멘트의 수명을 연장하기 위해 아르곤(argon), 니트로겐(nitrogen) 등의 가스를 유리구 속에 봉입하여 쓰고 있는데 이것이 가스입전구이다.

② 효율 : 10~20[lm/W]

③ 수명 : 1,000~2,000hr

④ 광질 및 특색

백열전구는 일반적으로 휘도가 높고 열방사가 많으며 광색에 적색부분이 많고 배광 제어가 용이하다. 또한 스위치를 넣고 점등에 이르는 순응성이 크며, 점등의 부속장치가 불필요하다.

⑤ 용도

백열전구는 비교적 좁은 장소의 전반 조명, 액센트 조명, 대형인 것은 높은 천장이나 각종 투명조명에 적합하다.

(2) 형광등

① 구조

스위치를 넣으면 점등관이 방전해서 그 내부의 바이메탈이 늘어나고 형광등 튜브 내부의 양극에 있는 필라멘트가 가열되면서 방전이 일어난다. 이 방전에 의하여 형광등이 빛을 발하게 된다.

② 효율 : 50~90[lm/W]

③ 수명 : 7,500~10,000hr

④ 광질 및 특색

저휘도이고 광색의 조절이 용이하며 열방사가 적고 점등까지의 시간이 많이 걸린다.

⑤ 장점

㉮ 같은 와트(watt)수라도 백열전등에 비해 4~5배의 광속을 내므로 기구값은 다소 비싸지만 전력비가 경제적이다.

㉯ 광색이 자연광색과 거의 비슷해서 일광에서와 같이 물건의 색을 볼 수 있다.

㉰ 광원이 크므로 그림자가 부드러워진다.

㉱ 수명이 길 뿐만 아니라 진동에도 단선이 잘 안된다.

⑥ 단점

㉮ 백열등에 비해 대단히 비싸다.

㉯ 한 등만을 사용하면 불빛이 깜박거리는데 이것은 2등을 병용해서 플리커리스 서킷(flickerless circuit)으로 하면 방지된다.

㉰ 전압 80V 이하에서는 점등이 안되고 105V 이상에서는 초크 코일이 과열되기 쉽다.

㉱ 0℃ 이하에서는 점등이 곤란하므로 한랭지의 옥외등이나 냉장고 내부등에는 이용이 안된다.

⑦ 용도

형광등은 옥내외 전반조명이나 국부조명에 적합하며, 명시를 주로 한 양질 조명을 경제적으로 얻을 수 있고, 간접조명에 의한 무드 조명에도 효과적이다.

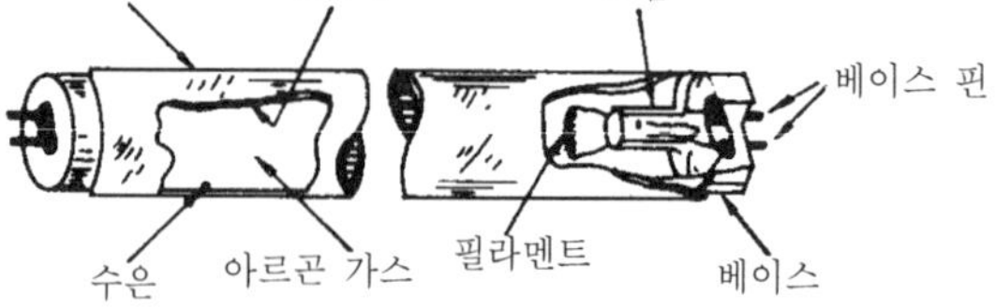

그림 3-3 형광 램프의 구조

(3) 수은등

① 구조

수은등은 2중 유리관 내부에 수은증기를 봉입하고, 상하 전극간을 방전시켜 빛을 발하게 된다.

② 종류

㉮ 저압 수은등 : 다량의 자외선(2,537Å)을 내므로 살균등으로도 사용한다.

㉯ 고압 수은등 : 점등시에 증발하여 1기압 정도가 되는 수은량이 봉입되어 있고, 점등 후 7~10분에 최대 광도에 도달한다. 푸른 빛을 띄기 때문에 일반 실내에는 부적당하고 가로조명용으로 사용한다.

㉰ 초고압 수은등 : 수은등의 광색이 청색이므로 여기에 백색을 가미하여 광색을 개량한 것으로 형광수은등이 있으며 이것은 공장이나 스포츠용 조명으로 많이 사용한다.

③ 효율 : 40~65[lm/W]

④ 수명 : 6,000~12,000hr

⑤ 광질 및 특색

고휘도이며 배광 제어가 용이하고, 광색은 청백색인 특성이 있으나 형광수은 램프 및 전구병용등으로 해결이 가능하다. 완전 점등까지는 약 10분이 소요된다.

⑥ 용도

한 등당 큰 광속을 얻을 수 있고 또한 수명이 길므로 높은 천장이나 투광조명, 도로조명에 적합하다. 수은등은 안정기 및 부속장치가 필요하다.

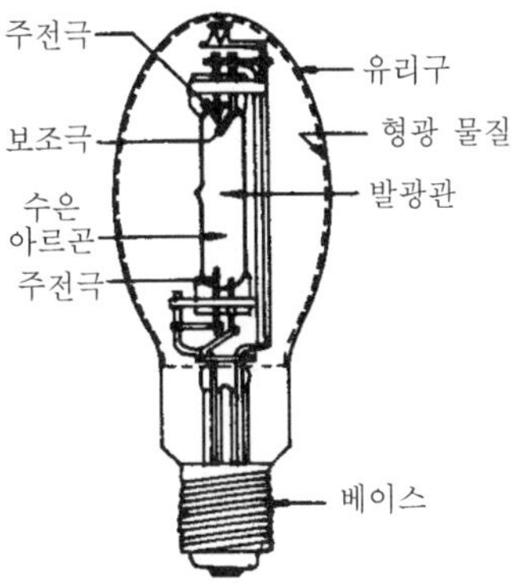

그림 3-4 고압 수은 램프의 구조

(4) 메탈 하이라이트 등

메탈 하이라이트 등(metal high light lamp)은 고압 수은 램프에 봉입물로서 수은 아르곤(argon) 외에 옥화 칼륨, 옥화나트륨, 옥화인듐 등의 고순도 금속할로겐 화물(halogen)을 첨가한 것으로, 구조는 고압 수은등과 거의 같으며, 백색광에 가까운 빛을 내다.

(5) 나트륨 등

나트륨 증기 중에서의 방전을 이용한 램프이며, 점등 중의 나트륨 증기압에 따라 저압 나트륨 등과 고압 나트륨 등으로 나뉘며, 점등에는 안정기가 필요하다.

저압 나트륨 등은 효율이 높고 수명은 길지만 연색성이 나쁘고 피조물의 색을 구별하기 힘들어 이용 분야가 한정되어 있다. 현재는 주로 도로 조명에 쓰인다.

고압 나트륨 등은 연색성을 개선한 등으로, 광색은 황백색이며 피조물의 색을 대강은 구별할 수 있다. 저압 나트륨 등보다 용도가 넓고 도로나 광장의 조명 외에도 투광 조명이나 옥내의 높은 천장 조명에 사용되고 있다.

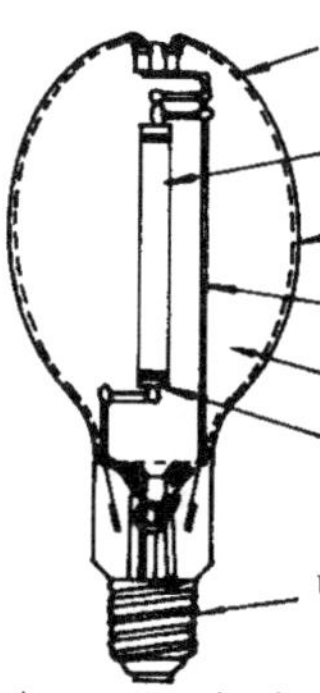

그림 3-5 고압 나트륨 등의 구조

표 3-2 주요한 건축 조명용 광원의 특징

구분 \ 종류	백열전구	형광등	HID 등		
			형광(고압)수은등	메탈 하이라이드등	고압 나트륨등
발광	온도 방사	루미네센스 (저압 방전등)	루미네센스	루미네센스	루미네센스
크기 (W)	10~2,000 일반적으로 30~200	예열 시동형 4~40 래핏 스타터형 20~220	일반적으로 40~1,000	125~2,000 일반적으로 240~1,000	150~1,000
효율 [lm/W]	좋지 않다. 10~20	비교적 양호 50~90	비교적 양호 40~65	양호 70~95	매우 양호 95~149
수명 [시간]	짧다. 1,000~2,000	비교적 길다. 7,500~10,000	길다. 6,000~12,000	비교적 길다. 6,000~9,000	길다. 9,000~12,000
연색	좋다. (붉은 색이 많다.)	비교적 좋다. 특히 연색성을 좋게 한 것도 있다.	그다지 좋지 않다.	좋다.	좋지 않다. 형광등 정도로 연색성을 개량한 것도 있다.

구분 \ 종류	백 열 전 구	형 광 등	H I D 등		
			형광(고압)수은등	메탈 하이라이드등	고압 나트륨등
비 용	설비비는 싸다. 유지비는 비교적 비싸다.	비교적 싸다.	설비비는 다소 비싸다. 유지비는 비교적 싸다.	설비비는 다소 비싸다. 유지비는 비교적 싸다.	설비비는 비싸다. 유지비는 싸다.
취급, 보수 점 검 등	용이하다.	비교적 용이하다.	보 통	보 통	보 통
적 합 한 용 도	조명 전반 각종 특수 용도용으로 만들어진 것도 있다.	조명 전반 각종 특수 용도용으로 만들어진 것도 있다.	천장이 높은 옥내·옥외 조명 도로 조명 상점, 공장, 체육관	천장이 높은 옥내 연색성이 요구되는 옥외조명 미술관, 호텔, 상점, 사무실	천장이 높은 옥내, 옥외 조명 도로 조명
기 타	빛은 집광성, 광원의 휘도는 높다. 광원 표면온도가 높고 발생열도 높다.	빛은 확산성, 광원의 휘도는 낮다. 주위의 온도에 의해 효율이 변한다.	점등 때, 재점등 때 안정되기까지 5~10분이 걸린다.	점등 때, 재점등 때 안정되기까지 5~10분이 걸린다.	빛의 확산성, 광원 휘도는 높다. 그 밖에는 왼쪽과 같다.

학습포인트

▸ **각종 전등의 특성**

㉠ 효율이 가장 좋은 전등 : 나트륨등(95~145 lm/W)
㉡ 수명이 가장 긴 전등 : 수은등(10,000 시간)
㉢ 연색성이 우수한 전등 : 백열전구, 주광색 형광등, 메탈할라이트등
㉣ 황색광으로 도로 터널 조명등으로 쓰이는 높은 투과율을 지닌 전등 : 나트륨등
㉤ 저휘도이며, 광색 조절이 용이하고, 열방사가 적으며, 주로 명시조명으로 쓰이는 전등 : 형광등

▸ **효율**(lm/W)

광속을 전력으로 나눈 값, 즉 1W의 전기에너지를 소요하여 발생되는 빛의 양(lm)

▸ **효율이 높은 색**

㉠ 녹색 > 백색 > 주광색 > 적색
㉡ 나트륨등〉 메탈할라이드등〉 형광등〉 수은등〉 할로겐등〉 백열전구

▸ **연색성**

태양광(주광)을 기준으로 하여 어느 정도 주광과 비슷한 색상을 연출을 할 수 있는가를 나타내는 지표
㉠ 주광색 > 백색 > 은색
㉡ 주광색형광등 〉 메탈할라이드등 > 백열전구 > 형광등 > 수은등 > 나트륨등

▸ **나트륨등**

효율이 가장 좋으나, 연색성은 가장 나빠서 실내용보다는 가로등이나 터널조명으로 많이 쓰인다.

3. 조명 방식

(1) 기구의 배광에 의한 분류

표 3-3 기구 배광에 의한 조명 방식

명 칭	기구의 예와 그 정의			특 징	
		상향 광속	하향 광속		
직접조명	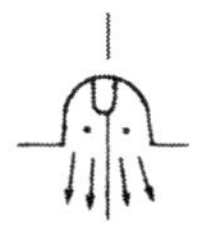	0~10%	90~100%	장점 : 조명률이 좋다. 먼지에 의한 감광이 적다. 벽, 천장의 반사율의 방향이 적다. 자외선 조명을 할 수 있다. 설비비가 일반적으로 싸다. 시계에 어둠·밝음의 차이가 적다.	단점 : 글로브를 사용하지 않을 경우에는 추한 조명으로 되기 쉽다. 기구의 선택을 잘못하면 눈부심을 준다.
반직접조명	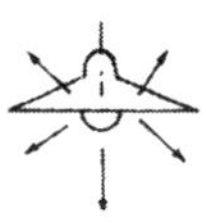	10~40	60~90		
전반확산조명	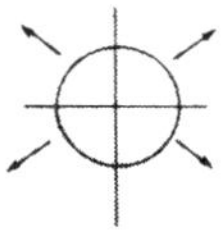	40~60	40~60	직접조명과 간접조명의 중간	
반간접조명		60~90	10~40	조도가 균일하다. 음영이 적다. 연직인 물건에 대한 조도가 높다.	조명률이 낮다. 즉, 조명효율이 나쁘다. 먼지에 의한 감광이 많다. 천장면 마무리의 양부에 크게 영향을 준다. 음기한 감을 주기 쉽다. 물건에 입체감을 주지 않는다.
간접조명	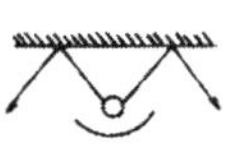	90~100	0~10		

(2) 기구 배치에 의한 분류

① 직접조명

조명 방식 중 가장 간단하고 적은 전력으로 높은 조도를 얻을 수 있으나, 방 전체의 균일한 조도를 얻기 어렵고 물체의 강한 음영이 생기므로 눈이 쉽게 피로하게 된다.

② 간접조명

조명 능률은 뒤떨어지지만 음영이 부드럽고 균일한 조도를 얻을 수 있어 안정된 분위기를 유지할 수 있다.

③ 반간접조명

직접조명과 간접조명의 장점만을 채택한 조명 방식이다.

④ 전반 조명

㉮ 유사한 작업이 나란히 있는 장소나 이동이 행하여지는 방에 균제도가 좋은 조명을 할 때 사용한다.

㉯ 조도 계산은 광속법으로 하고, 램프는 동일한 것으로 실내에 균등하게 배치한다.

㉰ 사무실과 공장 등에 많이 채용되는 방식으로, 작업면 전체에 균일한 조도를 얻을 수 있다.

⑤ 국부조명

㉮ 실내의 일부분이나 물체를 국부적으로 조명하는 방식으로, 주로 직접조명 방식에 의한 것이 많고, 조도는 역자승법의 계산이 실측 데이터로 구해진다.

㉯ 채광 방향의 선택 방법에 따라 질감의 명확성, 모델링 효과가 생긴다.

㉰ 국부조명은 밝고 어둠의 차이가 크기 때문에 눈이 쉽게 피로해지는 단점이 있다.

⑥ 전반 · 국부 병용조명

전반조명과 국부조명을 병용한 것으로, 매우 경제적인 조명 방식이다.

4. 건축화 조명

특별한 조명기구를 사용하지 않고 천장, 벽, 기둥 등의 건축 부분에 광원을 만들어 실내계획을 하는 조명 방식이다. 가장 간단한 것은 천장 매입 조명이며, 매입 방법에 따라서 그림과 같은 여러 가지 종류가 있다.

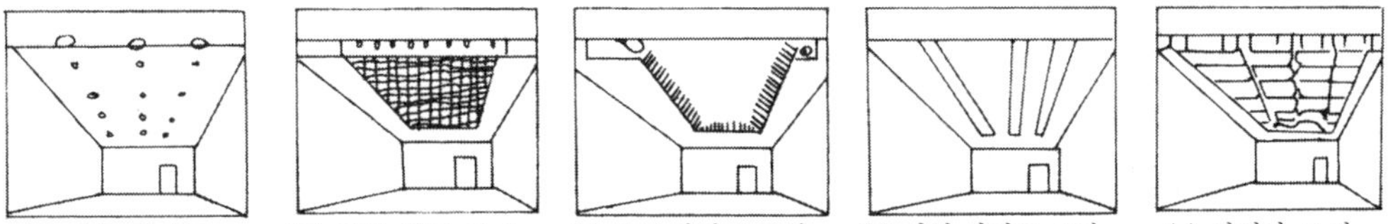

(a) 다운 라이트 (b) 루버 천장 조명 (c) 코브 라이트 조명 (d) 라인 라이트 조명 (e) 광천장 조명

그림 3-6 건축화 조명 방식

(1) 다운 라이트(down light)

천장에 작은 구멍을 뚫어 그 속에 기구를 매입한 것으로서, 설계자의 의도로 여러 가지의 것이 사용된다. 개구부가 극히 적은 것을 핀홀 라이트(pinhole light), 천장면에 반원구의 구멍을 뚫어서 거기에 기구를 설치한 것을 코퍼 라이트(coffer light)라 한다.

다운 라이트의 방법은 천장면이 어두워지는 것이 특색이므로 분위기 있는 인테리어 공간을 만들 수 있지만 또한 이것이 결점이다.

(2) 루버 천장 조명

루버 천장 조명이란 천장면에 루버를 설치하고 그 속에 광원을 배치하는 방법으로, 루버의 재질은 금속, 플라스틱, 목재 등이 사용되며, 그 형태와 설치 방법에 따라 조명 효과의 변화가 가능하다. 이 외에 벽면 조명과 코니스 라이트(cornice light)와 밸런스 라이트(balance light) 등이 있다.

(3) 코브 라이트 조명

코브 라이트(cove light) 조명 방법도 일반 주택에서 서서히 사용되기 시작하는 방법 중의 하나로, 광원을 천장 또는 벽면에 가려 일단 벽이나 천장에 반사시켜 간접조명으로 조명하는 방법이다.

(4) 라인 라이트 조명

라인 라이트 조명은 천장에 매입한 조명의 하나로, 광원을 선형으로 배치하는 방법이다. 형광등 조명으로 가장 높은 조도를 얻을 수 있는 조명 방법이다.

선의 배열에 따라 여러 가지의 조명 장식을 얻을 수 있다.

(5) 광천장 조명

천장면을 확산 투과성 플라스틱 판이나 루버로 천장을 마감하여 그 속에 전등을 넣은 방법이다. 그림자 없는 쾌적한 빛을 얻을 수 있는 장점이 있다.

천장면의 마감 재료의 설치 방법에 따라 변화있는 인테리어 공간을 만들 수 있으며, 천장 전면을 낮은 휘도로 밝게 빛나게 할 수 있다.

5. 조명 설계

일반적으로 실내 조명의 계산 및 설계는 다음과 같이 진행한다.

(1) 소요 조도의 결정

방의 종류, 용도에 따라 필요 조도 결정

(2) 전등 종류의 결정

실별로 광원의 종류와 광색 등 결정

(3) 조명 방식과 조명기구 선정

(4) 광속의 계산

$$F = \frac{E \cdot A \cdot D}{N \cdot U} = \frac{E \cdot A}{N \cdot U \cdot M} \text{(lm)}$$

F : 사용 광원 1개의 광속[lm]
D : 감광 보상률(직접조명 : 1.3~2.0, 간접조명 : 1.5~2.0)
E : 작업면의 평균 조도[lx]
A : 방의 면적[m^2]
N : 광원의 개수
U : 조명률
M : 유지율(보수율 : 감광 보상률의 역수)

① 감광 보상률(D)

광원을 갈아 끼우거나 기구를 청소할 때까지 필요한 조도를 유지할 수 있도록 여유를 두는 비율.

② 조명률(U)

램프에서 발하여진 빛 가운데 작업면에 도달하는 빛이 몇 %인가를 나타내는 비율.

③ 실지수(K)

방의 크기와 형태를 나타내는 지수로서 광원에서 작업면에 직접 도달하는 빛은 실의 바닥면적에 대하여 천장의 높이가 낮을 때는 많고, 천장의 높이가 높을 때는 적어진다.

$$\text{실지수} = \frac{X \cdot Y}{H(X+Y)}$$

X : 방의 가로 길이[m]
Y : 방의 세로 길이[m]
H : 작업면에서 광원까지의 높이[m]

④ 보수율(M)

조명시설을 어느 기간 사용한 후의 작업면상의 평균 조도와 초기 조도와의 비. 즉, 조명시설의 조도는 설비의 사용 시간경과와 함께 램프 자체의 광속 감쇠, 램프·조명기구의 더러움, 천장, 벽, 바닥 등 실내면의 반사율 저하 등에 의해 내려간다.

(5) 조명기구의 배치 : 조도 분포, 휘도 등의 재검토

광원 상호간의 간격을 S, 벽과 광원 사이의 간격을 S_0, 작업면(바닥 위 85cm)에서 광원까지 높이를 H라고 하면

① $S \leqq 1.5H$

② $S_0 \leqq \frac{H}{2}$ (벽 가까이에서 작업을 하지 않을 경우)

③ $S_0 \leqq \frac{H}{3}$ (벽 가까이에서 작업을 할 경우)

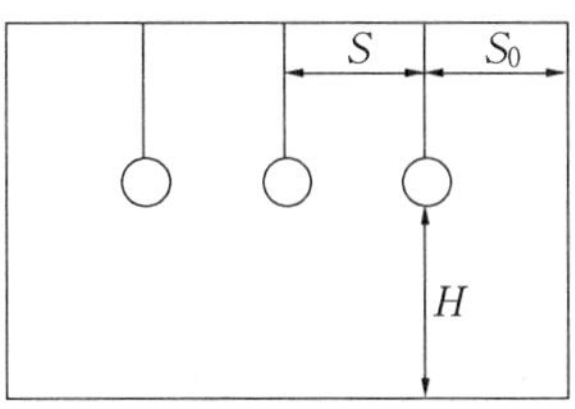

그림 3-7 광원의 배치

예제 1.

작업면으로부터 높이가 2.5m인 조명기구를 배치할 때 조명기구간의 최대 거리는 몇 m 인가?

해설 광원의 크기와 배치에서 $S \leqq 1.5H$이므로 $S \leqq 1.5 \times 2.5 = 3.75$m

예제 2.

면적이 $100m^2$인 방에 백열전구 10개를 점등하였다. 평균 조도는 대략 얼마인가?(단, 전구 1개당 광속은 1,000lm, 조명률 0.6, 감광 보상률 1.3이다.)

해설 $NF = \frac{E \cdot A \cdot D}{u}$ 에서

전 광속 $(F) = 1,000\text{lm} \times 10 = 10,000\text{lm}$

∴ 평균조도 $E(\text{lx}) = \frac{F \cdot U}{A \cdot D} = \frac{10,000 \times 0.6}{100 \times 1.3} = 46.15$

예제 3.

사무실의 평균조도를 300[lx]로 설계하고자 한다. 다음과 같은 조건에서의 조명률을 0.6에서 0.7로 개선할 경우 광원의 개수는 얼마만큼 줄일 수 있는가?

[조 건] · 광원의 광속 : 3000 [lm]
· 개실의 면적 : 600 [㎡]
· 보수율(유지율) : 0.5

해설 광속계산

$F = \frac{E \cdot A \cdot D}{N \cdot U}$ 또는 $F = \frac{A \cdot E}{N \cdot U \cdot M}$ 에서 $N = \frac{EA}{FUM}$이다.

$N = \frac{EA}{FUM} = \frac{300 \times 600}{3,000 \times 0.5 \times (0.6 \sim 0.7)} = 200 \sim 171.4$

∴ 200−171.4 ≒ 28개

익 힘 문 제

1 지상 6m 되는 곳에 점광원이 있으며 그 광도는 각 방향에 균일하게 100cd라고 할 때 직하면의 조도는?

2 조명설비의 광원에서 연색성(演色性 : color rendition)이란?

3 도로조명 또는 터널조명에 가장 적합한 조명기구는?

4 정밀작업이 요구되는 공장에 적당한 조명 방식은?

5 건축화 조명에 관하여 설명하라.

6 실내 조명 설계를 할 경우 일반적으로 가장 먼저 시행해야 할 사항은?

7 조명기구로부터 빛의 이용에 많은 영향을 마치고 있는 방의 크기와 형태를 특징짓는 척도로 사용되는 것은?

8 작업면으로부터 높이가 2.5m인 조명기구를 배치할 때 조명기구간의 최대 거리는 몇 m인가?

제4장 약전설비

1. 통신정보설비

(1) 전화설비

1) 교환 방식

```
교환 방식 ┬─ 수동식 ┬─ 자석식
          │         └─ 공전식
          └─ 자동식 ┬─ 스텝 바이 스텝(step by step)식
                    ├─ 크로스 바(cross bar)식
                    └─ 전자식
```

2) 구내 교환설비

표 4-1 내선 전화기 및 국선수의 약산

산 출 방 식	산 출 약 산 식	비 고
전화 사용 인원수에 의한 산출	$\frac{(\text{전화 사용 인원})}{1.6 \sim 2.0} \times 1.1$	분모값 ① 1.6 이하 : 상사, 증권회사 ② 2.0 : 관공서, 공장, 일반 회사 ③ 2.0 이상 : 학교, 병원
건축 면적에 의한 산출	$\frac{\text{건축 연면적}[m^2]}{27 \sim 32}$	분모값 별로 사용하지 않는 건물 : 10~30 빈번히 사용하는 건물 : 6~8
국선수의 약산	① 10회선까지는 완전 군중 계전표에 따른다. ② 10회선 이상에는 사용률 0.63~0.65로서 약산한다. ③ 발착 신호의 정도에 따라 발신 전용, 착신 전용, 발착 양용으로 구분한다.	

표 4-2 전기통신설비 기술기준에 의한 산출(전화 회선의 기준 설비 수)

업종		10m² 표준전화 회선 수	
		국선 인입 회선 수	실내 회선 수
상사회사		0.5	1.3
은행·일반사무실		0.4	0.8
백화점·증권회사·연쇄상가		0.5	1.0
관공서·신문사		0.4	1.0
병원	입원실	0.1	0.5
	사무실	0.3	1.0

예제

연면적 5,000m²의 사무소 건물에 대한 전화 회선줄을 전기통신설비 기술기준에 의하여 산출하면?

해설 국선은 (5,000÷10)×0.4=200회선, 내선은 (5,000÷10)×0.8=400회선

3) 교환실 설계

① 바닥 하중

자동 교환기 1m²당 600~1,000kg

② 층고

보통 케이블의 배선이 형편상 교환기 바닥으로부터의 높이와 케이블 랙의 높이(회전수가 300회선 이하는 약 30cm, 300회선 이상은 50cm 필요)를 더한 것을 보 아래의 유효 높이로 한다.

③ 벽면에 설치하는 교환기(크로스 바, 자동 교환기)의 경우에는 벽면을 보강할 필요가 있다.

④ 출입구, 복도, 계단 등은 교환기, 정류기 등의 반출입이 가능한 높이와 너비로 한다.

(2) 인터폰 설비

1) 인터폰의 종류

① 작동 원리에 따른 분류

㉮ 프레스 토크(press talk)식

㉯ 동시 통화 방식 : 도어 폰에 많이 사용

② 접속 방식에 따른 분류

㉮ 모자식(친자식) : 한 대의 모기에 여러 대의 자기를 접속하는 방식

㉯ 상호식 : 어느 기계에서나 임의로 통화가 가능한 방식

㉰ 복합식 : 모자식과 상호식을 조합한 방식으로, 모기 상호간 통화가 가능하고, 모기에 접속

된 모자간에도 통화가 가능하다.

③ 용도에 따른 분류

㉮ 병원 : 간호원 호출 인터폰, 일제 방송용 인터폰 등

㉯ 공업용 : 구내 지령, 연락 장치, 엘리베이터 인터폰 등

2) 장소

① 설치 높이는 바닥면상 1.5m로 한다.

② 전원장치는 보수가 용이하고, 안전한 장소에 시설한다.

③ 전화 배선과는 별도 계통으로 한다.

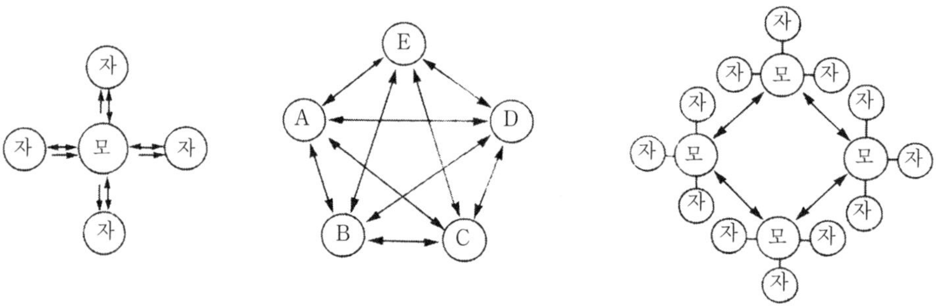

(a) 모자식 (b) 상호식 (c) 복합식

그림 4-1 인터폰의 접속방법

(3) 표시설비

① 호출 : 주택 초인종, 병원의 간호원 호출, 호텔의 종업원 호출, 회사 등의 개인 호출

② 도난 경보 : 주택의 창과 문, 은행의 책상 밑, 금고실의 적외선 이용장치

③ 재부(在否) 표시기 : 전자식, drop식, lamp식, 독일식

(4) 확성설비

공장, 병원, 극장, 기타 빌딩에 있어서 호출, 전달, 강연, 음악 연주 등에 사용된다. 확성설비의 마이크로폰, 증폭기, 스피커의 3부분으로 구성된다.

① 마이크로폰 : 구조에 따라 크리스털(crystal)형 · 다이내믹(dynamic)형 · 탄소 마이크로폰 및 콘덴서 마이크로폰 등이 있다.

② 스피커 : 다이내믹형과 마그네틱(magnetic)형이 있는데, 마그네틱형은 작은 용량이고, 좋은 음질을 필요로 하지 않을 때 사용될 경우가 있다.

③ 증폭기 : 증폭기의 출력은 그에 접속되는 확성기의 용량 및 개수에 따라 결정되므로, 좋은 음질로 하기 위해서는 그 출력에 약간의 여유를 두는 것이 좋다.

형상은 25W 정도 형의 것은 움직일 수 있는 것으로 하고, 50W 이상은 고정형으로 한다.

(5) 전기시계설비

1) 직류식(복식)

대규모의 경우 정밀한 모시계를 두고 모시계의 운침 충격 전류에 의해 자시계가 작동한다.

① 모시계(母時計) : 수정식, 진자식, 램프식

㉮ 수정식 : 가장 많이 사용, 수정식 I 급이 가장 정밀(특히 정도(精度)를 요구하는 건물)하다.

㉯ 램프식 : 진동이 있는 장소, 정밀도가 낮다.

② 자시계(子時計)

㉮ 30분 간격으로 모시계의 접촉점에서 충격 전류로 작동한다.

㉯ 직류 전기를 이용하며, 유극식과 무극식이 있다.

2) 교류식(단식)

동기 전동기(同期電動機)는 전원 주파수가 일정하면 반드시 동기 속도(N=120f/p)를 가져 일정 불변의 회전을 하는 성질을 이용한 것이다.

(6) 안테나(antenna) 설비

대형 건축물의 TV 등의 공동시청설비를 말하는 것으로 전기적 성능을 얻는 것도 중요하지만, 건물의 미관을 해치지 않도록 주의해야 한다.

① 안테나는 풍속 40m/s 정도에 견디도록 고정한다.

② 안테나는 피뢰침의 보호각 내에 들어가도록 한다.

③ 원칙적으로 강전류선으로부터 3m 이상 띄어서 설치한다.

④ 정합기(整合器)의 설치 높이는 일반적인 경우 바닥 위 30cm 높이로 한다.

⑤ 방향성 결합기나 분배기를 사용하지 않는 플러그에는 더미 로드(dummy load)를 부착한다.

(7) 항공 장애등

지표 또는 수면으로부터 60m 이상의 높이의 건물에는 항공 장애등과 주간 장애 표시를 설치한다.

1) 고광도의 장애등

① 등광은 항공적인 명멸로서 광원의 중심을 포함하는 수평면하 15° 이하에서 위방향으로 모든 방향에서 식별할 수 있을 것

② 1분간의 명멸 횟수는 20~60일 것

③ 최대 광도는 2,000cd 이상

2) 저광도의 장애등

① 등광은 항공적인 부등광으로서 광원의 중심을 포함하는 수평면하 15°에서 위방향으로 모든 방향에서 식별할 수 있을 것

② 광도는 20cd 이상

(8) ITV

① ITV란 Industrial Television의 약호인 시장치이다.

② 빛을 전기 에너지로 변환하여 유선 또는 무선으로 전송하고, 다시 빛으로 변환하여 영상화하는 원리를 이용한 것이다.

③ 구성은 카메라, 조작장치, 모니터 TV로 이루어지고, 각각 사용목적에 따라 구조, 부속장치가 가미된다.

(9) CATV

① CATV(Community Antenna Television)는 어느 블록(지역·지구)에서의 유선 TV이며, 일반 TV 수신과 동시에 자유 프로그램 작성에 의하여 그 블록 내에 여러 가지의 정보를 제공하는 것이다.

② CATV는 기업 내의 정보용, 학교의 교육용, 단지의 매물, 기타 정보용, 병원의 진찰, 모든 운용관리, 생활환경 등에 대한 정보제공·교환으로서 대신할 수 있다.

(10) HA 시스템

① 각 가정에서 사용하고 있는 여러 가전제품의 기능을 보다 크게 하고 또 기능을 효율적으로 하기 위하여 각 기기를 상호 결합하며, 컴퓨터나 외부의 정보와도 접속하여 종합적으로 제어하려는 것이 홈 오토메이션(home automation)이다.

② HA 시스템은 주택의 규모 및 요구에 응하여 여러 가지 기종을 선택할 수 있다. 하우스키핑(housekeeping)으로서의 홈 시큐리티(home security) 기능을 기본으로 하여 정보계의 구분으로 인터폰(interphone) 내장형, 홈 텔레폰(home telephone) 내장형과 구성상의 구분으로는 단독사용형, 모듈화된 유닛을 조합 사용할 수 있는 표준형 등이 있다.

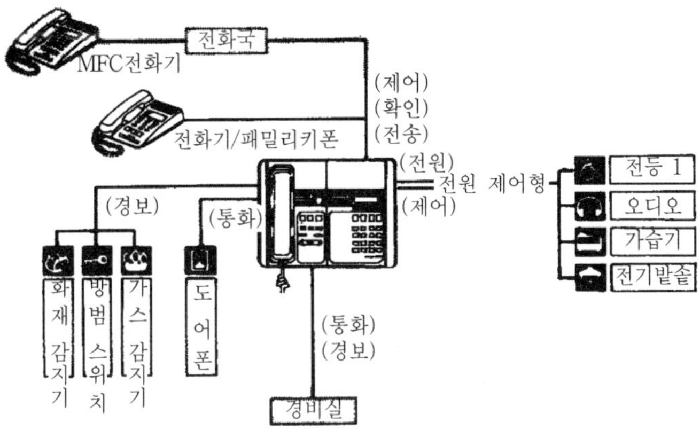

그림 4-2 가정 자동화 시스템

(11) 도난방지장치

도난방지장치의 종류에는 누름 단추 방식, 도어 스위치식, 바닥 매트 방식, 적외선 방식, 오디오 모니터 방식, 발진 회로 방식, 초음파 방식, 레이더 방식 등이 있다.

(12) 차로경보설비

자동차 출입을 검출하는 장치로, 적외선 방식, 초음파 방식이 많이 쓰이고 그 밖에 테이프 스위치 방식 등이 있다.

2. 피뢰침 설비

(1) 건축물 규정

① 낙뢰의 우려가 있는 건축물

② 높이에 관계없이 피뢰설비를 해야 하는 건축물 : 낙뢰 가능성이 많은 지역, 중요 건축물, 천연 기념물, 많은 사람이 집합하는 건축물, 위험물을 취급·저장하는 건축물

③ 돌침(突針) 생략 : 철골철근콘크리트·철근콘크리트 건물의 지붕이 두께 2mm 이상의 금속판으로 된 것

④ 인하도선(引下導線) 생략 : 콘크리트 건물의 철근 단면이 300mm^2 이상의 것으로 총 접지저항을 50Ω 이하로 접속한 것

(2) 피뢰침의 보호각 및 보호 범위

① 돌침의 선단과 피뢰침이 이루는 각 : 일반 건축물은 60° 이하, 위험물 저장시설은 45° 이하

② 수평 도체(용마루 가설 도체)로 옥상을 보호할 경우, 수평 도체의 보호자 속에 들어가지 않은 부분은 보호되지 않는 부분에서 가장 가까운 점에 이르는 수평 도체까지의 수평거리가 10m 이하가 되도록 수평 도체를 시설하면 그 부분도 보호될 수 있다.

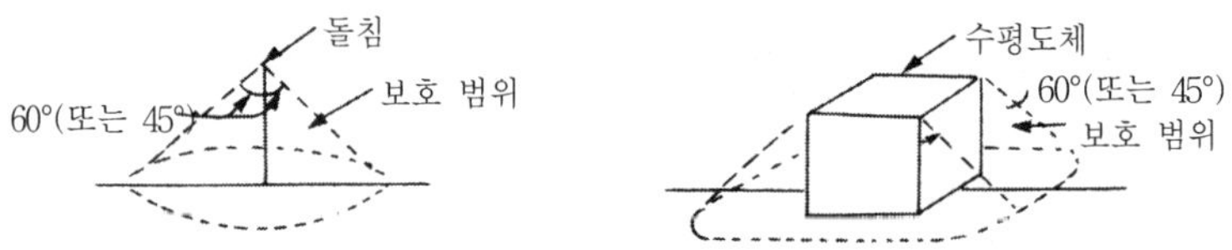

(a) 위험물 저장소 (b) 일반 건축물

그림 4-3 피뢰침 평면 보호 범위

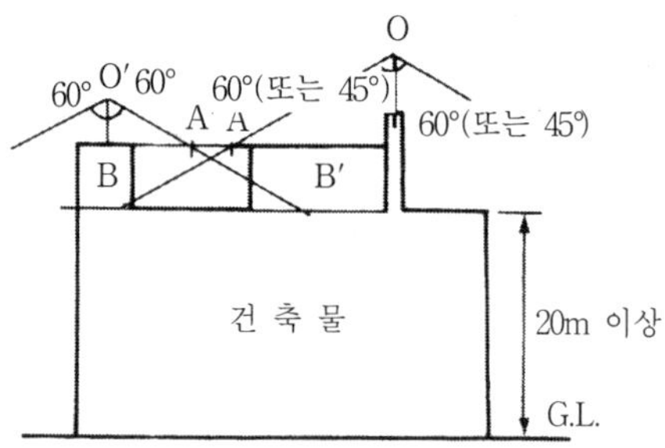

그림 4-4 피뢰침 보호 범위

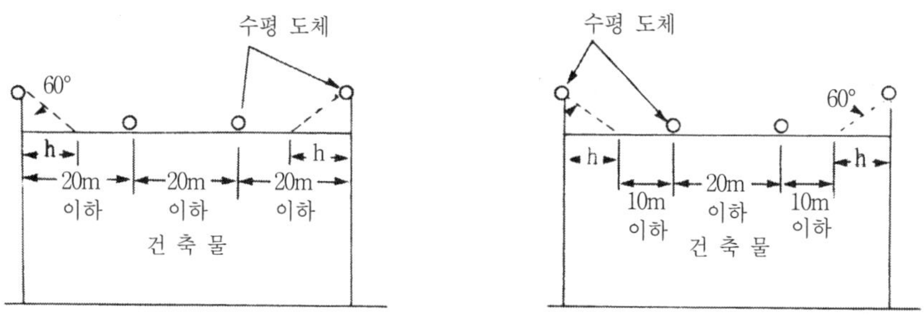

h＞10m h≧10m

그림 4-5 옥상의 수평 도체(용마루 가설 도체)

예제

그림과 같은 위험물 저장고에 피뢰침을 설치하고자 한다. 피뢰침의 높이(h)는 최소 얼마 이상이어야 하는가?

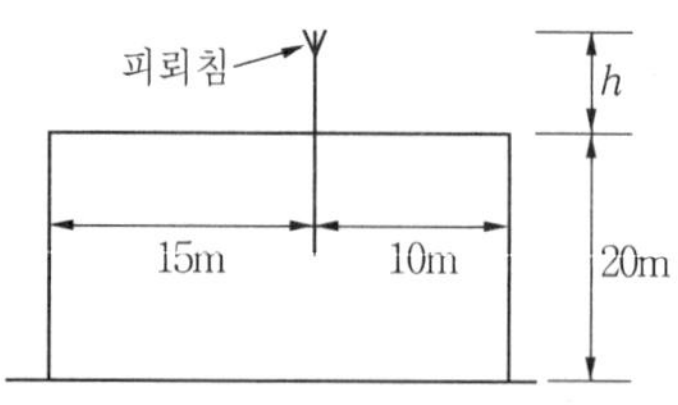

해설 위험물의 보호 범위는 45° 이하이므로 높이(h)를 반지름으로 하는 원의 면적이 보호범위가 되므로 최소 15m 이상이 되어야 한다.

(3) 피뢰방식

1) 돌침 방식

뇌격은 선단이 뾰족한 금속 도체 부분에 잘 떨어지므로, 건축물 근방에 접근한 뇌격을 흡인하게 하여, 선단과 대지 사이를 접속한 도체를 통해서 뇌격 전류를 대지로 안전하게 방류하는 방식이다.

2) 수평 도체 방식

이 방식은 보호하고자 하는 건축물의 상부에 수평 도체를 가설하고 이에 뇌격을 흡인하게 한 후 인하 도선을 통해서 뇌격 전류를 대지에 방류하는 방식이다. 이 방식의 대표적인 예로는 송전선의 가공 지선을 둘 수 있다.

3) 케이지 방식

피보호물 주위를 적당한 간격의 그물눈을 가진 도체로 포위하는 방식인데, 완전한 피뢰 방법에 속한다.

(4) 피뢰설비의 4등급

① 완전보호(케이지 방식) : 피보호물을 연속된 망상도체나 금속판으로 싸는 방법으로 어떠한 뇌격에 대해서도 건물이나 내부에 있는 사람에게 위해를 가하지 않는 방식(산꼭대기의 관측소, 휴게소, 매점, 골프장의 독립 휴게소 등)

② 증강보호(수평도체 방식) : 건축물 윗면의 모서리 부분, 뾰족한 모양을 한 부분의 위쪽에 수평 도체식 피뢰설비를 하여 전체의 보호 능력이 증강된 방식

③ 보통보호(돌침) : 목조 가옥에서는 증강보호가 좋고, 철근콘크리트 건축물로서 옥상에 난간이 있는 경우는 보통보호로 한다.

④ 간이보호(가공지선) : 보통보호보다 간단하며, 뇌해가 많은 지방의 높이 20m 이하 건물에서 자주적인 피뢰설비를 실시할 때 이용

(5) 피뢰설비의 설치기준(설비기준 규칙 제20조)

① 피뢰설비

한국산업표준이 정하는 피뢰레벨 등급에 적합한 피뢰설비일 것

[예외] 위험물저장 및 처리시설에 설치하는 피뢰설비는 한국산업표준이 정하는 피뢰시스템레벨 Ⅱ 이상이어야 한다.

② 돌침의 설치

건축물의 맨 윗부분으로부터 25cm 이상 돌출시켜 설치하되, 설계하중에 견딜 수 있는 구조일 것

③ 피뢰설비의 재료(피복이 없는 동선 기준)

최소 단면적이 피복이 없는 동선을 기준으로 수뢰부, 인하도선 및 접지극은 50㎟ 이상이거나 이와 동등 이상의 성능을 갖출 것

④ 철골(철근) 구조체를 인하도선으로 사용하는 경우의 전기저항

㉠ 피뢰설비의 인하도선을 대신하여 철골조의 철골구조물과 철근콘크리트조의 철근구조체 등을 사용하는 경우에는 전기적 연속성이 보장될 것

㉡ 이 경우 전기적 연속성이 있다고 판단되기 위하여는 건축물 금속 구조체의 최상단부와 지표레벨 사이의 전기저항이 0.2Ω 이하이어야 한다.

⑤ 측면 낙뢰 방지(높이 60m를 초과하는 건축물 등)

지면에서 건축물 높이의 4/5가 되는 지점부터 최상단부분까지의 측면에 수뢰부를 설치하여야 하며, 지표레벨에서 최상단부의 높이가 150m를 초과하는 건축물은 120m 지점부터 최상단부분까지의 측면에 수뢰부를 설치할 것

[예외] 건축물의 외벽이 금속부재(部材)로 마감되고, 금속부재 상호간에 전기적 연속성이 보장되며 피뢰시스템레벨 등급에 적합하게 설치하여 인하도선에 연결한 경우에는 측면 수뢰부가 설치된 것으로 본다.

⑥ 접지(接地)

환경오염을 일으킬 수 있는 시공방법이나 화학 첨가물 등을 사용하지 아니할 것

⑦ 금속배관 및 금속재 설비

급수·급탕·난방·가스 등을 공급하기 위하여 건축물에 설치하는 금속배관 및 금속재 설비는 전위(電位)가 균등하게 이루어지도록 전기적으로 접속할 것

⑧ 통합접지공사

전기설비의 접지계통과 건축물의 피뢰설비 및 통신설비 등의 접지극을 공용하는 통합접지공사를 하는 경우에는 낙뢰 등으로 인한 과전압으로부터 전기설비 등을 보호하기 위하여 한국산업표준에 적합한 서지보호장치(SPD)를 설치할 것

⑨ 기타 피뢰설비와 관련된 사항은 한국산업표준에 적합하게 설치할 것

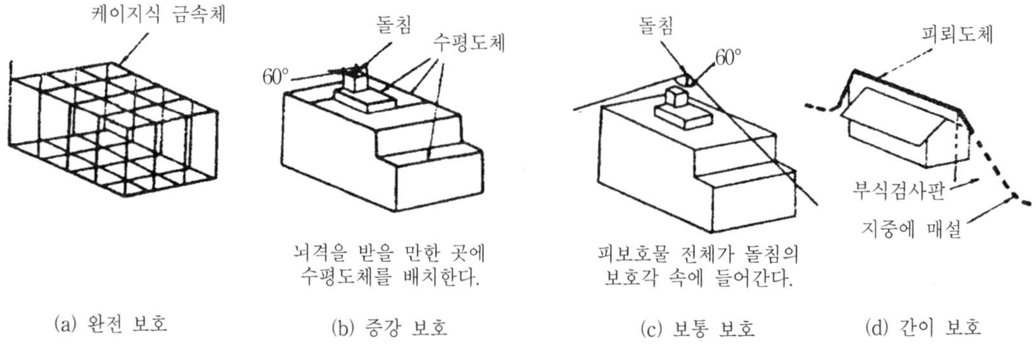

그림 4-6 피뢰 설비의 4등급

(6) 접 지

① 접지 전극 : 두께 1.4mm 이상, 넓이 0.35m² 이상의 동판으로 하고 도선 1조당 1개 이상의 합성 저항은 10Ω 이하이며, 다른 접지극과는 2m 이상 띄운다.

② 접지판의 재료로는 두께 1.4mm, 1.5mm, 1.6mm의 3종류와 크기가 90cm 각과 100cm 각이 있다.

③ 접지 전극의 매설 위치는 보통 상수면 이하로 하되 가스관에서 1m 이상 떨어지도록 한다.(단, 상수면이 깊을 때는 3m 이하)

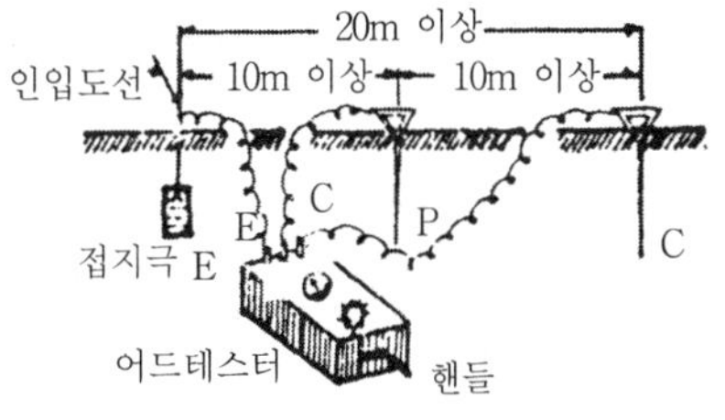

그림 4-7 접지 저항 측정법

3. 방재설비

건축설비에 포함되는 방재설비는 조기발견, 초기 소화, 피난, 배연, 소화 등 제설비와 이들을 통제하는 방재센터 등을 포함한다.

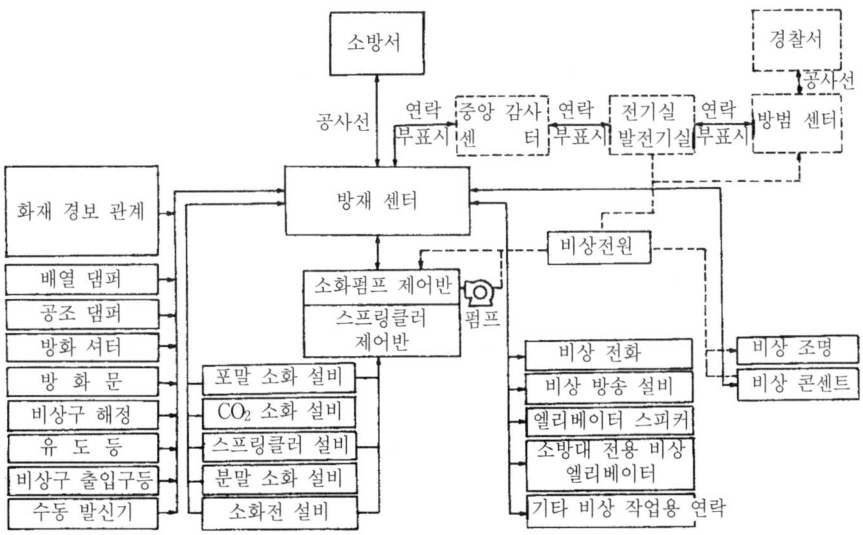

그림 4-8 방재 시스템의 형식

(1) 자동 화재탐지설비

1) 감지기

① 열 감지기

㉮ 차동식

㉠ 주위 온도가 일정한 온도 상승률 이상으로 되었을 때 작동하며, 1개 국소의 열효과에 의해 작동한다.

㉡ 공기실 속의 공기가 화재시의 온도 상승으로 팽창하여 감압실의 접점을 동작시킨다.

㉯ 정온식

㉠ 국소의 온도가 일정 온도(75℃)를 넘으면 작동하여 화재 신호를 발신한다.

㉡ 보일러실, 주방 등 항상 화기를 취급하는 장소에 적합하다.

㉰ 보상식

온도 상승률이 일정한 값을 초과할 경우와 온도가 일정한 값을 초과한 경우에 동작하는 두 가지 기능을 겸비하고 있어 이상적이다.

㉱ 스폿형(spot type)

국부적인 열효과, 즉 국부적인 온도 상승에 의하여 작동하는 것이다.

㉲ 분포형

천장에 공기관을 설치하여 넓은 범위의 열효과에 의하여 관 내의 공기 압력을 상승시켜 전기 접점 기구 가동에 사용하는 것이다.

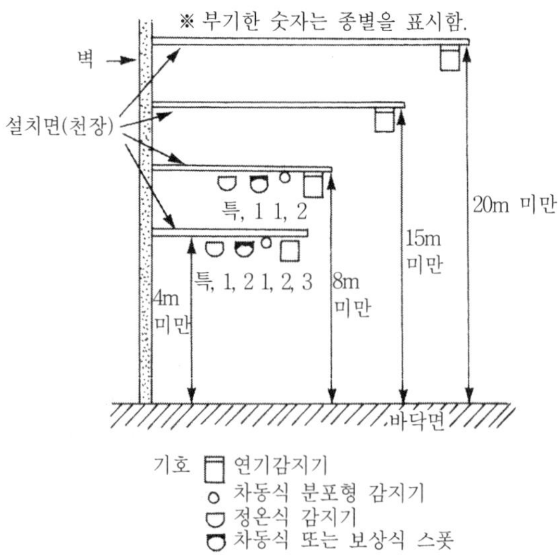

그림 4-9 감지기의 종별에 따른 설치 높이

② 연기 감지기

㉮ 이온식 감지기

연기 감지기 속에 들어가면 연기의 입자 때문에 이온 전류가 변화하는 것을 이용한다.

㉯ 광전식 감지기

연기 입자로 인해서 광전 소자에 대한 입사 광량이 변화하는 것을 이용한다.

2) 음향장치

① 감지기에 의하여 화재의 발생을 발견하면 벨 또는 사이렌 등으로 경종을 울리는 설비이다.

② 음향은 설치 위치 중심에서 1m 떨어진 곳에서 90폰(phon) 이상이다.

③ 각 층마다 그 층의 각 부분으로부터 하나의 음향장치까지의 수평거리는 25m가 되도록 설치한다.

3) 발신기

① 감지기의 동작 이전에 화재의 발생을 발견한 사람이 발신기의 단추를 눌러서 화재 발생을 수신기에 전달하여 관계자에게 통보하는 것.

② P형 1급 및 2급이 있고, 방적성 유무에 따라 옥외형과 옥내형으로 분류한다.

4) 수신기

① 각 구역마다 배치된 감지기 또는 발신기로부터 보내온 화재 신호를 수신하여 기록 또는 표시에 의하여 화재가 발생한 구역을 쉽게 판단할 수 있게 설치하는 것.

② 수신 방식에 따라 P형, R형으로 분류한다. P형은 성능에 따라 1급 및 2급으로 나누어지며, 자립형과 벽걸이형이 있다.

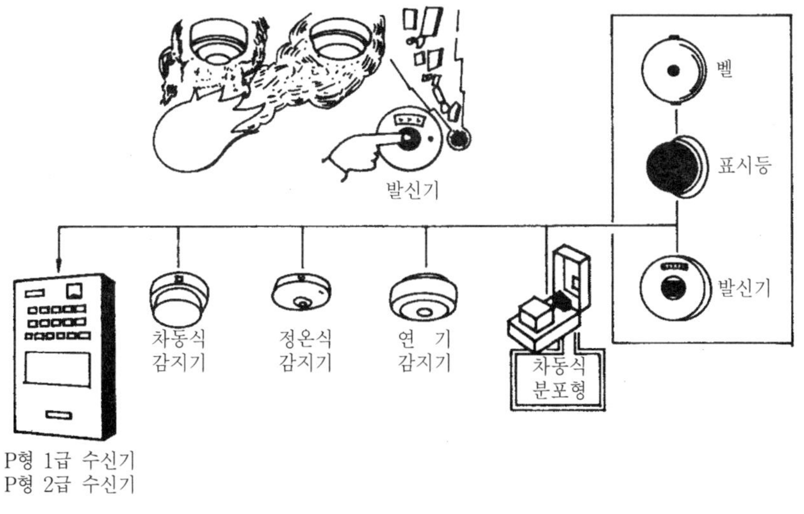

그림 4-10 자동 화재 경보기의 접속도

(2) 전기화재경보설비

① 전기 배선이나 전기 기기의 부하측에서 누전이 되면 그로 인한 누전 재해를 일으키게 되므로 2차측 또는 부하측에 전기화재경보기(누전화재경보기)를 설치하여 재해를 사전에 예방하기 위한 설비이다.

② 종류는 성능에 따라 1급, 2급으로 분류되며, 구조에 따라 옥내형, 옥외형, 집합형 등이 있고, 접지 상태에 따라 접지식과 비접지식이 있다.

(3) 자동화재속보설비

① 소방 대상물에서의 화재 발생을 자동적으로 소방 기관에 통보하는 설비이다.

② 화재가 발생하여 감지기의 신호를 자동속보설비가 수신하게 되면 속보기 세트에 전화회선이 전달되어 119 화재신고를 기계적으로 접속시킨 다음 녹음 세트와 연결시켜 3회를 반복하여 발화 장소를 알리는 설비이다.

③ 소방관서로부터 보행거리 500m 이내

(4) 비상경보설비

자동화재탐지설비 또는 다른 방법에 의하여 화재의 발생을 알게 되는 즉시 해당 소방 대상물 안에 있는 사람들에게 경보를 발하여 알림으로써 피난의 개시 또는 초기 소화 활동을 신속히 전개할 수 있도록 하기 위한 설비이다.

(5) 비상 콘센트 설비

① 건물에 화재가 발생하면 일반 전원을 사용할 수 없으므로 미리 건물에 MI 케이블을 매입시켜 소방차의 발전기로 전원을 공급하여 소방관이 환기 및 전등을 이용하는 데 도움을 주기 위한 설비이다.

② 주로 11층 이상의 건축물에 설치하며 유효반경 50m 이내가 되도록 설치하고, 1회선에 접속하는 콘센트의 수는 10개 이하이다.

익 힘 문 제

1 건축물에 설치하는 인터폰을 접속 방식에 대하여 설명하라.

2 모자식 전기시계에서 가장 정밀도가 높은 모시계는?

3 항공장애등이 필요한 건물의 최소 높이와 장애등의 광도는?

4 도난방지장치의 종류에는 어떤 것이 있는가?

5 비상용 콘센트의 설치 기준은?

6 피뢰침의 평면도상의 보호범위는?(단, 보호하려는 면에서 피뢰침까지의 높이는 h이다.)

7 주위 온도가 일정한 온도 상승률 이상이 되었을 때 작동하는 감지기는?

8 전기화재경보기의 원리는?

제5장

승강 및 운송 설비

1. 엘리베이터(elevator)

(1) 엘리베이터의 분류

1) 용도별 분류

엘리베이터는 용도별로 승객용, 화물용, 침대용, 자동차용, 전동 덤 웨이터 등으로 분류한다.

2) 속도별 분류

일반적으로 저속도(45m/min 이하), 중속도(45~90m/min), 고속도(90m/min 이상) 등으로 분류한다.

3) 권상 전동기의 전원별 분류

속도 60m/min 이하의 교류 엘리베이터, 속도 90m/min 이상의 직류 가변 전압 엘리베이터 등으로 구분한다.

표 5-1 엘리베이터의 비교

구 분	교류 엘리베이터	직류 엘리베이터
기 동	기동 토크가 적다.	임의의 기동 토크를 얻을 수 있다.
속도조정	속도를 임의로 선택할 수 없고 속도 제어는 불가. 부하에 의한 속도 변동이 있다.	속도를 임의로 선택할 수 있고 속도 제어 가능. 부하에 의한 속도 변동이 없다.
승강기분	직류에 비하여 떨어진다.	원활하게 가감속이 가능하여 승강 기분이 좋다.
착상오차	수[mm]의 오차가 생긴다.	1[mm] 이내의 오차
전 효 율	40~60[%]	60~80[%]
가 격	저 렴	교류의 1.5~2.0배
속 도	30[m/분], 45[m/분], 60[m/분]	90[m/분], 105[m/분], 120[m/분], 150[m/분], 180[m/분], 210[m/분], 240[m/분]

4) 감속기 유무에 의한 분류

감속기 유무에 따라 기어드 엘리베이터(geared elevator), 기어리스 엘리베이터(gearless elevator) 등으로 분류한다.

표 5-2 엘리베이터의 속도와 구동 방식

구 별	저 속 도	중 속 도		고 속 도
구 동 방 식	교류 1단 속도 교류 2단 속도	교류 2단 속도	직류 가변 전압 기어드	직류 가변 전압 기어리스
속도[m/min]	15 20 30	45 60 75	90 105	120 150 180 210 240 300

5) 운전 방식에 의한 분류

- 운전원에 의한 방식
  - 카 스위치(car switch)
  - 신호 운전(signal operation)
  - 기록 운전(record operation)
- 운전원이 없는 방식
  - 단식 자동(single automatic)
  - 승합 전자동 방식
  - 하강 승합 자동 방식
- 병용 방식
  - 카 스위치와 단식 자동 병용 방식
  - 카 스위치와 승합 전자동 방식
  - 시그널 승합 전자동 방식
- 군 관리 방식
  - 시그널 군승합 전자동 방식
  - 출발 신호가 있는 시그널 군승합 전자동 방식
  - 군승합 자동 방식

① 운전원 방식

㉮ 카 스위치 방식

시동은 운전원이 조작반의 시동 핸들을 조작함으로써 이루어지며, 정지에는 수동 착상 방식과 자동 착상 방식이 있다.

㉯ 기억 제어(record control) 방식

운전원이 승객이 목적층과 승강장으로부터의 호출 신호를 보고 조작반의 목적층 단추를 누르면 목적층 순서로 자동적으로 정지하는 방식이다.

㉰ 신호 제어(signal control) 방식

시동은 운전원이 조작반의 핸들 조작으로 하며, 정지는 조작반의 목적층 단추를 누르는 것과 승강장으로부터의 호출 신호로부터 층의 순서로 자동적으로 정지하며, 반전은 어느 층에서도 할 수 있다.

② 무운전원 방식

㉮ 단식 자동 방식

승객 자신이 운전하며 목적층 단추가 승강장으로부터의 호출 신호에 의하여 자동적으로 시동, 정지를 이루는 조작 방식이며, 운전 종료까지 다른 호출에 응하지 않는다.

㉯ 승합 전자동식

단식 자동 방식과 같으나 누른 순서에 관계없이 각 호출에 응하여 자동적으로 정지한다.

㉰ 하강 승합 자동 방식

아파트와 같이 도중 층으로부터 상승하는 승객이 적은 건물에 적용되며, 상승중에는 호출 신호가 있어도 정지하지 않고, 최고 호출에 응한 후 반전하여 호출 신호에 응한다.

③ 병용 방식

㉮ 카 스위치 단식 자동 병용식

평상시(카 스위치 자동 착상 방식), 한산할 때(단식 자동 방식)

㉯ 카 스위치 승합 전자동 방식

㉰ 시그널 승합 전자동 방식

④ 군관리 방식

이용 상황이 크게 변화하는 곳에 여러 대의 엘리베이터로 상호 유기적으로 운전하는 방식(시그널 군승합 전자동 방식, 출발 신호 붙은 시그널 군승합 전자동 방식, 군승합 자동 방식 등)

(2) 엘리베이터의 설계

1) 엘리베이터의 위치

이용하기 쉬운 주출입구 근처 등에 집중 배치한다.

① 승강장 주위의 설계가 효율적으로 되도록 주형(柱形)은 추 쪽에 두는 것이 좋다.

② 병렬배치는 4대를 한도로 하고, 5대 이상은 알코브(alcove)나 대면배치로 한다.

③ 8대를 초과하는 경우에는 2개 그룹으로 나눈다.

④ 대면배치에서는 홀이 관통 통로가 되지 않도록 주의한다.

2) 엘리베이터의 선택

표 5-3 용도별 엘리베이터의 선택

용 도	적재량[kg]	정원[명]	속도[m/분]	구 동 방 식	운 전 방 식
소규모아파트	400	6	30	교류 1단	카 스위치 자동 착상 방식
중소규모호텔 중 소 병 원	600 900	9 13	45, 60	교류 2단	단식 자동 방식 승합 자동 방식 하강 승합 자동 방식
중 건 물 소형백화점 대 형 병 원	750 900 1,000	11 13 17	45, 60 90, 105	교류 2단 직류 기어드	승합 자동 방식 카 스위치 승합 자동 방식 시그널 승합 자동 방식
대형사무실 건 물	1,000 1,150 1,350	15 17 20	120 150 180~240	직류 기어리스	군관리 전자동 방식
대형백화점	1,350 1,500 1,600	20 23 24	120 150	직류 기어리스	카 스위치 승합 자동 방식 시그널 승합 자동 방식

3) 건축법상 승강 설비 규정

① 승용 승강기의 설치(시행령 제89조)

㉮ 승용 승강기의 설치대상

층수가 6층 이상으로서 연면적 2,000m² 이상인 건축물

[예외] 층수가 6층인 건축물로서 각 층 거실 바닥면적 300m² 이내마다 1개소 이상 직통계단을 설치한 경우

㉯ 승용 승강기의 설치 기준(설비규칙 [별표 1])

건축물의 용도	6층 이상 거실면적의 합계(Am²)		
	3,000m² 이하	3,000m² 초과	공 식
① 문화 및 집회 시설 • 공연장 · 집회장 · 관람장 ② 판매시설 • 도매시장 · 소매시장 · 상점 ③ 의료시설 병원 · 격리병원	2대	2대에 3,000m²를 초과하는 경우에는 그 초과하는 매 2,000m² 이내마다 1대의 비율로 가산한 대수	$2+\frac{A-3,000\,m^2}{2,000\,m^2}$
① 문화 및 집회 시설 전시장, 동 · 식물원 ② 업무시설 ③ 숙박시설 ④ 위락시설	1대	1대에 3,000m²를 초과하는 경우에는 그 초과하는 매 2,000m² 이내마다 1대의 비율로 가산한 대수	$1+\frac{A-3,000\,m^2}{2,000\,m^2}$

건축물의 용도	6층 이상 거실면적의 합계(Am²)		
	3,000m² 이하	3,000m² 초과	공 식
① 공동주택 ② 교육연구시설 ③ 기타 시설	1대	1대에 3,000m²를 초과하는 경우에는 그 초과하는 매 3,000m² 이내마다 1대의 비율로 가산한 대수	$1+\frac{A-3,000m^2}{3,000m^2}$

※ 단, 승용 승강기가 설치되어 있는 6층 이상의 건축물에 1개 층을 증축하는 경우에는 승용 승강기의 승강로를 연장하여 설치하지 않을 수 있다.

[주] 8인승 이상 15인승 이하를 기준으로 산정하며 16인승 이상의 승강기는 2대로 산정한다. 대수 산정시 소수점 이하는 1대로 본다.

② 비상용 승강기의 설치(시행령 제90조)

㉮ 비상용 승강기의 설치 대상

높이 31m를 넘는 건축물

[예외] 승용 승강기를 비상용 승강기의 구조로 한 경우

㉯ 비상용 승강기의 설치 기준

높이 31m를 넘는 각 층의 바닥면적 중 최대 바닥면적(Am²)	설 치 대 수	공 식
1,500m² 이하	1대 이상	
1,500m² 초과	1대+1,500m²를 넘는 3,000m² 이내마다 1대씩 가산	$1+\frac{A-1,500m^2}{3,000m^2}$

[주] 2대 이상의 비상용 승강기를 설치하는 경우에는 화재시 소화에 지장이 없도록 일정한 간격을 두고 설치한다. 대수 산정시 소수점 이하는 1대로 본다.

㉰ 비상용 승강기를 설치하지 않아도 되는 건축물

㉠ 높이 31m를 넘는 각 층을 거실 이외의 용도로 사용할 경우

㉡ 높이 31m를 넘는 각 층의 바닥면적의 합계가 500m² 이하인 건축물

㉢ 높이 31m를 넘는 부분의 층수가 4개층 이하로서 당해 각 층 바닥면적 200m²(500m²)* 이내마다 방화구획을 한 건축물

*( ) 속의 수치는 실내의 벽 및 반자의 마감을 불연재료로 한 경우임.

4) 정원, 설비 대수, 평균 일주 시간을 구하는 방법

① 정원 산출 방법

㉮ 엘리베이터 케이지 바닥면적과 적재 하중과의 관계는 표 5-4에 의한다.

㉯ 승용(乘用) 엘리베이터에서 적재 하중이 정해지면 1인당 하중을 65kg으로 하여 최대 정원을 구한다.(바닥면적은 1인당 약 0.2~0.23m² 정도)

표 5-4 케이지 바닥면적과 적재하중

케이지의 종류		적재량[kg]
승용 엘리베이터	케이지 바닥면적이 $1.5m^2$ 이하의 경우	케이지 바닥면적 $1m^2$에 대해 370으로 한다.
	케이지 바닥면적이 $1.5m^2$를 초과하고 $3.0m^2$ 이하의 경우	케이지 바닥면적 $1.5m^2$를 초과하는 면적에 대해 $1m^2$당 500으로 계산한 수치에 550을 가산한다.
	케이지 바닥면적이 $3.0m^2$를 초과할 경우	케이지 바닥면적이 $3.0m^{22}$를 초과하는 면적에 대해 $1m^2$당 600으로 계산한 수치에 1,300을 가산한다.
승용 이외의 엘리베이터		케이지 바닥면적 $1m^2$에 대해 250으로 계산한 수치

② 설비 대수

이용자가 많다고 생각되는 시간대(時間帶) 5분간의 이용 인원수와 엘리베이터가 5분간에 운반하는 인원수로서 설비 대수가 결정된다.

㉮ 5분간에 운반하는 수송 인원수 P는 케이지 정원과 평균 일주시간에 의하여 계산된다.

$$P = \frac{5 \times 60 \times 0.8 \times \text{케이지 정원}}{\text{평균 일주시간}}$$

㉯ 아침, 저녁의 러시 아워시의 5분간에 이용하는 인원수 M은 건물 인구와 건물의 이용 목적에 의해 정해진다.

$$M = \text{건물 인구} \times 5\text{분간 이용하는 인원수의 비율}$$

표 5-5 5분간 이용하는 인원수의 비율

사무실의 종류	비율
전용 사무실이나 동시 출근이 많은 임대 사무실	1/3~1/4
블록 임대나 플로어 임대 등 임대주 수가 적은 임대 사무실	1/7~1/8
임대주, 회사 수가 많은 임대 사무실	1/9~1/10

㉰ 설비 대수(N)

$$N = \frac{5\text{분간의 이용 인원수}}{5\text{분간에 운반하는 수송 인원수}}$$

③ 평균 일주시간 산출

평균 일주시간 = 승객 출입시간 + 문의 개폐시간 + 주행시간(초)

④ 운전간격과 평균 대기시간

운전간격이란 뱅크 운전중의 엘리베이터 군(群)에서의 각 케이지의 기준층을 출발하는 간격을 말한다. 엘리베이터의 서비스 기준에서 운전간격이 30초까지면 양(良), 40초까지면 가(可), 50초를 초과하면 불가(不可)이며, 승객의 평균 대기시간은 이 운전간격의 1/2로 된다.

$$운전간격 = \frac{평균\ 일주시간}{1뱅크\ 운전중의\ 대수}$$

(3) 엘리베이터의 구조

엘리베이터는 승강기, 승강로, 기계실의 3부분으로 구성되어 있다.

1) 승강기(car, cage)

① 출입문은 미닫이 또는 쌍미닫이의 갑종 방화문으로 한다.

② 승강기 출입구의 너비는 80cm, 높이는 2.1m를 표준으로 한다.

③ 승강기는 2개 이상의 출입구를 두지 말 것.

④ 권상기, 전동기 등은 매승강기마다 설치할 것.

⑤ 정전시나 비상시에 외부와 연락할 수 있게 한다.

⑥ 정전시에도 1룩스 이상의 조도를 유지해야 한다.

⑦ 객용일 때 케이지(cage)의 천장에 폭 0.4m 이상, 면적 0.25m² 이상의 피난구를 설치한다.

⑧ 너비와 깊이의 비는 10 : 7 정도

⑨ 전동문 닫힘 장치는 케이지의 문과 승차장의 문을 리타이어링 캠에 의하여 자동적으로 동시에 개폐한다.

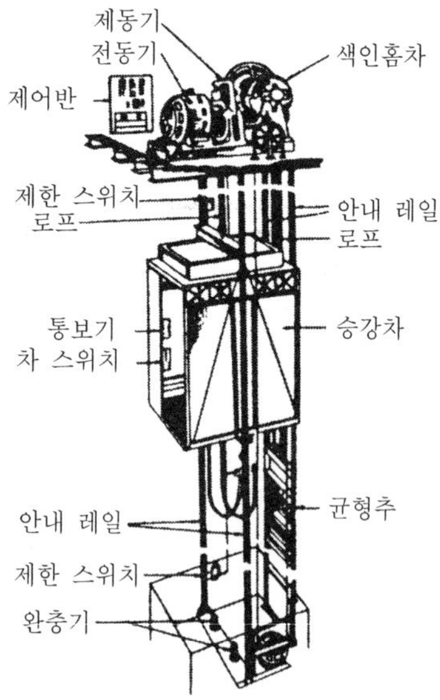

그림 5-1 엘리베이터의 각 부 명칭과 구조

2) 승강로(elevator shaft)

① 승강기의 크기에 따라 규격이 결정되며, 승강로 좌우는 승강기의 40cm씩, 뒤는 균형추가 있어 50cm의 여유를 둔다.

② 매층마다 리밋 스위치(limit switch)를 설치하여 각 층의 위치, 개폐, 중량 초과시 알려 주는 역할을 한다.

③ 로프가 끊어졌을 때를 대비하여 지하 피트에 완충기(buffer)를 설치한다.

④ 궤도(rail)는 균형추의 흔들림을 방지하기 위해서 T자형, 연강재를 2조 설치한다.

3) 기계실

① 권상기(traction machine)

카(car)를 전동기로써 오르내리게 하는 기계인데, 이는 전동기, 제동기(brake), 감속기(reduction gear), 견인구차(sheave : 로프를 감는 도르레), 로프, 평행추로 구성된다.

② 전동기(motor)

㉮ 교류용 : 3상 교류 유도 전동기 사용

㉯ 직류용 : 직류 전동기 사용(90m/min 이상)

$$kW = \frac{L \times V \times F}{6{,}120\eta}\,[\text{kW}]$$

L : 정격 적재 하중[kg]

V : 승강 속도[m/min]

F : 균형추 계수(승용 엘리베이터 0.55, 화물 엘리베이터 0.5)

η : 엘리베이터의 전 효율(0.5~0.8)

③ 제동기(breake)

㉮ 전기적 제동기 : 역회전력을 이용하여 감소시킨다.

㉯ 기계적 제동기 : 전동기의 제동 바퀴를 브레이크로 조인다.

④ 감속기(減速機)

㉮ 기어식 : 웜기어 없이 직류 전동기를 회전하여 감속해서 권상기를 구동한다.

㉯ 기어리스식 : 웜기어 없이 직류 전동기로 권상기를 구동하는 방식이다.

⑤ 견인구차

㉮ 로프를 감는 차바퀴로서 로프(rope)의 마찰력을 크게 하며 미끄럼을 방지하기 위해 V형, U형 홈을 파둔다.

㉯ 바퀴의 직경은 로프에 무리가 가지 않도록 로프 지름의 40~48배가 되도록 한다.

⑥ 로프(rope)

내구성 면에서 안전율을 20 이상 취하고 있다. 엘리베이터 카(car)나 중추는 각각 3개 이상의 도금하지 않은 12mm 이상의 강제(鋼製) 로프를 사용한다.

⑦ 균형추(counter weight, 중추)

㉮ 권상기의 부하를 가볍게 하고자 카의 반대측 로프에 장치한 것.

㉯ 중량=car의 중량+최대 적재량×(0.4~0.6)

⑧ 기계실의 용적

㉮ 바닥 면적=승강로 수평 단면적×(교류 : 2, 직류 : 3~3.5)[m^2]

㉯ 기계실의 천장 높이 : 2m 이상

㉰ 방음, 진동 방지 구조가 필요

⑨ 안전장치

㉮ 조속기 : 규정 속도의 120%가 되면 차단

㉯ 비상정지장치 : 정격속도의 130~140%에 도달하면 차단

㉰ 완충기 : 카와 균형추가 승강로 저부로 낙하할 때 그 충격을 완화시켜 주는 장치

㉱ 스토핑 스위치(슬로우다운 스위치, 종점스위치) : 최상, 최하층에서 카 정지 스위치를 잊은 경우 자동 정지

㉲ 리밋 스위치(제한스위치) : 스토핑 스위치가 작동하지 않을 때, 제2단위 작동으로 주회로를 차단

2. 에스컬레이터(escalator)

건물 내의 교통수단의 하나로서 30°이하의 기울기를 가진 계단식으로 된 컨베이어(conveyor)이다. 에스컬레이터의 정격 속도는 하향 방향의 안전을 고려하여 30m/min 이하로 하여야 한다. 짧은 거리의 다량 수송(수송 능력은 시간당 4,000~8,000인, 엘리베이터는 400~500인)용으로 최근 백화점에서 많이 이용되고 있다.

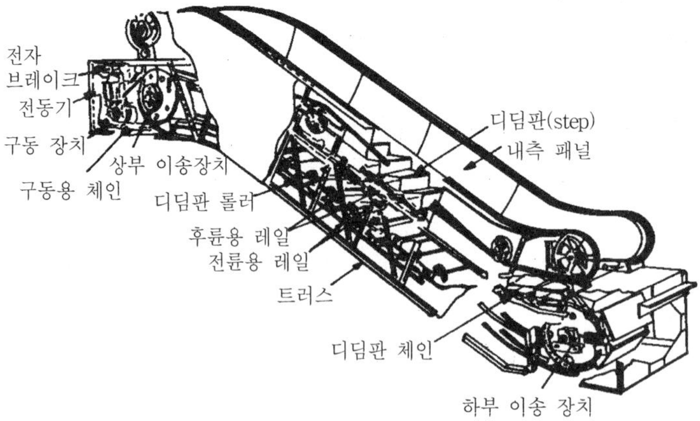

그림 5-2 에스컬레이터의 각부 명칭과 구조

표 5-6 에스컬레이터의 수송 능력

수송 능력[인/h]	형 식[mm]
4,000	600(대인 1명이 설 수 있는 폭)
6,000	900(대인, 어린이 2명이 나란히 서는 폭)
8,000	1,200(대인 2명이 나란히 서는 폭)

(1) 에스컬레이터의 배치

① 에스컬레이터의 하중은 건물의 주요 구조부에 균등하게 지지되도록 한다.

② 건물 내의 교통의 중심에 설치하되 엘리베이터와 현관의 위치를 고려하여 결정한다.

③ 승객의 시야를 막지 않도록 한다.

④ 주행 거리를 짧게 한다.

⑤ 교통이 연속되도록 한다.

(2) 에스컬레이터의 배열

표 5-7 배열 방식과 특징

직렬식 배치	병렬 단속식 배치	병렬 연속식 배치	교차식 배치
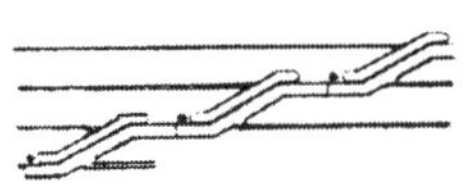	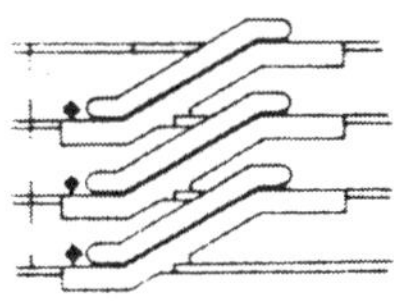	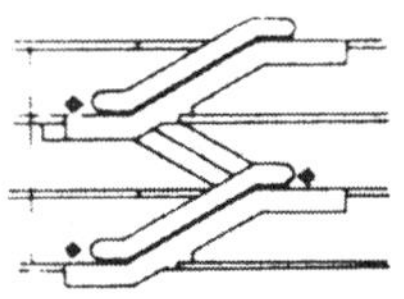	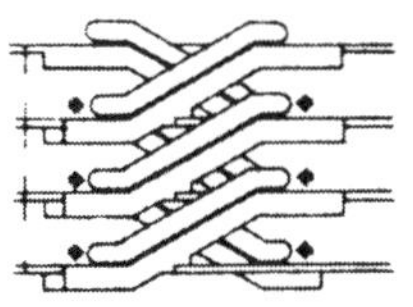
• 승객 시야가 가장 넓다. • 점유 면적이 넓다.	• 승객의 시계가 좋다. • 에스컬레이터의 위치가 돋보인다. • 플로어로부터 플로어로 연속적으로 승강할 수 없고 걸어야 한다. • 손님의 시선이 한 방향으로 한정된다.	• 오르기와 내리기를 연속적으로 할 수 있다. • 에스컬레이터의 위치가 돋보인다. • 시계가 좋다. • 상행·하행 에스컬레이터를 따로 배치할 필요가 있다. • 많은 스페이스를 필요로 한다.	• 연속적으로 승강을 할 수 있다. • 승강의 승강구가 떨어져 있다. • 에스컬레이터의 위치가 돋보이지 않는다. • 에스컬레이터의 측면이 매장의 전망을 나쁘게 한다.

(3) 에스컬레이터의 대수

에스컬레이터의 대수 결정은 밀도율(density ratio)을 구하는 것이 간단하다.

$$\text{density ratio}(R) = \frac{10 \times 2\text{층 이상의 유효 바닥면적}[m^2]}{1\text{시간의 수송 능력}}$$

R의 값은 20~25가 양호하고, 25 이상이면 수송설비가 나쁘다고 판단된다.

(4) 건축법상의 규정

에스컬레이터의 구조는 다음과 같다.

① 사람이나 물건이 에스컬레이터의 각 부분 사이에 끼이거나 부딪히는 일이 없도록 안전한 구조로 하고, 비상시에는 작동을 정지시킬 수 있는 장치를 설치할 것.

② 경사도는 30° 이하로 할 것.

③ 디딤바닥의 양쪽에 난간을 설치하고, 난간 윗부분과 디딤바닥 부분이 같은 속도로 움직일 것.
④ 디딤바닥의 속도는 분당 30m 이하일 것.

3. 덤웨이터(dumb waiter)

사람은 타지 않고 물품만을 승강시키는 장치이다.

(1) 구 조

① 케이지 바닥면적 : $1m^2$ 이하
② 천장 높이 : 1.2m 이하
③ 중량 : 500kg 이하
④ 속도 : 15, 20, 30m/min
⑤ 전동기 용량 : 최대 3HP(용량이 클수록 저속)

(2) 조작 방식

① 복귀 제어식 : 특정 층을 기점으로 하여 카를 보내고, 또한 부를 수 있는 방식.
② 상호층 제어식 : 각 층 상호간에 보내거나 부를 수 있는 방식.

4. 이동 보도

수평에 대하여 경사 10~15°의 범위 내에서 승객을 수평 방향으로 수송하는 장치이다.
① 형식 : 팔레트식 체인(palette chain) 구동형, 벨트식 롤러 베드형(belt roller bed type)
② 속도 : 30, 35, 40m/min
③ 구동 방식 : 교류 1단
④ 수송 능력

형 식[mm]	수 송 능 력[인/h]
800	4,800
900	6,000
1,200	9,000~10,800

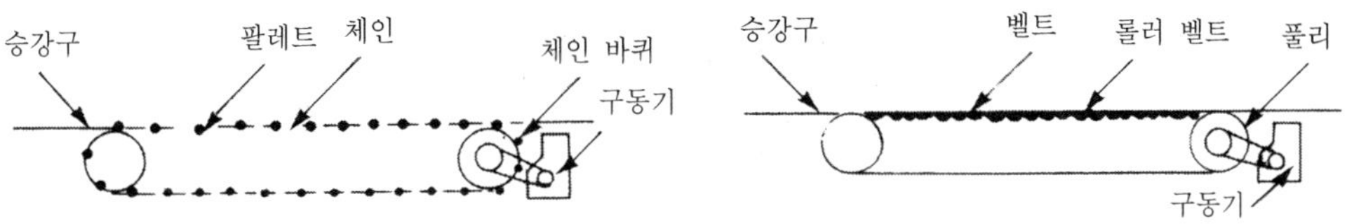

(a) 팔레트식 체인 구동형 (b) 벨트식 롤러 베드형

그림 5-3 이동 보도의 종류

5. Gondora

공동주택의 이삿짐 운반용 lift이며, 설치 대상은 7층 이상 공동주택의 1개 동에 1개 이상이다.

6. 실렉티브 버티컬 컨베이어(selective vertical conveyer)

10kg 이하의 화물 수송에 사용되며, 수송할 층을 골라 연속적으로 수송할 수 있고 화물이 자동적으로 들어내어진다.

7. 기송관(pneumatic tube)

수송하고자 하는 2개 지점을 기송관으로 연결하고 기송자에 수용한 것을 공기의 압력차에 의하여 수송하는 장치이다.

① 속도가 매우 빠르다.
② 은행, 사무실, 병원, 호텔 등의 전표, 서류 운송에 적합하다.
③ 구성 : 송수신 스테이션, 기송관로, 공기원 장치, 제어 장치

익힘문제

1 고속 엘리베이터에 이용되는 것은?

2 승객 자신이 운전하는 엘리베이터로 목적층 단추나 승강장으로부터의 호출 신호로 시동, 정지를 이루는 조작 방식이며 또한 누른 순서에 관계없이 각 호출에 응하여 자동적으로 정지하는 엘리베이터 운전 방식은?

3 엘리베이터에서 케이지문과 승차장문은 무엇을 사용하여 동시에 개폐하게 되는가?

4 엘리베이터에 설치하는 균형추의 중량을 구하는 식은?

5 엘리베이터의 과속에 대한 안전장치의 종류를 들고 설명하라.

6 에스컬레이터 배열(配列) 방식 중 승강객의 구분이 명확하므로 혼잡이 적고 점유면적이 적게 차지하는 형은?

7 에스컬레이터의 정격속도와 경사도는?

8 에스컬레이터의 밀도비(density ratio)는 얼마 정도이어야 양호한가?

9 전동 덤웨이터의 적재량은?

부 록

1. 핵심요약정리
2. 건축설비관련제표

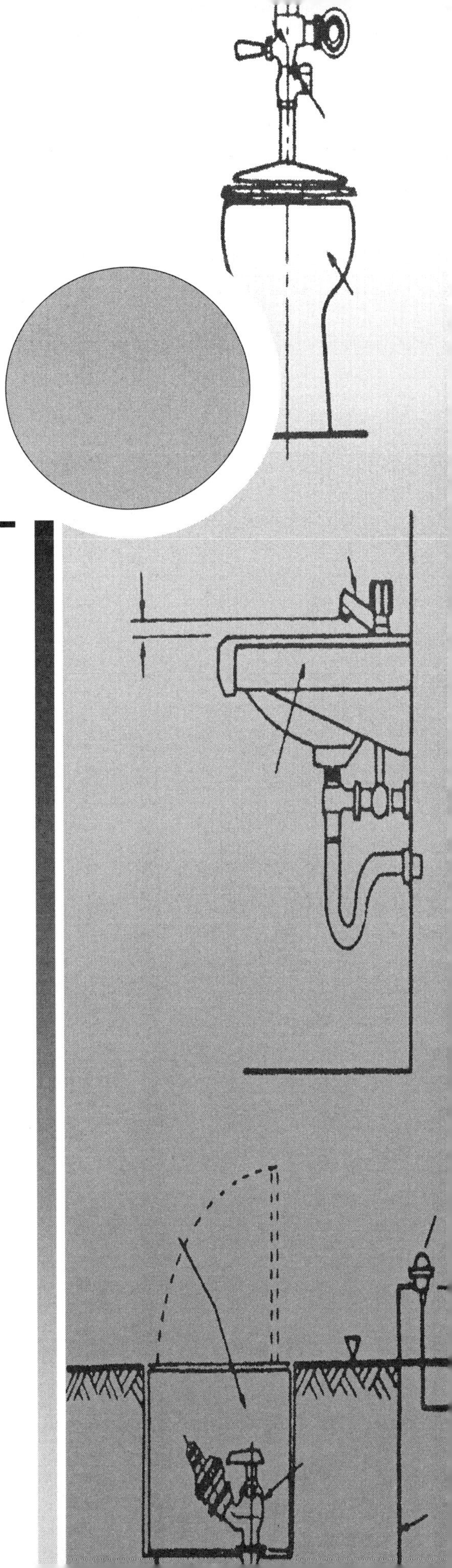

1. 핵심요약정리

제 1 장 위생설비

(1) 정수 과정

침전 → 여과 → 폭기 → 소독

(2) 정수의 3요소, 폭기법

① 정수의 3요소 : 침전, 여과, 멸균(살균 소독)

② 폭기법 : 공기중의 산소와 반응하게 하여 물 속에 분해되어 있는 암모니아, 황화수소, 탄산가스 등의 유독가스와 철의 성분을 제거하는 정수법

(3) 물의 경도

① 연수 : 탄산칼슘 함유량이 90ppm 이하인 물, 세탁, 보일러 급수용으로 적합

② 적수 : 탄산칼슘 함유량이 90~110ppm인 물

③ 경수 : 탄산칼슘 함유량이 110ppm 이상인 물은 보일러 급수용 부적합(∴ 보일러 내에 스케일이 부착되어 보일러 효율을 떨어지고, 수명을 단축시키기 때문)

④ 극연수 : 탄산칼슘 함유량이 0ppm인 순수한 물로 황동관을 부식시키므로 병원에서는 증류수 수송관으로 주석 도금한 황동관을 사용한다.(증류수, 멸균수)

(4) 수압과 압력수두

① 압력수두 10m=1kgf/cm^2=0.1MPa의 압력

압력수두 3kgf/cm^2=0.3MPa의 압력

② 수도직결 급수 방식에서 수도본관의 최소 압력

$$P_o \geq P + P_f + \frac{h}{100}\,[\mathrm{MPa}]$$

P : 수전 or 기구의 필요 압력[MPa]

P_f : 본관에서 기구에 이르는 사이의 저항[MPa]

h : 최상층 기구의 설치 높이[m]

③ 옥상 탱크 방식에서 옥상 탱크의 설치 높이

$H \geq 100(P+P_f)+h$

P : 최상층 기구 소요압에 해당하는 압력수두[MPa]

P_f : 옥상 탱크에서 최상층 기구에 이르는 배관 마찰손실수두[MPa]

h : 지상에서 최고층에 있는 수전까지의 높이

④ 기구별 최저 소요 압력

세정 밸브(flush valve), 자동 밸브, 샤워 : 0.07MPa, 기타 수전 : 0.03MPa

(5) 급수 방식

구 분	특 징	공급 방식
1. 수도직결식	• 물의 오염 가능성이 가장 적다. • 정전시에도 물이 나온다. • 소규모 건물에 쓰인다.	상향식
2. 고가수조식 (옥상 탱크식)	• 급수압이 일정 • 대규모 급수에 적합 • 소화 용수 저장 가능 • 구조체 보강이 필요 • 단수시에도 일정 시간동안 급수 가능 • 물의 오염 가능성이 가장 크다.	하향식
3. 압력 탱크식	• 부분적으로 고압이 필요한 곳에 적합 • 구조물 보강이 불필요 • 건물의 미관이 양호 • 급수압이 일정하지 않다.	상향식
4. 탱크없는 부스터 방식	• 압력 탱크 대신 펌프를 쓰는 급수 방식	상향식

(6) 옥상 탱크 용량, 펌프 양수량, 펌프 흡입 높이

① 옥상 탱크 용량 V=1시간 최대 사용 수량×1~3시간[m^3]

(대규모 급수 설비 : 1시간분, 중소 규모 : 2~3시간분)

(1시간 최대 사용량은 1일 사용량의 10~20%)

② 펌프의 양수량 Q=옥상 탱크 유효 용량×2[m^3/h]

③ 펌프 흡입 높이 : 기압에 비례하고 수온에 반비례한다.

(7) 마찰손실수두

① 관의 길이에 비례, 관경에 반비례한다.

$$H_f = \lambda \cdot \frac{\ell}{d} \cdot \frac{V^2}{2g}$$

H_f : 길이 1m의 직관에 있어서의 마찰손실수두[mAq]

λ : 관마찰계수(강관 0.02)
g : 중력가속도(9.8 m/sec^2)
d : 관의 내경[m]
ℓ : 직관의 길이[m]
v : 관 내 평균 유속[m/s]

(8) 건물 용도별 1인 1일당 급수량 순서

병원	–	Hotel	–	주택	–	Apt	–	office	–	고등학교	–	초중학교	–	극장	–	대중식당
400 ℓ		300 ℓ		200 ℓ		150~100 ℓ		100 ℓ		80 ℓ		40 ℓ		25 ℓ		15 ℓ

(9) 초고층 건물의 급수 배관법[급수설비의 조닝(Zoning)]

① 초고층 건축물에서는 압력의 문제(워터해머링, 소음, 진동 등)를 해결하기 위하여 급수조닝
② 목적 : 초고층 건축물에서 저층부에 지나친 급수압이 걸리는 것 방지하고 적절한 수압을 유지하기 위하여
③ 종류 : 층별식(세퍼레이트 방식), 중계식(부스터 방식), 조압펌프식, 압력탱크식, 감압밸브병용식
④ 급수압의 한도
㉠ 호텔, 아파트, 병원 : 0.3~0.4MPa → 3~4kg/㎠ (30~40mAq)
㉡ 사무소 건물 : 0.4~0.5MPa → 4~5kg/㎠ (40~50mAq)

(10) 기구 급수 부하단위(기구 배수 부하단위)

세면기(F.U. 1)를 기준으로 한다.
① 대변기(8) > 소변기(4) > 세면기(1)
② 배수관 최소 구경 : 대변기–75mm, 소변기–40mm, 세면기–30mm
③ 대변기는 배수 수직관 가까이 배치한다.

(11) 수격 작용(water hammering)

① 수전을 갑자기 열고 닫을 때 생기는 마찰음 현상
② 원인 : 유속이 빠를 때, 관경이 작을 때, 밸브 수전을 급히 잠글 때, 굴곡 개소가 많을 때, 감압밸브를 사용할 때
③ 방지책 : 관 내 유속을 서서히 하고 관경을 크게 한다. 수전 근처에 공기실(air chamber)을 설치하거나 워터 해머(water hammer) 방지기를 부착한다.

(12) 강관 이음쇠

① 배관을 휠 때 : 엘보우(elbow), 벤드(bend)

② 분기관을 뽑을 때 : T(tee), 크로스(cross), Y
③ 직관의 접합 : 소켓, 플랜지, 유니언
④ 구경이 다른 관 접합 : 이경소켓, 이경엘보, 이경티, 부싱, 리듀서
⑤ 배관의 말단부 : 플러그(plug), 캡(cap)

(13) 관의 종류

종 류	특 징	용 도	접합 방법
주철관	· 재질은 값이 싸다. · 부식성이 적고 강도 및 내구성이 특히 우수 · 내압성 · 내식성은 강하다. · 충격 · 인장강도는 약하다.	상수도용 급수관, 오수배수관, 가스 공급관, 통신용 케이블 매설관, 화학 공업용 배관 등	소켓 접합 플랜지 접합 메커니컬 접합 빅토릭 접합
강관	· 연관이나 주철관에 비하여 가볍다. · 인장강도가 가장 크다. · 주철관에 비하여 부식되기 쉽다.	배관 공사에서 가장 많이 사용하는 관	나사 접합 플랜지 접합 용접 접합
연관	· 가장 오래 전부터 사용되고 있는 급수관 · 관이 유연하여 시공이 용이하다. · 내식성이 뛰어난 성질이 있으나 · 가격이 비싸고 외력에 파손되기 쉽다.	굴곡이 많은 수도 인입관, 기구 배수관, 가스 배관, 화학 공업 배관 등	플라스턴 접합 땜납 접합
동관	· 배관 시공이 용이하다. · 내식성이 높아 부식이 적다.	전기 및 열전도율이 좋아 전기 재료, 열교환기, 급수관	납땜 접합 플레어 접합 용접 접합 경납땜
황동관	· 동 · 황금관으로 내외면에 주석 도금을 한 것	병원의 증류수, 멸균수 등의 극연수 수송관	동관의 접합 방법과 동일
경질비닐관 (PVC관)	· 내면이 평활해 마찰손실이 적다. · 열팽창률이 크다. · 가볍고 부식성이 적다.	급탕관 · 증기관으로는 부적당	냉간 공법 열간 공법
콘크리트관	· 내식성이 강하다. · 콘크리트 제품으로 가격이 싸다.	해수수송관, 배수관, 모래운반관	칼라 조인트 기볼트 조인트 심플렉스 조인트 모르타르 조인트

(14) 관의 도시기호

① 배수관 : ————————
② 급수관 : — · — · — · —
③ 통기관 : - - - - - -
④ 급탕관 : —|—|—|—
⑤ 반탕관 : —‖—‖—
⑥ 소화수관 : —X—X—X—
⑦ 가스 공급관 : —G—G—G—
⑧ 플랜지 : ———‖———
⑨ 유니온 : ——|‖|——

(15) 색채에 의한 배관 식별

① 공기－백색 ② 가스－황색
③ 증기－진한 적색 ④ 물－청색
⑤ 기름－진한 황적색 ⑥ 산·알칼리－회자색
⑦ 전기－엷은 황적색

(16) 밸브의 종류

종 류	특 징	도 시 기 호
슬루스 밸브 (게이트 밸브)	마찰저항(마찰상당관장)이 가장 작다.	
글로브 밸브 (스톱 밸브, 구형 밸브)	마찰저항(마찰상당관장)이 가장 크다.	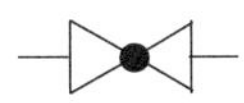
콕	90°회전하여 완전히 열거나 닫는 구조	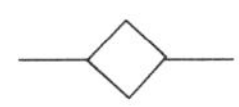
역지 밸브 (check valve)	유체의 흐름을 한쪽 방향으로 할 때 쓰임 리프트형(수평배관), 스윙형(수평, 수직배관)이 있다.	
앵글 밸브 (angle valve)	글러브 밸브의 일종으로 유체의 입구와 출구가 이루는 각이 90°이다.	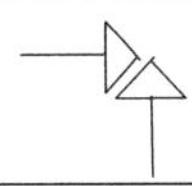

(17) 펌프의 종류

구 분	특 성	종 류
1. 왕복(동) 펌프	• 수량 조절이 어렵다. • 양수량이 적다. • 저양정, 고압수에 쓰인다.	• 피스톤 펌프 : 공장 급수용 • 플런저 펌프 : 고압용 • 워싱턴 펌프 : 보일러 급수용
2. 원심(와권)펌프	• 양수량 조절 용이하다. • 양수량이 많다. • 고양정에 쓰인다. • 진동이 적다.	• 벌류트 펌프 : 양정 20m 이하 • 터빈 펌프 : 양정 20m 이상 • 보어홀 펌프 : 100m 이상이 되는 깊은 우물물 양수용
3. 특수 펌프		• 기어 펌프 : 점성이 강한 기름, 윤활유 반송용 • 논클로그 : 고형물을 배제하는 배수 펌프

(18) 펌프 소요 동력

① 전양정=흡입양정+토출양정+관 내 마찰손실수두
② 실양정=흡입양정+토출양정
③ 펌프의 구경, 축동력, 축마력

펌프 구경 $d=1.13\sqrt{\frac{Q}{V}}$ Q : 양수량[m³/S], V : 유속[m/s]

펌프 축동력$=\frac{WQH}{6,120E}$ [kW]

펌프 축마력$=\frac{WQH}{4,500E}$ [ps]

Q : 양수량[m³/min], H : 전양정[m], E : 효율[%], W : 물의 단위중량[1,000kgf/m³]

(19) 원심 펌프의 양수량

$$Q=\frac{\pi}{4}vd^2$$

Q : 양수량[m³/min]

v : 펌프의 관 속을 흐르는 유체의 속도[m/sec]

d : 펌프의 구경 $d=\sqrt{\frac{4Q}{v\pi}}=1.13\sqrt{\frac{Q}{v}}$

(20) 왕복동 펌프 양수량

Q : A. L. N. Ev[m³/min]

A : 피스톤 또는 플런저의 유효 단면적[m³]

L : 피스톤 또는 플런저의 스트로크(왕복거리)[m]

N : 매분당 스트로크수(크랭크의 회전수)

Ev : 용적 효율[%]

(21) 급탕 온도

① 60~70℃를 표준으로 한다.

② 가장 높은 급탕 온도 : 접시 씻기용-80℃

③ 세면기 : 38~43℃

④ 음료용 : 50~55℃

(22) 기수혼합식 급탕장치

① 보일러에서 생긴 증기를 급탕용의 물 속에 직접 불어 넣어 온수를 얻는 방법

② 열효율 : 100%

③ 용도 : 병원, 공장 등 대규모 급탕용

④ 소음을 줄이는 기구 : 스팀 사일런서(steam silencer)

(23) 급탕 배관

① 단관식 : 소규모 건물용, 복관식 : 대규모 건물용

② 순환식(복관식, 2관식) 배관을 하는 이유-온수의 분배를 균등하게 하기 위해

(즉시 뜨거운 물이 나오도록 하기 위해)

③ 급탕관의 관경은 급수관과 반탕관보다 큰 치수(최소 : 25A 이상)로 한다.
(∵ 온도 상승으로 인한 물의 부피 증가 때문)

(24) 중앙식 급탕법에서 직접 가열식과 간접 가열식의 비교

구 분	직접 가열식	간접 가열식
보일러	급탕용 보일러, 난방용 보일러 각각 설치	난방용 보일러로 급탕까지 가능
보일러 내의 스케일	많이 낀다.	거의 끼지 않는다.
보일러 내의 압력	고압	저압
규 모	소규모 건물	대규모 건물
저탕조 내의 가열 코일	불필요	필요

(25) 팽창 탱크

① 온수의 팽창에 대비한 여유 공간을 제공하는 역할

② 설치 높이 : 급탕－최고층 급탕전보다 5m 이상 높은 곳
난방－배관 최고부에서 1m 이상 높은 곳

(26) 수평배관의 구배

① 모든 수평배관은 반드시 일정 구배(기울기)를 두어야 한다.

② 고온의 유체를 수송하는 관은 선상향 구배로 한다.

③ 급탕 배관 : 중력순환식－1/150, 강제순환식－1/200

④ 배수관 표준구배 : 1/50～1/100

⑤ 온수난방배관, 증기관의 구배 : 1/200

⑥ 가스 수평주관 : 1/100～1/200의 선하향 구배

(27) 신축 이음(expansion joint)

① 목적 : 온도에 의한 관의 신축을 흡수하기 위하여

② 설치 간격 : 동관－20m, 강관, 직선 배관－30m

종 류	특 징	용 도
스위블 조인트 (swivel joint)	· 2개 이상의 elbows를 사용하여 나사회전을 이용해서 신축을 흡수 · 너무 큰 신축에는 파손되어 누수의 원인이 되는 결점	방열기 주위 배관용
신축곡관 (expansion loop)	· 신축곡관은 고장이 적고 고압 옥외 배관에 적합 · 신축을 흡수하는 1개의 길이가 긴 것이 결점이다.	대구경, 고압배관

종 류	특 징	용 도
슬리브형 (sleeve type)	· 온도의 변화에 따라 생기는 관의 신축을 슬리브의 미끄럼에 의해서 흡수 · 저압 증기배관 및 온수배관의 신축이음쇠로서 널리 사용	소구경용
벨로우즈형 (bellows type)	· 온도의 변화에 따른 관의 신축을 벨로스의 변형에 의해 흡수	소구경용

(28) 트랩(trap)

① 배수 트랩과 방열기 트랩이 있다.

② 배수 트랩의 설치 목적 : 배수관으로부터 악취 또는 벌레가 올라오는 것을 방지

③ 방열기 트랩 설치 목적 : 증기 방열기 출구에 설치하여 완전한 응축수만을 보일러로 보내기 위한 장치

④ 배수트랩의 종류

㉮ S-trap : 대변기, 소변기, 세면기 등

㉯ P-trap : 일반적으로 가장 널리 쓰이는 트랩

㉰ U-trap : 가옥 배수 횡주관 말단에 설치, 공공 하수도관으로부터 악취 유입 방지, 「가옥 트랩」, 「메인 트랩」이라고도 함.

㉱ 벨 트랩(bell trap) : 바닥 배수용 트랩

㉲ 드럼 트랩(drum trap) : 욕조, 싱크 등의 물 사용량이 많은 곳

⑤ 방열기 트랩의 종류

증기 트랩, 열동 트랩, 실로폰 트랩, 버킷 트랩, 플로트 트랩, 벨로스 트랩 등

(29) 특수 용도의 배수용 트랩(저집기)

① 그리스 트랩－호텔 주방의 바닥 배수용

② 헤어 트랩－이용소, 미용소

③ 플라스터 저집기－치과 기공실, 정형외과 기브스실

④ 가솔린(차고) 저집기－세차장, 차고

(30) 트랩의 봉수 파괴 원인과 방지책

① 자기사이펀 작용 : 배수가 관 속을 꽉차서 흐를 때

② 흡출 작용 : 상층의 배수 입관에 다량의 물이 일시에 낙하할 때

③ 분출 작용 : 대규모 배수 설비에서 배수관의 하저곡부 가까이에 설치되어 있는 경우(피스톤 작용)

④ 모세관 작용 : 트랩 내에 실이나 머리카락이 들어갈 때

⑤ 증발 : 위생기구의 사용빈도가 적을 때, 기름을 한 방울 떨어뜨리면 방지된다.

(31) 통기관

설치 목적

① 트랩의 봉수 보호

② 배수관 내의 배수 흐름 원활

③ 배수관 내의 환기 역할

④ 배수관 내의 기압을 일정하게 유지

종 류	특 기 사 항	관 경
각개통기관	• 가장 이상적인 방법	32mm 이상
루프(회로, 환상)	• 기구 8개 이내 • 통기 수직관에서 7.5m 이내	40mm 이상
도피통기관	• 최하류 기구 바로 앞에 설치	40mm 이상
결합통기관	• 배수 수직관과 통기 수직관 연결 • 5층마다	50mm 이상
신정통기관	• 배수 수직관의 상부에 설치 • 옥상에 개구	75mm 이상 (일반적으로 100mm 이상)
습윤(습식)통기관	• 최상류 기구에 설치 • 배수관+통기관 역할	

(32) 청소구 설치 위치

찌꺼기가 쌓일 수 있는 곳

① 가옥 배수관과 부지 하수관이 접속하는 곳

② 배수 수직관의 최하단부

③ 수평지관의 상단부

④ 배관이 45° 이상의 각도로 구부러진 곳

⑤ 각종 트랩 및 기타 배관상 특히 필요한 곳

⑥ 수평관 : 관경 100mm 이하－직선거리 15m 이내마다
관경 100mm 이상－직선거리 30m 이내마다

(33) 배관시험

① 수압시험 : 0.03MPa에 해당하는 압력으로 30분간 이상 유지

② 기압시험 : 0.035MPa 될 때까지의 압력으로 15분간 이상 유지

③ 기밀시험 : 최종시험(연기시험, 박하시험)

(34) 대변기 세정 급수 장치

종류 : 세출식, 세락식, 사이펀식, 사이펀 제트식, 취출식, 절수식 등

구 분	급수관(세정관)의 관경	특 징
하이 탱크식(시스턴식)	15A (32A)	• 1.9m 높이 물 탱크 • 소음 크지만 물 사용량 적다.
로우 탱크식(시스턴식)	15A (50A)	• 많은 면적을 차지한다. • 소음 적지만 물 사용량 많다.
세정 밸브식 (플러시 밸브식)	25A 이상	• 한번 핸들을 돌리면 급수 압력으로 일정량의 물이 나온 다음 자동으로 잠긴다.
기압 탱크식	15A	

(35) BOD 제거율

① 오수 정화 설비의 성능을 나타내는 지표

② $\text{BOD 제거율} = \dfrac{\text{유입수 BOD} - \text{유출수 BOD}}{\text{유입수 BOD}} \times 100[\%]$

③ BOD 제거율이 높을수록 고성능 정화조이다.

④ BOD(Biochemical Oxygen Demand) : 생물화학적 산소요구량

(36) 오물 정화 순서

(오수 유입) → 부패조 → 여과조 → 산화조 → 소독조 → (방류)

(37) 오물 정화 설비

① 제1 부패조 : 제2 부패조 : 여과조의 체적비는 4 : 2 : 1 또는 4 : 2 : 2

② 부패조에서는 혐기성균, 산화조에서는 호기성균이 분해

③ 부패조 유효 용량 : 2일분(48시간) 이상

④ 산화조 쇄석층 두께 : 0.9~2m

⑤ 쇄석층 위아래에 두는 여유 공간 높이 : 10cm 이상

⑥ 산화조 밑면 구배 : 소독조를 향하여 1/100의 내림구배

⑦ 오수 정화 시설 설치 대상 : 연면적 1,600m^2 이상 건물

(38) 부패조 용량

① 산정 기준 : 처리 대상 인원

② 산화조(V')는 부패조(V)의 1/2로 한다.

처리 대상 인원	부패조 용량
5인 이하	V=1.5m^3
5인 500인	V=1.5+0.1(n−5)m^3
500인 이상	V=51+0.075(n−500)m^3

(39) 화재의 종류

① 일반화재(A급 화재) : 백색

② 기름화재(B급 화재) : 황색

③ 전기화재(C급 화재) : 청색

④ 금속화재(D급 화재)

(40) 소화 설비의 방수 압력, 방수량, 수원 수량

구분	옥내 소화전	옥외 소화전	스프링클러	연결 송수관
설치 위치	각층 수평거리 25m 이내	40m 이내	10m^2/head	반경 50m 이내
방수 압력	0.17MPa 이상	0.25MPa 이상	0.1MPa 이상	0.35MPa 이상
표준 방수량	130ℓ/min 이상	350ℓ/min	80ℓ/min	450ℓ/min 이상
수원의 수량	2.6m^3×N(동시개구수)	7m^3×N	헤드 10개×20분 방수량	

(41) 드렌처(drencher) 설비

① 창, 외벽, 지붕 등에 설치하여 인접 건물의 화재시 수막을 형성하여 연소를 방지하는 방화 설비

② 설치 간격 : 수평 2.5m 이하, 수직 4m 이하마다 1개씩 설치

③ 방수 압력 : 0.1MPa 이상

④ 헤드 1개의 방수량 : 80ℓ/min 이상

(42) 사이어미즈 커넥션(연결 송수관)

① 소방차의 급수 호스와 연결하여 사용하는 소화 설비

② 송수구, 방수구 : 65mm

③ 수직주관의 관경 : 100mm 이상

④ 방수구 : 유효 반경 50m 이내

(43) 비상 콘센트 설비

① 초고층 건물에 화재 발생시 배연과 조명 전원을 공급하기 위한 설비

② 설치 : 11층 이상의 층에 각 층의 각 부분으로부터 수평거리 50m 이내

③ 높이 : 바닥면에서 0.8~1.5m
④ 1회선에 접속되는 콘센트 수 : 10개 이하

(44) 자동 화재 경보설비

① 차동식 분포형 감지기 : 천장에 배관된 파이프 내의 공기가 팽창하여 감압실의 접점을 동작하는 형식
② 정온식 스폿형 감지기 : 보일러실, 주방 등 다량의 열을 취급 장소에 적합하다.
바이메탈의 원리 이용(금속 팽창식). 일정 온도 상승율 이상일 때 작동
③ 보상식 감지기 : 차동식+정온식, 주위의 온도 변화에 따라 감도가 변화
④ 연기감지기 : 무대와 같이 천장이 높은 곳에 적합
⑤ 전기 화재경보기 : 누전을 자동으로 알려주는 경보기

(45) LPG와 도시가스

구 분	유량 표시	무 게	가스경보기 설치위치
도시가스	m^2/h	공기보다 가볍다.	천장에서 30cm 아래
LPG(액화석유가스)	kg/h	공기보다 무겁다.	바닥에서 30cm 높이

※ LPG 성질

① 공기보다 무겁다. ② 무색, 무미, 무취 ③ 액화되면 체적 1/250로 줄어든다. ④ 발열량이 높다.

(46) 도시가스 배관법

① 배관 굴곡부에는 90°엘보 사용한다.
② 횡주관은 반드시 1/100~1/200의 선하향 구배로 한다.
③ 2″이하는 가스관, 3″이상은 주철관
④ 가스미터기와 전기 개폐기 또는 전기 미터기와는 60cm 이상 떨어질 것

(47) 액화석유가스(LPG) 봄베의 보관

① 온도 : 40℃ 이하
② 옥외에 두고 2m 이내에는 화기의 접근을 금할 것
③ 직사광선 피하고 통풍이 잘 되게 할 것

제 2 장 공기조화설비

(1) 보일러 능력 표시법

보일러 마력, 상당 방열 면적, 화상 면적, 전열 면적, 연소율, 유효 열량, 증발량 등

① 보일러 마력=1시간에 100℃의 물 15.65kg을 전부 증기로 증발시킬 수 있는 능력
=15.65[kg/h]×2,257[kJ/kg]=35,322[kJ/h]=9.8kW

② 상당 방열 면적(E.D.R.)$=\dfrac{\text{총 손실열량}}{\text{표준 방열량}}$[m²]

③ 방열기 절수$=\dfrac{\text{상당 방열 면적(소요 방열 면적)}}{\text{방열기 1절의 면적}}$[절] (방열기 1대당 보통 15, 20절 정도로 한다.)

④ 표준 방열량 : 증기－0.756kW/m², 온수－0.523kW/m²

(2) 보일러 출력

① 정격 출력=난방부하+급탕부하+배관 손실+예열부하

② 상용 출력=난방부하+급탕부하+배관 손실

③ 방열기 용량=난방부하+급탕부하

(3) 난방도일

① 실내의 평균 온도와 외기 평균 기온과의 차(℃)에 일수(days)를 곱한 값

② 어느 지방의 추위 정도와 연료 소비량의 추정이 가능

③ 각 지역마다 값이 다르다.

④ 추운 정도의 지표

⑤ 단위 : ℃·day

(4) 방열기

① 외기에 의한 열손실이 가장 큰 곳인 창문 아래에 설치하고, 벽과는 5~6cm 정도 띄운다.

② 길드 방열기 : 방열 면적을 증가시키기 위해 열전도율이 좋은 금속핀을 여러 개 끼운 방열기

③ 대류 방열기 : 공기가 밑에서 유입되며, 가열되면 상부 개구부로 유출되어 자연 대류되는 방열기

④ 관 방열기 : 고압용으로 관 표면적이 방열 면적이 되는 방열기

⑤ 주형 방열기 : 기둥 모양의 방열기 조각(절)이 조립된 흔히 볼 수 있는 방열기 2주형, 3주형, 3세주형, 5세주형이 같다.

(5) 증기난방에 쓰이는 특수 이음

① 하트퍼드 접속법(hartford connection)

보일러 내의 안전 수위를 유지하고, 빈 불때기를 방지하기 위해, 밸런스관을 부착하여 응축수를 보일러의 안전 수위면 이상에서 공급하는 접속법

② 리프트 이음(lift fitting)

진공환수식 증기 난방에서 부득이 방열기보다 높은 곳에 환수관을 배관할 경우 필요한 이음

(6) 증기난방의 응축수 환수 방식

구 분	특 징
중력환수식	방열기 설치 위치에 제한(방열기를 보일러보다 높게)
진공환수식	진공 펌프를 쓰는 방식으로 응축수 및 증기의 순환이 가장 빠른 방식
기계환수식	환수관 보일러와 사이에 순환 펌프 설치(보일러 바로 전에 설치)

(7) 증기난방과 온수난방의 비교

구 분	증 기	온 수
표준 방열량	0.756kW/m^2	0.523kW/m^2
방열기 면적	작다	크다
이용열	잠열	현열
예열 시간	짧다	길다
관경	작다	크다
설치 유지비	싸다	비싸다
쾌감도	작다	크다
온도 조절(방열량 조절)	어렵다	쉽다
열매 온도	102℃ 증기	85~90℃(보통 온수) 100~150℃(고 온수)
고유 설비	방열기 트랩 (증기 트랩, 열동 트랩)	팽창 탱크 개방식-보통 온수 밀폐식-고 온수
공통 설비	공기빼기 밸브, 방열기 밸브	

(8) 난방 방식의 비교

① 예열 시간 : 온풍(짧다) < 증기 < 온수 < 복사(길다)

② 방열량 조절 : 온풍(쉽다) > 온수 > 증기 > 복사(어렵다)

③ 쾌감도 : 온풍 < 증기 < 온수 < 복사(가장 우수)

④ 설치비 : 온풍(작다) < 증기 < 온수 < 복사(많다)

(9) 난방 설비의 기본 사항

① 실내 평균 온도 측정

㉮ 바닥에서 1.5m 높이, 외벽에서 1m 떨어진 곳에서 측정

㉯ 천장 높이 3m 이상인 경우 : $0.05t(h-3)+t$ h : 천장 높이[m] t : 1.5m 높이에서의 온도[℃]

② 리턴 콕(return cock) : 온수의 유량을 조절하는 밸브로 주로 온수 방열기의 환수 밸브로 사용

③ 냉각 다리(cooling leg)

㉮ 완전한 응축수를 트랩에 보내는 역할

㉯ 보온피복을 할 필요없다.

㉰ 길이는 1.5m 이상

㉱ 관경은 증기주관보다 한 치수 작게 한다.

④ 방열기 주위 배관에 쓰이는 신축 이음 : 스위블 이음(swivel joint)

⑤ 응축수 환수 펌프 설치 위치 : 환수관과 보일러 사이에 설치하는데 보일러 바로 전에 둔다.

⑥ 증기 헤더(steam header) : 증기를 각 계통별로 송기하기 위한 장치

⑦ 인젝터(injector) : 증기 보일러의 급수장치

⑧ 보일러 급수용 펌프 : 워싱턴형 펌프 또는 터빈 펌프 사용

⑨ 보일러실 조건

㉮ 내화 구조

㉯ 천장 높이 : 보일러 상부에서 1.2m 이상

㉰ 보일러의 벽에서 벽까지 0.45m 이상

㉱ 난방부하의 중심에 둔다.

⑩ 직접 난방 : 증기, 온수, 복사난방 간접 난방 : 온풍난방

(10) 태양열 난방의 구성 요소

집열판(부), 축열조(부), 순환 펌프, 보조 보일러, 제어장치

(11) 현열과 잠열

① 현열 : 온도 변화에 따라 출입하는 열－온수난방에 이용

② 잠열 : 상태 변화에 따라 출입하는 열－증기난방에 이용

③ 물의 증발 잠열 : 2,257kJ/kg

④ 현열비(SHF)= $\dfrac{\text{현열부하}}{\text{현열부하} + \text{잠열부하}}$

⑤ By-Pass Factor(BF)

냉각 또는 가열 코일과 접촉하지 않고 그대로 통과하는 공기의 비율

(12) 습공기 선도

① 습공기 선도를 구성하는 요소들 : 건구온도, 습구온도, 노점온도, 절대습도, 상대습도, 수증기 분압, 비용적, 엔탈피, 현열비 등

② 습공기 선도를 구성하는 있는 요소들 중 2가지만 알면 나머지 모든 요소들을 알아낼 수 있다.

③ 공기 냉각 가열하여도 절대습도는 변하지 않는다.

④ 공기를 냉각하면 상대습도는 높아지고 공기를 가열하면 상대습도는 낮아진다.

⑤ 습구온도와 건구온도가 같다는 것은 상대습도가 100%인 포화공기임을 뜻한다.

⑥ 습구온도가 건구온도보다 높을 수는 없다.

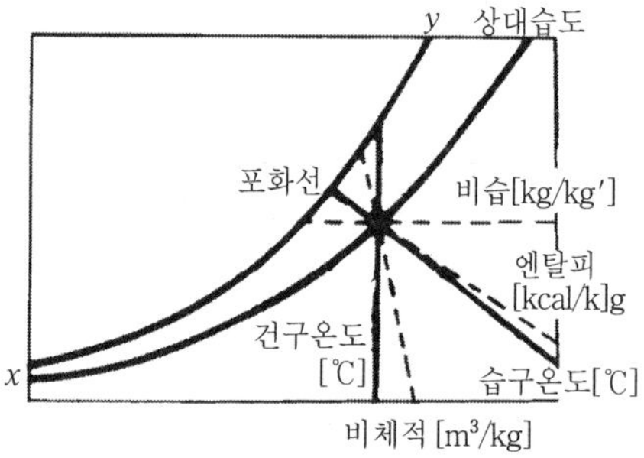

(13) 난방부하

① 구조체를 통한 열손실(H_1)

$$H_1 = KA(t_i - t_0)[W]$$

K : 열관류율[W/㎡ · K]
A : 구조체의 면적[m²]
ti-to : 실내외 온도차[℃]

② 환기에 의한 열손실(H_2)

$$H_2 = 0.34Q(t_i - t_o) = 0.34nV(t_i - t_o)[W]$$

0.34 : 공기의 정적 비열[W · h/m³ · K]
Q : 환기량[㎥/h]
n : 환기회수[회/h]
V : 실용적[m³]

③ 실내 발생 열량(H_3)

∴ 방의 전손실 열량(H)=H_1+H_2+H_3

(14) 기계환기 방식

구 분	설 치 방 법	용 도
제1종 환기(병용식)	강제송풍+강제배풍	병원 수술실, 거실, 지하극장, 변전실
제2종 환기(압입식)	강제송풍+자연배풍	무균실, 반도체 공장, 식당, 창고
제3종 환기(흡출식)	자연송풍+강제배풍	화장실, 욕실, 주방, 흡연실, 자동차 차고

(15) 공조 방식의 종류 및 특성

① 열매의 종류에 따라 공기식, 물공기식, 물식, 냉매식으로 분류한다.

② 공기식 : 단일 덕트 방식, 이중 덕트 방식, 멀티존 유닛 방식이 있으며, 다른 방식에 비해 덕트 공간과 반송동력이 크게 소요되는 단점이 있다. 주로 사무소 건물이나 대형 공간의 공조 방식으로 쓰인다.

③ 물 방식 : 팬 코일 유닛 방식이 있으며, 주택, 호텔, 병원 등과 같이 작은 실이 여러 개로 구획되어 있는 곳에 많이 쓰인다. 덕트(환기용) 공간이 매우 작고, 각 실에서 조정이 용이한 장점이 있는 반면, 다수의 유닛이 분산 설치되므로 보수 관리가 곤란한 단점이 있다.

④ 에너지 다소비형 공조 방식 : 이중 덕트 방식, 멀티존 유닛 방식, 터미널 리히팅 방식 (1대의 공조기로 냉난방을 동시에 할 수 있는 공조방

⑤ 에너지 절약형 공조 방식 : 변풍량(VAV) 방식, 외기 냉방 방식, 전열 교환기 설치, 히트 펌프 시스템 등

(16) 공기 조화 설비 기본 사항

① 사람의 온열 감각에 영향을 미치는 4요소
기온, 습도, 기류, 복사열(주변 온도)

② 냉난방시 적당한 온습도 조건
㉮ 여름 : 25~27℃, 50~55%
㉯ 겨울 : 20~22℃, 50~55%

③ 볼륨 댐퍼(volumn damper) : 덕트 내의 풍량 조절 부속품(단익, 다익, 스플릿, 슬라이드, 클로스 댐퍼)

④ 스플릿 댐퍼(split damper) : 덕트 분기점에서 풍량 조절

⑤ 방화 댐퍼(fire damper) : 화재 발생시 덕트를 차단하는 장치

⑥ 가이드 베인(guide vane) ; 곡부의 내측에 조밀하게 붙여 기류를 안정시키는 장치

⑦ 공조부하 : 구조체를 통한 열획득(현열), 환기에 의한 열획득(현열, 잠열), 일사에 의한 열획득(현열), 내부 발생열, 인체 발생열(현열, 잠열), 조명 발생열(현열), 기기 발생열(현열, 잠열)

⑧ 냉방부하를 계산할 때 현열과 잠열을 동시에 계산해 주어야 할 부하 요소

㉮ 극간풍에 의한 취득 열량

㉯ 인체의 발생 열량

㉰ 기구로부터의 발생 열량

㉱ 외기의 도입으로 인한 취득 열량

(17) 냉동기의 구성 요소

구 분	구성 요소
압축식 냉동기	압축기－응축기－팽창 밸브－증발기
흡수식 냉동기	증발기－흡수기－발생기－응축기

※ 냉동기의 종류 : 압축식(왕복식, 회전식, 터보식), 흡수식 냉동기

※ 흡수식 특징 : 소음 진동이 적고, 전기요금이 싸다.

(18) 냉동톤

냉동톤 : 1냉동톤(RT)이란 0℃물 1ton(1,000kg)을 24시간 동안 얼음으로 만드는 능력

$$1RT = \frac{1{,}000kg \times 79.7kcal/kg}{24h} = 3{,}320kcal/h = 3{,}860W = 3.86kW$$

㉠ 미국식 : 3,516W(3,024kcal/h) ㉡ 일본식 : 3,860W(3,320kcal/h) ㉢ 영국식 : 4,186W(3,600kcal/h)

(19) 냉각탑 용량

① 냉각 열량

㉮ 압축식 냉동기에 대한 냉각탑 용량 : 냉동 열량의 1.2~1.3배

㉯ 흡수식 냉동기에 대한 냉각탑 용량 : 냉동 열량의 2.5배

② 보급 수량 : 순환수량의 2~3배

제3장 전기설비

(1) 전압 구분

구 분	교 류	직 류
저 압	600V 이하	750V 이하
고 압	600~7,000V	750~7,000V
특 고 압	7,000V 초과	7,000V 초과

(2) 간선의 배선 방식

구 분	개 요	용 도
수지상식	1개의 전선이 각각의 분전반을 거치는 것 전동기가 넓은 곳에 분산되어 있을 때 배선하는 것	소규모 건물
평행식	큰 용량의 부하 또는 분산되어 있는 부하에 대하여 단독회선으로 배선하는 것	대규모 건물
병용식	평행식과 수지상식을 병용한 것	가장 많이 사용

(3) 분전반

① 용량 : 20회선 이상마다 1개의 분기회로 용량은 200A

② 분전회로의 길이 : 30m 이하

③ 분기 개폐기 수 : 예비회로(처음 사용 회로의 30%)를 포함하여 40회로

(4) 간선의 설계 순서

① 부하 용량 산정

② 전기 방식과 배선 방식 결정

③ 배선 방법 결정

④ 전선의 굵기 결정

(5) 접지 공사

구분	접지 대상	접지 저항치	접지선 굵기
1종 접지	피뢰기, 고압기기수의 함	10Ω 이하	2.6mm 이상
2종 접지	변압기의 2차측 전로	150/1Ω	2.6~4.0mm 이상
3종 접지	분전반, 금속관 공사의 금속체	100Ω 이하	1.6mm 이상

(6) 형광등의 장점(백열등에 비해)

① 효율이 높다.
② 임의의 광색을 얻을 수 있다.
③ 휘도가 낮아 눈부심이 없다.
④ 열이 별로 나지 않는다.
⑤ 수명이 길다.(약 7,000시간)
  ㉮ 형광등 점등 방식 : 예열 시동형, 순간(즉시) 시동형, 순시(속시) 시동형
  ㉯ 주위 온도가 20℃일 때 가장 밝다.

(7) 수은등

① 광색은 청백색
② 수명이 가장 길다.(10,000시간)
③ 저압 수은은 살균용으로 쓰인다.
④ 고압 수은등은 공장, 가로등, 청사진 인화용으로 쓰인다.
⑤ 초고압 수은등은 영화 촬영, 영사등에 쓰인다.

(8) 전등의 특성

① 효율이 가장 좋은 전등－나트륨등(80～150lm/W)
② 수명이 가장 긴 전등－수은등(10,000시간)
③ 연색성이 우수한 전등－백열전구, 주광색 형광등, 메탈 할라이트
④ 황색광으로 도로 터널 조명등으로 쓰이는 높은 투과율을 지닌 전등－나트륨등
⑤ 저휘도이며, 광색 조절이 용이하고, 열방사가 적으며, 주로 명시 조명으로 쓰이는 전등－형광등

(9) 건축화 조명

① 천장, 벽, 기둥 등의 건축 부분에 광원을 만들어 실내를 조명하는 방식
② 눈부심이 적은 장점이 있는 반면, 조명 효율은 직접 조명에 비해 떨어진다.
③ 천장에 작은 구멍을 뚫어 기구를 매입한 형식－다운라이트 방식

(10) 조명 설비 기본 사항

① 명시 조명(밝기 위주－학교, 공장, 사무실, 작업실)과 분위기조명(장식조명－백화점, 상점)이 있다.
② 전반 조명은 국부 조명에 비해 그 밝기가 1/10배 이상 되는 것이 좋다.
③ 광속 : 어떤 면을 통과하는 빛의 양(lumen, lm)
④ 광도 : 단위입체각 속을 지나는 빛의 세기(candela, cd)

⑤ 조도 : 단위면적 위에 입사하는 빛의 양(lux, lx)

⑥ 휘도 : 작업면의 밝기(nit, abs)

⑦ 광속 발산도 : 어떤 물체의 표면으로부터 방사되는 광속 밀도(radlux, rlx)

⑧ 연색성 : 태양광(주광)을 기준으로 하여 어느 정도 주광과 비슷한 색상을 연출을 할 수 있는가를 나타내는 지표

⑨ 배상 곡선 : 조명기구를 중심으로 볼 때 어느 방향으로 얼마의 비율만큼의 빛이 발산되는가를 나타내는 곡선

⑩ 좋은 조명의 조건

㉮ 적당한 조도

㉯ 눈부시지 않을 것

㉰ 주위 휘도와 작업 장소의 휘도와의 적당한 대비

㉱ 색 식별 필요에 따라 적절한 광원의 선택

(11) 조명 설계 순서

① 소요 조도 결정

② 전등 종류 결정

③ 조명 방식 및 조명기구 선정

④ 광속의 계산

⑤ 광원의 크기와 그 배치

(12) 광원의 크기와 배치

① $S \leqq 1.5H$

② $S_o \leqq \frac{H}{2}$ (벽측에서 작업을 하지 않을 때)

③ $S_o < \frac{H}{3}$ (벽측에서 작업을 할 때)

S : 광원간의 거리
S_o : 광원과 벽과의 거리
H : 작업면(바닥 위 85cm)에서 광원까지 높이

(13) 전선 굵기 결정시 3 조건

① 안전 전류 (허용전류) : 전선에 과전류가 흐르면 열이 발생

② 전압 강하 : 부하에 걸리는 전압이 전원전압보다 낮아지는 현상. 한도는 인입선 1%, 간선 1%, 분기회로 2%

③ 기계적 강도 : 보안상 시공상의 어느 정도의 강도 필요. 일반적으로 1.6mm 이상의 연동선을

사용

※ 전선을 4선 이상을 쓸 경우 전선의 단면적이 전선관 단면적의 40% 이하가 되어야 한다.

(14) 각종 스위치

① 나이프 스위치(Knife switch) : 분전반의 주 개폐기나 각 분기회로용 개폐기로 주로 사용되는 스위치

② 플로트 스위치(float switch) : 수위 조절 자동 스위치

③ 서모스탯(thermostat) : 자동 온도조절기

④ 프레셔 스위치(pressure switch) : 압력에 따라 자동 조작되는 스위치

⑤ 마그넷 스위치(magnet switch) : 전동기 제어용 저전압 스위치

⑥ 텀블러 스위치(tumbler switch) : 벽 매입형에 가장 많이 사용되는 점멸 기구

⑦ 3로 스위치 : 복도나 계단 등에서 상하층에서 동시에 점멸이 가능한 스위치

⑧ 서킷 브레이커(circuit breaker)=노퓨즈 차단기(no-fuse breaker) : 전선에 과전류가 정격 전류의 120%가 흐르면 자동으로 회로를 차단하는 퓨즈가 없는 스위치

(15) 전선, 전등, 배선용 심벌 도시기호

① 천장 은폐 배선 ————————

② 바닥 은폐 배선 — — — —

③ 지중매설선 —·—·—·

④ 노출 배선 - - - - - -⁄⁄⁄- -

⑤ 전선수 표시(3가닥) ————————

⑥ 개폐기 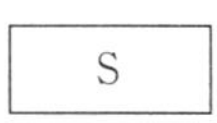

⑦ 백열등 

⑧ 형광등(20W×3개) 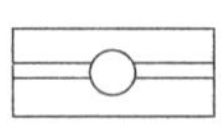

⑨ 비상등 

⑩ 콘센트 

⑪ 배전반 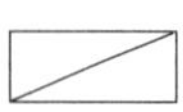

(16) 전기 배선 방법

① 경질 비닐관 공사 : 습기나 물기가 있는 곳 또는 특수 화학 공장, 연구실 등의 전기 공사

② 금속관(conduit pipe)공사 : 주로 철근 콘크리트의 건물 매입 배선

③ 가요전선과 공사(플렉시블 콘딧공사, flexible conduit) : 승강기, 전차 등 가변성이 필요한 곳

또는 굴곡 및 증설 공사가 용이한 것

④ 버스 덕트공사 : 공장 등의 동력 배선 전용, 대용량 전력 공급

⑤ 플로어 덕트공사 : 넓은 사무실의 배선공사

(17) 부하와 설비 위치

① 모든 설비장치는 가능한 한 부하의 중심에 둔다.
보일러실, 변전실, 예비전원 설비, 분전반, 파이프 샤프트, 전화교환실 등

(18) 피뢰침

① 설치 대상 건물 : 낙뢰의 우려가 있는 건축물

② 피뢰침의 보호각 : 일반 건물－60° 이하, 위험물 저장고－45° 이하

③ 피뢰침의 구성 요소 : 돌침부, 피뢰도선, 접지전극

(19) 항공장애등

① 설치 대상 건물－지표 또는 수면으로부터 60m 이상의 건축물

② 고광도 장애등 : 2,000cd 이상

③ 저광도 장애등 : 20cd 이상

(20) 감시 제어반의 표시

① 전원 표시－백색 램프

② 운전 표시－적색 램프

③ 정지 표시－녹색 램프

④ 고장 표시－오렌지색 램프, 부저 또는 벨

⑤ 경보 표시－백색 램프, 부저 또는 벨

(21) 엘리베이터 구동 방식

① 60m/min 이하 : 교류

② 90m/min 이상 : 직류

㉮ 90, 105m/min : 기어

㉯ 120m/min 이상 : 기어리스

(22) 엘리베이터에 관한 기본 사항

① 권상기의 부하를 줄이기 위해 카의 반대편 로프에 장치한 것 : 균형추(counter weight)

② 균형추의 중량=카 중량+최대 적재량×1/2

③ 카를 유도하는 장치 : 가이드 레일(guide rail)

④ 로프의 슬립 방지 : 견인구차(sheave)
⑤ 이상적인 엘리베이터 케이지의 나비와 깊이의 비=10 : 7
⑥ 표준형 엘리베이터의 출입구 높이 : 2.1m
⑦ 엘리베이터 기계실의 천장 높이 : 2m 이상
⑧ 조속기 : 규정 속도의 120%가 되면 차단
⑨ 비상 정지장치 : 정격 속도의 130~140%에 도달하면 차단
⑩ 과승강 방지장치 : 리밋 스위치
⑪ 완충기 : 카와 균형추가 승강로 저부로 낙하할 때 그 충격을 완화시켜 주는 장치
⑫ 종점 스위치 : 최상, 최하층에서 카 정지 스위치를 잊은 경우 자동 정지
⑬ 제한 스위치 : 종점 스위치가 고장인 경우에 카 자동 급정지

(23) 에스컬레이터

① 경사 : 30° 이하
② 속도 : 30m/min 이하
③ 수송 인원 : 4,000~8,000명/h
④ 계단폭 : 60cm~120cm
⑤ 전동기 : 10~25HP 3상 유도 전동기 사용
⑥ 배치 방식 : 직렬식, 병렬단속식, 병열연속식, 교차식

(24) 리프트

① 소형 화물용으로 dumb waiter라고도 한다.
② 승강 속도 : 15, 20, 30m/min(에스컬레이터보다 느린 속도)
③ 전동기 용량 : 최대 3HP
④ 적재량 : 500kg 이하
⑤ 케이지 바닥 면적 : 1m^2 이하
⑥ 천장 높이 : 1.2m 이하

※ 용어와 단위
① 열전달율(α) : W/m^2 · K(kcal/m^{2}h℃)
② 열전도율(λ) : W/m · K(kcal/mh℃)
③ 열관류율(K) : W/m^2 · K(kcal/m^{2}h℃)
④ 난방도일 : ℃ day
⑤ 비 열 : kJ/kg · K(kcal/kg℃)
⑥ 절대습도 : kg/kg′ 또는 kg/kg[DA]
⑦ 상대습도 : %

⑧ 비교습도 : %

⑨ 엔 탈 피 : kJ/kg(kcal/kg)

⑩ 수증기압 : mmHg

⑪ B O D : PPm

⑫ 광 속 : lm(lumen)

⑬ 광 도 : cd(candela)

⑭ 조 도 : lx(lux)

⑮ 휘 도 : asb(apostilb) 또는 Sb

⑯ 광속 발산도 : rlx(radlux)

2. 건축설비관련제표

1 단위환산표

길 이

cm	m	km	in	ft	尺
1	0.01	0.041	0.3937	0.0328	0.033
100	1	0.0001	39.371	3.2809	3.3
100,000	1,000	1	39,371	3,280.9	3,300
2.54	0.02540	0.04254	1	0.0833	0.08382
30.48	0.3048	0.033048	12	1	1.0058
30.30	0.30303	0.0330303	11.9303	0.9942	1

면 적

cm^2	m^2	in^2	f^{22}	尺^2
1	0.031	0.1550	0.001076	0.001089
1×10^4	1	1,550.1	10.7643	10.89
6.4514	0.06451	1	0.006944	0.007026
929	0.0929	144	1	1.0117
918.27	0.019183	142.34	0.9885	1

체 적

dm^3 혹은 ℓ	m^3 혹은 kℓ	ft^3	英 gal	美 gal	石	尺^3
1	0.001	0.03532	0.220	0.2642	0.025544	0.03394
1,000	1	35.317	219.95	264.19	5.5435	35.937
28.315	0.02832	1	6.2279	7.4086	0.1570	1.0175
4.5465	0.024547	0.1606	1	1.2011	0.02520	0.1633
3.7852	0.023785	0.1337	0.8225	1	0.02098	0.1360
180.39	0.18039	6.3707	39.676	47.656	1	6.4827
27.826	0.02783	0.9827	6.1203	7.3514	0.15425	1

1 in^3=116.386cm^3, 1 ft^3=1,728 in^3

질 량

g	kg	t(tonne) 佛	Ib	ton(英)	ton(美)	貫	斤
1	0.001	0.051	0.002205	0.06984	0.051105	0.032667	0.00167
1,000	1	0.001	2.2046	0.03984	0.021102	0.2667	1.6667
1×10^6	1,000	1	2,204.6	0.0982	1.1023	266.67	1,666.7
453.6	0.4536	0.034536	1	0.03446	0.0351	0.121	0.760
1,016,047	1,016.05	1.01605	2,240	1	1.12	270.94	1,693.4
807,185	807.185	0.90719	2,000	0.89286	1	241.91	1,519.8
3,750	3.75	0.00375	8.2673	0.023691	0.034134	1	6.25
600	0.6	0.0_36	1.3228	0.035905	0.036613	0.16	1

접두어				
	T(테라) : 10^{12}	k(킬로) : 10^3	d(데시) : 10^{-1}	μ(마이크로) : 10^{-6}
	G(기가) : 10^9	h(헥토) : 10^2	c(센티) : 10^{-2}	n(나노) : 10^{-9}
	M(메가) : 10^9	da(데카) : 10^1	m(밀리) : 10^{-3}	p(피코) : 10^{-12}

압 력

bar	kg/cm^2(at)	Ib/in^2	atm(기압)	수은주(0℃)		수 주(15℃)			Pa (파스칼)
				mm	in	m	in	ft	
1	1.0197	14.50	0.9869	750.0	29.53	10.197	401.46	33.46	10^5
0.980667	1	14.223	0.9678	735.5	28.96	10.00	393.7	32.81	98,067
0.06895	0.07031	1	0.06804	51.71	2.0355	0.7037	27.7	2.309	6,894.8
1.0133	1.0333	14.70	1	760	29.921	10.34	407.2	33.93	101,325
1.3333	1.3596	19.34	1.316	1,000	39.37	13.61	535.67	44.64	133,322
0.03386	0.03453	0.4912	0.03342	25.4	1	0.3456	13.61	1.134	3,386.4
0.09798	0.09991	1.421	0.0967	73.49	2.893	1	39.37	3.281	9,806.65
0.022489	0.022538	0.03609	0.022456	1.867	0.07349	0.0254	1	0.08333	249.08
0.2986	0.03045	0.4332	0.02947	22.4	0.08819	0.3048	12	1	2,989.0
0.041	1.0197 $\times10^{-5}$	1.4504 $\times10^{-4}$	9.869 $\times10^{-6}$	7.500 $\times10^{-3}$	2.953 $\times10^{-4}$	1.0197 $\times10^{-4}$	4.0146 $\times10^{-3}$	3.346 $\times10^{-5}$	1

[주] 0.0_21=0.001, 1 atg=1kg/cm², 게이지=1 atg+1.0333kg/cm²,
1 atg=1kg/cm² abs, 1 Pa=1N/m², 1MPa=10.2kg/cm², 1N(뉴턴)=kgm/s²

유 량

1/s	1/mm	m^3/h	m^3/min	m^3/s	British gal/min	U.S. gal/min	ft^3/h	ft^3/min ft^3/s	ft^3/s
1	60	3.6	0.06	0.001	13.197	15.8514	127.14	2.119	0.035317
0.016666	1	0.06	0.001	0.0416666	0.21995	0.26419	2.119	0.035317	0.035886
0.27777	16.666	1	0.016666	0.0327777	3.66583	4.40316	35.3165	0.58861	0.029801
16.666	1,000	60	1	0.016666	219.95	264.19	2,119	35.3165	0.58861
1,000	60×10^3	3,600	60	1	13,198	15,851	127,150	2,119	35.3165
0.075775	4.5465	0.27279	0.0245465	0.0475775	1	1.20114	9.6342	0.16057	0.022676
0.063086	3.7852	0.22711	0.0237852	0.063086	0.83254	1	8.0208	0.13368	0.022228
0.027865	0.47188	0.028315	0.0347188	0.0578647	0.103798	0.12467	1	0.016666	0.0327777
0.47183	28.3153	1.6989	0.028315	0.0347188	6.22786	7.48055	60	1	0.016666
28.3153	1,689.9	101.935	1.6989	0.028315	373.6716	448.833	3,600	60	1

[주] 10,000石/24h=75.16m³/h=330.9gal/min

일 및 열량

joule	kgm	ft Ib	kWh	metric H. P. h	British H. P. h	kcal	Btu.
1	0.10197	0.73756	0.0627778	0.0637767	0.0637251	0.032389	0.039486
9.80665	1	7.23314	0.0527241	0.0537037	0.0536528	0.022342	0.029293
1.35582	0.13825	1	0.0637661	0.0551203	0.0550505	0.033239	0.021285
36×10^5	367,100	26,552,000	1	1.35963	1.34101	859.98	3,412
$2,648\times10^3$	27×10^4	1,952,900	0.73549	1	0.98635	632.42	2,509.7
2,684,500	273,750	198×10^4	0.74569	1.01383	1	641.33	2,544.4
4,186.8	426.85	3,087.4	0.0211628	0.0215809	0.0215576	1	3.96832
1,055.1	107.582	778.168	0.0329843	0.0339843	0.0339258	0.251996	1

[주] 1Gcal=1×10^9cal, 1×10^6kcal, 1Mcal=1×10^6cal=1×10^3kcal, 1MW=0.860Gcal/h
1kJ(킬로줄)=0.23884kcal, kcal=4.1868kJ
1therm=100,000Btu, MBH=1,000Btu/h
1PS(미터 제마력)=75kgm/s=0.7355kW, 1 HP(영국 제마력)=33,000ft Ib/min

속 도

m/s	m/min	km/h	ft/s	ft/min	mile/h	knot
1	60	3.6	3.28091	196.854	2.23698	1.9426
0.01667	1	0.06	0.05468	3.28091	0.03728	0.03237
0.27778	16.66667	1	0.91136	54.6815	0.62138	0.53962
0.30479	18.2874	1.09725	1	60	0.68182	0.59211
0.0250798	0.30479	0.018287	0.016667	1	0.011364	0.0298684
0.44703	26.8215	1.60931	1.46667	88	1	0.86842
0.51478	30.8867	1.8531	1.68889	101.337	1.15152	1

밀 도

gr/cm³	kg/m³ 또는 gr/ℓ	gr/m³	Ib/ft³	oz/ft³
1	1,000	1×10^6	62.43	989.82
0.001	1	1,000	0.06243	0.99882
0.0_51	0.001	1	0.046243	0.0_39988
0.01602	16.0194	16,019.4	1	16
0.001	1.0012	1,001.2	0.0625	1

점 도

Poise=gr/cm-sec (c.g.s 단위)	Centipoise. cp	kg/m-sec	kg/m-hr	Ib/ft-sec
1	100	0.1	360	0.0672
0.01	1	0.001	3.6	0.000672
10	1,000	1	3,600	0.672
0.00278	0.278	0.03278	1	0.000187
14.88	1,488	1.488	5,356.8	1

온 도

C=(F-32)×5/9, F=C×9/5+32

℃	℉	℃	℉	℃	℉	℃	℉
−33	−27.4	20	68.0	52	125.6	90	194.0
−25	−13	22	71.6	54	129.2	95	203.0
−20	−4	24	75.2	56	132.8	100	212.0
−15	5	26	78.8	58	136.4	110	230.0
−10	14	28	82.4	60	140.0	120	248.0
−5	23	30	86.0	62	143.6	130	266.0
0	32	32	89.6	64	147.2	140	284.0
2	35.6	34	93.2	66	150.8	150	302.0
4	39.2	36	96.8	68	154.4	160	320.0
6	42.8	38	100.4	70	158.0	170	338.0
8	46.4	40	104.0	72	161.6	180	356.0
10	50.0	42	107.6	74	165.2	190	374.0
12	53.6	44	111.2	76	168.2	200	392.0
14	57.2	46	114.8	78	172.4	250	482.0
16	60.8	48	118.4	80	176.0	300	572.0
18	64.4	50	122.0	85	185.0	350	662.0

제 단 위

냉동열량	1 일본냉동 톤=3,320kcal/h=13,174Btu/h=3,860kW 1 미국냉동 톤(USRT)=12,000Btu/h=3,024kcal/h=3.519kW
보일러열량	1 m^2EDR(상당방열면적) (증기)=650kcal/h 1 ft^2EDR(상당방열면적) (증기)=240Btu/h 1 kg/h 환산증발량=539.64kcal/h=0.8302m^2EDR 1 Ib/h 표준증발량=970.2Btu/h=4.04ft^2EDR 1 보일러마력=33,479Btu/h=8,434kcal/h=34.6Ib/h
방 열 량	1 kcal/m^2=0.3687Btu/ft^2=4.187kJ/m^2 1 kcal/m^2=3.306kcal/평=0.3687Btu/ft^2 1 Btu/ft^3=8.899kcal/m^3
비 열	1 kcal/m^3℃=0.06243Btu/ft^3°F=4.187kJ/m^3K 1 Btu/U. S. gal°F=7.481Btu/ft^3 °F=119.8kcal/m^3℃
열전도율	1 kcal/hm℃=0.6719Btu/hft°F=8.063But/hft^2°F/in=1.1628W/mK 1 Btu/hft^2 °F/in=0.1240kcal/hm℃=0.1442W/mK
열관류율	1 kcal/m^2 h℃=0.2048Btu/ft^2 h°F=1.1628W/m^2K 1 Btu/ft^2 h °F=4.883kcal/m^2h℃=5.678W/m^2K
엔탈피	1 kcal/kg=1.800Btu/Ib=4.1868kJ/kg
압력강하	1 mmAq/m=1.197in/100 ft=0.012 in/ft=9.8066Pa/m 1 Ib/in^2/100ft=23.069mmAq/m=0.231kg/cm^2 · 100m 1 oz/in^2/100ft=0.0144kg/cm^2/100
물질이동계수 (용적기준)	K_a : 1 Btu/ft^3h Ib/Ib=8.899kcal/m^3h kg/kg a_a : 1 Btu/ft^3h °F=16.02kcal/hm^3°C
점성계수	1 스토크스=1cm^2/s=100 센티스토크스 1 poise=1g/cm s=0.1kg/m s 고점도에서는 1 스토크스=0.00260×(레드우드 s)

2 포화증기표(Saturated Steam Table)

증기의 절대압력		증기온도		증발전 물 1kg의 체적 (ℓ)	증기 1kg 체적 (m^3)	증기 $1m^3$ 중량 (kg)	증기 1kg이 보유하는 열량 (kcal)			증기의 절대압력		증기온도		증발전 물 1kg의 체적 (ℓ)	증기 1kg 체적 (m^3)	증기 $1m^3$ 중량 (kg)	증기 1kg이 보유하는 열량 (kcal)		
(kgf/cm^2)	(lb/in^2)	℃	℉				수열 h	잠열 L	전열 H=h+L	(kgf/cm^2)	(lb/in^2)	℃	℉				수열 h	잠열 L	전열 H=h+L
0.02	0.28	17.2	62.9	1.0012	68.26	0.0147	17.2	587.8	605.0	13.50	192.0	192.4	378.3	1.1451	0.1485	6.734	195.5	469.9	665.4
0.04	0.57	28.6	83.5	1.0039	35.45	0.0282	28.7	581.3	610.0	14.00	199.1	194.1	381.4	1.1476	0.1434	6.974	197.3	468.4	665.7
0.06	0.85	35.8	96.4	1.0063	24.18	0.0414	35.8	577.3	613.1	14.50	206.2	195.8	384.4	1.1500	0.1386	7.214	199.0	466.9	665.9
0.08	1.14	41.2	106.2	1.0083	18.44	0.0542	41.2	574.2	615.4	15	213.3	197.4	387.3	1.1524	0.1342	7.454	200.7	465.5	666.2
0.10	1.42	45.5	113.9	1.0101	14.95	0.0669	45.4	571.8	617.2	16	227.5	200.4	392.7	1.1572	0.1260	7.934	204.1	462.6	666.7
0.15	2.13	53.6	128.5	1.0138	10.21	0.0980	53.5	567.1	620.6	17	241.7	203.4	398.1	1.1618	0.1189	8.414	207.2	459.9	667.1
0.20	2.84	59.7	139.5	1.0170	7.791	0.1284	59.6	563.5	623.1	18	256.0	206.2	403.2	1.1663	0.1124	8.894	210.2	457.2	667.4
0.25	3.56	64.6	148.3	1.0197	6.319	0.1583	64.5	560.7	625.2	19	270.2	208.8	407.8	1.1706	0.1067	9.375	213.1	454.6	667.7
0.30	4.27	68.7	155.7	1.0221	5.326	0.1878	68.7	558.2	626.9	20	284.4	211.4	412.5	1.1749	0.1015	9.857	215.9	452.1	668.0
0.35	4.98	72.3	162.1	1.0242	4.609	0.2170	72.2	556.1	628.3	21	298.6	213.9	417.0	1.1791	0.0967	10.34	218.6	459.6	668.2
0.40	5.69	75.4	167.7	1.0262	4.067	0.2459	75.4	554.2	629.6	22	312.8	216.2	421.2	1.1833	0.0924	10.82	221.2	447.2	668.4
0.45	6.40	78.3	172.9	1.0281	3.642	0.2746	78.3	552.5	630.8	23	327.1	218.5	425.3	1.1873	0.0885	11.31	223.8	444.8	668.6
0.50	7.11	80.9	177.6	1.0298	3.300	0.3030	80.9	550.9	631.8	24	341.3	220.8	429.4	1.1913	0.0848	11.79	226.2	442.6	668.8
0.60	8.53	85.5	185.9	1.0329	2.782	0.3594	85.5	548.1	633.6	25	355.5	222.9	433.2	1.1953	0.0815	12.28	228.6	440.3	668.9
0.70	9.95	89.5	193.1	1.0357	2.408	0.4152	89.5	545.7	635.2	26	369.7	225.0	437.0	1.1991	0.0784	12.76	230.9	438.1	669.0
0.80	11.4	93.0	199.4	1.0383	2.125	0.4705	93.0	543.5	636.5	27	383.9	227.0	440.6	1.203	0.0755	13.25	233.2	435.9	669.1
0.90	12.8	96.2	205.2	1.0407	1.904	0.5253	96.2	541.5	637.7	28	398.2	229.0	444.2	1.207	0.0728	13.74	235.4	433.8	669.2
1.00	14.2	99.1	210.4	1.0430	1.725	0.5797	99.2	539.6	638.8	29	412.4	230.9	447.6	1.210	0.0703	14.23	237.5	431.7	669.2
1.20	17.1	104.3	219.7	1.0471	1.454	0.6875	104.4	536.3	640.7	30	426.6	232.8	451.0	1.214	0.0679	14.72	239.6	429.7	669.3
1.40	19.9	108.7	227.7	1.0508	1.259	0.7942	108.9	533.5	642.4	32	455.0	236.4	457.5	1.221	0.0637	15.70	243.7	425.6	669.3
1.60	22.8	112.7	234.9	1.0542	1.111	0.8999	112.9	530.8	643.7	34	483.5	239.8	463.6	1.229	0.0599	16.69	247.6	421.7	669.3
1.80	25.6	116.3	241.3	1.0573	0.9952	1.005	116.6	528.4	645.0	36	511.9	243.0	469.4	1.236	0.0565	17.69	251.3	417.9	669.2
2.00	28.4	119.6	247.3	1.0603	0.9018	1.109	119.9	526.3	646.2	38	540.4	246.2	475.2	1.243	0.0535	18.69	254.9	414.2	669.1
2.50	35.6	126.8	260.2	1.0669	0.7317	1.367	127.2	521.4	648.6	40	568.8	249.2	480.6	1.249	0.0508	19.70	258.4	410.5	668.9
3.00	42.7	132.9	271.2	1.0728	0.6168	1.621	133.4	517.2	650.6	42	597.2	252.1	485.8	1.256	0.0483	20.72	261.7	407.0	668.7
3.50	49.8	138.2	280.8	1.0782	0.5337	1.874	138.8	513.4	652.2	44	625.7	254.9	490.8	1.263	0.0460	21.74	265.0	403.5	668.5
4.00	56.9	142.9	289.2	1.0831	0.4708	2.124	143.7	510.0	653.7	46	654.1	257.6	495.7	1.269	0.0439	22.77	268.2	400.0	668.2
4.50	64.0	147.2	297.0	1.0877	0.4214	2.373	148.1	506.8	654.9	48	682.6	260.2	500.4	1.276	0.0420	23.80	271.3	396.6	667.9
5.00	71.1	151.1	304.0	1.0920	0.3816	2.620	152.1	503.9	656.0	50	711.0	262.7	504.9	1.283	0.0402	24.85	274.3	393.3	667.6
5.50	78.2	154.7	310.5	1.0961	0.3489	2.867	155.8	501.2	657.0	55	782.1	268.7	515.7	1.299	0.0364	27.49	281.5	385.1	666.6
6.00	85.3	158.1	316.6	1.1000	0.3213	3.112	159.3	498.6	657.9	60	853.2	274.3	525.7	1.315	0.0331	30.18	288.3	377.2	665.5
6.50	92.4	161.2	322.2	1.1037	0.2980	3.356	162.6	496.1	658.7	65	924.3	279.5	535.1	1.331	0.0304	32.93	294.8	369.4	664.2
7.00	99.5	164.2	327.6	1.1072	0.2778	3.600	165.7	493.8	659.5	70	995.4	284.5	544.1	1.347	0.0280	35.75	301.0	361.8	662.8
7.50	106.7	167.0	332.6	1.1111	0.2602	3.843	168.6	491.6	660.2	75	1066.5	289.2	552.6	1.363	0.0259	38.62	307.0	354.3	661.3
8.00	113.8	169.6	337.3	1.1140	0.2448	4.086	171.3	489.5	660.8	80	1137.6	293.6	560.5	1.379	0.0241	41.56	312.8	346.9	659.7
8.50	120.9	172.1	341.8	1.1172	0.2311	4.328	174.0	487.4	661.4	85	1208.7	297.9	568.2	1.395	0.0224	44.58	318.4	339.6	658.0
9.00	128.0	174.5	346.1	1.1203	0.2188	4.570	176.5	485.4	661.9	90	1279.8	301.9	575.4	1.412	0.0210	47.67	323.8	332.4	656.2
9.50	135.1	176.8	350.2	1.1233	0.2079	4.811	178.9	483.5	662.4	95	1350.9	305.8	582.4	1.429	0.0197	50.85	329.1	325.2	654.3
10.00	142.2	179.0	354.2	1.1262	0.1979	5.052	181.3	481.6	662.9	100	1422.0	309.5	589.1	1.446	0.0185	54.12	334.3	318.0	652.3
10.50	149.3	181.2	358.2	1.1291	0.1890	5.293	183.5	479.8	663.3	120	1706.4	323.1	613.6	1.518	0.0147	68.22	354.0	289.4	643.4
11.00	156.4	183.2	361.8	1.1319	0.1807	5.533	185.6	478.1	663.7	140	1990.8	335.1	635.2	1.599	0.0118	84.52	372.8	260.0	632.8
11.50	163.5	185.2	365.4	1.1346	0.1732	5.774	187.7	476.4	664.1	160	2275.2	345.8	654.4	1.693	0.0096	104.0	391.3	228.4	619.7
12.00	170.6	187.1	368.8	1.1373	0.1663	6.014	189.8	474.7	664.5	180	2559.6	355.4	671.7	1.814	0.0078	128.3	410.8	192.9	603.7
12.50	177.8	188.9	372.0	1.1400	0.1599	6.254	191.7	473.1	664.8	200	2844.0	364.1	687.4	1.990	0.0062	161.6	431.6	151.2	582.8
13.00	184.9	190.7	375.3	1.1425	0.1540	6.494	193.6	471.5	665.1	225.56	3208.7	374.15	705.47	3.170	0.0032	315.5	503.3	0	503.3

※ The Steam Table of Japan Machinery Academy에서 발췌.

3 온수유량표(배관용 탄소강과 KSD 3507)

관 경	15A	20A	25A	32A	40A	50A	65A	80A	100A	125A	150A	175A	200A	250A	300A
압력강하R 수주m m/m	상단 …… 유량 kg/h								하단 …… m/s						
1.0	59 0.09	133 0.11	260 0.13	525 0.15	800 0.17	1,530 0.2	3,030 0.24	4,850 0.28	10,000 0.34	18,000 0.38	28,400 0.42	41,500 0.46	57,500 0.5	102,500 0.6	
3.0	110 0.16	243 0.19	480 0.24	975 0.28	1,470 0.32	2,820 0.36	5,500 0.44	8,850 0.50	18,150 0.60	33,000 0.70	50,500 0.80	75,000 0.85	104,500 0.95	186,000 1.1	245,000 1.2
4.0	129 0.18	285 0.24	565 0.28	1,140 0.34	1,725 0.36	3,300 0.44	6,500 0.55	10,500 0.60	21,300 0.70	38,600 0.85	59,000 0.95	88,000 1.0	121,500 1.1	217,000 1.2	343,500 1.4
5.0	145 0.22	325 0.26	635 0.32	1,290 0.38	1,950 0.42	3,750 0.50	7,400 0.60	11,750 0.65	24,100 0.80	43,600 0.95	66,500 1.1	99,000 1.1	137,500 1.2	245,000 1.4	388,500 1.6
6.0	160 0.24	360 0.28	705 0.34	1,430 0.42	2,150 0.50	4,150 0.60	8,150 0.65	13,000 0.75	26,600 0.90	48,000 1.1	73,000 1.1	109,500 1.2	151,000 1.3	270,000 1.5	428,500 1.7
7.0	175 0.26	390 0.32	770 0.38	1,560 0.44	2,350 0.50	4,500 0.60	8,900 0.70	14,150 0.80	29,000 0.95	52,500 1.1	79,000 1.3	118,500 1.3	165,000 1.5	292,500 1.7	462,500 1.9
8.0	189 0.28	421 0.34	830 0.40	1,680 0.48	2,530 0.55	4,850 0.65	9,550 0.75	15,200 0.85	31,000 1.1	56,200 1.2	85,500 1.4	127,000 1.4	176,000 1.6	313,500 1.8	498,500 2.0
9.0	202 0.30	449 0.36	885 0.42	1,790 0.55	2,700 0.60	5,160 0.70	10,150 0.80	16,175 0.90	33,000 1.1	59,850 1.3	90,500 1.5	135,500 1.5	188,500 1.7	335,000 1.9	525,000 2.2
10	213 0.30	476 0.38	940 0.46	1,900 0.55	2,870 0.60	5,470 0.70	10,760 0.80	17,150 0.95	35,000 1.2	63,500 1.4	96,500 1.5	143,500 1.6	199,500 1.8	352,500 2.0	560,000 2.2
12	235 0.34	525 0.42	1,036 0.50	2,100 0.60	3,160 0.70	6,020 0.80	11,880 0.95	18,880 1.1	38,500 1.3	69,900 1.5	107,000 1.7	158,000 1.8	220,000 2.0	395,000 2.2	615,000 2.4
14	257 0.36	573 0.46	1,130 0.55	2,300 0.65	3,450 0.75	6,560 0.85	1,300 1.0	20,600 1.2	42,000 1.4	76,000 1.7	116,500 1.8	170,500 2.0	238,500 2.2	422,500 2.4	665,000 2.6
16	227 0.40	616 0.50	1,220 0.60	2,480 0.70	3,720 0.80	7,050 0.95	14,000 1.1	22,000 1.3	45,000 1.5	81,600 1.8	125,000 2.0	184,500 2.2	255,000 2.2	455,000 2.6	720,000 2.8
18	296 0.42	658 0.55	1,300 0.65	2,640 0.76	3,960 0.85	7,520 1.0	14,800 1.2	23,500 1.3	48,100 1.6	87,300 1.9	133,000 2.2	195,500 2.2	273,500 2.4	482,500 2.8	
20	314 0.44	697 0.55	1,375 0.65	2,800 0.85	4,200 0.95	7,975 0.1	15,750 1.3	24,900 1.4	50,900 1.7	92,200 2.0	141,000 2.2	206,500 2.4	288,500 2.6	510,000 3.0	
22	330 0.48	765 0.60	1,450 0.70	2,950 0.85	4,440 0.95	8,400 1.1	16,600 1.3	26,300 1.5	53,500 1.8	97,000 2.2	147,000 2.4	217,000 2.4	302,500 2.6		
24	346 0.50	770 0.60	1,525 0.75	3,100 0.90	4,650 1.0	8,800 1.2	17,400 1.4	27,500 1.6	56,100 1.9	102,000 2.2	156,000 2.4	228,500 2.6	317,500 2.8		
26	362 0.55	805 0.65	1,590 0.75	3,220 0.90	4,850 1.0	9,200 1.2	18,200 1.5	28,800 1.6	58,600 2.0	106,500 2.4	163,000 2.6	238,500 2.8	331,500 3.0		
28	377 0.55	840 0.65	1,660 0.80	3,350 0.95	5,050 1.1	9,550 1.3	18,900 1.5	30,000 1.7	61,000 2.0	111,000 2.6	170,000 2.8	248,000 2.8			
30	392 0.55	872 0.70	1,725 0.85	3,480 1.0	5,250 1.1	9,920 1.3	19,650 1.6	31,050 1.8	63,100 2.2	115,000 2.6	176,000 2.8	257,500 3.0			
40	459 0.65	1,020 0.80	2,020 0.95	4,060 1.2	6,150 1.3	11,650 1.5	25,900 1.8	36,250 2.0	73,700 2.4	134,000 2.8	205,000 3.2				
50	516 0.75	1,150 0.90	2,280 1.1	4,600 1.3	6,930 1.4	13,150 1.7	25,900 2.0	40,900 2.4	8,300 2.8	151,000 3.2	231,000 3.6				
60	572 0.80	1,275 1.0	2,520 1.2	5,050 1.4	7,650 1.6	14,500 1.9	28,500 2.2	45,000 2.6	91,500 3.0	167,000 3.6					
70	625 0.90	1,390 1.1	2,750 1.3	5,500 1.6	8,300 1.7	15,800 2.0	31,000 2.4	49,000 2.8	100,000 3.4						
80	670 0.95	1,500 1.2	2,950 1.4	5,900 1.7	8,950 1.9	16,900 2.2	33,000 2.6	52,500 3.0	107,000 3.6						
90	711 1.0	1,590 1.3	3,150 1.5	6,300 1.8	9,500 2.0	18,000 2.4	35,400 2.8	56,000 3.2							
100	752 1.1	1,680 1.3	3,330 1.6	6,660 1.9	10,100 2.2	19,000 2.6	37,500 3.0	59,100 3.4							

※ 위생공업편람 부표에서 발췌.

4 배관 내의 유속표(물, 공기)

$$\text{계산식 : } Q = \frac{\pi}{4} A^2 \times V \times 3,600 \times 10^{-6}$$

$$Q = m^3/hr,\quad A = mm(\text{Pipe size}),\quad V = m/s$$

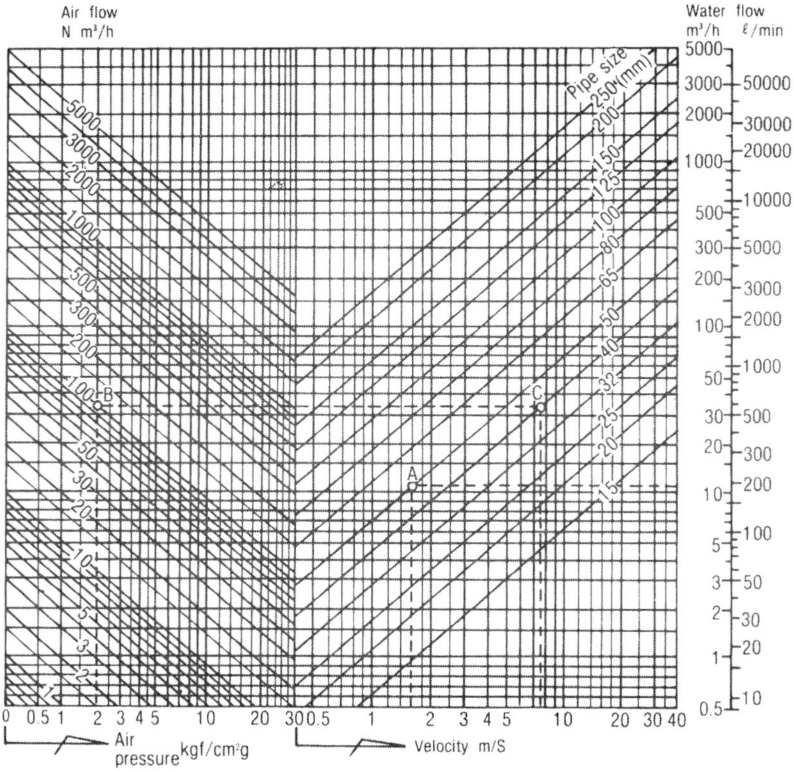

도표 이용 방법

[예 1] 물 유량 : $11m^3/hr$
배관경 : 50mm

물 유량 $11m^3/hr$ 선에서 왼쪽으로 평행이동하여 Pipe Size 50mm 선과 만나는 점 A를 구한다. 점 A에서 수직으로 내려오면 유속은 1.6m/sec가 된다.

[예 2] 공기 유량 : $100Nm^3/hr$, 공기압 : $2kgf/cm^2$,
배관경 : 40mm

공기 유량 $100Nm^3/hr$ 선과 공기압 $2kgf/cm^2$ 선이 만나는 점 B를 구한다. 점 B에서 우측으로 평행이동하여 Pipe Size 40mm 선과 만나는 점 C를 구하여 점 C에서 수직으로 내려오면 유속은 7.5m/sec가 된다.

표준 유속

1. Centrifugal Pump
   흡입관 : 2~2.5m/s 저압분출관 : 2.5~3m/s
   고압분출관 : 3~3.5m/s
2. 액체 수송배관
   압력 $1\sim10kgf/cm^2$의 물 : 1.5~3m/s
   압력 $200\sim300kgf/cm^2$의 물 : 3~4m/s
   기름 등 고점성 유체 : 0.5~2m/s
3. Compressor
   흡입관 : 10~20m/s 저압분출관 : 20~30m/s
   고압분출관 : 10~15m/s
4. 압축가스 수송배관
   압력 $1\sim2kgf/cm^2$: 8~15m/s
   압력 $200\sim300kgf/cm^2$: 5~7m/s

5 배관 내의 유속표(증기)

$$\text{계산식 : } Q = \frac{\pi}{4} D^2 \times V \times 3,600 \times 10^6$$

Q = kg/hr, D = mm(Pipe 내경), V = m/s

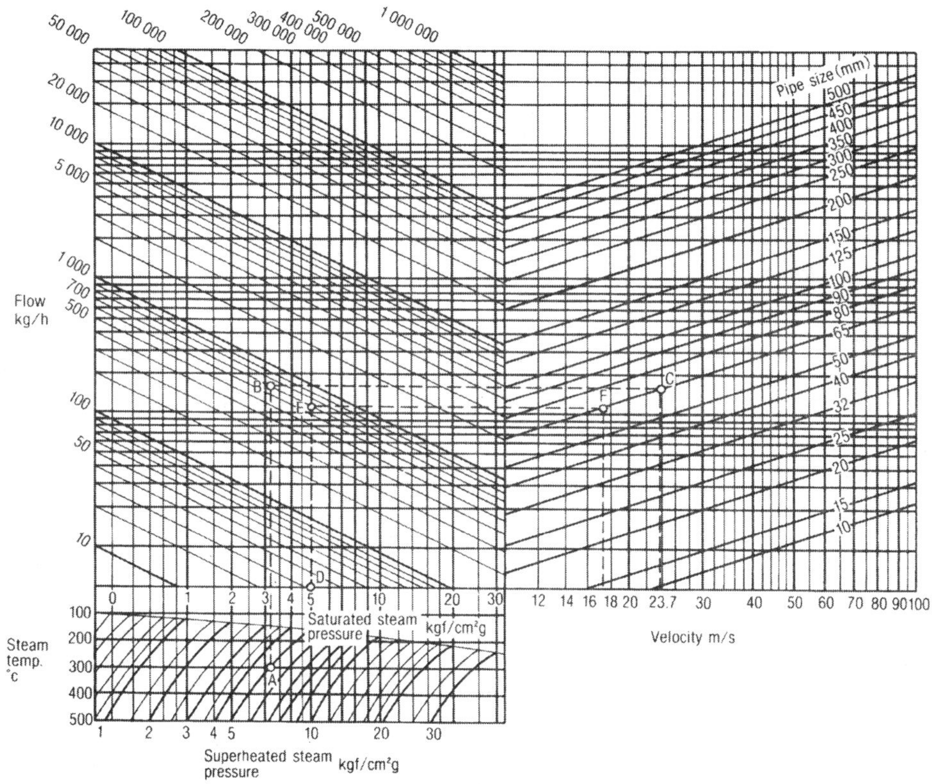

도표 이용 방법

[예 1] 증기압력 : 5kgf/cm², 과열증기온도 : 300℃, 유량 : 700kg/hr, 배관경 65mm

과열증기압 5kgf/cm² 선을 따라 사선으로 올라가서 증기온도 300℃ 선과 만나는 점 A를 구한다. 점 A에서 수직으로 올라가서 유량 700kg/hr의 사선과 만나는 점 B를 얻는다. 점 B에서 우측으로 평행이동하여 Pipe Size 65mm 선과 만나는 점 C를 구하여 수직으로 내려오면 유속은 23.7m/s가 된다.

[예 2] 동일 조건이나 포화증기일 경우

포화증기 압력선에 5kgf/cm²인 점 D를 찾아 위 과정을 되풀이하여 점 E와 F를 구하면 유속은 17.3m/s가 된다.

표준 유속

1. Steam Engine

포화증기 : 20~30m/s

과열증기 : 30~45m/s

2. 증기 수송배관

포화증기압 2~5kgf/cm² : 15~20m/s

포화증기압 5~15kgf/cm² : 20~30m/s

6 물 배관의 저항선도(마찰손실표)

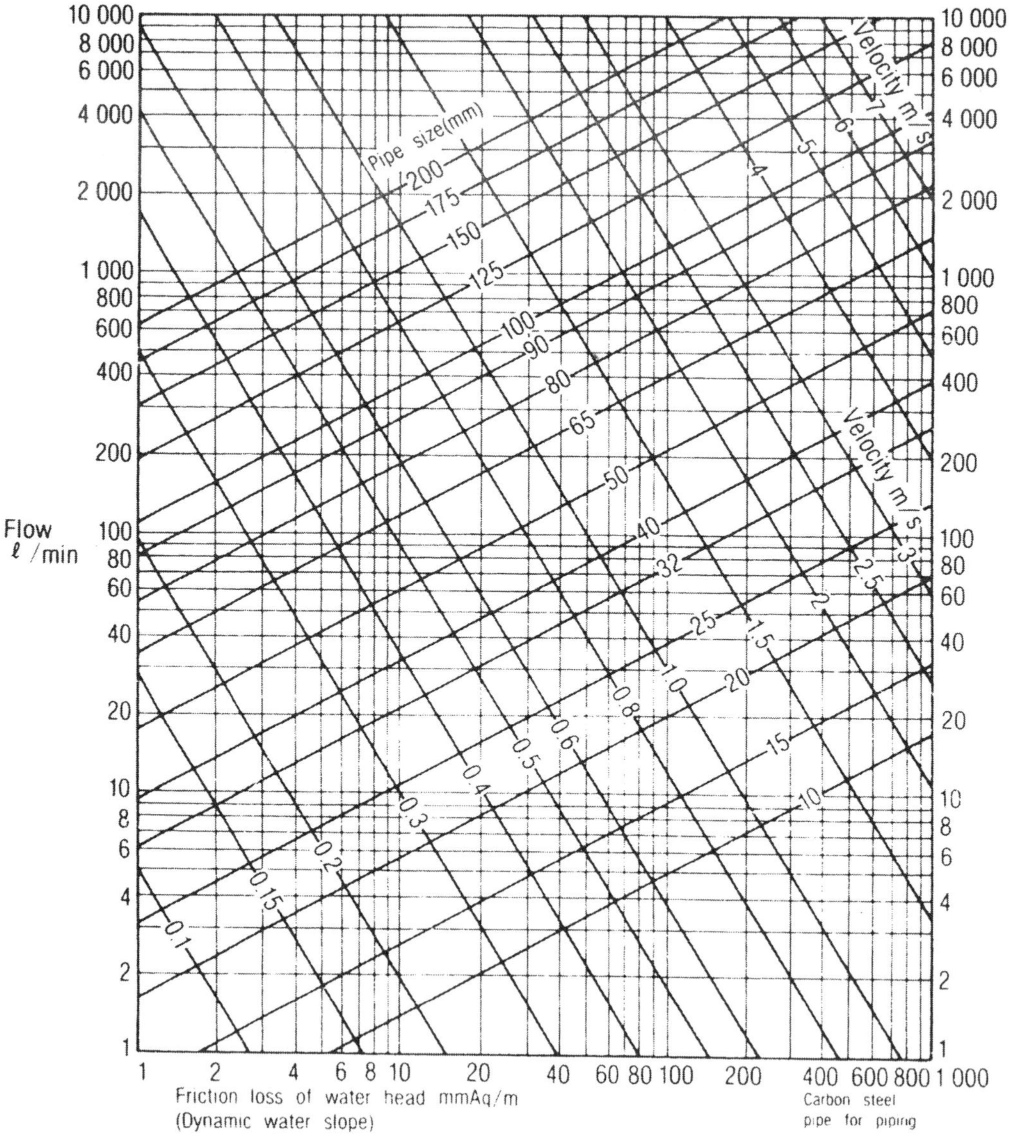

7 습한공기선도($i-x$ 선도)

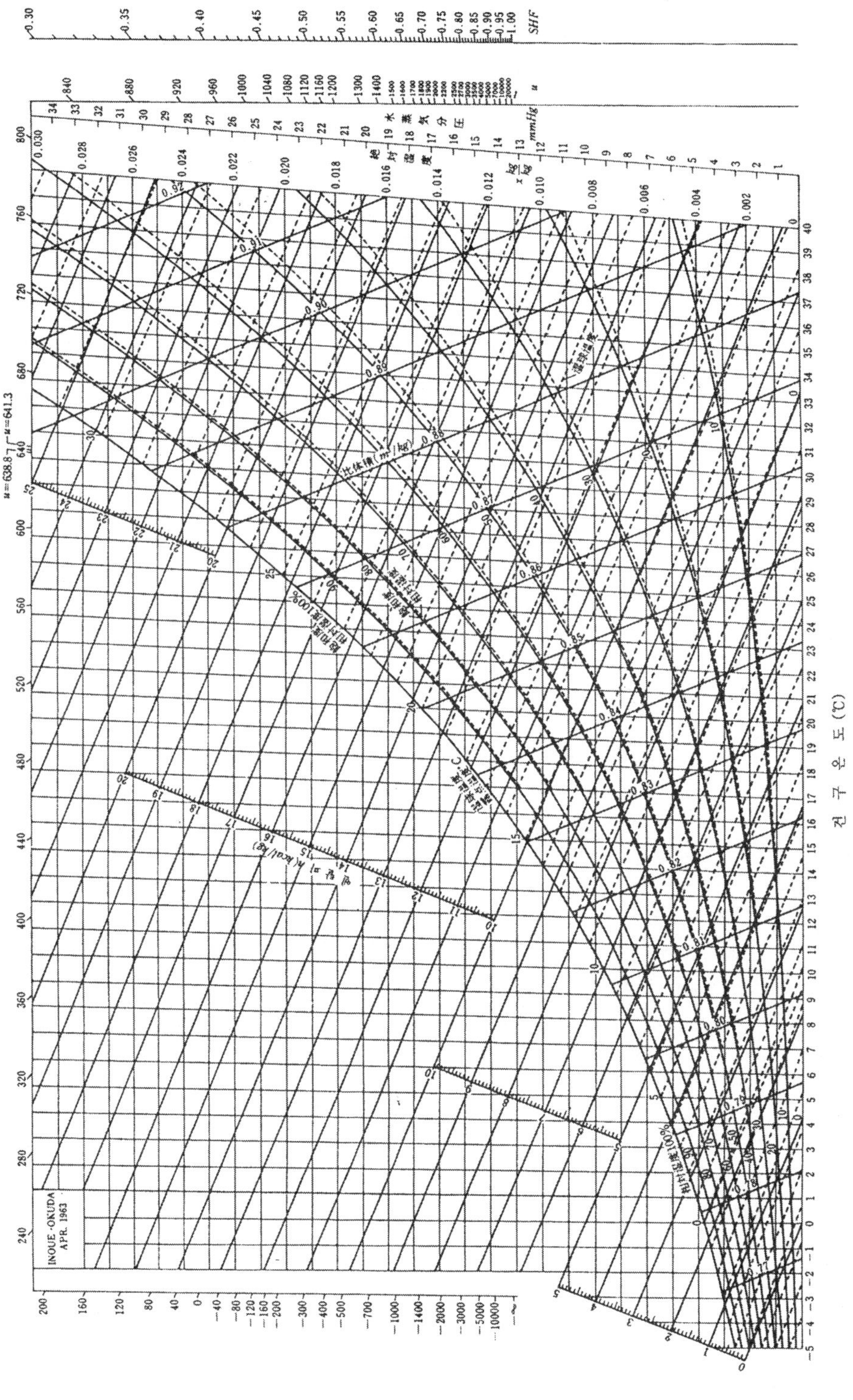

8 덕트결정선도

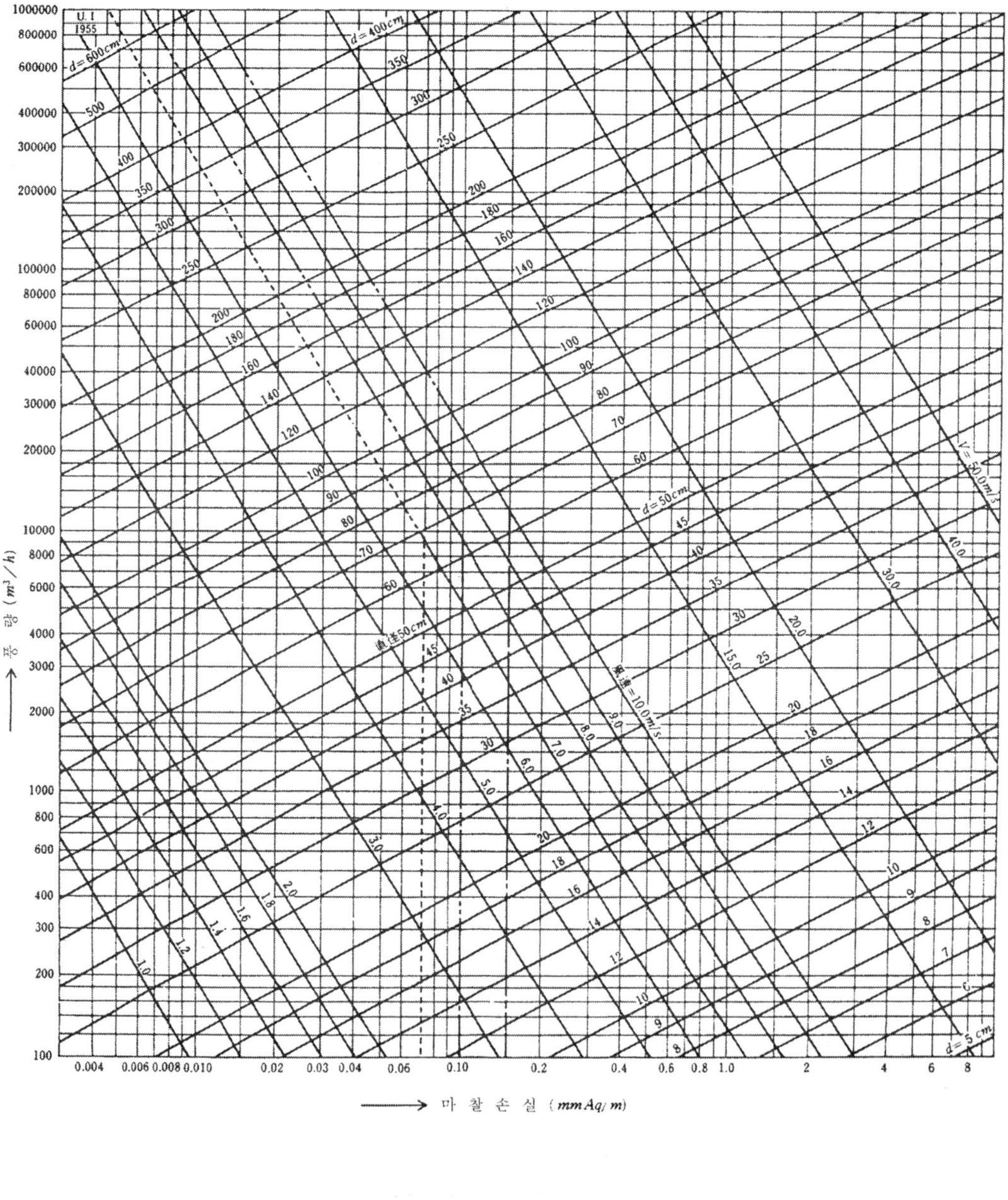
U.I
1955
풍 량 (m³/h)
마 찰 손 실 (mmAq/m)
d=600cm
d=400cm
d=50cm
d=5cm
V=50.0m/s
풍속=10.0m/s

참고문헌

- 건축설비, 서승직, 일진사
- 건축계획, 서울산업대학교 산업교육연구소, 교육부
- 건축설비, 김영호, 보문당
- 건축설비, 박병전, 기문당
- 공기조화설비, 신치웅, 기문당
- 건축급배수 · 위생설비, 이용화 외 1인, 세진사
- 건축기계설비일반시공, 박영순, 세진사
- 난방설비, 성순경, 세진사
- 냉동공학, 홍성은, 세진사
- 배관설비공학, 김동우 외 1인, 세진사
- 건축설비설계, 최영식, 세진사
- 건축설비설계, 박종일 외 1인, 세진사
- 위생설비공학, 안교철 외 1인, 세진사
- 건축급배수설비, 김갑준 외 1인, 기문당
- 건축급배수설비설계, 박우근, 세진사
- 건축설비해설, 전국대학건축설비과 교수협의회, 기문당
- 건축계획문제연구, 남재호 · 이기동, 세진사
- 건축설비기사해설, 남재호, 세진사

SI단위계에 의한 **건축설비** 값 19,000원

저 자 남 재 호
발행인 문 형 진

2001년 2월 19일 제 1 판 제 1 인쇄
2003년 2월 29일 제 2 판 제 1 발행
2005년 8월 15일 제 3 판 제 1 발행
2007년 2월 28일 제 4 판 제 1 발행
2011년 2월 25일 제 5 판 제 1 발행
2013년 9월 10일 제 6 판 제 1 발행

판 권
검 인

발행처 세 진 사

136-087 서울특별시 성북구 보문동 7가 112-8(세진빌딩)
TEL : 922-6371~3, 923-3422·7224 / FAX : 927-2462
〈1976. 9. 21. / 등록·서울 제6-28호 / 등록번호〉